SKY
WATCHER

SKY WATCHER

DAS SCHLAUE BUCH ÜBER STERNE, HIMMELS-BEOBACHTUNG UND DEN GANZEN REST

Linda Shore, David Prosper & Vivian White
Astronomical Society of the Pacific

KOSMOS

INHALT

INHALT

INHALT

VOM EINSTEIGER ZUM PROFI

WILLKOMMEN IM KOSMISCHEN LABOR

Ein klarer, tiefschwarzer Sternenhimmel ist atemberaubend. Der Anblick tausender Sterne und das Panorama unserer Milchstraße am Firmament sind Inspirationsquelle für Philosophen, Dichter, Liebende und Wissenschaftler. Der Nachthimmel ist auch für jeden da – ein wissenschaftliches Labor, in dem jeder Interessierte beobachten, lernen und erforschen kann. Praktisch jede Kultur der Erde entdeckte die Astronomie als systematische Methode, um sich das Wesen des Kosmos zu erschließen. Erst mit dem bloßen Auge, dann mit einfachen optischen Teleskopen und heute mit technisch anspruchsvollen Geräten, die einen Blick in die fernen Bereiche von Raum und Zeit ermöglichen, erkunden wir unser faszinierend komplexes Universum.

Dieses Buch – wie auch die Astronomical Society of the Pacific – möchte allen Astronomiebegeisterten das außergewöhnliche Labor über unseren Köpfen näherbringen. Vielleicht interessieren Sie sich für Astronomie und wollen mehr darüber erfahren. Vielleicht möchten Sie sich ein Teleskop kaufen oder sich in der Astrofotografie versuchen. Vielleicht sind Sie auch ein erfahrener Amateurastronom auf der Suche nach neuen Anregungen. Egal, mit welcher Erfahrung Sie sich dem Thema nähern, dieses Buch wird Ihnen auf jeder Stufe nützlich sein.

Gleich begeben Sie sich auf eine unglaubliche Reise durch das Universum, auf der wir Sie mit Freude begleiten. Auf den folgenden Seiten finden Sie das nötige Wissen für die Erkundung von Sternen, Planeten, Kometen, Asteroiden, Nebeln und Galaxien. Zu Beginn lernen Sie, wie man das Universum mit bloßem Auge erforscht. Dann zeigen wir Ihnen Ferngläser und Teleskope – Hilfsmittel, mit denen Sie noch mehr entdecken können. Schließlich stellen wir Ihnen einige fortgeschrittene Beobachtungsmethoden zum Ausprobieren vor sowie die Instrumente, mit denen moderne Astronomen ihre Forschung betreiben.

Willkommen in Ihrem Universum. Treten Sie ein!

Dr. Linda Shore
Vorsitzende der
Astronomical Society of the Pacific
www.astrosociety.org

BEOBACHTUNG
MIT BLOSSEM AUGE

01 BLICK AUFS UNIVERSUM

Das Universum beinhaltet den gesamten Weltraum und alles, was darin existiert – vom kleinsten subatomaren Teilchen bis zur größten Galaxie, von den Planeten bis zu den Wesen, die (vielleicht) auf ihnen leben, und die gesamte Materie und Energie. All dies entstand durch den sogenannten Urknall praktisch aus dem Nichts. Als das Universum durch eine Explosion entstand, war es unendlich dicht, unendlich heiß und unendlich klein. In weniger als einer Sekunde erreichte es die Größe einer Grapefruit und wuchs rasant weiter. Zuerst war die Temperatur so hoch, dass nicht einmal Atome existieren konnten. In dieser ersten Sekunde sank die Temperatur auf unter 10 Milliarden °C – kühl genug, dass sich Protonen und Neutronen bilden konnten. Innerhalb weniger Minuten verbanden sich diese Teilchen und formten die ersten Wasserstoff- und Heliumkerne. Es dauerte 300 000 Jahre, bis das Universum kühl genug war, damit diese Atomkerne Elektronen anziehen und die ersten Atome bilden konnten.

Die ersten Sterne und Galaxien entstanden rund 1 Milliarde Jahre nach dem Urknall. Unser Sonnensystem ist noch relativ jung und entstand rund 8 Milliarden Jahre nach dem Urknall. Hier, auf dem dritten Planeten von der Sonne aus, in der Milchstraße, tief in der Lokalen Gruppe im Virgo-Superhaufen, einem Teil des Lania-kea-Superhaufens, ist unser Zuhause im *beobachtbaren Universum* – alles, was wir mit unseren Augen, Teleskopen und anderen Instrumenten sehen können. Mit modernen Weltraumteleskopen wie dem Hubble-Teleskop (siehe Nr. 262) entdeckten Astronomen, dass das Universum hunderte Milliarden Galaxien enthält, angeordnet in großen Gruppen und Haufen, in denen sich unzählige Sterne, Planeten, Asteroiden, Kometen und andere Weltraumobjekte befinden, die nur darauf warten, entdeckt, beobachtet und erforscht zu werden.

AUFBAU DES UNIVERSUMS	
❶	ERDE
❷	SONNENSYSTEM
❸	STELLARE NACHBARSCHAFT DER SONNE
❹	MILCHSTRASSE
❺	LOKALE GRUPPE
❻	VIRGO-SUPERHAUFEN
❼	LANIAKEA-SUPERHAUFEN
❽	BEOBACHTBARES UNIVERSUM

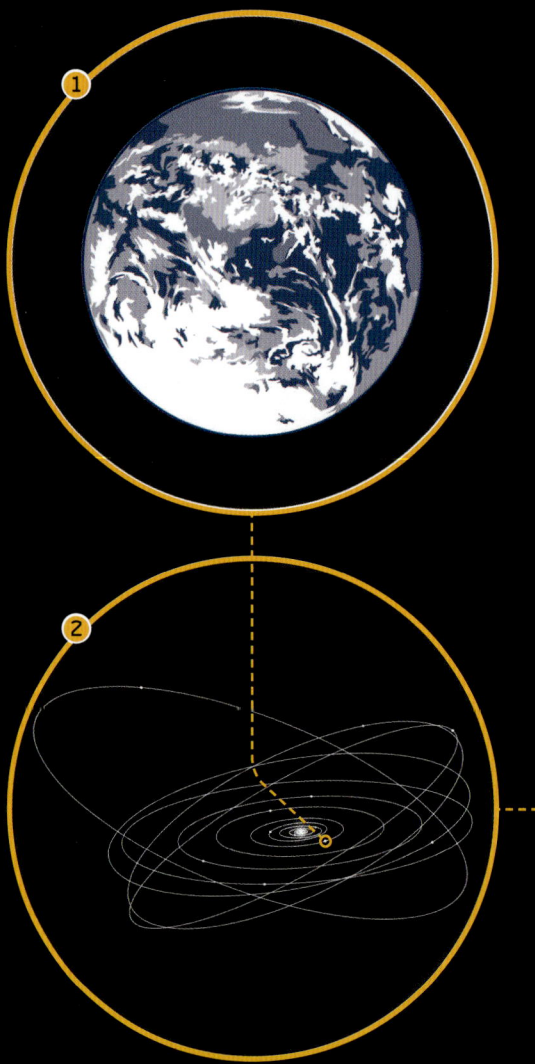

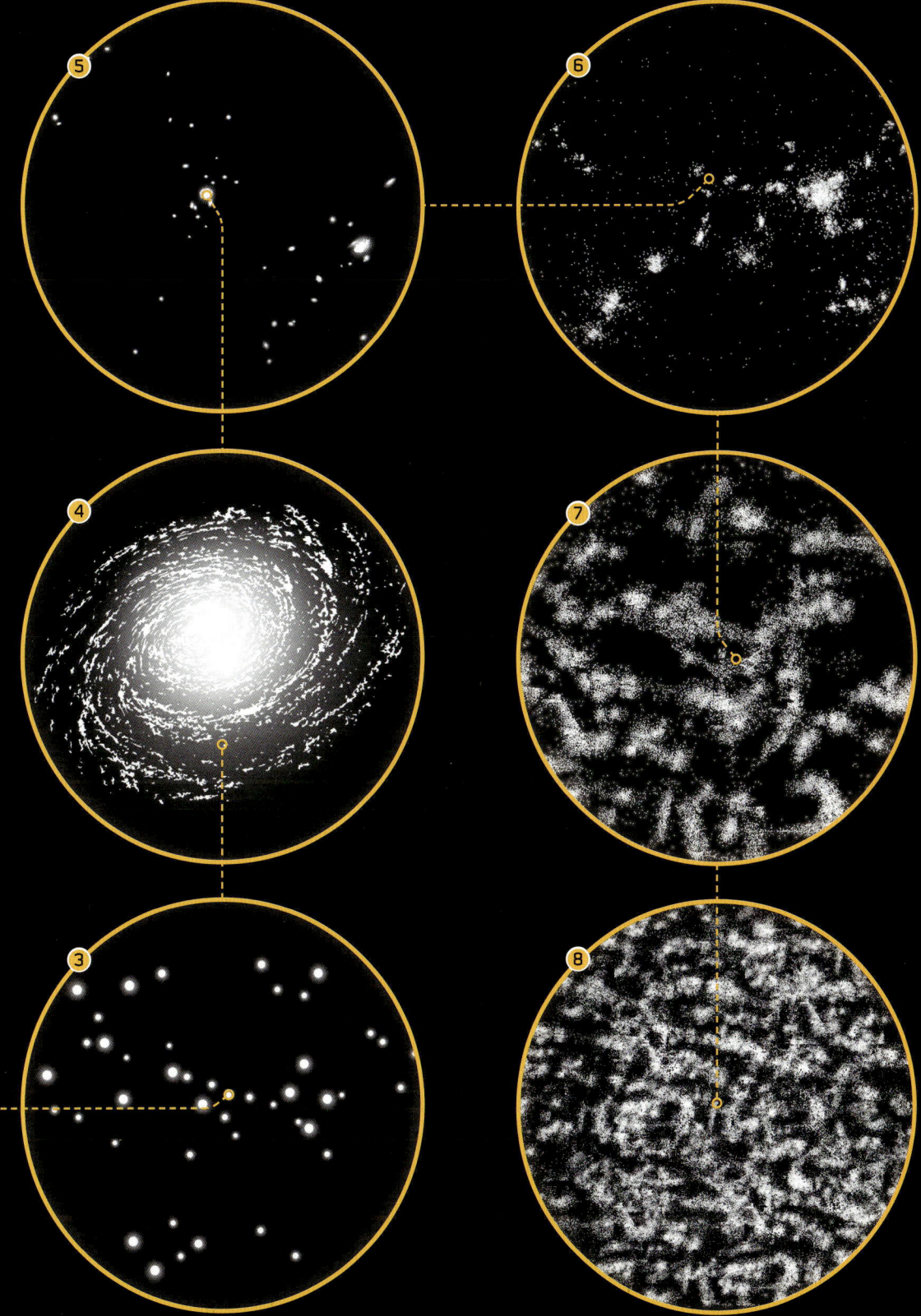

02 AUFBAU EINES STERNS

Die funkelnden Lichter am Nachthimmel nennen wir Sterne. Jeder Stern ist eine riesige Kugel, vor allem aus Wasserstoff- und Heliumatomen, die von der Schwerkraft zusammengehalten werden. In einem Stern befindet sich so viel Masse, dass die Schwerkraft stark genug ist, um seine Kerntemperatur auf über 15 Millionen °C zu erhöhen. Bei solcher Hitze bewegen sich Wasserstoffkerne unglaublich schnell und bei ihrem Zusammenstoß entstehen Heliumkerne. Diese Reaktion nennt man *Kernfusion*. Sie erzeugt riesige Mengen an Energie. Ein großer Teil dieser Energie drückt gegen die Schwerkraft, weshalb der Stern nicht kollabiert. Der Rest wird in Form von Licht und Hitze vom Stern abgestrahlt.

Der erdnächste Stern ist die Sonne. Fast jeder Stern am Himmel ist größer als sie, aber es gibt auch unzählige kleinere, nicht sichtbare Sterne. Die größten Sterne, etwa der Mehrfachstern Eta Carinae (siehe Nr. 13 und 47), haben die über hundertfache Masse und die fünfmillionenfache Leuchtkraft der Sonne. Die Kerne großer, massereicher Sterne sind heiß genug, um schwerere Elemente zu Kohlenstoff, Sauerstoff und Stickstoff zu verschmelzen.

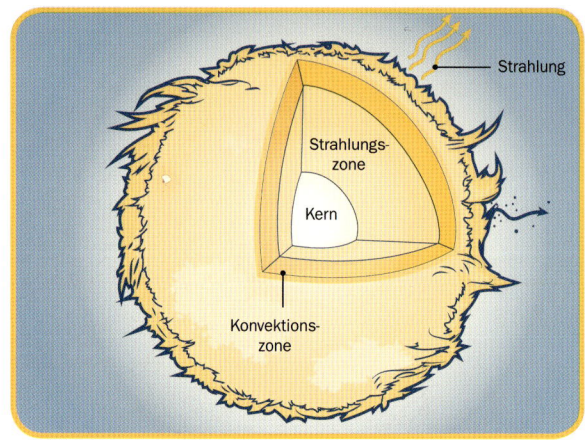

Im Inneren des Sterns sorgen mehrere Schichten für den Energietransport aus dem Kern in den Weltraum. Durchschnittlich große Sterne haben drei Schichten: den *Kern* (in dem Kernreaktionen Energie erzeugen), eine *Strahlungszone* aus Gas (in der Licht aus dem Kern von Atom zu Atom wandert) und eine *Konvektionszone* (in der sich die Gase wie brodelndes Wasser in einem Topf verhalten). Riesige Sterne haben keine Konvektionszone, sondern leiten Energie über eine große Strahlungszone. Winzige Sterne haben nur Konvektionszonen.

03 KLASSIFIKATION DER STERNE

In der Astronomie gibt es viele Arten, Sterne zu klassifizieren. Eine davon ist die Morgan-Keenan- oder MK-Klassifikation, basierend auf Temperatur und *Leuchtkraft* – jener Menge an Energie, die ein Stern abgibt. Dieses System unterteilt Sterne wie folgt:

HAUPTREIHENSTERNE Zu ihnen zählt die große Mehrheit der Sterne im Universum – auch unsere Sonne. Ihre Kerne sind heiß genug, um Wasserstoffatome miteinander zu verschmelzen und dabei Heliumatome und gewaltige Energiemengen zu erzeugen. Ein Stern verbringt den Großteil seines Lebens als Hauptreihenstern. Es gibt sie in allen Größen und Farben: etwa gelbe, die eine ähnliche Leuchtkraft und Größe wie unsere Sonne haben, oder rote, die sehr klein, kühl und lichtschwach sind (Rote Zwerge). Letztere kommen im Universum am häufigsten vor und leben am längsten.

RIESEN Ein Riese hat im Vergleich zu einem Hauptreihenstern eine große Ausdehnung und eine relativ kühle Oberfläche – das Resultat davon, dass kein Wasserstoff mehr verbrannt wird. Im Kern eines Roten Riesen verschmilzt Helium zu Kohlenstoff. Der Stern Arktur im Sternbild Rinderhirte ist ein Beispiel dafür (siehe Nr. 30).

ÜBERRIESEN Die *Überriesen* gehören zu den größten und hellsten Sternen, mit der zehn- oder mehrfachen Masse unserer Sonne. Viele Überriesen sieht man auch ohne Teleskop, etwa Deneb im Sternbild Schwan oder Rigel im Orion. Wenn so ein massereicher Stern „stirbt", entsteht eine *Supernova* (eine extrem helle Explosion, gefolgt vom Tod des Sterns) und in weiterer Folge manchmal ein *Schwarzes Loch* (ein unsichtbarer Bereich mit so starker Schwerkraft, dass kein Licht hinausgelangt) oder ein *Neutronenstern* (kompakter Sternenrest).

VERÄNDERLICHE STERNE Manche Sterne kann man nicht kategorisieren. Die Helligkeit der *veränderlichen Sterne* schwankt: Der Stern schrumpft oder dehnt sich aus oder wird von einem anderen Objekt verdunkelt. *Cepheiden* pulsieren stark und erlauben Rückschlüsse auf das Verhalten von Sternen und ihre Entfernung.

04 STERNSYSTEME ENTDECKEN

Am Himmel verbirgt sich oft mehr, als man auf Anhieb sieht. Manchmal bedeutet das mehr Sterne, als man erkennen kann. Sterne halten sich oft in folgenden Gruppen auf:

Ⓐ DOPPELSTERNE Manche Sterne sind Mehrfachsterne, die das Auge als einzelnen Lichtpunkt wahrnimmt. Es gibt *optische Doppelsterne*, die aufgrund unserer Perspektive als ein Stern erscheinen, und *physische Doppelsterne* – zwei nah beieinanderliegende Sterne, die gravitativ aneinander gebunden sind und einander umkreisen. Der hellste Stern am Himmel, Sirius (Alpha Canis Majoris), gehört zu einem physischen Doppelsternsystem. Die Sterne eines Sternbilds werden nach Helligkeit gereiht: „Alpha" – hellster Stern, „Beta" – zweithellster usw.

Ⓑ OFFENE STERNHAUFEN Diese Systeme enthalten tausende junge Sterne, die alle zeitgleich aus derselben riesigen Molekülwolke entstanden sind. Sie sind nur schwach gravitativ aneinander gebunden und werden mit der Zeit auseinanderdriften. Sehr bekannt und mit bloßem Auge sichtbar sind die Plejaden (M 45), ein offener Sternhaufen im Sternbild Stier (siehe Nr. 58).

05 STERNE IN UNSERER NÄHE

Neben der Sonne ist Proxima Centauri der erdnächste Stern. Er liegt im Dreifachsystem Alpha Centauri (Rigil Kentaurus) im Sternbild Zentaur, nur 4,24 Lichtjahre entfernt. Die folgende Tabelle enthält weitere Sternnachbarn – einige davon sind mit bloßem Auge zu erkennen.

STERN	Entfernung
SONNE	8,3 Lichtminuten
PROXIMA CENTAURI	4,2 Lichtjahre
ALPHA CENTAURI A & B	4,3 Lichtjahre
BARNARDS PFEILSTERN	6,0 Lichtjahre
WOLF 359	7,8 Lichtjahre
LALANDE 21185	8,3 Lichtjahre
SIRIUS A & B	8,6 Lichtjahre
LUYTEN 726-8 A & B	8,7 Lichtjahre
ROSS 154	9,7 Lichtjahre
ROSS 248	10,3 Lichtjahre
EPSILON ERIDANI	10,5 Lichtjahre

Ⓒ KUGELSTERNHAUFEN Diese dichten, kugelförmigen Sternhaufen sind stark gravitativ gebunden und langlebiger als die offenen Sternhaufen. Omega Centauri (NGC 5139) ist der größte bekannte Kugelsternhaufen. M 13 (NGC 6205) im Sternbild Herkules ist der hellste Kugelsternhaufen am nördlichen Sternhimmel.

06

FÜNF TIPPS FÜR
DIE IDEALE ZEIT ZUM STERNEGUCKEN

Entdecken Sie die besten Bedingungen für die Himmelsbeobachtung – je mehr Sie sehen können, desto mehr Spaß werden Sie haben.

☐ **WETTER BEACHTEN** Wolken, Dunst, Nebel, Staub und Smog stören die Sicht. Selbst bei klarem Himmel kann eine hohe Luftfeuchtigkeit stören und Nebel bilden. Wenn Sie in einem nebligen oder feuchtem Gebiet leben, beobachten Sie das Wetter ganz genau und nutzen Sie die wenigen Nächte mit klarer Sicht.

☐ **TECHNIK NUTZEN** Die App *Clear Sky Chart* ist ein astronomischer Wetterbericht, der Sie im Voraus auf ideale Bedingungen hinweist. Sie werden begeistert sein! Aufgrund der Umlaufbahn der Erde sehen Sie zu verschiedenen Jahreszeiten andere Sterne. Darum lohnt sich auch der Download einer App mit saisonalen Sternkarten, damit Sie Ihre Beobachtungen dementsprechend planen können.

☐ **DEN MOND BEOBACHTEN** Behalten Sie auch die Mondphasen im Auge und meiden Sie das Sternegucken um den Vollmond, wenn lichtschwache Objekte selbst bei idealen Wetterbedingungen im Mondschein verblassen.

☐ **LICHTQUELLEN MEIDEN** Entfernen Sie sich von Straßenbeleuchtung, Autoscheinwerfern und anderen hellen Lichtern. Selbst der Bildschirm Ihres Handys verhindert die Anpassung Ihrer Augen an die Dunkelheit.

☐ **DIE HÖHE SUCHEN** Die Atmosphäre ist voller Staub und Luftunruhe, die das Licht dämpft und verzerrt. In größeren Höhenlagen gibt es weniger davon und die Sicht ist bedeutend besser.

07
STADT ODER LAND

Der dunkle, mit Sternen übersäte Nachthimmel kann Anfänger verwirren. Die Lichter in der Stadt lassen nur die hellsten Sterne hervorstechen. Viele Sterne, die Milchstraße und die meisten Meteore verblassen durch die Lichtverschmutzung der Stadt. Die hellsten Sterne, aus denen bekannte Sternbilder bestehen, sind so jedoch leichter zu finden und zu bestimmen. Ein sternenarmer Hintergrund erleichtert auch das Finden von Planeten.

Das Sternegucken auf dem Land kann dafür ein prägendes Erlebnis sein. Je nach Jahreszeit sieht man vielleicht die Milchstraße, die sich als leuchtendes Wolkenband über den Himmel erstreckt. Der gesamte Himmel kann mit Sternen bedeckt sein oder einen faszinierenden Meteorschauer darbieten. Vielleicht entdecken Sie sogar entfernte Galaxien und Nebel, wie die Andromedagalaxie (M 31/NGC 224) und den Orionnebel (M 42/NGC 1976).

GRUNDAUSRÜSTUNG FÜR STERNGUCKER

Auch wenn Sie den Himmel nur mit bloßem Auge beobachten, empfehlen sich ein paar Hilfsmittel, um Ihren nächtlichen Ausflug angenehmer zu gestalten.

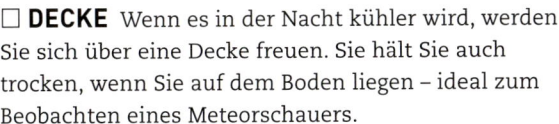

☐ **DECKE** Wenn es in der Nacht kühler wird, werden Sie sich über eine Decke freuen. Sie hält Sie auch trocken, wenn Sie auf dem Boden liegen – ideal zum Beobachten eines Meteorschauers.

☐ **GARTENSTUHL** Für mehr Komfort sind Kipp- oder Liegestühle perfekt, um den Himmel zu beobachten und dabei Ihren Nacken zu schonen.

☐ **ROTLICHT** Normale Taschenlampen stören die Dunkeladaption Ihrer Augen. Wie Kino-Platzanweiser wissen, hilft eine Rotlichtlampe, die Nachtsicht zu bewahren. Kaufen oder basteln Sie so eine Lampe (siehe Nr. 10).

☐ **GETRÄNKE UND SNACKS** Wasser hilft gegen den Durst; Kaffee oder Tee in einer Thermosflasche halten Sie wach. Kleine Snacks sind immer willkommen.

☐ **STERNKARTEN** Drucken Sie eine Sternkarte aus oder nehmen Sie eine drehbare Sternkarte. (Siehe auch Nr. 23–24 für Muster-Sternkarten.) In Gebieten mit starker Lichtverschmutzung können Sie auch eine Sterngucker-App auf Ihrem Mobilgerät verwenden.

☐ **WARME KLEIDUNG** Selbst in warmen Regionen ist die Nacht oft kalt. Mütze, Schal und Handschuhe sowie Hand- und Fußwärmer verschaffen Abhilfe.

09 BESSER SEHEN

Ganz gleich, ob Sie die Sterne zum ersten Mal beobachten oder schon oft vergeblich versucht haben, Sternbilder in diesem Sternenwirrwarr zu erkennen – die folgenden Tipps sind ein erster Schritt zum Erfolg.

DIE AUGEN GEWÖHNEN Das menschliche Auge ist sehr lichtempfindlich. Trifft Licht auf das Auge, aktiviert es zwei Arten von Rezeptoren auf der Netzhaut (*Zapfen* und *Stäbchen*). Die Zapfen reagieren auf Farben und die Stäbchen auf die Intensität des Lichts, sodass Sie auch lichtschwache Sterne sehen. Im Dunkeln sind die Stäbchen empfindlicher, benötigen aber 20 bis 30 Minuten, um sich anzupassen. Entspannen Sie sich in der Zeit oder plaudern Sie mit Freunden.

INDIREKTES SEHEN Um lichtschwache Objekte zu erkennen, schaut man sie nicht direkt an, sondern leicht an ihnen vorbei. Beim direkten Sehen verwenden wir vor allem die Farbrezeptoren (Zapfen), die lichtschwache Objekte kaum erkennen. Die Stäbchen befinden sich an der Peripherie der Netzhaut, mit der das Gehirn lichtschwache Objekte erkennt. Beim indirekten Sehen nutzt man die lichtempfindlichen Stäbchen.

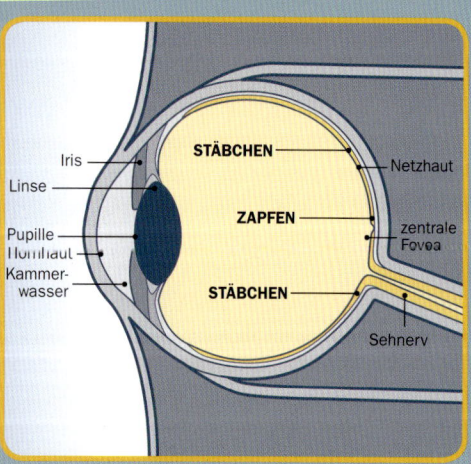

Iris
Linse
Pupille
Hornhaut
Kammerwasser
STÄBCHEN
ZAPFEN
STÄBCHEN
Netzhaut
zentrale Fovea
Sehnerv

10 EINE ROTLICHTLAMPE BASTELN

Wenn Sie einen idealen Beobachtungsplatz gefunden haben, Ihre Hilfsmittel bereitliegen und sich Ihre Augen an die Dunkelheit gewöhnt haben, wäre es schade, wenn Sie Ihre Nachtsicht mit einer Taschenlampe wieder ruinieren. Zum Glück gibt es eine Möglichkeit, mit der Sie dennoch ungetrübt Ihre Sternkarte lesen können: Rotlichtlampen.

Man kann spezielle Rotlichtlampen im Fachhandel kaufen – oder einen roten Filter für eine normale Taschenlampe. Man kann auch mit geringem Aufwand die eigene Lampe modifizieren. Mit rotem Nagellack können Sie die Linse Ihrer Taschenlampe auf beiden Seiten mit mehreren Schichten bestreichen und trocknen lassen. Wenn Sie Ihre Taschenlampe nicht dauerhaft rot färben wollen, können Sie auch nach folgender Anleitung vorgehen:

SCHRITT 1 Man benötigt eine ältere Taschenlampe (mit Glühbirne, kein LED-Licht) und eine Rolle rote Plastikfolie. (Ein roter Luftballon oder ein Stück Klebeband zum Flicken von Bremslichtern tun es auch.)

SCHRITT 2 Die Folie so weit von der Rolle abziehen, dass ihre Breite die Vorderseite der Lampe bedeckt und an jedem Ende etwa 2,5 cm überstehen. Diesen Teil nach hinten falten, bis er ca. 3 mm dick ist. Dann das Stück abreißen und in der Hälfte falten. Das ist der Filter.

SCHRITT 3 Den Filter über die gesamte Linse der Lampe legen und festhalten. Mit einigen Gummibändern, einer Schnur oder mit Klebeband fixieren.

SCHRITT 4 Der erste Test: Schalten Sie Ihre neue Rotlichtlampe im Dunkeln an. Darauf achten, dass nirgendwo Löcher sind, aus denen weißes Licht dringt. Ist das Licht zu hell, verstärken Sie den Filter mit mehr Folie.

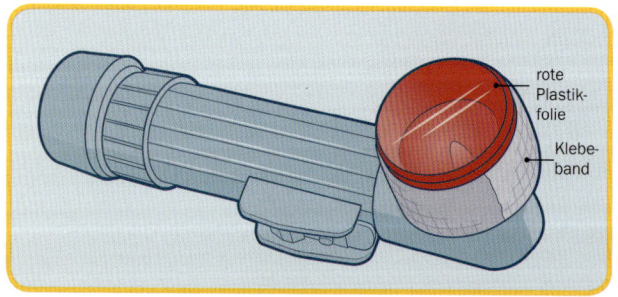

rote Plastikfolie
Klebeband

11 DIE HELLIGKEIT UND DIE FARBEN DER STERNE

Wie bei jeder Lichtquelle hängt auch die Helligkeit (oder *Magnitude,* kurz „mag") eines Sterns von Größe, Temperatur und dem Abstand zum Betrachter ab. Es gibt die *absolute* Helligkeit, die tatsächliche Leuchtkraft eines Sterns, und die *scheinbare* Helligkeit (wie hell ein Stern für uns auf der Erde erscheint). Die hellsten Sterne, die mit bloßem Auge erkennbar sind, haben 1, die lichtschwächsten etwa 6 mag. Mit dem Fernglas kann man Sterne bis zu 10, mit einem 25-cm-Teleskop bis etwa 14 mag sehen. Und die Skala geht nach 0 weiter: Der Planet Venus kann eine Helligkeit von bis zu −4,5 mag erreichen. Wenn Sie die Helligkeit der Sterne eines Sternbilds kennen, wissen Sie, nach welchen Sternen Sie Ausschau halten müssen und welche für Sie unsichtbar sind.

Nun zu den Farben. Auf den ersten Blick sehen alle Sterne weiß aus. Haben sich die Augen jedoch an die Dunkelheit gewöhnt, sieht man auch leicht rötliche, orange, gelbe oder blassblaue Sterne. Die Farben der Sterne entsprechen ihrer Oberflächentemperatur und werden hier nach der Harvard-Spektralklassifikation sortiert (O, B, A, F, G, K und M). Die heißesten Sterne sind blassblau. Danach folgen in absteigender Reihenfolge weiße, gelbe, orange und rote Sterne.

FARBE	OBERFLÄCHENTEMPERATUR (IN KELVIN)	KLASSIFIKATION
BLAU	über 30 000	O
BLAU-WEISS	10 000–30 000	B
BLAU-WEISS BIS WEISS	7500–10 000	A
WEISS	6000–7500	F
GELB-WEISS	5200–6000	G
GELB-ORANGE	3700–5200	K
ORANGE-ROT	unter 3700	M

12 DIE STERNBILDER DER NORDHALBKUGEL

Stünde man am Nordpol, würden die Sterne am Himmel mit jenen unserer Sternkarte hier übereinstimmen. Der äußere Ring gibt an, in welchen Monaten die hier gezeigten Sternbilder am besten zu sehen sind. An anderen Orten sieht man jede Nacht nur Teile dieses Himmels und sie verändern sich im Lauf des Jahres. Würde man sich zum Äquator hinbewegen, sähe man Sternbilder am nördlichen Horizont verschwinden und neue am südlichen Horizont auftauchen.

Werfen wir nun also einen Blick auf die interessantesten Ansichten der Nordhalbkugel:

MILCHSTRASSE Ein diffuser Bogen aus fernem Sternenlicht am Nachthimmel – unsere Galaxis in der Seitenansicht, von unserer Position am Rand eines der Spiralarme der Galaxis aus betrachtet.

BETEIGEUZE Dieser Rote Riese (Alpha Orionis, Schulterstern des Orion) könnte bald zur Supernova werden (siehe Nr. 201) und erschiene dann als helles Licht am Taghimmel.

WEGA Die Helligkeit der Sterne wird in Bezug auf Wega (Alpha Lyrae) gemessen, deren Magnitude 0 beträgt. Unser gesamtes Sonnensystem bewegt sich auf seiner Reise durch die Milchstraße in die Richtung von Wega.

PRAESEPE Einer der größten Haufen aus nahen Sternen ist ein faszinierender kompakter Schwarm am Nachthimmel. Im Altertum sagte man anhand von Praesepe (M 44/NGC 2632) das Wetter voraus: War er bei klarem Himmel nicht sichtbar, braute sich ein Gewitter zusammen.

ANDROMEDAGALAXIE Im Sternbild Andromeda liegt ein lichtschwacher, ovaler Nebel nahe an der Milchstraße: die Andromedagalaxie (M 31/NGC 224), die größte Galaxie in der Lokalen Gruppe.

POLARSTERN Der Polarstern (Alpha Ursae Minoris) – weder der hellste Stern noch Teil eines auffälligen Sternbilds – diente unseren Vorfahren als Navigationshilfe (siehe Nr. 36).

STERNE DER JAHRESZEITEN (BESTE ABENDSICHT)

- Frühling
- Sommer
- Herbst
- Winter
- zirkumpolar (ganzjährig sichtbar)

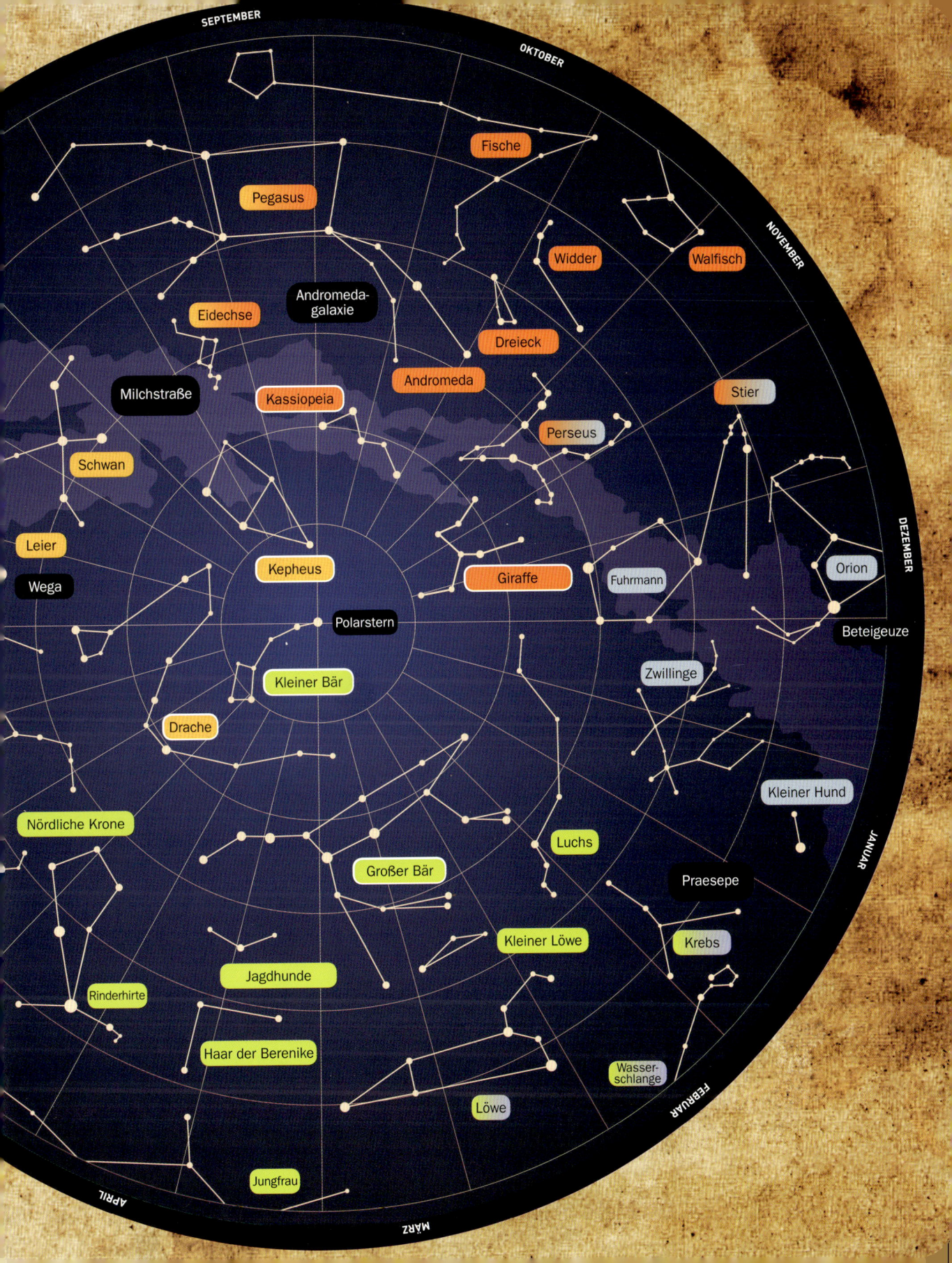

13 DIE STERNBILDER DER SÜDHALBKUGEL

Der Astronom Bart Bok, nach dem die Bok-Globulen benannt sind (viele dieser Nebel finden sich am südlichen Sternenhimmel), sagte einst: „Das Interessanteste sieht man auf der Südhalbkugel." Wir bleiben neutral, aber die meisten Hobbyastronomen teilen seine Meinung. Hier sind einige Highlights, die vom Südpol aus gesehen exakt so am Himmel stehen:

KANOPUS Kanopus (Alpha Carinae) ist ein blauer Überriese, ca. 300 Lichtjahre entfernt und so hell, dass er oft als Leitstern für Raumsonden dient. Am Himmel steht er unweit von Sirius (Alpha Canis Majoris). Suchen Sie erst den Großen Hund (siehe Nr. 59), in dem Sirius steht, dann einen zweiten hellen Stern darüber: Das ist Kanopus.

MAGELLANSCHE WOLKEN In einer dunklen Nacht sieht man vielleicht zwei leuchtende Wolken am Himmel, die jedoch keine Wolken sind, sondern Satellitengalaxien der Milchstraße. Benannt wurden sie nach dem Seefahrer Magellan, dessen Besatzung sie während einer Weltumseglung entdeckte. Sie liegen auf einer gedachten Linie, die von Sirius durch Kanopus verläuft und bis an die Große Magellansche Wolke führt. Die Kleine Magellansche Wolke liegt ganz in der Nähe.

KREUZ DES SÜDENS Für viele ist das Kreuz das typische Symbol des südlichen Sternenhimmels. Es dient als praktische Orientierungshilfe für viele andere Sterne der Südhalbkugel

(siehe Nr. 40–43). Das Kreuz ist sehr auffällig, aber es gibt auch ein „falsches Kreuz" aus jeweils zwei Sternen der Sternbilder Schiffskiel und Segel. Das echte Kreuz erkennt man, wenn man seine kürzere Linie zu den hellen Sternen Hadar (Beta Centauri) und Rigil Kentaurus (Alpha Centauri) weiterverfolgt.

RIGIL KENTAURUS Rigil Kentaurus (Alpha Centauri) ist das nächstgelegene Sternensystem und besteht eigentlich aus drei Sternen (den dritten sieht man nur mit einem Teleskop). Das Licht dieses Sternensystems erreicht uns in nur vier Jahren, aber eine Reise dorthin ist noch utopisch: Unser schnellstes Raumschiff würde fast 20 000 Jahre (über 600 Generationen) benötigen.

ETA CARINAE Dieser Doppelstern liegt im leuchtenden Carinanebel (NGC 3372). Man sieht ihn am besten durch ein Teleskop. Bei einem Helligkeitsausbruch erzeugte Eta Carinae im 19. Jahrhundert den Homunkulusnebel. Der größere der beiden Sterne ist ein Überriese und wird bald zur Supernova – vielleicht erleben Sie noch seine Explosion.

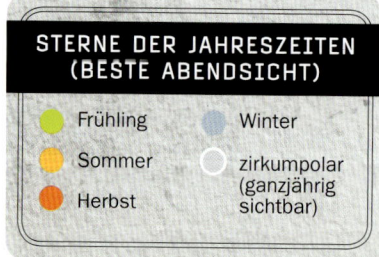

STERNE DER JAHRESZEITEN (BESTE ABENDSICHT)

- 🟢 Frühling
- 🟠 Sommer
- 🔴 Herbst
- 🔵 Winter
- ⚪ zirkumpolar (ganzjährig sichtbar)

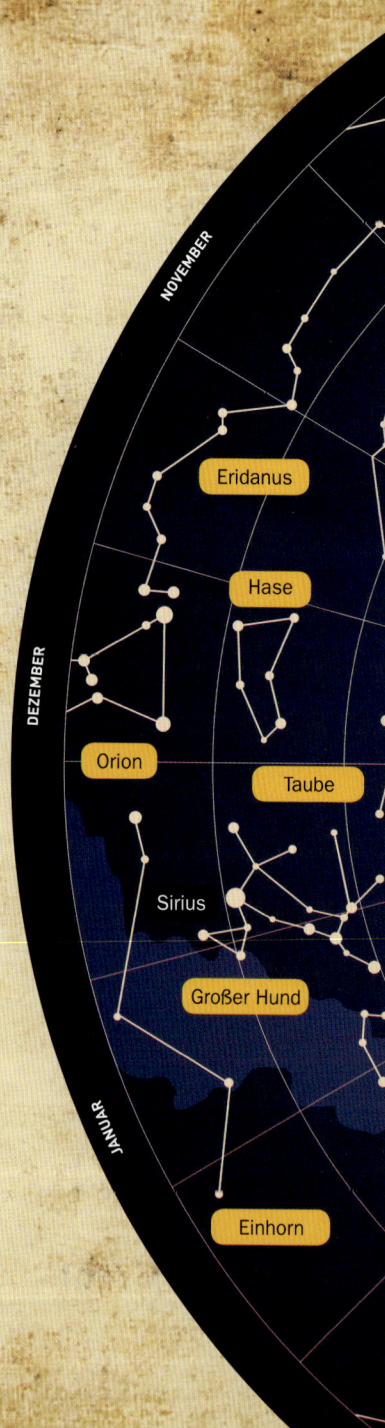

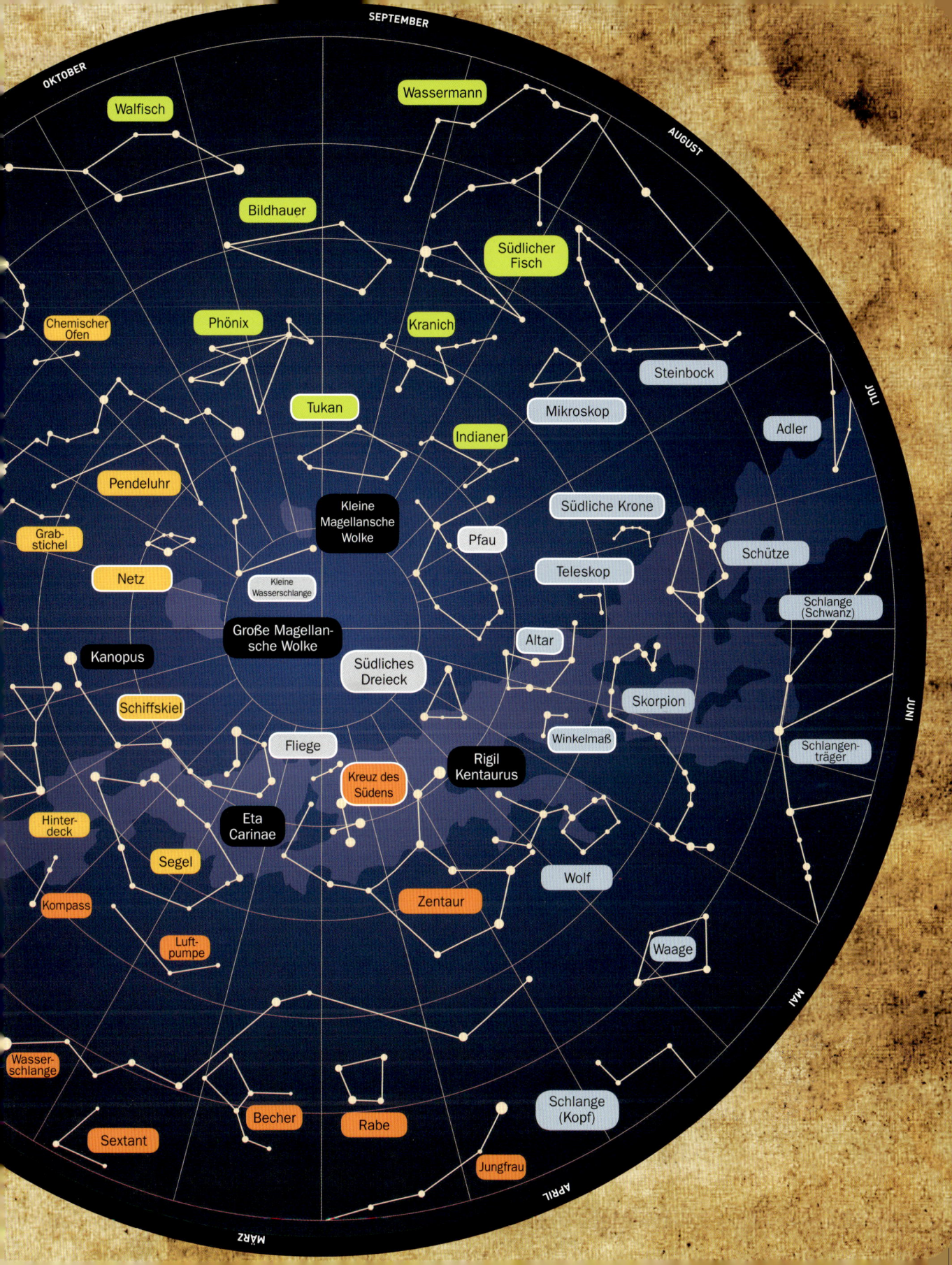

14 ZODIAKALLICHT IM MORGENGRAUEN

Unser Blick auf die *Ekliptik* (der Himmelsbereich mit den Sternbildern des Zodiaks oder Tierkreises) ist durch die Staubpartikel getrübt, die das Sonnenlicht reflektieren. Viele dieser Teilchen kommen von den Schweifen der Kometen, die in unser Sonnensystem fliegen, andere stammen von dessen Entstehung – Urstaub, der nicht in die größeren Massen der Sonne, Planeten und kleineren festen Körper absorbiert wurde. Im *Zodiakallicht* werden diese Partikel unseres frühen Sonnensystems sichtbar.

Der Herbst ist die beste Zeit, um das Licht vor Beginn der Morgendämmerung zu sehen. Auf der Nordhalbkugel erleuchtet es den Horizont im Septem-

ber und Oktober, auf der Südhalbkugel wirft man am besten zwischen März und April einen Blick darauf.

Schauen Sie bei klarem Himmel in einer mondlosen, dunklen Nacht etwa eine halbe Stunde vor Sonnenaufgang nach Osten. Ein langes, leuchtendes Dreieck (auch *falsche Dämmerung* genannt) erscheint am Himmel. Das ist das Zodiakallicht: Sonnenlicht, das von den Staubpartikeln unseres Sonnensystems reflektiert wird.

Im März und April sieht man das Zodiakallicht auch nach Sonnenuntergang im Westen, aber die Morgenluft ist meist klarer, weshalb das blasse Dreieck vor den Farben des Sonnenaufgangs viel besser sichtbar ist.

15 MORGEN- UND ABEND-PLANETEN ENTDECKEN

Noch bevor es Teleskope gab, war die Venus als der „Morgenstern" und der „Abendstern" bekannt, denn man sieht sie immer in der Nähe der Sonne – vor Sonnenaufgang oder nach Sonnenuntergang. Venus und Merkur bewegen sich vor den Sternbildern und haben keinen festen Platz auf Sternkarten. So findet man sie:

VENUS Ein sehr heller „Stern" tief am Horizont kurz nach Sonnenuntergang ist mit großer Wahrscheinlichkeit die Venus (siehe Nr. 93). Sie ist nach Sonne und Mond das dritthellste Objekt am Himmel. Manchmal sieht man sie auch bei Tag, wenn man weiß, wo man suchen muss. Wenn die Venus vor Sonnenaufgang hoch am Himmel steht, verfolgen Sie ihre Position bei Sonnenaufgang und Sie sollten sie danach gut sehen können. (Schauen Sie jedoch nicht in die Sonne.)

MERKUR Den schnellen Merkur sehen Sie bei freiem Horizont und klarem Himmel. Manchmal leuchtet er sehr hell, meist jedoch nur schwach und er ist schwierig (aber nicht unmöglich) zu erkennen. Wenn Merkur kurz vor Sonnenaufgang oder kurz nach Sonnenuntergang sichtbar ist, bleiben nur ein paar Tage oder bestenfalls Wochen, um ihn zu sehen, bevor er zu nahe an die Sonne rückt, um mit bloßem Auge sichtbar zu sein. (Mehr zu Merkur finden Sie unter Nr. 78.)

16 DIE SONNE GEHT AUF

Haben Sie den Sonnenaufgang schon einmal genau beobachtet? Betrachten Sie den Nachthimmel, kurz bevor die Sonne aufgeht. Viele der Veränderungen am Himmel laufen umgekehrt zu jenen bei Sonnenuntergang ab.

Das Morgengrauen beginnt mit Licht im Osten. Die schwächsten Sterne und die Spuren der Milchstraße verblassen zuerst. Die Sterne verlöschen flackernd, bis nur noch die Umrisse der Sternbilder bestehen, bevor auch diese innerhalb von Minuten verschwinden. Zuletzt verblassen die hellen Planeten. Manchmal sieht man noch den Mond, aber nicht so erleuchtet wie bei Nacht.

Der Sonnenaufgang beginnt, wenn die Sonne auf ihrem Weg über den östlichen Horizont den Himmel erleuchtet. Die Farben des Himmels verändern sich und erstrahlen plötzlich im Licht. Wolken – vor allem jene weit oben in der Atmosphäre – leuchten kurz vor Tagesanbruch oft intensiv rosa und violett.

17 DIE SONNE

Im Zentrum unseres Sonnensystems liegt eine nahezu perfekte Kugel aus pulsierendem Plasma: der Gelbe Zwerg, den wir Sonne nennen. Die durch Kernfusion entstehende Strahlung liefert die Energie für das Leben auf der Erde. Es ist gefährlich, sie ohne Schutz zu betrachten (siehe Nr. 182 und 218–224). Einige Fakten zum wichtigsten Stern unseres Sonnensystems:

DURCHMESSER 1,4 Millionen Kilometer, also 109-mal größer als jener der Erde

MASSE Die 33 000-fache Masse der Erde

OBERFLÄCHENTEMPERATUR 5530 °C

KERNTEMPERATUR 15 Millionen °C

ROTATIONSPERIODE 25 Erdentage (am Äquator der Sonne) bis 34 Erdentage (an ihren Polen)

ENTFERNUNG ZUR ERDE Durchschnittlich rund 150 Millionen Kilometer

ANZAHL BEKANNTER PLANETEN 8

ALTER 4,6 Milliarden Jahre

OBERFLÄCHENGRAVITATION Die Schwerkraft der Sonne ist 28-mal so groß wie jene der Erde. Wer auf der Erde 45 Kilo wiegt, ist auf der Sonne 1270 Kilo schwer (zumindest wenn die Oberfläche fest und kühl genug wäre, um darauf stehen zu können).

DAS WARTEN LOHNT SICH Wissenschaftler errechneten, dass es zehntausende Jahre dauert, bis die Energie der Sonne vom Kern durch ihr Inneres in den Weltraum gelangt, aber nur 8 Minuten vom Weltraum bis zur Erde.

ERFOLGREICHE MISSIONEN
1990: Raumsonde *Ulysses* (USA und Europa)
1995: Raumsonde SOHO (*Solar and Heliospheric Observatory;* USA und Europa)
2006: Raumsonde STEREO (*Solar Terrestrial Relations Observatory;* USA)
2010: Raumsonde SDO (*Solar Dynamics Observatory;* USA)

BREITES SPEKTRUM Unsere Augen sehen das sichtbare Licht der Sonne. Die Sonne gibt aber auch unsichtbare Strahlung ab, unter anderem Radio- und Mikrowellen, Infrarot- und UV-Licht, Röntgen- und Gammastrahlen. Mit Weltraumteleskopen beobachten Wissenschaftler die Sonne in verschiedenen Arten von Licht, um sie genauer zu „sehen".

AUFBAU Die Sonne ist nicht fest, sondern besteht aus Gas – vorwiegend aus Wasserstoff (92,1 %) und Helium (7,8 %) – und einigen anderen chemischen Elementen. Wie andere Sterne hat auch sie einen Kern, eine Strahlungszone und eine Konvektionszone (siehe Nr. 2). Die sichtbare Oberfläche nennt man *Photosphäre.* Über ihr liegt eine Schicht aus heißem Wasserstoff, die *Chromosphäre* (deren Farben man durch einen Filter sehen kann – siehe Nr. 227). Die Korona ist ein Kranz aus Plasma, der Millionen von Kilometer weit in den Weltraum strahlt.

SONNENERUPTIONEN Immer wieder kommt es auf der Sonne zu Ausbrüchen von Strahlung mit einer Intensität von 1 Milliarde Wasserstoffbomben. Oft folgen koronale Massenauswürfe: riesige Wolken aus Elektronen und Protonen, die durch die Korona der Sonne ins All gestoßen werden. Die Sonnenaktivität variiert in einem Zeitraum von etwa 11 Jahren zwischen Polsprüngen (der Nordpol wird zum Südpol und umgekehrt). Manchmal stören die Sonnenstürme sogar das Stromnetz der Erde.

LICHT AUS In etwa 5 Milliarden Jahren wird die Sonne den Wasserstoff verbraucht haben, aus dem sie seit Milliarden von Jahren Energie produziert. Danach muss sie dafür auf das Helium in ihrem Kern zurückgreifen und wird sich bis in die Bahnen von Merkur, Venus und Erde ausdehnen – und zu einem Roten Riesen werden. Wenn auch das Helium verbraucht ist, bleibt eine riesige Gashülle (ein *planetarischer Nebel*) um den komprimierten Kern zurück (der nur noch Erdgröße hat): Sie wird dann alle Eigenschaften eines Weißen Zwergs aufweisen.

KERNFUSION Die enorme Schwerkraft der Sonne zieht Gase nach innen und treibt die Temperatur und den Druck im Zentrum der Sonne in die Höhe. Im Kern sind die Temperaturen und der Druck so hoch, dass es zur Kernfusion kommt. Wasserstoffkerne prallen bei extrem hohen Geschwindigkeiten aufeinander und verschmelzen zu Heliumkernen. Bei jedem Zusammenprall geht ein winziger Teil der Wasserstoffmasse verloren und wird in Energie umgewandelt. Pro Sekunde werden 635 Milliarden Kilo Wasserstoff zu 630 Milliarden Kilo Helium umgewandelt. Die verlorenen 4,5 Milliarden Kilo Materie werden in eine Energiemenge umgewandelt, die der Explosion von unvorstellbaren 91 Billionen Kilo Dynamit entspricht.

SONNENWIND Die Sonne verströmt ständig geladene Elektronen und Protonen, die mit 1,6 Millionen km/h ins All gelangen. Der Sonnenwind formt die Schweife von Kometen und erzeugt Polarlichter auf der Erde und anderen Planeten. Planeten mit starken Magnetfeldern, wie die Erde oder der Jupiter, können den Sonnenwind ablenken und ihre Atmosphäre bleibt vor der Erosion durch den Sonnenwind geschützt.

SONNENFLECKEN Das *Plasma* der Sonne (eine riesige Wolke aus Ionen und Elektronen) erzeugt wechselhafte Magnetfelder, die an der Oberfläche wüten. Zu ihren Auswirkungen gehören die *Sonnenflecken*: temporäre dunkle Bereiche mit reduzierter Konvektion, verursacht durch konzentrierte Magnetfelder. Durch den Konvektionsverlust sind diese Bereiche geringfügig kühler als der Rest der Sonne und darum auch dunkler.

18 SOLSTITIEN UND ÄQUINOKTIEN

In vielen Kulturen sind die jährlichen *Solstitien* (die beiden Sonnenwenden) und die *Äquinoktien* (die zwei Tagundnachtgleichen) besondere Tage. Beide Ereignisse sind die Folge der geneigten Erdachse, deren Winkel immer 23,5° beträgt. Auf dem Weg der Erde um die Sonne ist die Nordhalbkugel in den Sommermonaten Juni, Juli und August am wärmsten und erhält das meiste direkte Sonnenlicht – dann, wenn der Nordpol zur Sonne zeigt. Auf der Südhalbkugel sind Dezember, Januar und Februar die wärmsten Monate – dann, wenn der Südpol zur Sonne zeigt und das Licht der Sonne direkt auf diese Halbkugel trifft.

21. JUNI Zu dieser Zeit gibt es auf der Nordhalbkugel die längsten Tage und die Wärme des Sommers, während die Südhalbkugel mitten im Winter ihre kürzesten Tage erlebt. Die Sonne steht direkt über dem nördlichen Wendekreis (23,5° nördlicher Breite). Am nördlichen Polarkreis (66,5° nördlicher Breite) geht die Sonne nicht unter und am südlichen Polarkreis (66,5° südlicher Breite) geht die Sonne nicht auf.

20. MÄRZ Um diesen Tag herum kommt es auf der Nordhalbkugel zum *Frühlingsäquinoktium*. Er ist der erste Tag des Frühlings und markiert den Beginn der längeren, wärmeren Tage. Auf der Südhalbkugel trifft das Gegenteil zu. Dort ist es das *Herbstäquinoktium*: die Temperaturen fallen und die Tage werden kürzer. Tag und Nacht sind an diesem Tag gleich lang – *Äquinoktium* bedeutet „gleiche Nacht"

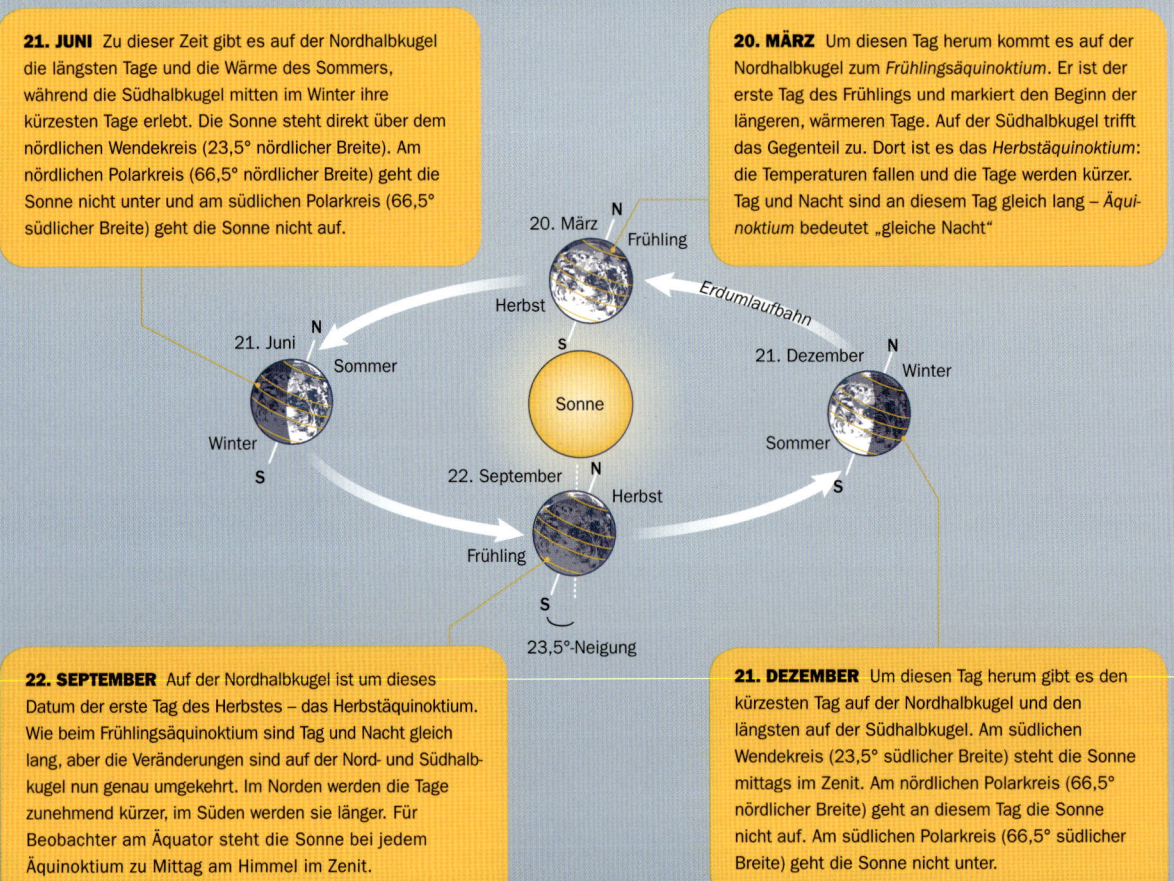

20. März · Frühling · Herbst · N · S
21. Juni · N · Sommer · Winter · S
Erdumlaufbahn
Sonne
21. Dezember · N · Winter · Sommer · S
22. September · N · Herbst · Frühling · S
23,5°-Neigung

22. SEPTEMBER Auf der Nordhalbkugel ist um dieses Datum der erste Tag des Herbstes – das Herbstäquinoktium. Wie beim Frühlingsäquinoktium sind Tag und Nacht gleich lang, aber die Veränderungen sind auf der Nord- und Südhalbkugel nun genau umgekehrt. Im Norden werden die Tage zunehmend kürzer, im Süden werden sie länger. Für Beobachter am Äquator steht die Sonne bei jedem Äquinoktium zu Mittag am Himmel im Zenit.

21. DEZEMBER Um diesen Tag herum gibt es den kürzesten Tag auf der Nordhalbkugel und den längsten auf der Südhalbkugel. Am südlichen Wendekreis (23,5° südlicher Breite) steht die Sonne mittags im Zenit. Am nördlichen Polarkreis (66,5° nördlicher Breite) geht an diesem Tag die Sonne nicht auf. Am südlichen Polarkreis (66,5° südlicher Breite) geht die Sonne nicht unter.

19 WARUM GIBT ES JAHRESZEITEN?

Viele glauben, der Wechsel der Jahreszeiten entstehe durch die wechselnde Entfernung der Erde zur Sonne. Die Erdbahn ist zwar kein perfekter Kreis, aber die kleine Entfernungsänderung macht keinen Unterschied für die Jahreszeiten. Tatsächlich befindet sich die Erde im Januar der Sonne am nächsten – dann, wenn am Großteil der Nordhalbkugel Winter herrscht. Die wahre Ursache für die Jahreszeiten ist die Neigung der Erdachse: Jene Halbkugel, die gerade der Sonne zugeneigt ist, erhält längere Tage und mehr direktes Sonnenlicht. Im Prinzip ist das Sonnenlicht im Sommer auf einen kleineren Bereich konzentriert – auf den der Sonne zugewandten Teil der Erde. Es kommt also auf die Länge der Tage und den Einfallswinkel der Sonnenstrahlen an.

20 ASTRONOMISCHE STÄTTEN DER VORZEIT

Als die Menschen vor tausenden Jahren mit dem Ackerbau begannen, mussten sie herausfinden, wann sie ihre Feldfrüchte pflanzen und ernten sollten. Sie beobachteten die unterschiedlich langen Tage im Jahr und entdeckten die Bedeutung der Solstitien und Äquinoktien. Viele der prähistorischen Stätten, mit denen sie die Jahreszeiten verfolgen konnten, stehen heute noch. Hier eine kleine Auswahl:

A STONEHENGE Das 5000 Jahre alte Observatorium im englischen Wiltshire scheint auf den Sonnenuntergang des Wintersolstitiums und den Sonnenaufgang des Sommersolstitiums ausgerichtet zu sein. Vermutlich wurde es nicht für detaillierte Beobachtungen, sondern für Jahreszeitenrituale verwendet.

B CHACO-CANYON-SONNENDOLCH Das prähistorische Volk der Anasazi errichtete im Chaco Canyon im heutigen US-Bundesstaat New Mexico ein Observatorium. Wenn an den Äquinoktien und Solstitien Sonnenlicht durch die Steinblöcke fiel, erschien ein Dolch aus Licht, der eine in den Fels geritzte Spirale „durchstach". Leider bewegten sich die Felsen 1989 und der „Sonnendolch" funktioniert nicht mehr.

C NEWGRANGE Am Wintersolstitium scheint die aufgehende Sonne auf eine der Kammern dieses irischen Observatoriums. Es wurde um 3200 v. Chr. erbaut und ist älter als die Pyramiden. Jedes Jahr machen tausende Menschen bei einer Auslosung mit, um 17 Minuten lang die erleuchtete Kammer zu sehen.

21 DAS ANALEMMA DER SONNE ERFASSEN

Markiert man ein Jahr lang zur gleichen Zeit die Position der Sonne auf einer Wand, entsteht daraus die Form einer Acht: das *Analemma*. Es bildet sich aufgrund der geneigten Rotationsachse der Erde und ihrer elliptischen Bahn um die Sonne.

Durch die geneigte Erdachse scheint die Sonne zu verschiedenen Zeiten im Jahr höher oder tiefer am Himmel zu stehen – so entstehen auf der vertikalen Achse des Analemmas Punkte auf verschiedenen Höhen. Im Sommer ist die Nordhalbkugel der Sonne zugewandt und die Sonne erscheint höher; im Winter ist sie von der Sonne weggeneigt, die tiefer zu stehen scheint. Auch die elliptische Bahn der Erde lässt die Sonne (je nach Jahreszeit) im Osten oder Westen etwas höher stehen, was die zwei Schleifen des Analemmas erzeugt. Mit Zetteln, einem Spiegel und einer hellen Wand können Sie zu Hause Ihr eigenes Analemma erfassen.

SCHRITT 1 Sie benötigen einen Tag, an dem Sie jede Woche Zeit haben, und ein Fenster nach Süden. Die Sonne muss das ganze Jahr zur gewählten Zeit durch das Fenster scheinen.

SCHRITT 2 Einen kleinen Spiegel so aufs Fensterbrett legen, dass er das Sonnenlicht auf eine leere Wand wirft. Den Spiegel festkleben und ein Jahr lang nicht verändern.

SCHRITT 3 Kleben Sie am ersten Tag einen Zettel dort an die Wand, wo das reflektierte Licht hinfällt. Das Datum notieren. Kleben Sie jede Woche zur gleichen Zeit einen Zettel mit Datum auf den Lichtpunkt. (Zeitumstellung einkalkulieren!)

SCHRITT 4 Am Ende des Jahres sehen Sie die Form. Zeichnen Sie das Analemma leicht mit Bleistift nach, um es zu bewahren.

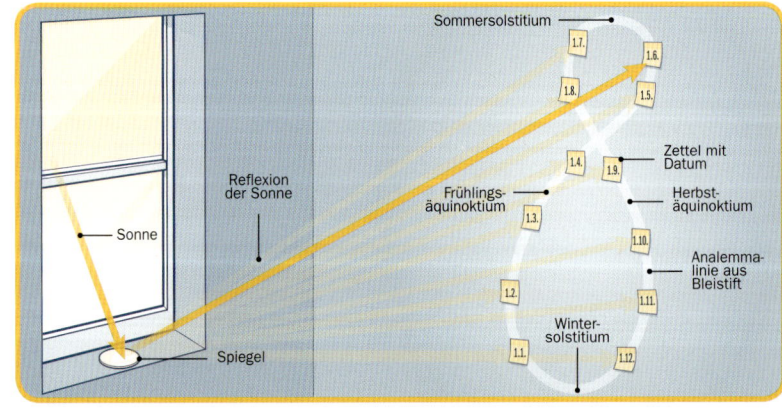

22 SOLARGRAFIEN ERSTELLEN

Es gibt noch andere Arten, um die jährliche Reise der Sonne über den Himmel festzuhalten – diese hier ergibt zusätzlich ein tolles Bild. Eine *Solargrafie* ist das Resultat einer sechsmonatigen Langzeitbelichtung mit einer Lochkamera: ein Bogen aus farbigen Bändern, die den täglichen, immer leicht abweichenden Weg der Sonne von Auf- bis Untergang beschreiben. So erstellen Sie ohne großen Aufwand faszinierende Bilder.

SCHRITT 1 Besorgen Sie lichtempfindliches, seidenmattes Schwarzweiß-Fotopapier.

SCHRITT 2 In einen undurchsichtigen Behälter (z. B eine Aludose oder eine 35-mm-Filmdose) auf einer Seite ein kleines Loch stechen. Den Behälter mit Isolierband lichtundurchlässig machen (nicht das Loch abkleben).

SCHRITT 3 Das Loch mit einem „Verschluss" aus einem winzigen Stück Isolierband abdecken. Er wird erst bei Beginn der Belichtung entfernt.

SCHRITT 4 Das Fotopapier in einem völlig dunklen Raum rasch in den Behälter legen und den Deckel mit Isolierband abkleben. Vor Licht schützen! Die Schichtseite soll zum Loch zeigen, aber es nicht abdecken.

SCHRITT 5 Einen geschützten Platz mit Blick nach Süden (auf der Nordhalbkugel) oder Norden (auf der Südhalbkugel) finden. Durch ein Versuchsfoto mit Referenzobjekt die gewünschte Bildkomposition ermitteln. Die Lochkamera dann fixieren.

SCHRITT 6 Den Verschluss entfernen. Die Kamera bleibt jetzt ein bis sechs Monate an ihrem Platz.

SCHRITT 7 Den unentwickelten Film in einem verdunkelten Raum schnell auf einen geeigneten Scanner legen. Sofort einscannen (ohne Vorschau) – das ist das Negativ. Das Bild mit einer Bildbearbeitungssoftware invertieren und Kontrast und Helligkeit anpassen. Bestaunen Sie nun den Weg der Sonne!

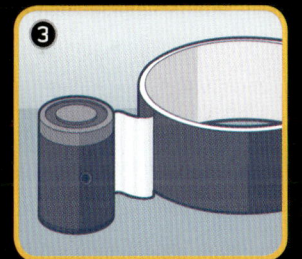
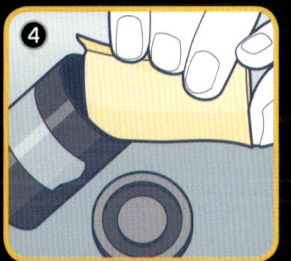

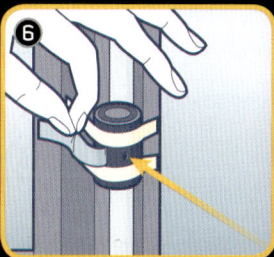

23 EINE DREHBARE STERNKARTE BASTELN

Es gibt zahlreiche Websites und Apps, mit deren Hilfe man die Sternbilder am Nachthimmel auffinden kann. Ganz ohne Elektronik geht es mit einer drehbaren Sternkarte aus Papier. Drehbare Sternkarten sind aber nicht universell einsetzbar: Sie funktionieren nur in einem bestimmten Breitenbereich (meist von etwa 10°). Schneiden Sie für Ihr Exemplar jene Linien aus, die Ihrem Breitengrad am ehesten entsprechen.

SCHRITT 1 Mit einem Kopierer (oder mit Scanner und Drucker) zwei Kopien der gelben Vorlage (unten) machen. Jede Kopie auf ein Stück Karton kleben.

SCHRITT 2 Auf dem Stück für die Vorderseite entlang der hellblauen Linie Ihrer geografischen Breite schneiden. Etwa für 50° Breite (nördliche oder südliche) entlang der hellblauen Linie mit der 50, unter der waagerechten Linie (mit der 0) in einer Schüsselform schneiden. Sind Sie auf der Nordhalbkugel, schreiben Sie in die Mitte „N", links „W" und rechts „O". Das ist

Ihre Ausrichtung auf den nördlichen Horizont. Befinden Sie sich auf der Südhalbkugel, schreiben Sie in die Mitte „S", links „O" und rechts „W" für Ihre Ausrichtung auf den südlichen Horizont. Schneiden Sie die vier Bogensegmente unter den Zahlen aus.

SCHRITT 3 Die zweite Vorlage ist die Rückseite. Hier entlang der dunkelblauen Linie der gleichen Breite, aber über der waagerechten Linie in einer Hügelform schneiden. Für 50° Breite schneiden Sie entlang der 50°-Linie über der waagerechten Linie (mit der 0). Auf der Nordhalbkugel schreiben Sie in die Mitte unter die Spitze des Hügels „S", links „O" und rechts „W" als Ausrichtung auf den südlichen Horizont. Sind Sie auf der Südhalbkugel, schreiben Sie in die Mitte „N", links „W" und rechts „O". Das ist Ihr nördlicher Horizont. Nun haben Sie zwei Scheiben – eine Schüssel und einen Hügel (außer Sie sind direkt am Äquator). Befestigen Sie die beiden mit Heftklammern entlang des äußeren Rands aneinander, sodass sie eine Hülle bilden.

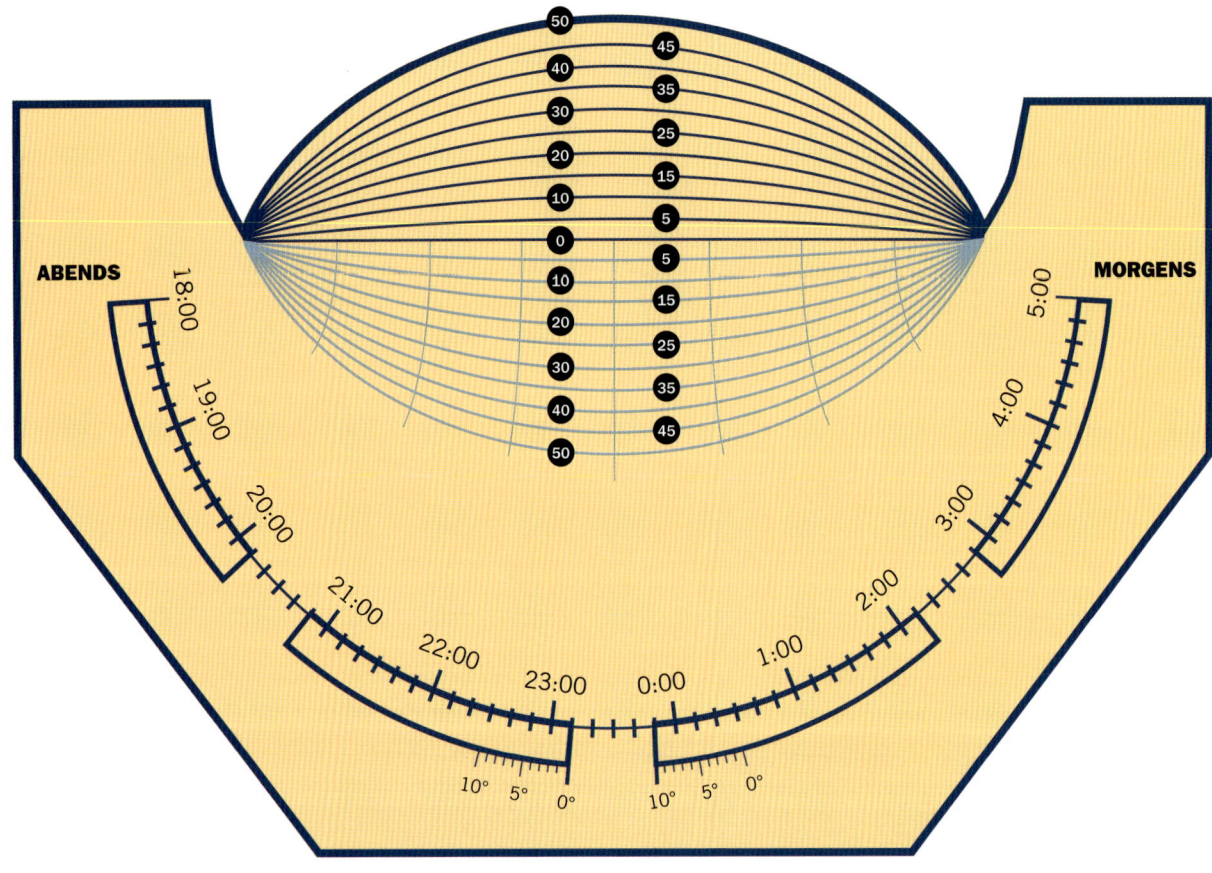

SCHRITT 4 Das Sternrad der Nordhalbkugel (unten) und jenes der Südhalbkugel auf der nächsten Seite (Nr. 24) kopieren. Das Sternrad des Nordens auf ein Stück Pappe kleben und dann ausschneiden. Das Sternrad des Südens ausschneiden und auf seine Rückseite kleben. Die gleichen Monate sollen übereinander liegen. Nun hat das Sternrad zwei Seiten.

SCHRITT 5 Zum Verwenden legt man das Rad so ein, dass der zur Hemisphäre passende Sternenhimmel in der Schüsselseite der Öffnung steckt. Drehen Sie das Rad, um das aktuelle Datum (im Fenster) auf die Zeit auf der Unterseite des Sternfinders auszurichten.

SCHRITT 6 Nach draußen gehen. Die Sternkarte in den Himmel halten und das „N" auf den nördlichen Horizont ausrichten. Am Himmel sehen Sie die Sternbilder, die auf der Sternkarte über dem „N" stehen. Um die Sternbilder des Südens zu sehen, die Planisphäre umdrehen und neu orientieren: Den Sternfinder über dem Kopf halten und das „S" auf den südlichen Horizont ausrichten.

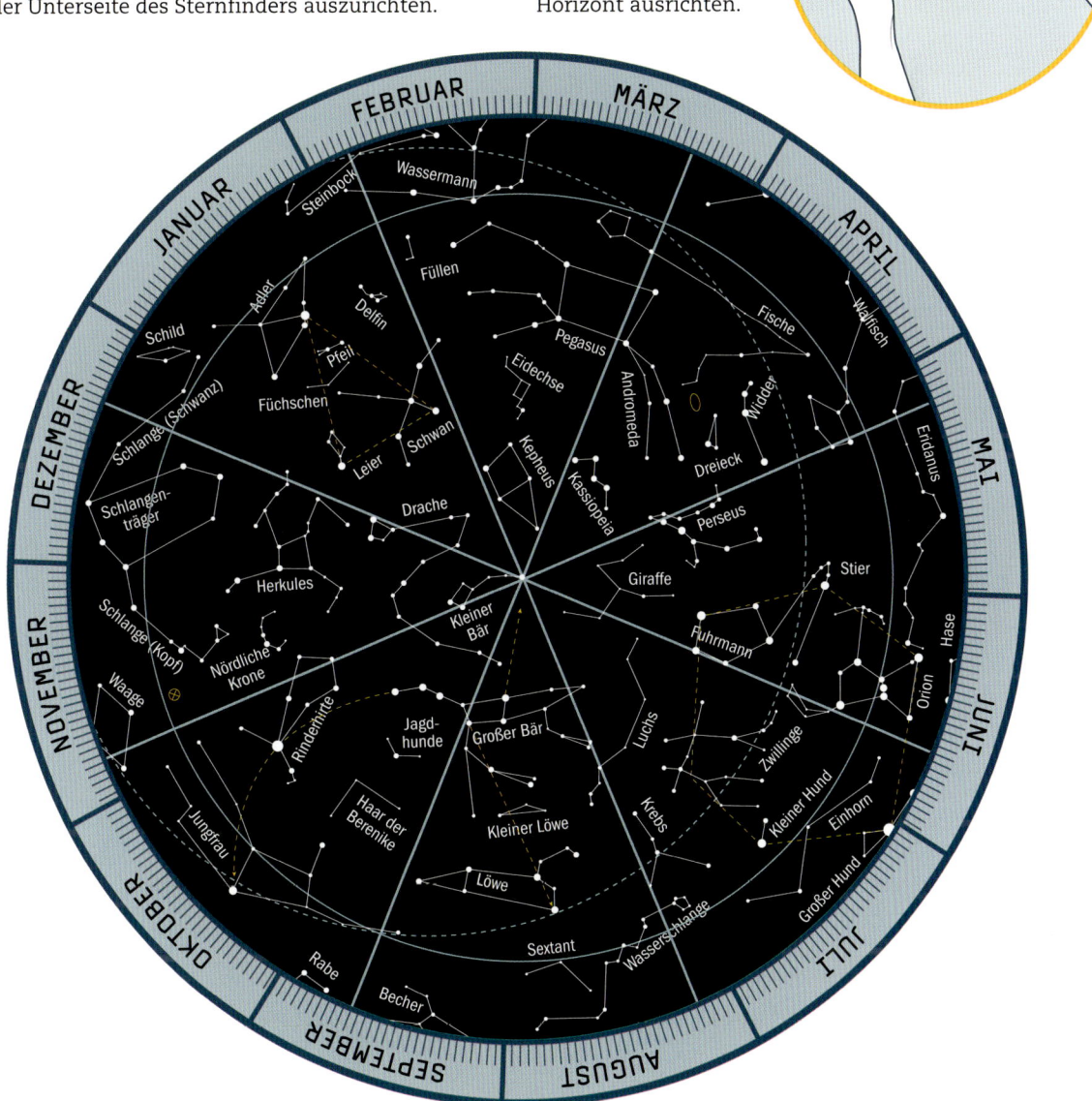

24 STERNKARTE FÜR DIE SÜDHALBKUGEL

Drehbare Sternkarten erleichtern die Orientierung am Nachthimmel, ähnlich wie uns Landkarten auf Straßen und in der Wildnis helfen: Sie zeigen uns die Richtung, wichtige Punkte und die relative Entfernung zwischen Objekten und Flächen. Wenn man nicht gerade am Nordpol steht, sieht man immer auch einen Teil des südlichen Sternenhimmels, darum benötigen Sie auch dieses Rad. Umgekehrt benötigen Beobachter auf der Südhalbkugel auch die Vorlage für den Sternenhimmel der Nordhalbkugel (siehe vorherige Seite, Nr. 23).

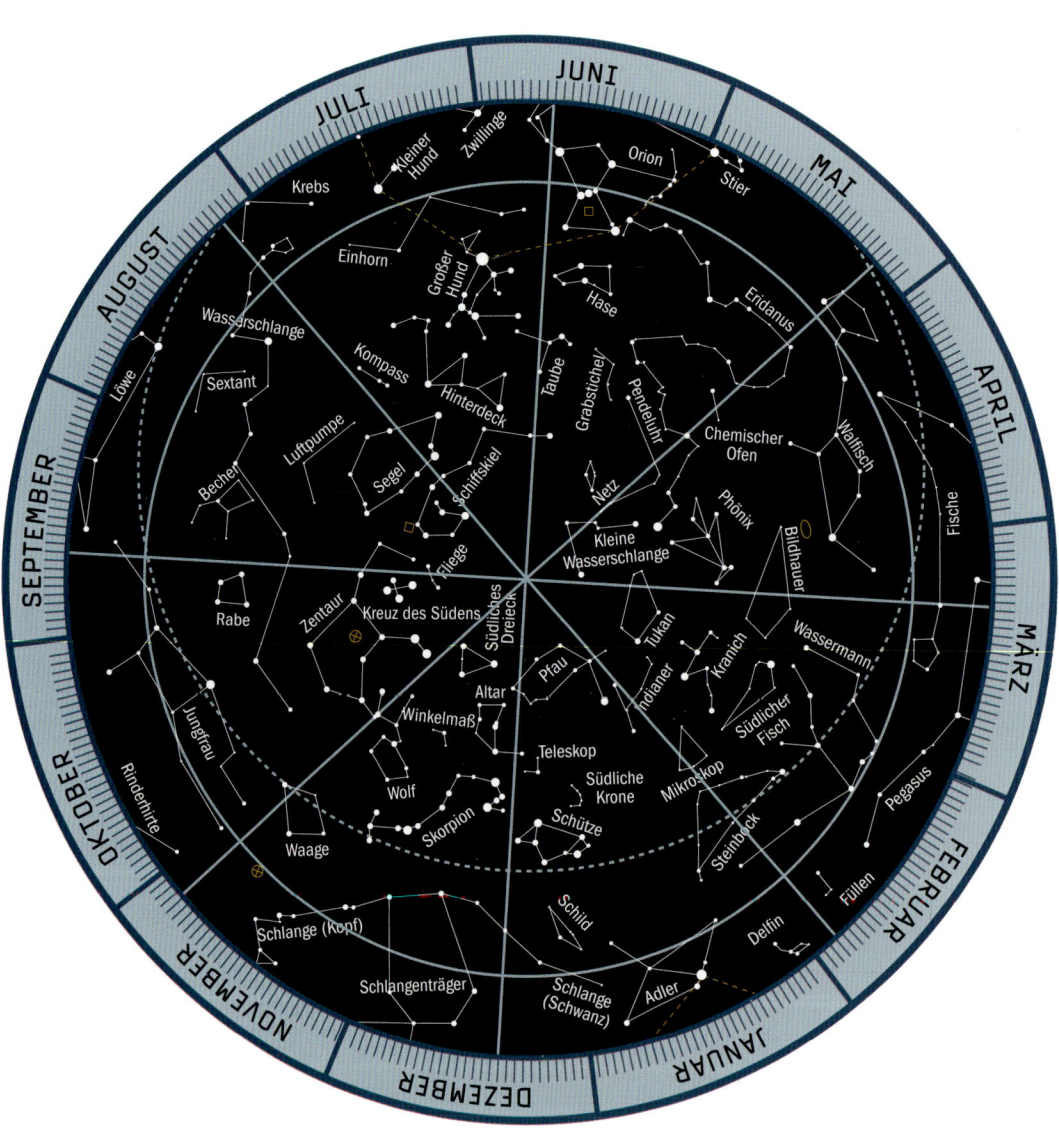

25 VERMESSUNG DES HIMMELS

Ein Gebirge würde man nicht mit dem Meterstab messen. Genauso benötigt auch der Kosmos seine eigenen Maßeinheiten.

ASTRONOMISCHE EINHEIT Das Maß des Sonnensystems ist die *Astronomische Einheit* (AE). Mit ihr wird die Entfernung zwischen Objekten in relativer Nähe gemessen. Eine AE hat eine Länge von 150 Millionen Kilometern, was in etwa dem Abstand zwischen Erde und Sonne entspricht (der sich mit dem Verlauf des Jahres etwas verändert).

BOGENMINUTEN UND -SEKUNDEN Astronomen beschreiben die Größe eines Himmelskörpers oder den Abstand zwischen zwei Objekten oft mit ihrer *Winkelausdehnung* – wie groß ein Objekt oder ein Abstand von unserem Beobachtungspunkt aus am Himmel erscheint, gemessen in Grad (°). Die Große Magellansche Wolke etwa erstreckt sich auf der Südhalbkugel 5° über den Himmel, während der Andromedanebel (M 31/NGC 224) auf der Nordhalbkugel 3° einnimmt. Am Himmel ist jedoch selbst 1° oft zu groß zum Messen. Dafür gibt es die Bogenminuten und -sekunden. Jede Bogenminute (') ist ⅟₆₀ Grad; jede Bogensekunde (") ist ⅟₆₀ einer Bogenminute. Zum Vergleich für die (geringe) Größe dieser Einheiten: Der Durchmesser des Mondes beträgt von der Erde aus gesehen rund 0,5° oder 30 Bogenminuten.

LICHTJAHRE Nichts ist schneller als das Licht. Darum dienen die enormen Entfernungen, die das Licht zurücklegen kann, als geeignetes Maß für den Weltraum. Ein Lichtjahr – rund 10 Billionen Kilometer – ist die unvorstellbare Entfernung, die das Licht im Weltraum in einem Jahr zurücklegt. Trotz seines Namens ist das Lichtjahr keine Zeiteinheit, sondern ein Längenmaß.

PARSEC Hält man den Daumen auf Armlänge vor sich und betrachtet ihn abwechselnd aus je einem Auge, „bewegt" er sich vor seinem Hintergrund. Diese Änderung nennt man *Parallaxe*. So bestimmt man auch die scheinbare Entfernung eines Sterns, gemessen in *Parsec* (pc) – die Parallaxe einer Bogensekunde. Wenn Sonne und Erde die beiden Eckpunkte der kurzen Seite eines Dreiecks sind, beträgt die Entfernung zwischen ihnen 1 AE. Beträgt der gegenüberliegende Winkel (jener des gemessenen Sterns) 1 Bogensekunde, dann ist der Stern 1 Parsec (3,26 Lichtjahre) entfernt.

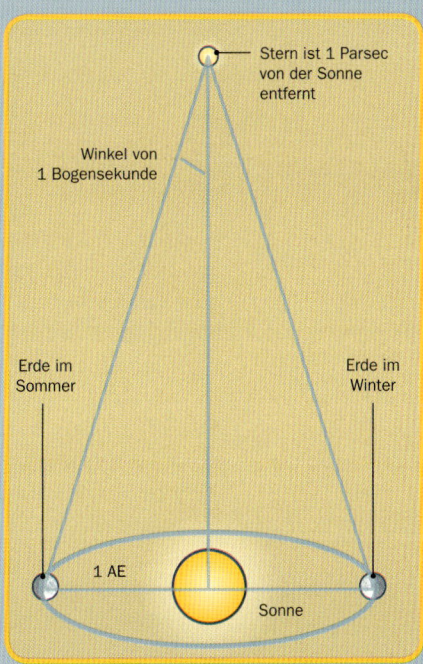

Stern ist 1 Parsec von der Sonne entfernt

Winkel von 1 Bogensekunde

Erde im Sommer

Erde im Winter

1 AE

Sonne

26 FÜNF TIPPS ZUM ORIENTIEREN

Grundlegende Orientierungspunkte am Himmel.

☐ **HORIZONT** Der *Horizont* ist die Linie zwischen Erde und Himmel. An Plätzen mit tiefliegendem Horizont sieht man mehr vom Himmel. Je nach Standort gibt es starke Unterschiede.

☐ **ZENIT** Der Mittelpunkt des Himmels (direkt über Ihrem Kopf) ist der *Zenit*. Mit der richtigen Sternkarte zur richtigen Zeit sollten Sie das, was sich in der Mitte der Karte befindet, direkt über sich sehen können.

☐ **POLE** Sie sind die Punkte direkt über den Nord- und Südpolen der Erde. Alle anderen Sterne scheinen diese Punkte zu umkreisen.

☐ **HIMMELSÄQUATOR** Dieser Kreis auf der Himmelskugel verläuft über dem Äquator der Erde. Die Sterne in der Nähe des Äquators (etwa der Oriongürtel) sind von jedem Punkt der Erde aus sichtbar. Seine Deklination beträgt 0° (siehe Nr. 49).

☐ **EKLIPTIK** Dies ist die scheinbare Bahn der Sonne und des Mondes an den Sternen vorbei. Auch die Planeten bewegen sich an ihr entlang.

27 WIE LANGE NOCH BIS ZUM SONNENUNTERGANG?

Wenn man schon ungeduldig auf das nächste Sternegucken wartet, ist es gut zu wissen, wann die Sonne hinter dem Horizont verschwindet und der Himmel dunkel genug wird. Da man nicht immer einen entsprechenden Kalender oder das allwissende Internet in seiner Nähe hat, hilft der folgende Trick, um die noch verbleibenden Sonnenstunden zu ermitteln.

SCHRITT 1 Einen Arm ausstrecken und die Handfläche nach innen einklappen, sodass sie zum Gesicht zeigt. Den Daumen in die Handfläche legen (oder einfach ignorieren).

SCHRITT 2 Die Oberseite des Zeigefingers auf den unteren Rand der Sonne ausrichten und die Anzahl der Fingerbreit zwischen ihm und den Horizont zählen, dabei die Hand gegebenenfalls mitbewegen. (Wie immer gilt: Nicht direkt in die Sonne schauen!)

SCHRITT 3 Die Anzahl der Fingerbreit zwischen Sonne und Horizont mit 15 multiplizieren. Jeder Fingerbreit steht für rund 15 Minuten (noch präziser 12 Minuten) bis zum Sonnenuntergang und diese Rechnung ermittelt die ungefähre Zeit, bis die Sonne untergeht. Nach dem Sonnenuntergang dauert es mindestens eine halbe Stunde, bis die Sterne sichtbar werden.

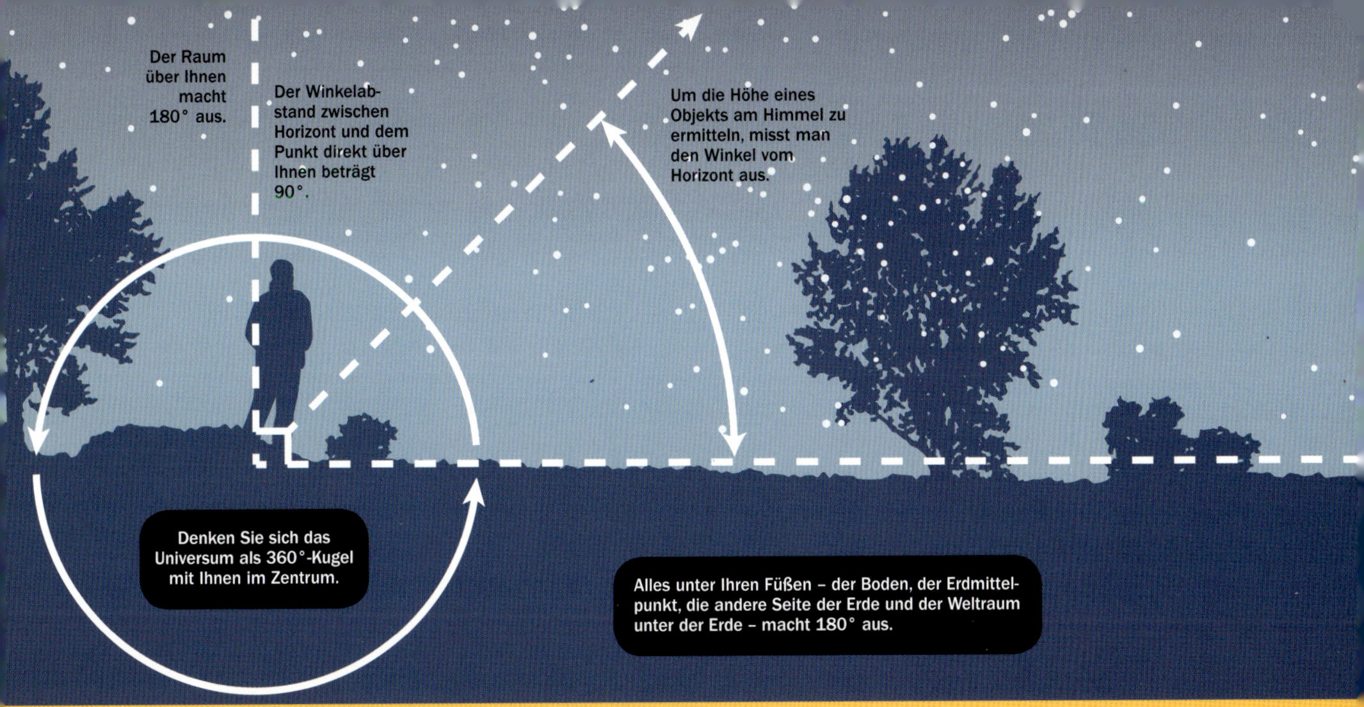

Der Raum über Ihnen macht 180° aus.

Der Winkelab-stand zwischen Horizont und dem Punkt direkt über Ihnen beträgt 90°.

Um die Höhe eines Objekts am Himmel zu ermitteln, misst man den Winkel vom Horizont aus.

Denken Sie sich das Universum als 360°-Kugel mit Ihnen im Zentrum.

Alles unter Ihren Füßen – der Boden, der Erdmittel-punkt, die andere Seite der Erde und der Weltraum unter der Erde – macht 180° aus.

28 DEN WINKELABSTAND AM HIMMEL ERMITTELN

Wenn Astronomen den Abstand zwischen Himmelskörpern beschreiben, sprechen sie vom *Winkelabstand*: der Winkel der Entfernung zwischen Objekten, von der Erde aus gesehen. Er wird in Grad, Bogenminuten und Bogensekunden (siehe Nr. 25) gemessen. Für kleinere Einheiten als Grad benötigt man ein Teleskop, aber für eine grobe Vorstellung des Winkelabstands zwischen Sternen genügen die Hände und etwas Rechnerei.

Am besten stellt man sich den Weltraum als Kugel vor, in deren Mitte sich die Erde befindet. Das soll keine Rückkehr zum geozentrischen Weltbild sein – bei diesem Versuch stellen Sie tatsächlich den Mittelpunkt des Universums dar. Ein Kreis hat 360° und der Horizont teilt diesen Kreis, sodass der Himmel über Ihnen und der Boden unter Ihnen je 180° betragen. Der Winkelab-stand zwischen dem Punkt direkt über Ihnen und dem Horizont beträgt 90°. Zum Ermitteln von kleineren Abstufungen helfen die folgenden Handhaltungen. Dabei ist der Arm ausgestreckt, der Ellbogen gerade und die Handfläche zeigt von Ihnen weg. Sonne oder Mond sind für den Anfang einfach zu messende Objekte. Sie sind je 0,5° breit und verschwinden hinter Ihrem kleinen Finger.

MIT DER HAND MESSEN

Ⓐ 1° Die Breite des kleinen Fingers ent-spricht einem Winkel von ungefähr 1°.

Ⓑ 5° Die drei mittleren Finger ergeben zusammen eine Breite von etwa 5°.

Ⓒ 10° Eine geballte Faust entspricht etwa 10°.

Ⓓ 15° Kleinen Finger und Zeigefinger etwas abspreizen und man erhält 15°.

Ⓔ 25° Der Abstand zwischen den Spitzen von kleinem Finger und Daumen beträgt etwa 25°.

Ⓐ 1°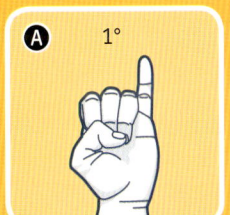

Ⓑ 5°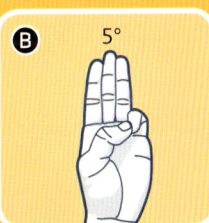

Ⓒ 10°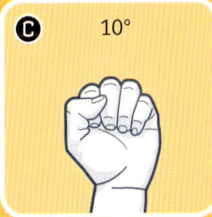

Ⓓ 15°

Ⓔ 25°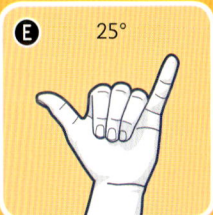

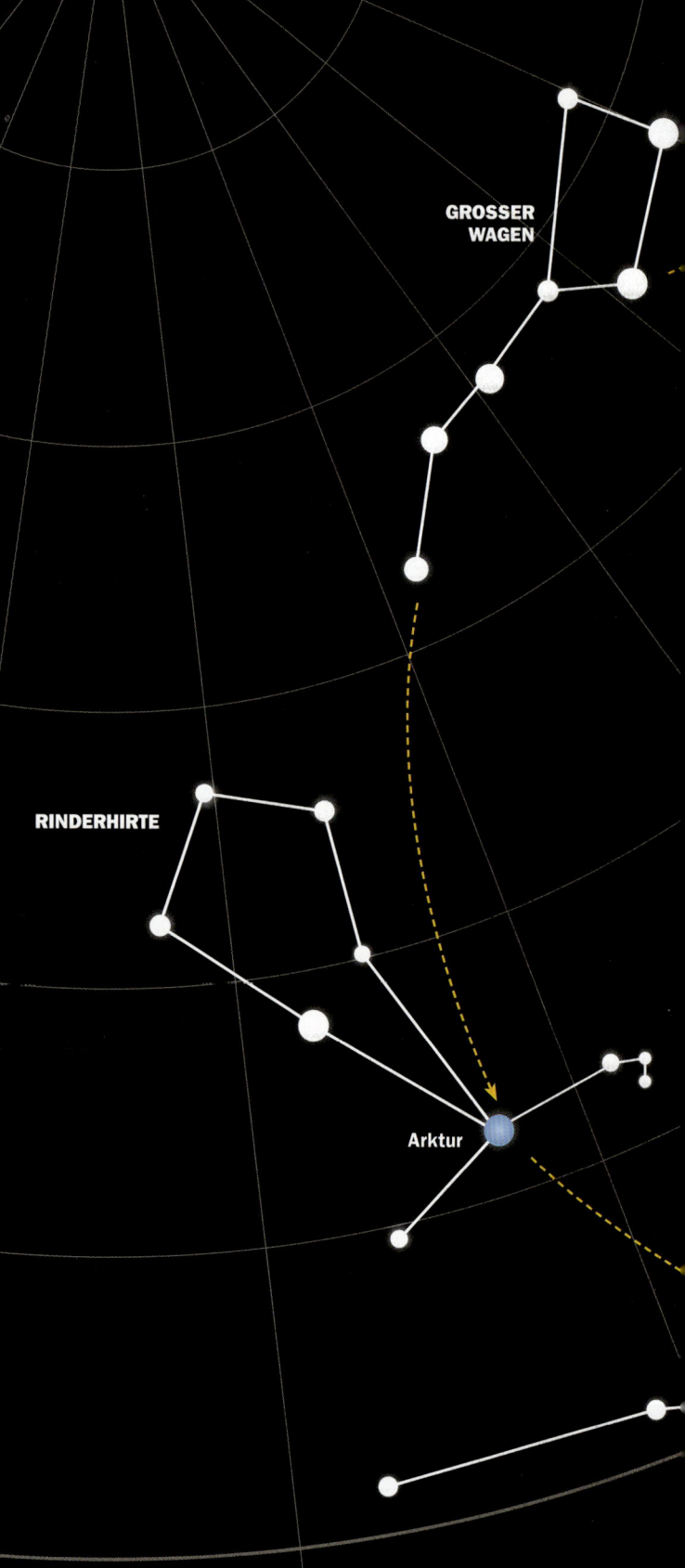

29 AM GROSSEN WAGEN

Der Große Wagen ist eines der bekanntesten Bilder am nördlichen Sternenhimmel und bildet Schwanz und Rumpf des Sternbilds Großer Bär (siehe Nr. 53). Für Seefahrer war er von großer Bedeutung, da er das ganze Jahr über zu sehen ist, immer nahe des Polarsterns (auch Nordstern oder Alpha Ursae Minoris).

Man findet ihn, wenn man nach Norden blickt (mit einem Kompass die Richtung ermitteln) und vom Horizont aus nach oben schaut – er ist etwa auf dem halben Weg zum Zenit. Seine Ausrichtung hängt von Zeit und Jahreszeit ab und sein Wagenkasten kann nach oben, unten oder zur Seite zeigen.

Wie bekannte Landmarken auf der Erde hilft der Große Wagen bei der Orientierung am Himmel. Von ihm ausgehend findet man viele andere Sternbilder, wie die folgenden Beispiele zeigen.

30 WEITER ZU ARKTUR

Arktur (Alpha Bootis) ist der vierthellste Stern am Himmel und der zweithellste auf der Nordhalbkugel. Er steht im deltoidförmigen Sternbild Rinderhirte, das die Sterngucker der Antike als Bauern deuteten, der mit einem Pflug (Großer Wagen) das Feld bestellt. Der orange Arktur ist rund 25-mal größer als unsere Sonne und sein Licht benötigt über 36 Jahre, um unser Sonnensystem zu erreichen. Man findet ihn von den drei Sternen aus, die die Deichsel des Großen Wagens bilden. Die Kurve der Deichsel kann vom Wagen weg zu einem hellen orangen Stern verlängert werden: Das ist der „Bogen zu Arktur".

GROSSER WAGEN

RINDERHIRTE

Arktur

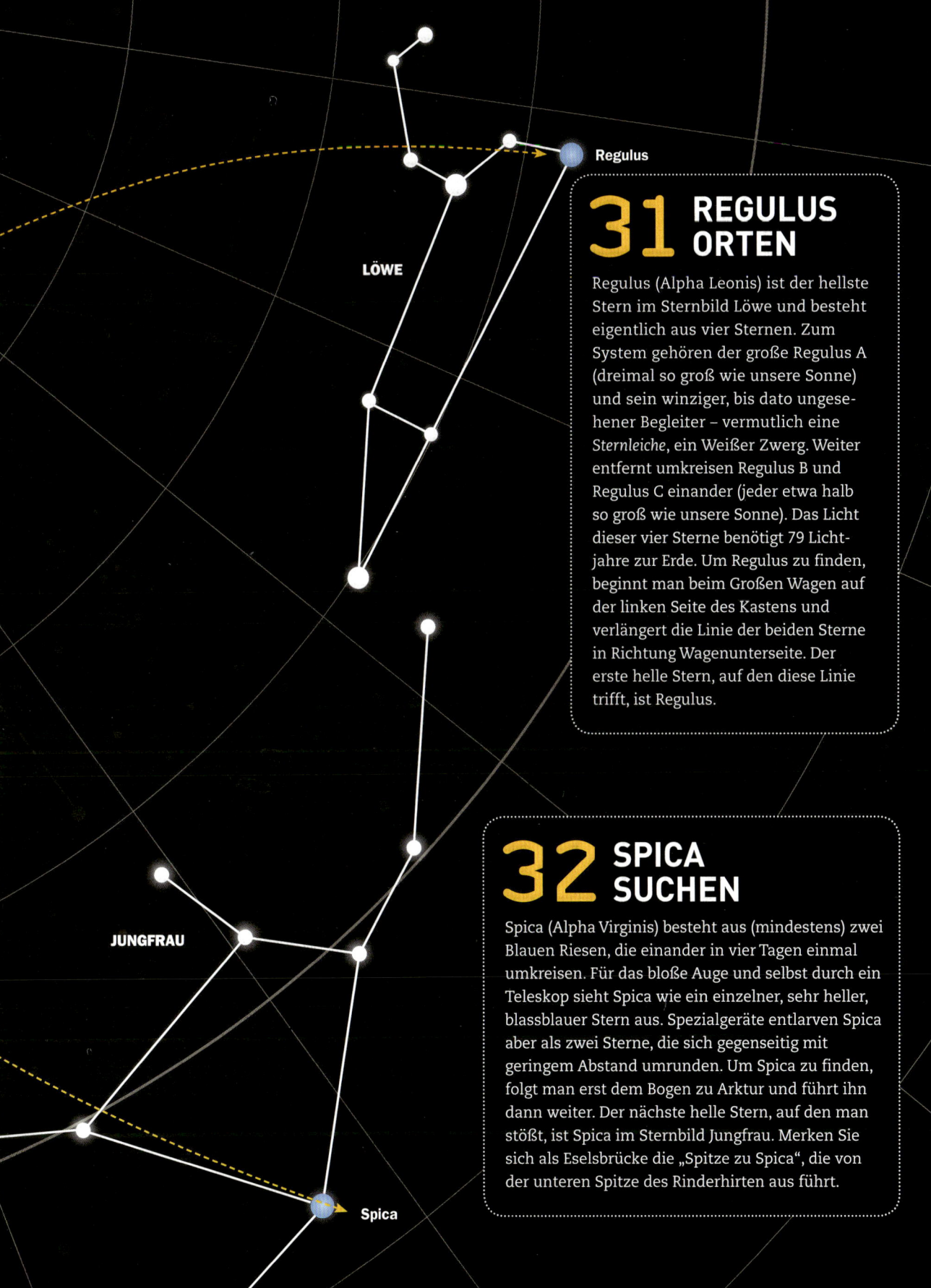

Regulus

LÖWE

31 REGULUS ORTEN

Regulus (Alpha Leonis) ist der hellste Stern im Sternbild Löwe und besteht eigentlich aus vier Sternen. Zum System gehören der große Regulus A (dreimal so groß wie unsere Sonne) und sein winziger, bis dato ungesehener Begleiter – vermutlich eine *Sternleiche*, ein Weißer Zwerg. Weiter entfernt umkreisen Regulus B und Regulus C einander (jeder etwa halb so groß wie unsere Sonne). Das Licht dieser vier Sterne benötigt 79 Lichtjahre zur Erde. Um Regulus zu finden, beginnt man beim Großen Wagen auf der linken Seite des Kastens und verlängert die Linie der beiden Sterne in Richtung Wagenunterseite. Der erste helle Stern, auf den diese Linie trifft, ist Regulus.

JUNGFRAU

32 SPICA SUCHEN

Spica (Alpha Virginis) besteht aus (mindestens) zwei Blauen Riesen, die einander in vier Tagen einmal umkreisen. Für das bloße Auge und selbst durch ein Teleskop sieht Spica wie ein einzelner, sehr heller, blassblauer Stern aus. Spezialgeräte entlarven Spica aber als zwei Sterne, die sich gegenseitig mit geringem Abstand umrunden. Um Spica zu finden, folgt man erst dem Bogen zu Arktur und führt ihn dann weiter. Der nächste helle Stern, auf den man stößt, ist Spica im Sternbild Jungfrau. Merken Sie sich als Eselsbrücke die „Spitze zu Spica", die von der unteren Spitze des Rinderhirten aus führt.

Spica

33
DIE SICHT PRÜFEN MIT DEM WAGEN

Prüfen Sie bei Ihrem nächsten Blick auf den Großen Wagen, ob Sie den „Augenprüfer" erkennen, den zweiten Stern von der Spitze seiner Deichsel aus. Wenn Sie ihn sehen: Gratulation! In der Antike hätten Sie Soldat, Jäger oder einen anderen Beruf, der ein perfektes Sehvermögen erfordert, ergreifen können. Für die Römer hatten all jene eine ausgezeichnete Sehkraft, die Mizar (Zeta Ursae Majoris) und Alkor (80 Ursae Majoris), die beiden Sterne des Doppelsterns, unterscheiden konnten.

Moderne Astronomen haben Mizar und Alkor näher betrachtet und entdeckt, dass sie viel komplexer sind als in der Antike angenommen. Mizar ist eigentlich ein System aus vier Sternen, die sich gegenseitig umkreisen, und Alkor ist ein Doppelsternsystem: insgesamt also sechs gravitativ aneinander gebundene Sterne, wenige Lichtjahre voneinander und 83 Lichtjahre von der Erde entfernt. Aber selbst bei bester Sehkraft sind diese sechs Sterne für das bloße Auge unsichtbar.

34
KLEINER BÄR ALS ZEITMESSER

Möchten Sie wissen, wie viel Zeit beim Sternegucken schon vergangen ist? Auf der Nordhalbkugel kann man den Kleinen Bären als Zeitmesser nutzen.

Der Kleine Bär beschreibt in 24 Stunden einen Kreis gegen den Uhrzeigersinn um den Polarstern (Alpha Ursae Minoris). Das bedeutet, dass er sich jede Stunde um 15° bewegt (die 360° des Kreises dividiert durch 24 ergibt 15). Verfolgt man den Kleinen Bären und schätzt die bereits zurückgelegten Grade seines Kreises, kann man daraus die bereits vergangene Zeit ermitteln.

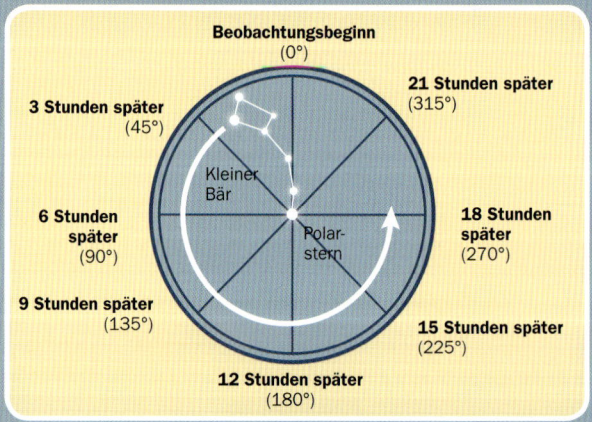

35

EINE STERNENUHR BASTELN

Als es noch keine mechanischen Uhren gab, nutzte man nachts die Bewegung der Sterne zum Messen der Zeit. Der Große Wagen ist hierbei ein praktischer Ersatz für eine Uhr.

Stellen Sie sich den Großen Wagen als Zeiger vor und den Polarstern als Mittelpunkt des Ziffernblatts. Die Stunden sind verkehrt aufgedruckt, da sich der Große Wagen gegen den Uhrzeigersinn bewegt und die Uhr in dieselbe Richtung gedreht werden muss. Die Stunden ändern sich je nach Monat, das heißt, Mitternacht liegt auf der Uhr nicht immer oben.

BASTELN Kreise kopieren und ausschneiden. In der Mitte mit einer Musterklammer verbinden.

VERWENDEN Der aktuelle Monat am Außenkreis muss nach oben zeigen. Den dunklen Kreis drehen, bis das Bild des Großen Wagens mit seiner Position am Himmel übereinstimmt. In der Öffnung erscheint nun die aktuelle Zeit. Während der Sommerzeit muss eine Stunde hinzugezählt werden.

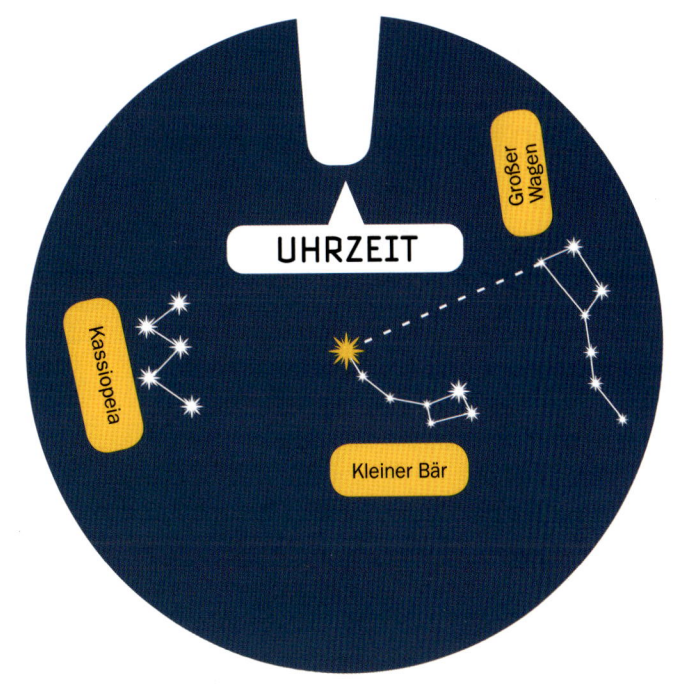

KOPIEREN UND AUSSCHNEIDEN

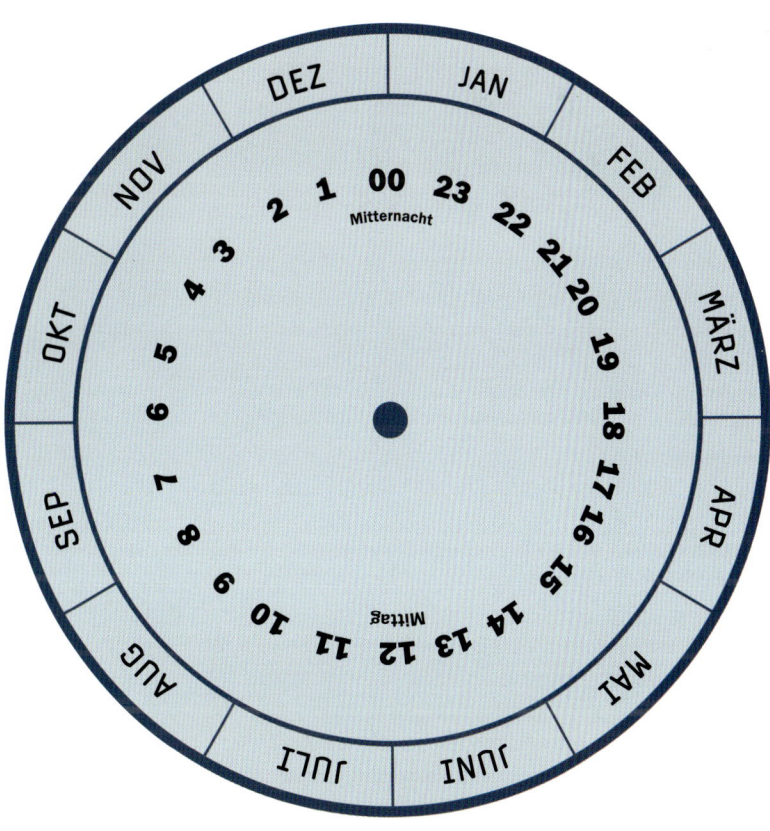

36

NAVIGATION MIT WIND, STERNEN UND WELLEN

Auf dem Meer verschollen zu sein, ist meist ein Todesurteil – Fische ausgenommen. Ohne moderne astronomische Geräte gelang es den Menschen des Südpazifiks, ein unglaublich gefährliches Abenteuer zu einer Routinefahrt zwischen den Inseln zu machen.

Lange bevor Meere und Himmel wissenschaftlich erfasst und kartiert wurden – und noch länger bevor Satelliten und GPS es Seefahrern ermöglichten, ihren Standort präzise zu bestimmen –, nutzten polynesische Seefahrer Wind, Sterne und Wellen, um sich zwischen den zahlreichen winzigen Inseln des Pazifiks zu orientieren. Navigation war weniger die Wissenschaft, von A nach B zu gelangen, sondern eine Interaktion mit der Welt. Dazu gehörten ein Feingefühl für die Umgebung und ein fast spürbares Talent für das Reisen auf dem Meer. Ohne Karte, Kompass und Sextant nutzten die polynesischen Seefahrer ihre eigene Beobachtungsgabe und das Wissen vergangener Generationen (das in manchmal jahrzehntelanger Lehre weitergegeben wurde), um ihre Auslegerkanus mit unglaublicher Präzision über den Pazifik zu manövrieren. Doch wie machten sie das?

Die Navigation war ein anspruchsvolles und kompliziertes System, zu deren grundlegendster Form das Auswendiglernen einer „Sternkarte" gehörte – die mehr mentale Karte als Aufzeichnung war – und die fast ständige Beobachtung der Umgebung, der Geschwindigkeit, der Richtung und der vergangenen Zeit. Das Wort „Sternkarte" wird diesem Navigationswerkzeug des Geistes jedoch nicht gerecht. Es wurden nicht nur die Auf- und Untergangsorte vieler wichtiger Himmelskörper zu verschiedenen Zeiten im Jahr registriert (die „Häuser" der Sterne oder wo sie ins Meer „hineinfielen" und „herauskamen"), die Sternkarte erfasste auch die Richtungen von Wellen und Winden sowie die Flugmuster der Vögel. Mit diesem System konnten Seefahrer ihre Reiserichtung und ihren ungefähren Standort im Verhältnis zu den Sternen und dem Ausgangspunkt ihrer Reise bestimmen.

Viele Geheimnisse der alten polynesischen Himmelsnavigation gingen verloren, aber ein Wiederaufleben der gerätelosen Navigation führte zu eine Mischung aus westlichen und traditionellen Methoden, die heute

angewandt werden. Die folgenden sind nur einige der Orientierungshilfen, mit denen die Pazifikinsulaner lange vor allen anderen ihren Weg über das Meer fanden.

SONNE Am frühen Morgen erzeugt die Sonne eine schmale Spiegelung am Wasser, die mit dem Aufstieg der Sonne am Himmel breiter und bei ihrem Untergang wieder schmaler wird. Morgens und abends, wenn die Sonne nicht so hoch am Himmel steht, bestimmten die Seefahrer ihre Richtung mithilfe dieser Spiegelungen und anderer Signale aus dem Wasser.

WELLEN Stand die Sonne zu hoch, um zur Orientierung nützlich zu sein, oder war der Nachthimmel zu

wolkig, um die Sterne zu sehen, achteten die Seefahrer eher auf Hinweise aus den Wellen. Im Pazifik folgen Winde und Strömungen vorhersehbareren Mustern als auf manch anderen Meeren und der Strom der Wellen ist relativ beständig. Die Ausnahme ist starker Seegang aufgrund von Meeresstürmen.

STERNSPUREN Die Seefahrer lernten nicht nur Tipps wie „Der Nordstern zeigt nach Norden" auswendig, sondern die verschiedenen Wege, die zahlreiche Sterne jede Nacht am Himmel zurücklegten – und zwar so gut, dass viele Seefahrer ihre Reiserichtung auch mit wenigen sichtbaren Sternen am Himmel bestimmen konnten. Sie merkten sich zudem Hinweise wie Zeigesterne – Sterne,

deren Anordnung immer in eine bestimmte Richtung weist – und orientierten sich an ihnen.

VÖGEL UND ANDERE TIERE Manche Tiere, etwa Delfine, gaben mit ihrem Verhalten den Seefahrern des Pazifiks Hinweise, aber Vögel waren am hilfreichsten. Ein Schwarm Seevögel war nur eines der Zeichen, dass Land in der Nähe war, und die Flugbahn von Vögeln konnte die Richtung der nächstgelegenen Insel verraten. Ein versierter Navigator folgte natürlich den richtigen Vögeln. Manche Vögel fliegen bald nach dem Schlüpfen aufs Meer hinaus und kehren erst zum Nisten aufs Land zurück. Folgte man ihnen, könnte man am Meer leicht die Orientierung verlieren.

37 MIT DEM GROSSEN WAGEN DEN POLARSTERN FINDEN

Nachts scheinen die Sterne von Ost nach West zu wandern, aber sie bewegen sich nicht wirklich. Es ist die Erde, die sich in 24 Stunden einmal dreht, was den Eindruck erweckt, dass sich der Himmel bewegt.

Zwei Punkte am Himmel bewegen sich jedoch kein Stück. Im Gegenteil: Die Sterne scheinen sie zu umrunden. Einer dieser festen Punkte (der Himmelsnordpol) ist auf der Nordhalbkugel sichtbar, der andere (der Himmelssüdpol) auf der Südhalbkugel.

Im Norden gibt es einen kosmischen Zufall, der bei der nächtlichen Orientierung ohne Kompass hilft: Der helle Polarstern liegt fast genau am Himmelsnordpol. Oft wird er auch Nordstern genannt, da man mit seiner Hilfe die Himmelsrichtung Norden lokalisieren – und sich so aus seiner navigatorischen Misere befreien – kann. Wir zeigen Ihnen, wie man das macht.

SCHRITT 1 Den Großen Wagen finden (siehe Nr. 29) und die beiden Sterne seiner Hinterachse: Merak (Beta Ursae Minoris) und Dubhe (Alpha Ursae Majoris).

SCHRITT 2 Eine imaginäre Line zwischen Merak und Dubhe um 30° verlängern, bis zum ersten hellen Stern: dem Polarstern.

SCHRITT 3 Da der Polarstern genau im Norden liegt, kann man an ihm seinen Kurs wieder ausrichten.

In ferner Zukunft wird der Polarstern nicht mehr der Nordstern sein. Die Rotation der Erde verändert ihre Achse – diesen Effekt nennt man *Präzession* – und damit auch die Richtung des Himmelsnordpols. In 14 000 Jahren wird Wega (Alpha Lyrae) unser Nordstern sein.

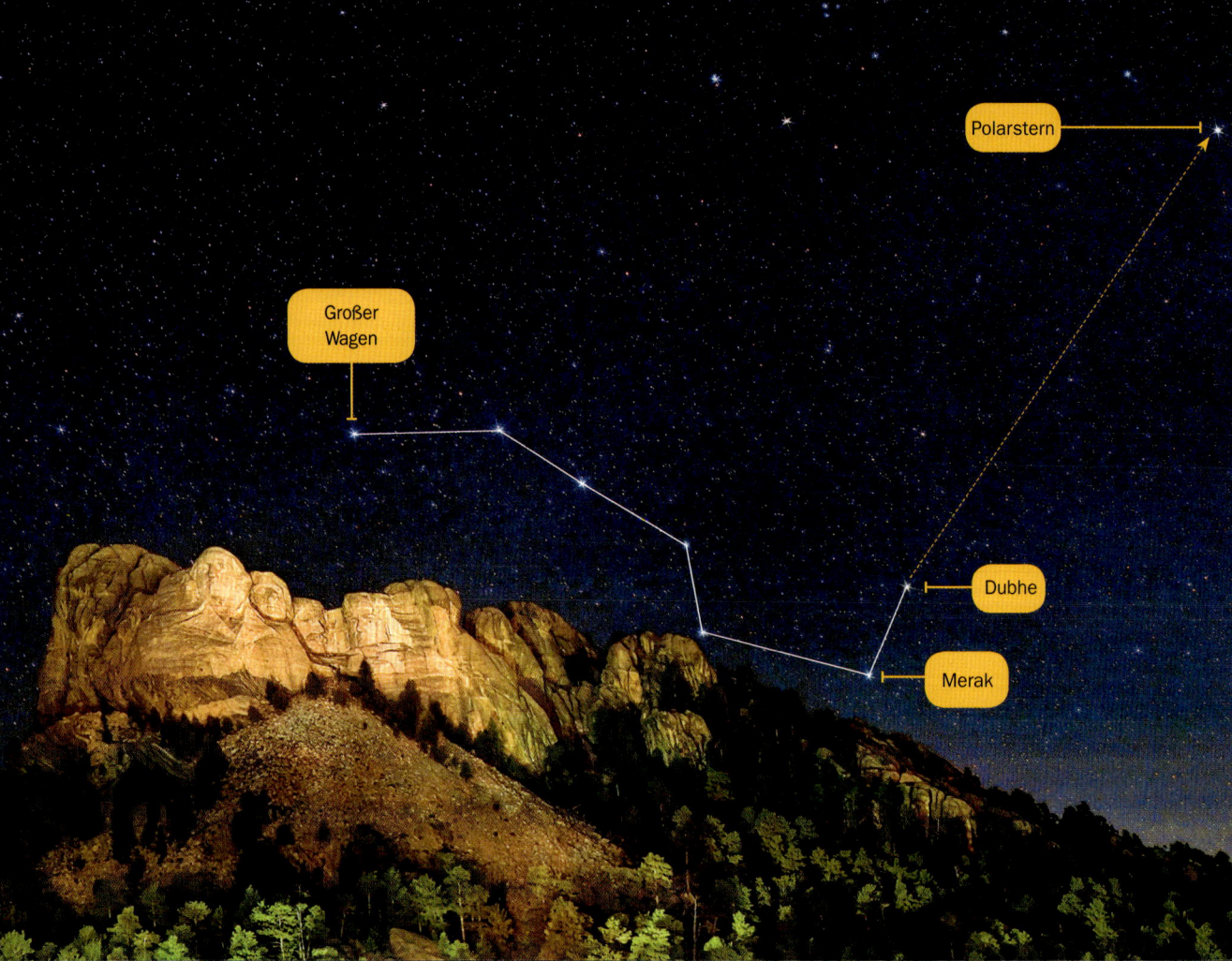

38 ORIENTIERUNG MIT EINEM GNOMON

Wer noch nie den Weg der Sonne am Tag verfolgt hat, kann sich von ihr erleuchten lassen. Mit der folgenden Methode findet man an einem sonnigen Tag Norden (oder Süden auf der Südhalbkugel).

SCHRITT 1 Morgens an einem flachen, ganztägig sonnigen Platz einen Stab aufstellen: den *Gnomon*. Als Gnomon eignet sich ein Meterstab in einem Topf mit Erde oder eine (saubere) Saugglocke. Die Stelle markieren, falls der Stab umfällt.

SCHRITT 2 Den Schatten des Stabs mit Kreide oder mit einem Stein an der Spitze markieren. Man kann auch die Zeit notieren.

SCHRITT 3 Die Beobachtung so oft wie möglich wiederholen, besonders in der Tagesmitte. Ideal wäre alle 30 Minuten.

SCHRITT 4 Die kürzeste Markierung oder den Stein, der dem Gnomon am nächsten liegt, finden. Das ist die Linie für den höchsten Punkt der Sonne am Himmel: Mittag (was bei Sommerzeit auch erst um 13:30 sein kann). Dieser Punkt zeigt auch, wann die Sonne am Nordhimmel am südlichsten und am Südhimmel am nördlichsten war.

SCHRITT 5 Eine Linie zwischen dem Stab und der Spitze des kürzesten Schattens ziehen. Auf der Nordhalbkugel zeigt sie direkt nach Norden, auf der Südhalbkugel nach Süden. Mit einem Kompass (oder einer Kompass-App) sieht man die Abweichung zwischen dem (eben gefundenen) geografischen Norden und dem magnetischen Norden.

39 AUF DER SÜDHALBKUGEL SÜDEN FINDEN

Leider gibt es auf der Südhalbkugel keinen Polarstern (Nordstern, Alpha Ursae Minoris) und man findet Süden nicht anhand eines einzelnen Sterns. Das Kreuz des Südens ist dennoch ein praktischer Wegweiser.

Zuerst das Kreuz finden (Tipps dazu unter Nr. 40), dessen längere Linie 5° Länge beträgt (beim Messen mit ausgestrecktem Arm etwa die Breite der drei mittleren Finger). Dann eine Linie von der Spitze zum unteren Ende des Kreuzes ziehen und diese Linie mit zwei Fäusten (wieder mit ausgestreckten Armen) um etwa 20° verlängern. Ein paar Fingerbreit mehr und man ist nahe am Süden.

eine Faustbreit

Kreuz des Südens

ZENTAUR

Gacrux

Decrux

KREUZ DES SÜDENS

Mimosa

Acrux

KOHLENSACK

Hadar

Rigil Kentaurus

40 DAS KREUZ DES SÜDENS FINDEN

Die vier Sterne des Kreuz des Südens (lateinisch: Crux) erfüllen auf der Südhalbkugel den gleichen Zweck wie der Große Wagen auf der Nordhalbkugel: Sie sind die Wegweiser des Südhimmels. So wie der Große Wagen nur in Bereichen nördlich von etwa 25° südlicher Breite gesehen werden kann, ist das Kreuz des Südens nur südlich von 25° nördlicher Breite sichtbar. Wer beide Sternbilder kennt, kann sich überall auf der Erde am Sternenhimmel zurechtfinden.

Die vier Hauptsterne des Kreuzes vom hellsten zum lichtschwächsten sind: Acrux (Alpha Crucis), Mimosa (Beta Crucis), Gacrux (Gamma Crucis), und Decrux (Delta Crucis). Gacrux ist ein Riese mit orangen und roten Farben und bildet einen Kontrast zum hellen Blau der anderen drei Sterne im Sternbild.

SEGEL

Kappa Velorum

Caldwell 85

Delta Velorum

41 DEN KOHLENSACK MITNEHMEN

Der Kohlensack ist eine riesige Staubwolke in der Milchstraße und einer der bekanntesten Dunkelnebel. Am Nachthimmel ist dieser sternenleere Bereich ein markantes Objekt. Die Wolke aus interstellarem Staub verdunkelt viele Sterne, die sonst auf den hellen Bahnen der Milchstraße sichtbar wären; bereits in der Urzeit haben die Menschen sie bemerkt. Den Kohlensack findet man von Mimosa und Acrux im Kreuz des Südens aus: Es ist der Leerraum jenseits der beiden Sterne, fast so groß wie das Kreuz.

42 DEN ZENTAUREN LOKALISIEREN

Der Zentaur ist eines der berühmtesten Sternbilder auf der Südhalbkugel. Zu ihm gehört Rigil Kentaurus (Alpha Centauri), jenes Sternsystem, das uns am nächsten ist. Der Zentaur umfasst das Kreuz des Südens auf drei Seiten und ähnelt der gleichnamigen Sagengestalt mit Männerkörper und Pferde- kopf. Um ihn zu finden, zieht man eine Linie von Decrux durch Mimosa bis zu den beiden hellsten Sternen des Zentauren: Hadar und Rigil Kentaurus (Beta und Alpha Centauri). Der Bogen aus hellen Sternen um das Kreuz ist der pferdeartige Körper des Zentauren. Eine Linie von Acrux und Mimosa über den Körper hinaus führt zu den Sternen, die Kopf, Arme und Rumpf des Zentauren bilden.

43 WEITER ZUM SEGEL

Das Sternbild Segel ist eines von drei Sternbildern, die zusammen das mythische Schiff Argo bilden – nach dem berühmten Schiff Iasons und seiner Argonauten. Man findet das Segel vom Querbalken des Kreuzes des Südens aus. Von Mimosa eine Linie über und durch den Stern Decrux ziehen, weiter bis zu einer hellen Sterngruppe mit annähernd kistenartiger Form in der Nähe. Das ist das Segel. Nicht zu verwechseln mit dem falschen Kreuz, das aus zwei Sternen des Segels und zwei Sternen des Schiffskiels besteht. Manchmal wird es auch für das Kreuz des Südens gehalten, da es in der Nähe liegt und bedeutend größer ist. Direkt hinter dem Querbalken des falschen Kreuzes befindet sich der kleine offene Sternhaufen Caldwell 85.

44 DEN STEINBOCK ENTDECKEN

Der Steinbock ist das lichtschwächste Sternbild des Tierkreises. Man findet ihn auf der Südhalbkugel, südwärts der Linie aus den drei hellsten Sternen des Adlers. Der Steinbock oder „Ziegenfisch" liegt in der Nähe der Wassersternbilder Wassermann, Südlicher Fisch und Fische.

Schon die Babylonier stellten ihn als Ziege dar. Meist wird er als Ziege mit Fischschwanz abgebildet, was sich vielleicht auf den Gott Pan bezieht, der auf der Flucht vor dem Ungeheuer Typhon in den Nil gesprungen ist. Sein Unterleib verwandelte sich in den eines Fisches, während sein Oberkörper eine Ziege blieb.

Der hellste Stern im Steinbock ist der veränderliche Stern Deneb Algedi (Delta Capricorni). Sein arabischer Name bedeutet „Schwanz der Ziege". Zu den weiteren erwähnenswerten Sternen zählt Dabih (Beta Capricorni), ein Doppelstern aus einem Gelben Riesen der Helligkeit 3,1 mag und einem blau-weißen Stern der Helligkeit 6,1 mag. In einem Fernglas lassen sie sich in Einzelobjekte auflösen.

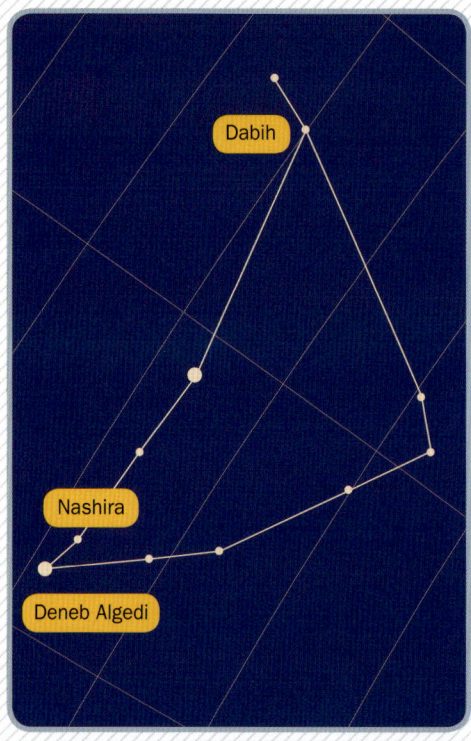

45 KLEINE WASSER-SCHLANGE

Die Kleine Wasserschlange ist ausnahmsweise nicht mit einer Sage verbunden. Als südliches Sternbild war sie für die Griechen und Römer nicht zu sehen. Der flämische Astronom Petrus Plancius erdachte sie und der deutsche Astronom Johann Bayer veröffentlichte sie erstmals in seinem Sternatlas aus dem Jahr 1603. Er platzierte sie neben Achernar (Alpha Eridani), dem Stern am Ende des Eridanus, zwischen der Großen und Kleinen Magellanschen Wolke. Man nennt sie auch männliche Wasserschlange, um sie von Hydra, der weiblichen Wasserschlange, abzugrenzen.

Zu ihr zählt VW Hydri, der beliebteste kataklysmische Veränderliche für Beobachter auf der Südhalbkugel. In seinem Normalzustand leuchtet er mit einer schwachen Helligkeit von 14 mag, bei einem Ausbruch (etwa einmal im Monat) kann er in wenigen Stunden heller als 9 mag werden. Beta Hydri ist der hellste Stern des Sternbilds, etwa 24 Lichtjahre von der Erde entfernt und der dem Himmelssüdpol nächste helle Stern.

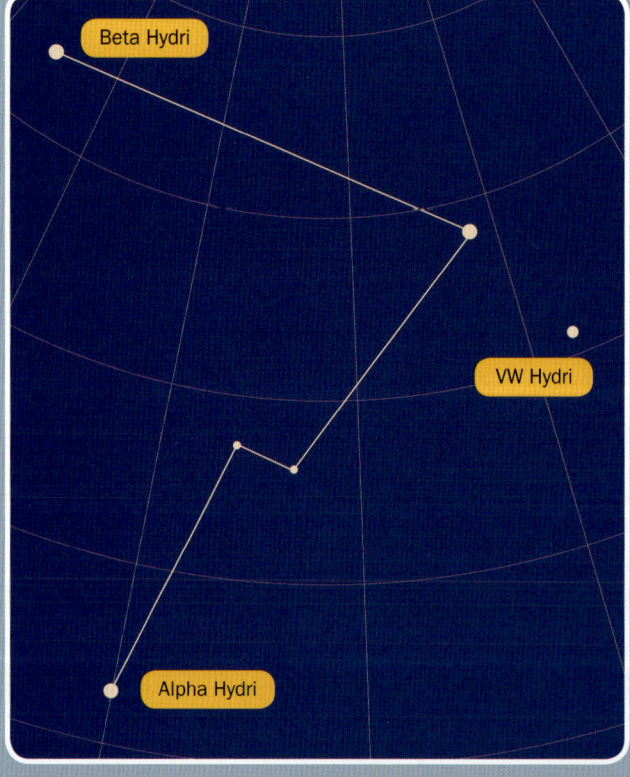

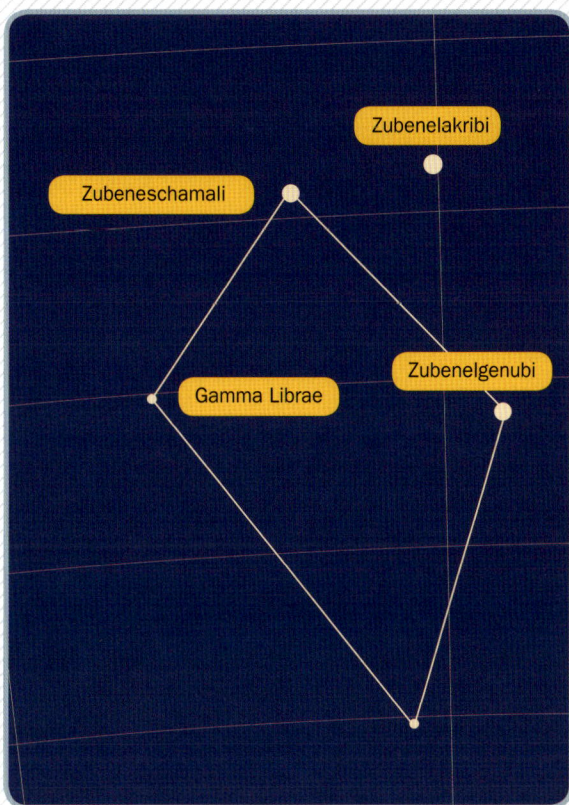

47 DEN KIEL BESTAUNEN

Der Schiffskiel ist ein Sternbild der Südhalb-kugel, inmitten eines der sternreichsten Bereiche der Milchstraße – atemberaubend bei dunklem Himmel. Der Schiffskiel gehörte einst zum großen Sternbild Argo (benannt nach dem Schiff, auf dem Iason und die Argonauten auf der Suche nach dem Goldenen Vlies unterwegs waren). Argo war so groß, dass es in vier Sternbilder aufgeteilt wurde: Kompass, Hinter-deck, Segel und Schiffskiel.

Im Schiffskiel befindet sich der zweithellste Stern am Himmel: Kanopus (Alpha Carinae), benannt nach dem mythischen Steuermann des spartanischen Königs Menelaos. Er ist ein gelber Überriese und 74 Lichtjahre entfernt. Zum Schiffskiel gehören auch die hellen Sterne Miaplacidus (Beta Carinae) und Avior (Epsilon Carinae). Der benachbarte Carinanebel (NGC 3372) ist mit bloßem Auge nicht erkennbar, aber seine Mitte kann hell genug sein, um sie mit einem Teleskop zu sehen.

46 DIE WAAGE SUCHEN

Die Waage steht wie ein Drachen am Südhimmel, umringt von Jungfrau, Skorpion, Wasserschlange, Zentaur, Schlangenträger und Wolf. Zieht man eine Linie von Antares (Alpha Scorpii) und seinen beiden hellen Nachbarn im Skorpion nach Westen, erreicht man sie, an einem Punkt zwischen Zubenelgenubi und Zubeneschamali (Alpha und Beta Librae).

Die Waage gehört zu den Tierkreiszeichen. Man assoziierte sie mit der griechischen Göttin der Gerech-tigkeit, Themis, deren Symbol eine Waage war. Den meisten Quellen zufolge ist die Waage seit der Zeit der römischen Antike ein eigenes Sternbild. Zuvor gehörten die Sterne zum Skorpion und die Alpha- und Beta-Ster-ne tragen noch immer ihre früheren arabischen Namen aus dem Skorpion: Zubenelgenubi (südliche Klaue) und Zubeneschamali (nördliche Klaue).

Ähnlich wie Algol (Beta Persei) – der „Teufelsstern", der Kopf der Medusa – ist auch Zubenelakribi (Delta Librae) ein bedeckungsveränderlicher Stern. Seine Helligkeit verringert sich alle 2,3 Tage von 4,9 auf 5,9 mag. Dieser Zyklus ist mit bloßem Auge sichtbar.

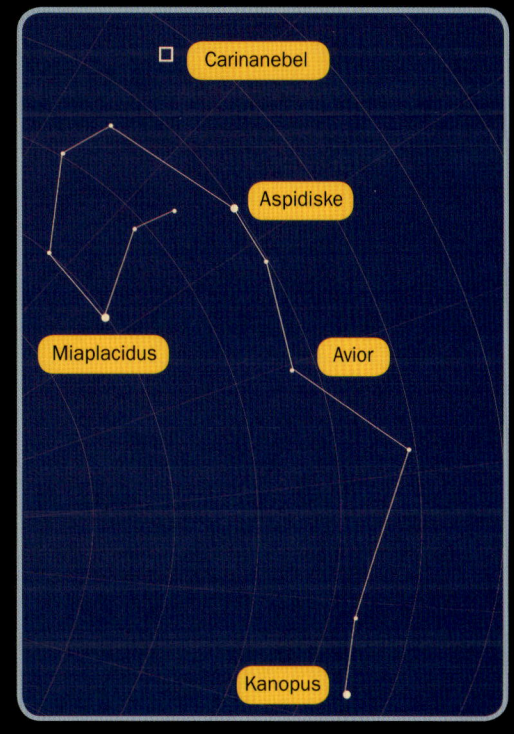

48

FÜNF BEISPIELE FÜR
BEWEGLICHE OBJEKTE AM HIMMEL

Wenn sich Ihre Augen an die Dunkelheit angepasst haben, können Sie Bewegungen am Himmel erkennen. Viele davon sieht man in jeder klaren Nacht.

☐ **HIMMELSDREHUNG** Aufgrund der Erdrotation scheint sich der Himmel langsam von Ost nach West zu drehen. Da sich die Erde in 24 Stunden um 360° dreht, bewegt sich der Himmel um 15° pro Stunde. Beobachten Sie den östlichen Horizont – und wie die Sterne langsam im Blickfeld auftauchen.

☐ **METEORE** Sternschnuppen sind Gesteinsbrocken (Meteoroide), oft klein wie ein Sandkorn. Sie treten mit so hoher Geschwindigkeit in die Atmosphäre ein, dass sie durch die Hitze aus Druck und Reibung verglühen und nur eine leuchtende Spur – einen *Meteor* – hinterlassen. In den meisten dunklen Nächten sieht man einige Meteore pro Stunde (siehe Nr. 89 und 92).

☐ **SATELLITEN** Mehrere hundert Satelliten kann man mit bloßem Auge sehen. Sie ziehen langsam über den Himmel, manche blitzen hell auf. Am besten beobachtet man sie 45 Minuten nach Sonnenuntergang oder vor Sonnenaufgang, wenn der Himmel dunkel ist, aber die Satelliten noch Licht reflektieren.

☐ **IRIDIUM-FLARES** Bestimmte Kommunikationssatelliten (*Iridium-Satelliten*) erzeugen Lichtblitze, die 30-mal heller als die Venus sind. Sie werden oft für UFOs gehalten. Die Satelliten habe drei große, reflektierende Antennen, die manchmal Sonnenlicht zur Erde zurückwerfen. Bei entsprechender Position können diese Blitze bis zu 20 Sekunden lang sichtbar sein – selbst bei Tag.

☑ **INTERNATIONALE RAUMSTATION (ISS)** Die ISS (hier im Bild) überstrahlt die meisten Sterne und zieht als Lichtpunkt über den Himmel, etwa so schnell wie ein Flugzeug. Auf vielen Websites kann man nachlesen, wann und wo die ISS zu sehen ist (siehe Anhang).

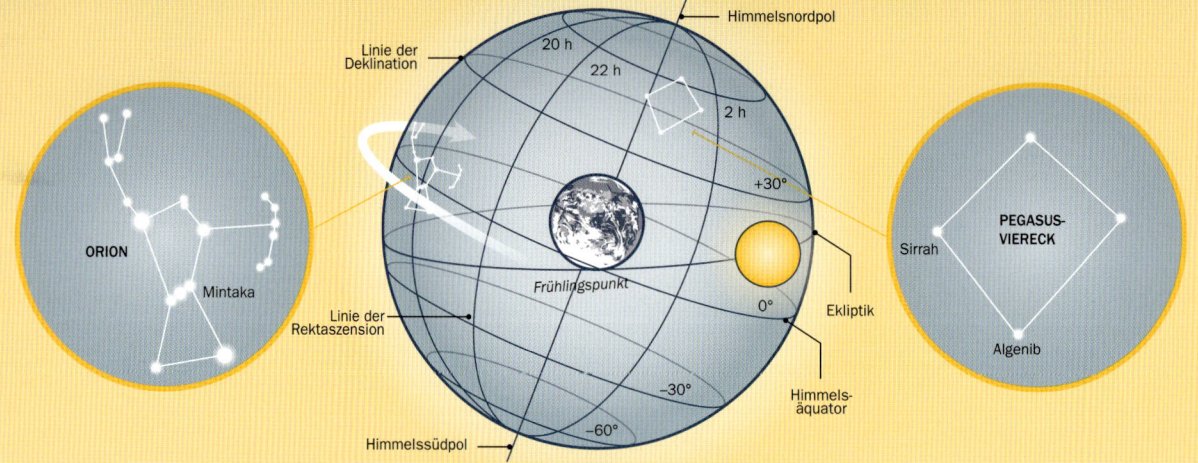

49
DEN HIMMELSÄQUATOR AUSFINDIG MACHEN

Um einen präzisen Standort auf der Erde zu bestimmen, benötigt man seine geografische *Länge* und *Breite*. Die Breite misst, wie weit man in Richtung Norden oder Süden vom Äquator (0° Breite) entfernt ist. Die Länge misst, wie weit man in Richtung Osten oder Westen vom Nullmeridian (eine gedachte Linie auf 0° Länge) entfernt ist, der zwischen Nord- und Südpol verläuft.

Um den Himmel zu kartieren, projiziert man das Koordinatensystem der Erde auf den Himmel. Statt Breite und Länge verwenden Astronomen die Begriffe *Deklination* (Dec) und *Rektaszension* (RA). Die Projektion des Erdäquators – der *Himmelsäquator* – gilt als 0°-Linie für die Deklination. Objekte nördlich des Himmelsäquators haben eine Deklination von 0° bis 90° nördlicher Breite, während Objekte südlich davon eine Deklination von 0° bis 90° südlicher Breite haben. Den Himmelsäquator lokalisiert man folgendermaßen:

SCHRITT 1 Da der Himmelsäquator direkt durch den Oriongürtel führt, sucht man diese drei Sterne zuerst. Der Stern auf genau 0° ist Mintaka (Delta Orionis), der Orions linker Schulter am nächsten liegt.

SCHRITT 2 Beobachten Sie, wie Orion im Osten auf- und im Westen untergeht. Der Weg Mintakas folgt dem Himmelsäquator (Deklination 0°). Der Himmelsäquator verläuft durch viele andere Sternbilder, etwa die Sternbilder Fische, Walfisch, Orion, Einhorn, Kleiner Hund, Wasserschlange, Sextant, Jungfrau, Schlangenträger, Adler und Wassermann.

50
REKTASZENSION 0 UHR FINDEN

Das Messen des astronomischen Ostens und Westens nennt man *Rektaszension* (RA) – also die Projektion der geografischen Länge an den Himmel. Während die Länge in Grad gemessen wird, misst man die Rektaszension in Stunden, Minuten und Sekunden, von 0 Uhr bis 24 Uhr. Da der Nullmeridian eine gedachte Linie zwischen Nord- und Südpol ist, befinden sich 0 Uhr (und auch 24 Uhr) auf einer gedachten Linie zwischen Himmelsnord- und Himmelssüdpol. Sie verläuft durch den Punkt der Sonne am ersten Frühlingstag (20. März, das Frühlingsäquinoktium).

Dieses Koordinatensystem hilft Ihnen bei der Orientierung auf Sternkarten und beim Schätzen der vergangenen Zeit in langen Beobachtungsnächten. So finden Sie 0 Uhr Rektaszension:

SCHRITT 1 Auf der Nordhalbkugel den Polarstern (den Himmelsnordpol – siehe Nr. 37) finden. Auf der Südhalbkugel den Himmelssüdpol finden (siehe Nr. 39).

SCHRITT 2 Das Pegasusviereck (siehe Nr. 79) finden und darin die Sterne Algenib (Gamma Pegasi) und Sirrah (Alpha Andromedae), der zu Andromeda gehört. Die 0-Uhr-Linie verläuft parallel zur Linie zwischen diesen Sternen.

51 HIMMELSKOORDINATEN MESSEN MIT ORION

Während professionelle Astronomen, Sternwarten und Planetarien mit Rektaszension (RA) und Deklination (Dec) arbeiten, verwenden die meisten Hobbyastronomen sie nicht oder erst, wenn sie sich mit einem detaillierten Sternatlas auf die Suche nach verborgeneren Objekten machen. Dennoch ist das Koordinatensystem nützlich.

SCHRITT 1 Siehe Nr. 49, um Mintaka (Delta Orionis) zu finden, jenen Stern im Oriongürtel, der seiner linken Schulter am nächsten liegt. Dort ist der Himmelsäquator (Deklination 0°).

SCHRITT 2 Den Arm gerade ausstrecken und mit drei oder vier Fingern den hellen roten Stern Beteigeuze (Alpha Orionis) auf 7,5° nördlich und den hellen Stern Rigel (Beta Orionis) auf 8° südlich lokalisieren.

SCHRITT 3 Um eine ganze 90°-Deklination zu sehen, erst den Polarstern (auf der Nordhalbkugel) oder das Kreuz des Südens (auf der Südhalbkugel) finden. Vom Oriongürtel zu den Polen beträgt die Deklination 90°.

Die Rektaszension zu messen ist genauso einfach, aber etwas zeitaufwendiger:

SCHRITT 1 Einen Fixpunkt ermitteln – etwa einen Mast oder Baum –, der vom Beobachtungsstandort aus den Oriongürtel erreicht. Sich dann so hinstellen, dass ein Rand des Gürtels mit der Spitze des Baums abschließt.

SCHRITT 2 Beachten, in welche Richtung sich der Himmel dreht. Jeder Gürtelstern soll den Fixpunkt passieren. Beim ersten mit der Zeitmessung beginnen.

SCHRITT 3 Beim Messen der Zeit sehen Sie, dass die Erde nur gut 4 Minuten benötigt, um zwischen den Gürtelsternen zu rotieren. Der Gürtel ist von Anfang bis Ende fast 9 RA-Minuten (= 2,2 Grad) breit.

KOORDINATEN DER 10 HELLSTEN STERNE

	STERN	Sternbild	Rektaszension (RA)	Deklination (Dec)
❶	SIRIUS	Großer Hund	6 h 45 min 8,9 s	−16° 42' 58"
❷	KANOPUS	Schiffskiel	6 h 23 min 57,1 s	−52° 41' 45"
❸	ARKTUR	Rinderhirte	14 h 15 min 39,7 s	+19° 10' 57"
❹	RIGIL KENTAURUS	Zentaur	14 h 39 min 35,9 s	−60° 50' 07"
❺	WEGA	Leier	18 h 36 min 56,3 s	+38° 47' 01"
❻	KAPELLA	Fuhrmann	5 h 16 min 41,4 s	+45° 59' 53"
❼	RIGEL	Orion	5 h 14 min 32,3 s	−8° 12' 06"
❽	PROKYON	Kleiner Hund	7 h 39 min 18,1 s	+5° 13' 30"
❾	ACHERNAR	Eridanus	1 h 37 min 42,9 s	−57° 14' 12"
❿	BETEIGEUZE	Orion	5 h 55 min 10,3 s	+7° 24' 25"

52 DEN DRACHEN AUFSPÜREN

Auf dem Großteil der Nordhalbkugel ist das große und lichtschwache Sternbild Drache *zirkumpolar,* das heißt, es geht nie unter. Am besten sieht man den Drachen in den warmen Monaten, im Norden ist er hingegen das ganze Jahr über sichtbar, wobei es schwer sein kann, ihn komplett zu erkennen: Er schlängelt sich nördlich vom Großen Bären, dem Rinderhirten, Herkules, der Leier, dem Schwan und Kepheus.

Die Chaldäer, die Griechen und die Römer sahen ihn als Drachen, während die hinduistische Mythologie ihn als Alligator bezeichnete und die Perser eine menschenfressende Schlange sahen. Er wurde mit einigen Drachen der griechischen Sagen in Verbindung gebracht, etwa mit dem Drachen, den Herakles im Garten der Hesperiden tötete, und dem Drachen, der Athene im Kampf gegen die Titanen angriff und in den Himmel warf.

Thuban (Alpha Draconis) war der Polarstern der Antike. Die Präzession – die langsame Veränderung der Erdachse durch die Schwerkraft von Sonne und Mond – hat den Pol mittlerweile zum Polarstern (Alpha Ursae Minoris) bewegt.

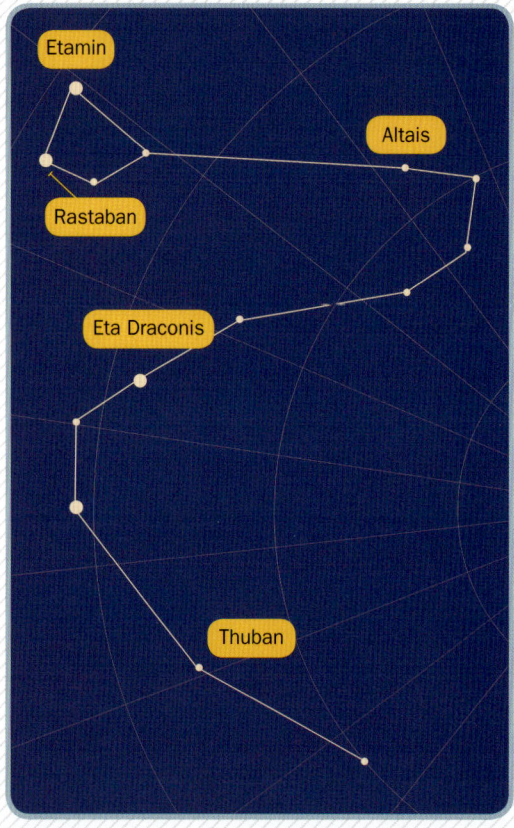

53 JAGD AUF DEN GROSSEN BÄREN

Der Große Bär ist eines der ältesten und vielleicht das bekannteste der Sternbilder. Zahlreiche Legenden ranken sich um ihn. Die Cherokee und die Irokesen sehen unterschiedliche Versionen einer Bärenjagd, während die Sioux statt eines Bären einen langschwänzigen Skunk erkennen.

Besonders berühmt sind jene sieben Sterne des Großen Bären, die den Asterismus Großer Wagen formen. Einer chinesischen Legende zufolge bilden die Sterne des Großen Wagens einen Scheffel, der bei Hungersnot Essen aufteilt. Die alten Hebräer sahen einen ähnlichen Scheffel. Zusätzlich zu Bären und Scheffeln sahen die frühen Briten darin König Artus' Streitwagen und die Römer ein Gespann aus sieben Ochsen, gelenkt von Arktur (Alpha Bootis).

Egal, was Sie sehen, suchen Sie den Doppelstern Mizar (Zeta Ursae Majoris) und Alkor (80 Ursae Majoris), 12 Bogenminuten voneinander entfernt. Das Paar liegt in der Mitte der Wagendeichsel (des Bärenschwanzes, der Ochsenreihe) und ist mit bloßem Auge sichtbar (siehe Nr. 33).

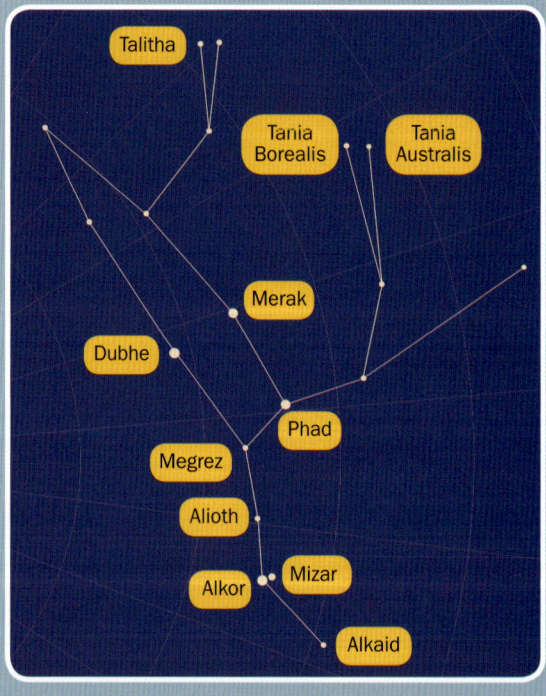

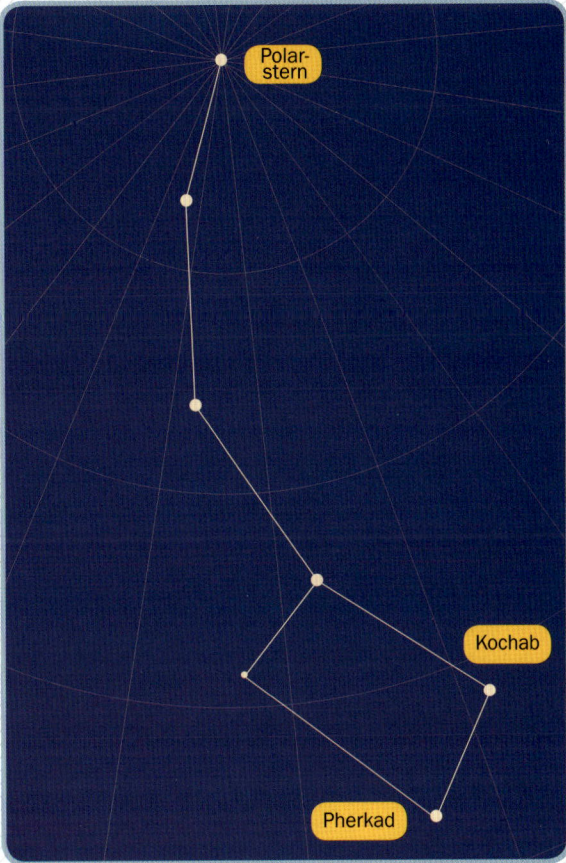

54 DEM KLEINEN BÄREN FOLGEN

Der Kleine Bär (auch: Kleiner Wagen) erinnert an einen Löffel mit zurückgebogenem Stiel. Der griechische Astronom Thales bestimmte diese Sterngruppe 600 v. Chr. als Sternbild. Der griechischen Sage zufolge wurden der Kleine Bär (Arkas) und seine Mutter, der Große Bär (Kallisto), von Zeus an den Himmel gesetzt. Sie folgen einander endlos um den Himmelsnordpol. Dabei muss man erwähnen, dass sich der Polarstern (Nordstern, Alpha Ursae Minoris) der Nordhalbkugel, der auch der hellste Stern im Kleinen Bären ist, am Ende der Deichsel des Kleinen Wagens befindet.

Der Polarstern ist ein Cepheid und liegt aktuell fast 1° vom genauen Pol entfernt. Die Präzession der Erdachse wird den Pol bis zum Jahr 2100 auf etwa 27 Bogenminuten zum Polarstern verschoben haben, bevor er sich wieder wegbewegt. Irgendwann wird ein anderer Stern über der Spitze unserer Erde kreisen. Aber keine Sorge, der Polarstern ist nicht allein: Sein Begleiter der Helligkeit 9 mag ist nur 18,5 Bogensekunden entfernt.

55 ZUR GIRAFFE HOCHSCHAUEN

Was macht eigentlich eine Giraffe neben zwei Bären und einem Drachen am kalten Himmel in der Nähe des Polarsterns? Das Sternbild Giraffe entstand 1624, als der deutsche Astronom Jakob Bartsch Sternkarten mit neuen Sternbildern veröffentlichte, die sich zuvor Petrus Plancius ausgedacht hatte. Das neue Sternbild symbolisierte das Kamel, das in der Bibel Rebekka zu Isaak gebracht hatte. (Die Griechen nannten die Giraffe „Kamel-Leopard"; sie sahen den Kopf eines Kamels und die Flecken eines Leoparden.) Das Sternbild liegt im großen Bereich zwischen dem Fuhrmann und den Bären.

Z Camelopardalis ist ein kataklysmischer Veränderlicher, der alle zwei oder drei Wochen von seinem Helligkeitsminimum von 13 mag zu einem Maximum von 9,6 mag ausbricht – was immer noch vergleichsweise schwach (und nur im Teleskop sichtbar) ist. Beim Verblassen verweilt er auf mittlerer Helligkeit. Dieser Stillstand kann Monate dauern, bevor er weiter verblasst. In den späten 1970er-Jahren blieb Z Cam mehrere Jahre lang auf Helligkeit 11,7 mag.

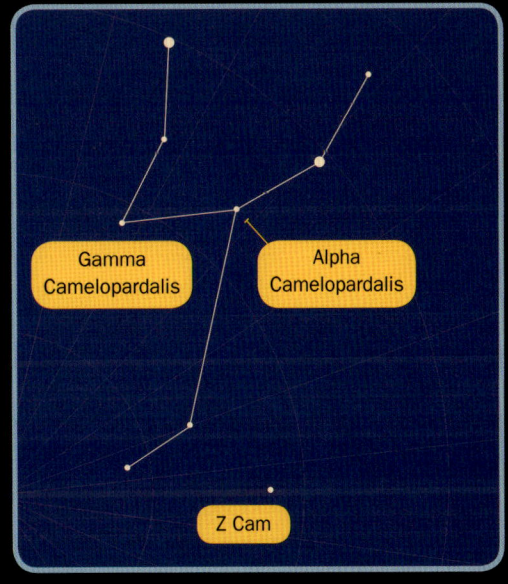

56 BEI ORION BEGINNEN

Orion ist eines der markanteren Stern-bilder. Die meisten Beobachter finden die drei Sterne seines Gürtels: Alnitak, Alnilam und Mintaka (Zeta, Epsilon und Delta Orionis). Zwei sehr helle Sterne – Beteigeuze und Bellatrix (Alpha und Gamma Orionis) – bilden seine Schultern, ein weiteres Paar – Saiph und Rigel (Kappa und Beta Orionis) – bilden seine Knie. Vielleicht sehen Sie auch einen Schild in seiner linken Hand, eine hochgehaltene Keule in seiner rechten Hand und ein Schwert an seinem Gürtel. Orion ist auf der Nordhalbkugel ein Winter-sternbild, man findet ihn am besten von November bis Februar. Auf der Südhalbkugel ist dann Sommer – und Orion steht dort auf dem Kopf.

Man findet ihn mit Blick nach Süden (auf der Nordhalbkugel) oder nach Norden (auf der Südhalbkugel). Wie hoch er am Himmel steht, hängt vom Breitengrad des Beobachters ab: je näher am Äquator, desto höher.

57 WEITER ZU DEN ZWILLINGEN

Die Zwillinge sieht man oft am Winterhimmel. Zwei helle Sterne – Castor (Alpha Geminorum) und Pollux (Beta Geminorum) – bilden die Köpfe der beiden Strichmännchen, während die anderen Sterne die Arme, Beine und Körper des Duos bilden. (Sie sehen aus, als gingen sie Arm in Arm.) Um sie zu finden, beginnt man bei Beteigeuze (Alpha Orionis) in der rechten Schulter Orions. Ziehen Sie von dort eine Linie zu den Sternen der Keule Orions. Die Sterngruppe, auf die man trifft, bildet die Beine eines der Zwillinge. Auf der Nordhalbkugel stehen die Zwillinge höher am Himmel als Orion, auf der Südhalbkugel tiefer, für Beobachter am Äquator vielleicht sogar unter dem Horizont und somit außerhalb des Blickfelds.

58 AUF DER SUCHE NACH DEM STIER

Orion befindet sich im ewigen Kampf mit einem anderen Sternbild: dem Stier. Zu den kleineren Sterngruppen im Stier gehören die Plejaden (ein Sternhaufen aus sechs sichtbaren Sternen am Rücken des Stiers) und die Hyaden (der V-förmige Kopf). Die Plejaden (M 45) und Hyaden sind offene Sternhaufen, die sich vor hunderten Millionen Jahren in riesigen Wolken aus interstellarem Gas bildeten.

Die Schwerkraft bindet die Sterne aneinander, aber sie werden von anderen Objekten angezogen und sich auflösen (in einigen hundert Millionen Jahren).

Um den Stier zu finden, zieht man eine gedachte Linie von den drei Gürtelsternen des Orion durch die Mitte seines Schilds. Verlängert man diese Linie, landet man direkt unter den Hyaden. Verlängert man sie weiter, erreicht man die Plejaden.

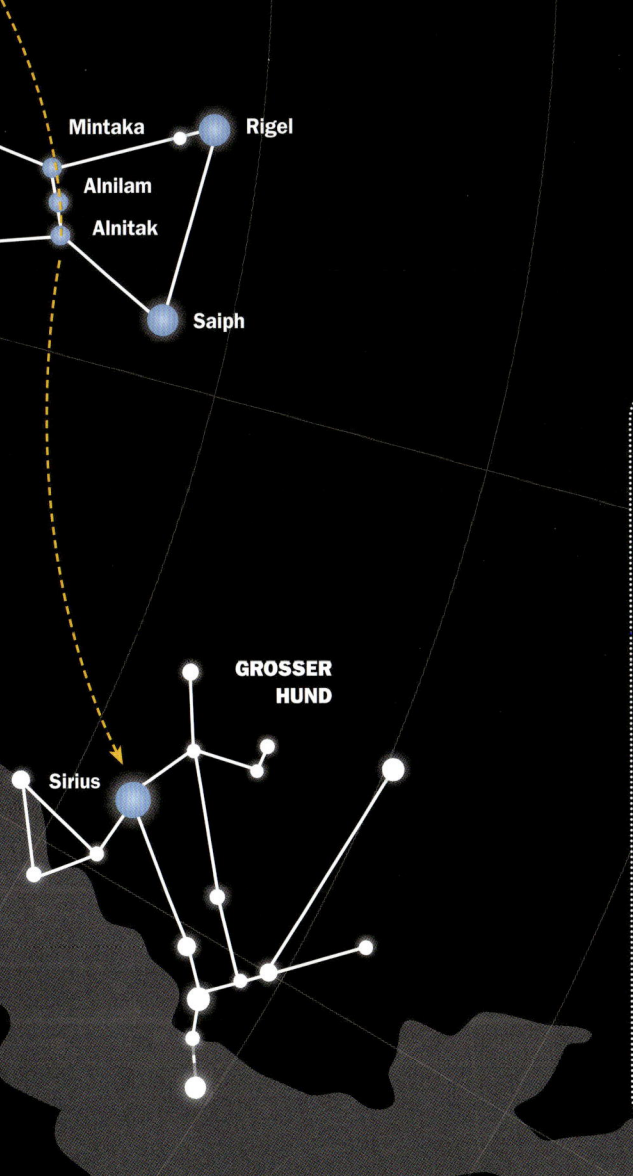

59 DER GROSSE UND DER KLEINE HUND

Orion jagt den Stier über den Himmel und wird dabei von zwei Hunden begleitet: dem Großen Hund und dem Kleinen Hund. Die Sterne des Großen Hunds bilden einen stilisierten Hund mit dreieckigem Kopf, vier geraden Beinen und einem langen dünnen Schwanz. Der sehr helle Stern auf seiner Brust ist Sirius (Alpha Canis Majoris), manchmal auch Hundsstern genannt. Beim Kleinen Hund benötigt man im Gegensatz zum Großen Hund schon viel Fantasie, um irgendeine Form zu erkennen. Er ähnelt eher einem Würstchen als einem Hund.

Um den Großen Hund zu finden, zieht man eine Linie durch den Oriongürtel, weg von seinem Schild, bis man Sirius erreicht. Für den Kleinen Hund zieht man eine Linie zwischen Orions Schultersternen Beteigeuze (Alpha Orionis) und Bellatrix (Gamma Orionis), wieder in die entgegengesetzte Richtung des Schilds, bis man das Würstchen erreicht.

60 EIN FASZINIERENDER BLICK AUF DIE MILCHSTRASSE

Betrachten Sie den Sternenhimmel. Jeder sichtbare Stern ist Teil der Milchstraße – einer flachen, spiralförmigen Scheibe aus Sternen, Gas und Staub, ausgebreitet wie eine gigantische Schallplatte. Wenn wir dieses leuchtende Band beobachten, blicken wir eigentlich vom Rand der Galaxie nach innen. Die Milchstraße enthält über 200 Milliarden Sterne und etwa 100 Milliarden Planeten, aber wir sehen nur die hellsten Einzelsterne in einem Bereich von bis zu 2000 Lichtjahren Entfernung.

Die Menschheit bestaunt schon lange diesen gefleckten Streifen aus Licht und spekulierte über seine Existenz. (Der Name Milchstraße entstammt der griechischen Sage, wonach die Göttin Hera unwissentlich Herakles, den halbgöttlichen Sohn des Zeus, im Schlaf stillte und beim Aufwachen Milch über den Himmel verspritzte.) Vor etwa 400 Jahren richtete Galilei ein Teleskop auf diesen glühenden Bogen und sah, dass jeder Fleck aus diffusem Licht aus hunderten Sternen bestand, die das bloße Auge nicht erkennen kann.

Weit genug weg von den grellen Lichtern der Stadt kann man in den meisten Nächten das nebelhafte Band aus Sternenlicht sehen. Durch die Lichtverschmutzung ist dieser faszinierende Anblick an den meisten Orten der Erde getrübt und wird für kommende Generationen noch seltener zu erleben sein. (Die Milchstraße durch das Fernglas betrachten: siehe Nr. 136.)

61 VERSTREUTES KORN AUF DER MILCHSTRASSE DER CHEROKEE

Die nordamerikanischen Cherokee haben ihre eigene Geschichte zur Entstehung der Milchstraße: Ein alter Mann und seine Frau lagerten in einem Korb Korn für den Winter. Eines Morgens fehlte etwas davon und neben dem Korb sahen sie die Pfotenabdrücke eines Hundes. Die beiden versteckten sich in der Nähe und warteten. Als ein riesiger Geisterhund aus dem Himmel kam und das Korn zu fressen begann, vertrieben ihn der Mann und die Frau mit großem Krach zurück in den Himmel. Verstreutes Korn aus seinem Maul bildete den Weg der Milchstraße.

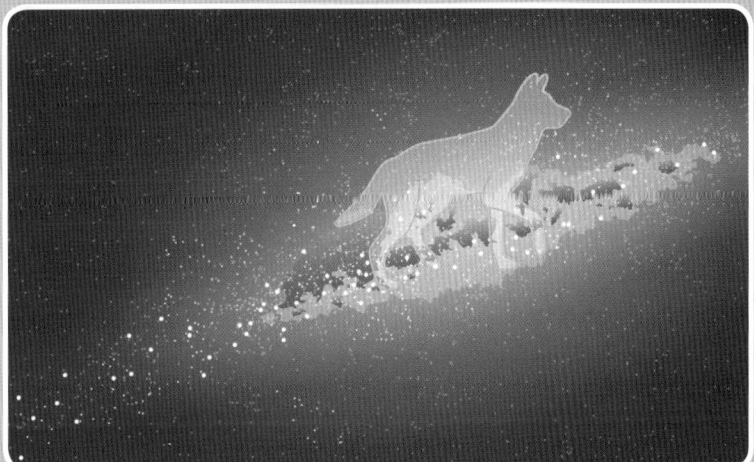

62 MYTHEN ZUR MILCHSTRASSE

Jede Kultur scheint eine Geschichte zur leuchtenden Milchstraße zu haben.

ÄGYPTER Die Ägypter hatten mehrere Mythen zum Ursprung der Milchstraße. In einer Legende erstreckt sich die Göttin Nut über den Himmel und bildet mit ihrem Körper die Milchstraße.

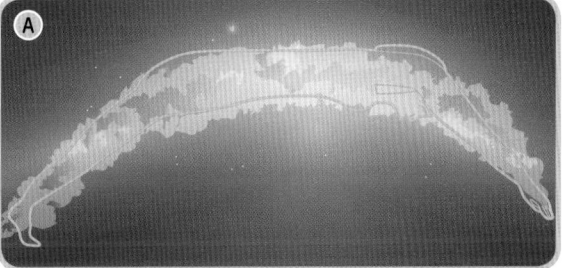

HINDUS Für die Hindus waren alle Sterne und Planeten ein riesiger schwimmender Delfin. Die Milchstraße selbst hieß Akasaganga – der Fluss Ganges des Himmels. Es überrascht nicht, dass die Hindus die Milchstraße nach ihrem heiligsten Wasserweg benannt haben.

CHINESEN Die Chinesen nannten die Milchstraße Tianhe oder Silbernen Fluss. Neun helle Sterne im Sternbild Schwan symbolisieren Tianjin, den Pfad über eine seichte Stelle dieses himmlischen Flusses. Einmal im Jahr, am siebten Tag des siebten Monats im chinesischen Kalender, überqueren eine Weberin und ein Kuhhirte (deren Liebe verboten ist) diese Brücke, um sich zu treffen. Dieser Tag gilt als die chinesische Version des Valentinstags.

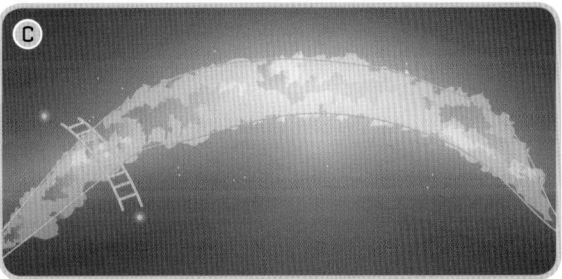

63 DAS MILCHSTRASSEN-LAMA DER INKAS

In den Anden sahen die Inkas Formen in den Sternen und in der Dunkelheit. Sie glaubten, dass die dunklen Flecken in der Milchstraße verschiedene Tiere waren, die aus dem „Himmelsfluss" tranken. In der Mythologie der Inkas watet die Lamastute Urcuchillay mit ihrem Jungen durch den Himmelsfluss. Je weiter sie wandert, desto dunkler und heiliger wird ihr Fell. Ihre Augen sind die hellen Sterne Rigil Kentaurus und Hadar (Alpha und Beta Centauri). Die Inkas sahen auch einen Fuchs, ein Rebhuhn, eine Kröte und eine Schlange in der Dunkelheit der Milchstraße.

64

WIE SEHEN DIE ABORIGINES DIE MILCHSTRASSE?

Seit 40 000 Jahren beobachten die australischen Ureinwohner sorgfältig den Himmel und geben ihr Wissen von Generation zu Generation weiter. Sie kennen den Südhimmel ganz genau – dort, wo die Milchstraße ein gut sichtbarer und atemberaubender Anblick ist. Der Himmel ist so klar, dass man sogar die dunklen Wolken aus Gas und Staub erkennt, die entfernte Sterne verschleiern.

Manche Gruppen der Aborigines stellen sich die Milchstraße als Fluss mit Fischen (helle Sterne) und Seerosenknollen (schwache Sterne) vor. Gemäß einer Legende aus der Yirrkala-Siedlung symbolisieren die beiden dunklen Flecken nahe dem Sternbild Kreuz des Südens (die man heute oft Kohlensack nennt) die Leichen zweier Brüder, die beim Angeln ertrunken waren. Für mehrere andere Clans ist der Kohlensack Teil eines gigantischen dunklen Emus in der Milchstraße.

65 LEUCHTENDE NACHTWOLKEN

Haben Sie schon einmal die zart gekräuselten, eisblauen Spuren gesehen, die direkt nach Sonnenuntergang am Himmel leuchten? Dann haben Sie Glück gehabt, denn diese *leuchtenden Nachtwolken* sind ein seltener und geisterhafter Effekt, der durch reflektiertes Licht der eben erst untergegangenen Sonne entsteht. Denn auch wenn wir die Sonne vom Boden aus nicht mehr sehen können, scheint ihr Licht noch immer auf die Wolken über uns. Sie sind die höchsten Wolken der Erde und bestehen aus winzigen Eiskristallen und Staubpartikeln. Sie liegen oberhalb der *Mesosphäre*, einer Schicht der Erdatmosphäre am Rand zum Weltraum. (Mehr zur Mesosphäre unter Nr. 98.) Man kann sie in den Sommermonaten auf der Nord- und Südhalbkugel sehen, aber nur zwischen 50° und 70° nördlich und südlich des Äquators.

66 AUGENWEIDE ABENDROT

Warum leuchtet der Himmel nach Sonnenuntergang rosa? Die Sonne ist bereits hinter dem Horizont, aber ihr Licht wird von hohen Wolken oder feinen Staubpartikeln reflektiert und ist als *Abendrot* sichtbar. Die Farben erscheinen oft als Streifen – das liegt an der *Refraktion*, der Streuung und dem Brechen von weißem Licht, das auf kleine Partikel trifft (in diesem Fall große Luftmoleküle oder Staub). Auf diese Weise entstehen auch Regenbögen. Ein besonders schönes Abendrot entsteht nach enormen Staubauswürfen in die obere Atmosphäre, wie etwa heftigen Vulkanausbrüchen oder großen Waldbränden. Diese Staubpartikel fangen dann das Licht ein und zerstreuen es noch lange nachdem die Sonne aus unserem Blickfeld verschwunden ist.

67 BLICK AUF DEN GRÜNEN BLITZ

Wenn Sie das nächste Mal an einem sehr klaren Abend einen unverstellten Blick auf den Sonnenuntergang haben, achten Sie auf den grünen Blitz – eine flüchtige Erscheinung, wenn die Atmosphäre in großer Höhe wärmer ist als normalerweise üblich. Am ehesten sieht man den grünen Blitz bei freiem Blick nach Westen, etwa auf einem Berg, am Meer oder vom Flugzeug aus.

Was verursacht den grünen Blitz? Die Antwort hat mit Prismen und Regenbögen zu tun. Hält man ein Prisma im richtigen Winkel gegen die Sonne, bricht das Licht in ein Spektrum aus verschiedenen Farben. Die Atmosphäre funktioniert wie ein Prisma: Steht die Sonne tief am Horizont, wird das Licht durch den Winkel in seine Farben gespalten: Rot, Orange, Gelb, Grün, Blau, Indigo und Violett. Die roten, orangen und gelben Töne der Sonnenscheibe verschwinden als erste über dem Horizont, während die grünen, blauen und violetten Töne länger bleiben. Wenn Sie also eine orangerote Sonne am Horizont sehen, achten Sie auf einen kurzen Blitz aus grünem Licht über der Sonne.

68 UNSER MOND

Ah, der Mond – unser natürlicher Trabant und neben der Sonne das hellste Objekt, das wir am Himmel sehen. Vermutlich war er einst ein Teil der jungen Erde, bis ein großer Himmelskörper bei einer Kollision flüssige Materie ins All schleuderte. Sie kühlte ab und bildete unseren Mond. Hier sind weitere Fakten zu unserem Trabanten:

DURCHMESSER 3400 Kilometer oder ein Viertel des Erddurchmessers

MASSE 73,5 Trilliarden kg oder ein Hundertstel der Masse der Erde

OBERFLÄCHENGRAVITATION 16 Prozent der Erdanziehungskraft. Wer auf der Erde 45 kg wiegt, ist auf dem Mond 7 kg schwer.

LÄNGE EINES TAGES 29,5 Erdentage. Durch die gebundene Rotation zwischen Mond und Erde (weswegen er immer mit derselben Seite zur Erde zeigt) dauert ein Mondtag eine ganze Umrundung der Erde. Mondnächte dauern demnach zwei Wochen lang!

UMLAUFZEIT UM DIE ERDE Der Mond benötigt ungefähr 29,5 Tage, um die Erde zu umkreisen.

ENTFERNUNG ZUR ERDE Im Mittel 385 000 Kilometer

ALTER 4,5 Milliarden Jahre

OBERFLÄCHENTEMPERATUR 123 °C bis −233 °C. Der Mond hat keine Atmosphäre, die seine Oberflächentemperatur mindert, darum wäre es für uns bei Tag unerträglich heiß und nachts gefährlich eisig.

ERFOLGREICHE MISSIONEN
1959: Lander *Lunik 2* und Raumsonde *Lunik 3* (Sowjetunion)
1969–1972: Mondlandungen *Apollo 11–17* (USA)
1994: NASA-Raumsonde *Clementine* (USA)
2009: NASA *Lunar Reconnaissance Orbiter* (Forschungssonde der USA)

ROBOTERTELESKOPE Manche Astronomen sehen den Mond als potenzielle Basis für Roboterteleskope: Er liegt relativ nahe, keine Atmosphäre stört den Blick und in einigen polaren Kratern ist es dauerhaft dunkel und kalt. Außerdem wären Radioteleskope auf der erdabgewandten Seite vor den Störfrequenzen der Erde geschützt. Manche glauben sogar, dass man auf dem Mond große Teleskopspiegel (bis zu 50 m breit) aus Mondmaterialien und anderen Stoffen bauen könnte.

IM INNEREN DES MONDES Der Mond hat einen *differenzierten Körper* aus Kruste, Mantel und Kern. Aufgrund von Experimenten der Apollo-Astronauten vermuten Wissenschaftler, dass der Mond einen kleinen Kern (mit ca. 350 km Durchmesser) hat, der vorwiegend aus Eisen, Schwefel und Nickel besteht. Der äußere Teil des Kerns könnte flüssig oder geschmolzen sein. Der Mondmantel ist 100 km dick und besteht vor allem aus Mineralien, während die Kruste 50 km dick ist und vor allem Sauerstoff, Eisen und Silizium enthält.

BOMBENHAGEL Die zahlreichen Krater des Mondes entstanden wahrscheinlich durch ein kataklysmisches Ereignis, das man „großes Bombardement" nennt – schwere Einschläge von Asteroiden und Kometen vor 4,1 Milliarden Jahren. Der größte und älteste Einschlagkrater auf dem Mond, das Südpol-Aitken-Becken, ist 2600 km breit und an manchen Stellen 6 km tief. Von der Erde aus sieht man diesen Krater jedoch nicht, da er sich auf der Rückseite des Mondes befindet.

DIE RÜCKSEITE Der Mond zeigt uns Erdlingen nur eine Seite. Seine Rückseite (auch fälschlicherweise die „dunkle Seite" genannt) ist von der Erde aus nie sichtbar, denn der Mond benötigt für eine Rotation um seine Achse gleich lang wie für einen Umlauf um die Erde. Dieses Phänomen nennt man *gebundene Rotation*. Die meisten Planeten und ihre Monde üben Gezeitenkräfte aufeinander aus – auch einige Doppelsterne.

OBERFLÄCHE Die Astronomen des späten 17. Jahrhunderts, die erstmals mit Teleskopen den Mond studierten, hielten seine großen dunklen Flecken für Meere – lateinisch *Maria*. Es sind aber Becken aus erkalteter Basaltlava, die aus seinem Mantel gedrungen war. Sie bedecken etwa ein Drittel des Mondes. Das größte „Meer" ist Oceanus Procellarum auf der Vorderseite des Mondes. Die *Terrae* sind die weißen Bereiche, die früher für das Land zwischen den Meeren gehalten wurden. Der höchste Berg ist der Mons Huygens. Er ist etwa halb so hoch wie der Mount Everest. (Mehr Mondstrukturen unter Nr. 153.).

BLEIBENDE SPUREN Da es auf dem Mond weder Wind noch Wasser, Vulkane, wandernde Kontinentalplatten oder andere Mechanismen gibt, die auf die Geologie der Erde einwirken, bleibt die Mondoberfläche im Grunde unverändert, abgesehen von Meteoriteneinschlägen. Darum sieht man auf dem Mond so viele Krater und auf der Erde kaum welche. Die Fußspuren der Apollo-Astronauten auf dem Mond werden noch Millionen Jahre erhalten bleiben. Erst der ständige „Regen" aus Meteoritenstaub wird sie auslöschen.

WASSER AM MOND Auf dem Mond kann kein flüssiges Wasser existieren (die Strahlung würde es rasch verdampfen lassen), aber die LCROSS-Mission im Jahr 2009 bestätigte Wassereis auf dem Mond und in seinen Kratern. Analysen von Vulkangestein aus der Apollo-Mission wiesen Wassermoleküle nach. Der Mond ist auch ständig von Sonnenwind umgeben – dieser enthält Wasserstoffionen, die mit dem Sauerstoff im Mondgestein reagieren und sich zu Wasser verbinden könnten. Irgendwann.

MONDSTAUB Bei der Mondlandung im Jahr 1969 hatten die Astronauten Schwierigkeiten mit Wolken aus kleinen Partikeln auf der Mondoberfläche. Ihre Füße sanken tief in den Staub, der auch ihre Raumanzüge bedeckte.

69 ENTSTEHUNG DER MONDPHASEN

Der Mond vollendet alle 29,5 Tage seinen Zyklus von neu bis voll. Beim Umkreisen der Erde durchläuft er Phasen, in denen Teile von ihm für uns sichtbar, andere verdunkelt sind. Diese Veränderungen ergeben sich durch die Stellung von Erde, Mond und Sonne zueinander. Wir sehen immer dieselbe Seite des Mondes (es gibt keine „dunkle Seite"), die jedoch auf ihrem Weg um die Erde unterschiedlich von der Sonne beleuchtet wird. Früher basierten die Monate auf den Mondzyklen – ein kompletter Zyklus entsprach einem Monat. Ein Mondkalender gibt Auskunft über die aktuelle Mondphase.

NEUMOND Bei Neumond steht der Mond zwischen Sonne und Erde. Da der Mond nur durch das Sonnenlicht scheint, können wir ihn in dieser Position nicht sehen. Nur bei Neumond kann es eine Sonnenfinsternis geben.

SICHEL- ODER DREIVIERTELMOND Ein dünner Mond nimmt zu und wächst auf seinem Weg um die Erde vom Neumond zum Vollmond heran. Dann nimmt er ab und wird wieder ein dünner, silbriger Bogen.

HALBMOND Der zu- und abnehmende Halbmond wird auch jeweils erstes und letztes Viertel genannt – so weit befindet sich der Mond dann auf seinem Zyklus.

VOLLMOND Bei Vollmond steht der Mond auf jener Seite der Erde, die von der Sonne abgewandt ist, und wird voll beleuchtet. Nur bei Vollmond kann es eine Mondfinsternis geben (siehe Nr. 75).

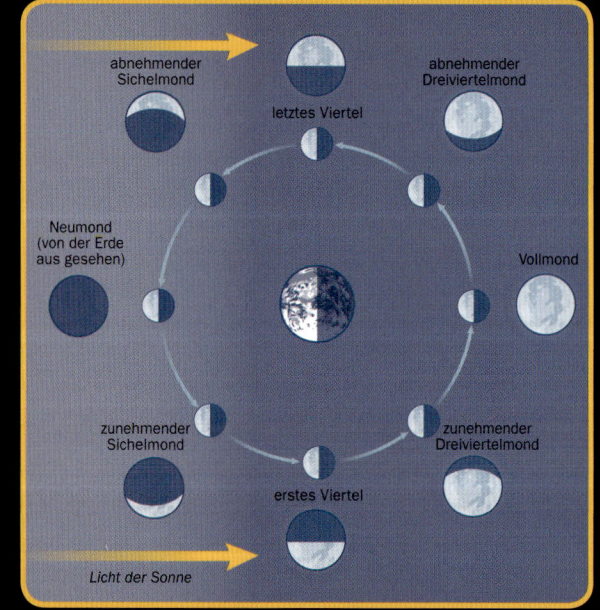

70 DAS PHÄNOMEN MONDTÄUSCHUNG

Ist Ihnen der Mond je als riesige Kugel über einem Hügel oder hinter Gebäuden erschienen? Manche glauben, dass dieser „Megamond" erscheint, weil der Mond am Horizont der Erde näher ist. Aber nein, der Vollmond misst immer 0,5° am Himmel (etwa die halbe Breite Ihres kleinen Fingers). Prüfen Sie es nach: Schließen Sie ein Auge und vergleichen Sie den Mond mit der Spitze Ihres kleinen Fingers bei ausgestrecktem Arm. Machen Sie das, wenn der Vollmond dem Horizont nahe ist, und einige Stunden später, wenn er höher am Himmel steht.

Dennoch erscheint der Mond am Horizont zweifellos größer und bis jetzt gibt es noch keine eindeutige Erklärung dafür. Eine Theorie (rechts als Ponzo-Täuschung dargestellt) besagt, dass unser Gehirn den Mond am Horizont mittels Perspektive mit anderen Objekten vergleicht und den Mond als riesig einstuft. Aber sobald sich der Mond vom Horizont wegbewegt, kann das Gehirn die Größe des Mondes nicht mehr perspektivisch schätzen und darum erscheint er weniger groß.

71 DER WECHSEL DER GEZEITEN

Während sich die Erde dreht, hält ihre Schwerkraft unsere Ozeane überall relativ gleichmäßig flach. Aber die Schwerkraft des Mondes zieht das Wasser an und erzeugt zwei Wölbungen am Meer: eine auf der dem Mond zugewandten Seite und eine auf der anderen. Sie bewegen sich mit der Erde und den Kräften des Mondes. (Und mit jenen der Sonne, die aufgrund der Entfernung aber schwächer sind.)

Wo der Mond am Wasser zieht und eine Wölbung erzeugt, ist *Flut*. Gleichzeitig herrscht dort, wo sich das Wasser in die Flutbereiche wegbewegt hat, gerade *Ebbe*.

A SPRINGTIDEN Bei jedem Neumond und Vollmond befinden sich Sonne und Mond auf einer Linie mit der Erde. In diesem Fall addiert sich die Schwerkraft der Sonne zu jener des Mondes und es

entsteht ein stärkerer Tidenhub, den man *Springtide* nennt. Bei Finsternissen kann die gerade Ausrichtung der Himmelskörper eine *Supertide* verursachen.

B NIPPTIDEN Ist der Mond im ersten und letzten Viertel, ziehen Sonne und Mond in unterschiedliche Richtungen und es kommt zu einer *Nipptide*: Fluten sind niedriger und Ebben sind stärker als sonst.

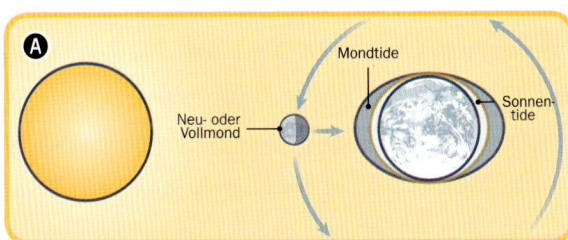

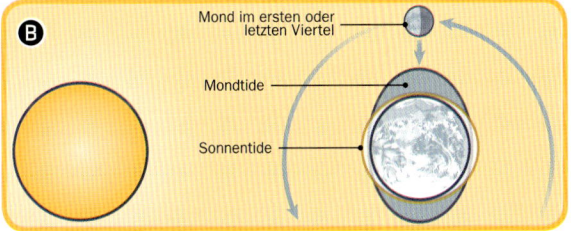

72 UNGEWÖHNLICHE MONDERSCHEINUNGEN

Der gute alte Mond, den wir fast jede Nacht am Himmel sehen, ist manchmal auch für Überraschungen gut. Hier einige Beispiele aus dem Bauernkalender:

sprechen von einem *Mond im Perigäum* („Mond in Erdnähe"). Wie auch immer das Gegenteil dieses Mondes umgangssprachlich heißt, für die Astronomen ist es ein *Mond im Apogäum* – ein Mond in Erdferne.

DER SUPERMOND Haben Sie in den Nachrichten schon einmal vom anstehenden „Supervollmond" gehört? Da der Mond die Erde auf einer Ellipse (keinem Kreis) umrundet, variiert sein Abstand zur Erde um 42 800 Kilometer. Wenn der Mond der Erde am nächsten ist, erscheint ein Supervollmond, der bis zu 14 % größer und 30 % heller am Himmel erscheinen kann. „Supervollmond" wird er aber nur in den Medien genannt. Astronomen

ZWEITER VOLLMOND Dieser wird „Blue Moon" genannt, was ursprünglich aus dem amerikanischen Bauernkalender *Farmer's Almanac* stammt und den dritten Vollmond in einer seltenen Jahreszeit mit vier Vollmonden bezeichnete. Die üblichen zwölf Monde einer Jahreszeit hatten bereits Namen und man nannte den Extramond „Blue Moon". Seit den 1930ern zählt man jedoch jeden zweiten Vollmond in einem

Monat als Blue Moon. Er tritt etwa alle zwei bis drei Jahre auf. Zwei Blue Moons in einem Jahr (laut neuer Definition) kommen etwa alle 19 Jahre vor – wenn es im Februar keinen Vollmond gibt.

Der Blue Moon ist nur selten wirklich blau. Rauch- und Staubpartikel in der Atmosphäre lassen den Mond in unterschiedlichen Farben erscheinen, von Rot bis Blau, das ganze Jahr über.

73 DER MANN IM MOND AUF DER GANZEN WELT

Der „Mann im Mond" stammt aus Europa, aber Menschen auf der ganzen Welt sehen Gestalten in den Meeren, Erhebungen und Kratern des Mondes. Mehr zu diesen Oberflächenstrukturen finden Sie unter Nr. 153.

KANINCHEN In einer Aztekensage zündeten sich zwei Götter an und wurden zu Sonnen. Einem dritten Gott war das zu hell und er verdunkelte eine mit einem Kaninchen.

FUCHS In Peru sehen manche einen Fuchs, der ein Seil knüpfte, um den Mond zu erreichen. Der Geschichte zufolge halfen ihm dabei einige befreundete Vögel.

FROSCH In einer chinesischen Sage findet eine Frau den Unsterblichkeitstrank ihres Mannes und fliegt zum Mond. Der Mann verwandelt sie daraufhin in einen Frosch.

74 DER SICHELMOND AN ANDEREN ORTEN

Achten Sie, wenn Sie auf Reisen sind, auf den Mond. Abhängig von Ihrem Standort auf der Erde sollten Sie Unterschiede in seiner Erscheinung bemerken können. Je weiter Sie nach Norden bzw. Süden reisen, desto auffälliger werden sie.

Machen Sie folgendes Experiment: Betrachten Sie den Sichelmond am Himmel und melden Sie sich bei einem Freund auf der anderen Halbkugel (Nord- oder Südhalbkugel). Fragen Sie ihn, in welche Richtung die Mondsichel zeigt. Sie werden sehen, dass der Mond von den verschiedenen Standorten aus gesehen in entgegengesetzte Richtungen zeigt.

Aber warum ist das so? Da Sie den Mond auf seinem Weg um den Äquator von sehr unterschiedlichen Winkeln aus sehen, verändert sich seine Erscheinung am Himmel. Blicken Sie auf ein Objekt auf der anderen Seite des Raums. Machen Sie dann einen Kopfstand (oder stellen Sie es sich vor) und betrachten Sie das Objekt erneut: Kopfüber gesehen scheint es auch auf dem Kopf zu stehen. Mit dem Mond verhält es sich genauso. Der Winkel der Mondphasen verändert sich allmählich, wenn Sie vom Nordpol zum Südpol reisen, und dreht sich um 180°. Am Äquator zeigt der Sichelmond bei seinem Auf- und Untergang sogar vom Horizont nach oben oder nach unten.

75 DER ROTE MOND DER MONDFINSTERNIS

Eine Mondfinsternis geschieht, wenn der Mond in den Kernschatten (*Umbra*) der Erde eintritt. Dazu muss der Mond ein Vollmond sein und sich auf einer Linie mit Sonne und Erde befinden. Da die Umlaufbahn des Mondes um 5° gegen jene der Erde geneigt ist, kommt es nur etwa zweimal im Jahr zu dieser Ausrichtung. Eine *totale Mondfinsternis* kann man auch mit bloßem Auge betrachten (im Gegensatz zur Sonnenfinsternis, siehe Nr. 222–224). Während der totalen Mondfinsternis erscheint der Mond rot, da Moleküle in der Erdatmosphäre den Blauanteil des Sonnenlichts streuen und nur das rötliche Licht den Mond erleuchtet.

Bei einer *partiellen Mondfinsternis* passiert nur ein Teil des Mondes die Umbra. Die Verdunklung ist halbkreisförmig. Stehen die drei Himmelskörper nicht genau auf einer Linie, bewegt sich der Mond nur durch den äußeren Bereich des Erdschattens (eine *Halbschattenfinsternis*). Da er viel Sonne abbekommt, bemerkt man dies kaum.

TOTALE MONDFINSTERNIS

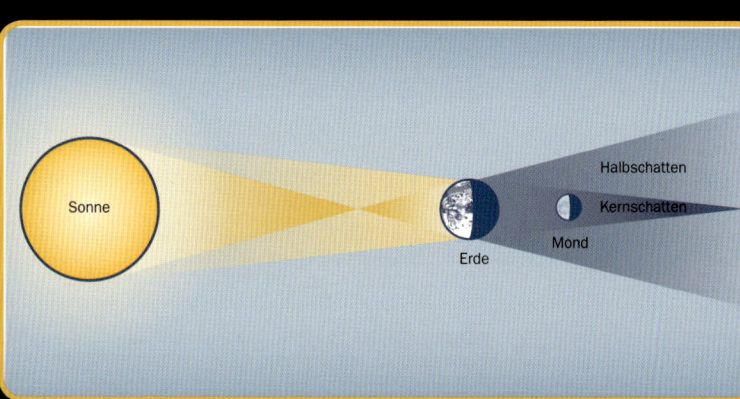

PARTIELLE MONDFINSTERNIS

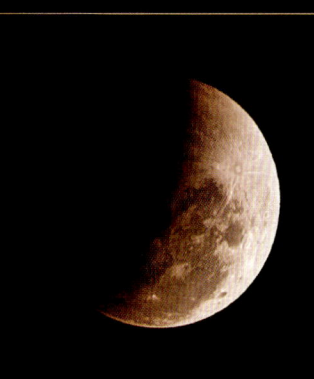
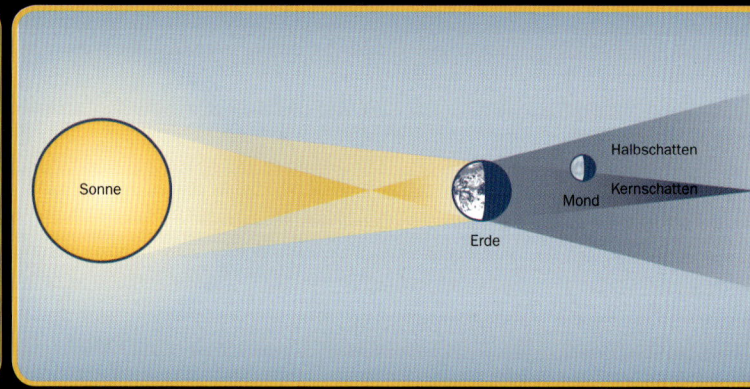

HALBSCHATTENFINSTERNIS

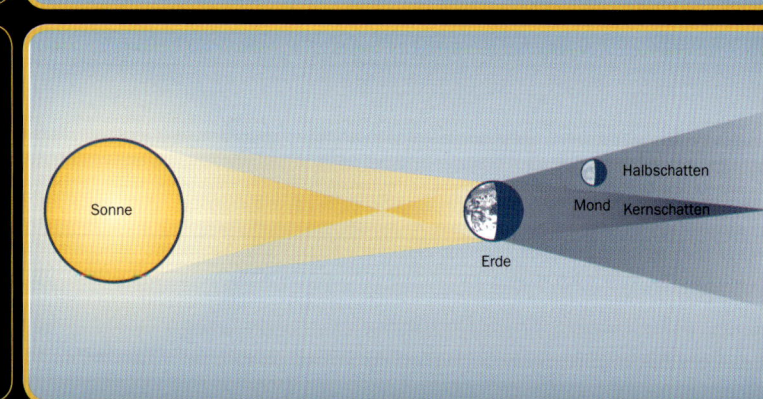

76 KARTEN ZUR MONDFINSTERNIS

Mit einer Finsterniskarte kann man herausfinden, wie viel von einer Mondfinsternis vom eigenen Standort aus zu sehen ist. Diese Karte zeigt, wie tief der Mond in den Erdschatten eintreten wird. Oft sind darauf auch die wichtigsten Stationen der Finsternis mit Uhrzeit vermerkt, etwa Beginn und Ende sowie die Dauer der totalen Verfinsterung. Alle Beobachter auf der Welt sehen die Finsternis gleichzeitig.

Die Schattierungen auf der unteren Karte zeigen, welchen Teil der Finsternis man von einem bestimmten Ort aus sehen kann. Je heller der Farbton, desto mehr sieht man von der Finsternis. An Orten im dunkelsten Bereich steht der Mond während der Finsternis unter dem Horizont. Die Abstufungen dazwischen zeigen an, ob der Mond im Laufe der Finsternis auf oder unter geht. Je nach Ort kann man vielleicht nur den Eintritt des Mondes in den Erdschatten sehen oder der Mond geht erst nach Beginn der Finsternis auf. Astronomische Jahrbücher schildern künftige Finsternisse im Detail.

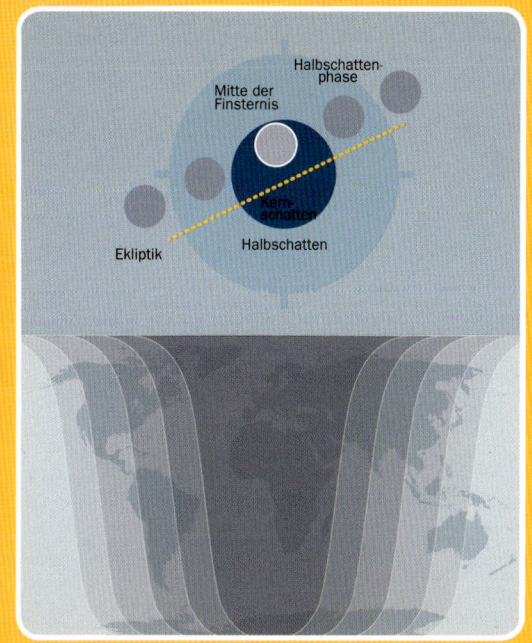

77 EIN EINFACHES MODELL DER MONDFINSTERNIS BAUEN

Dieser Versuch zeigt Ihnen anschaulich, wie eine Mondfinsternis entsteht.

SCHRITT 1 Aus Ton oder Teig eine Erde mit 2,5 cm Durchmesser und einen Mond mit gut 6 mm Durchmesser formen. Tipp zum Größenverhältnis: Die Erde soll viermal so groß sein wie der Mond.

SCHRITT 2 Erde und Mond maßstabsgetreu an einem Meterstab anbringen. Dazu einen Zahnstocher in jede Kugel stecken und sie 76 cm voneinander entfernt befestigen. Der Abstand beträgt etwa 30 Erdbreiten.

SCHRITT 3 Draußen in der Sonne oder in einem dunklen Zimmer mit einer hellen Glühbirne ausprobieren: Den Stab waagerecht halten, die Erde zur Lichtquelle gewandt. Den Stab drehen, bis der Schatten der Erde den Mond bedeckt. Überlegen Sie, auf welcher Seite der Erde Sie sein müssten, um die Finsternis zu beobachten. Bei einer echten Finsternis sieht jeder auf der Nachtseite der Erde bei klarem Himmel einen roten oder orangen Vollmond.

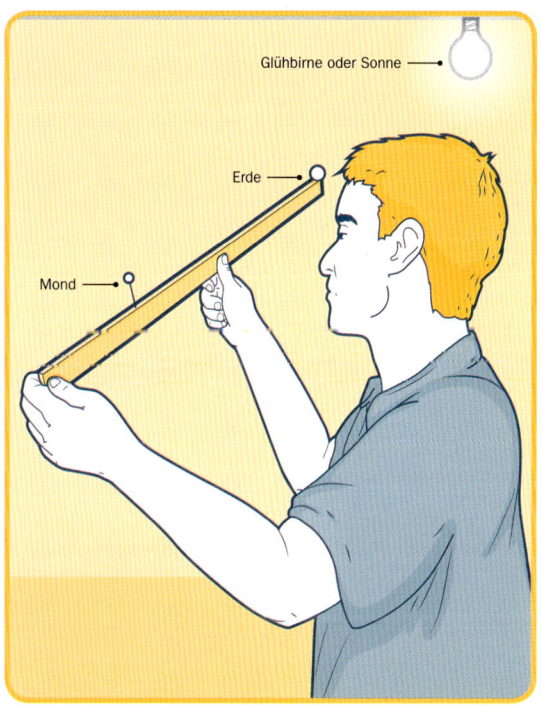

78 DER MERKUR

Klein, dicht und in unserem Sonnensystem der Sonne am nächsten: Merkur ist ein felsiger Planet, der unserem Mond stark ähnelt – er ist vorwiegend grau und mit Kratern übersät. Damit enden aber die Gemeinsamkeiten.

DURCHMESSER 4880 Kilometer

ENTFERNUNG ZUR SONNE Im Schnitt rund 58 Millionen Kilometer oder etwa zwei Fünftel des Abstands zwischen Erde und Sonne

MASSE 328,5 Trilliarden kg

MONDLOS Merkur ist neben der Venus einer von zwei Planeten in unserem Sonnensystem, von denen kein Mond bekannt ist.

LÄNGE EINES JAHRES 88 Erdentage

LÄNGE EINES TAGES Merkur dreht sich rasch um die Sonne, um seine eigene Achse jedoch relativ langsam. Ein Jahr auf dem Merkur ist nur 88 Erdentage lang, aber Merkur benötigt fast 60 Erdentage, um einmal um die eigene Achse zu rotieren. Die Kombination aus schnellem Umlauf und langsamer Drehung ergibt einen sehr langen Merkur-tag, der (zwischen zwei Sonnenaufgängen) 176 Erdentage dauert.

OBERFLÄCHENTEMPERATUR Ähnlich wie auf dem Mond reguliert auch auf Merkur keine Atmosphäre die Temperatur. Die Sonnenseite erhitzt sich bis zu 425 °C, während es nachts bis auf −175 °C abkühlen kann. In den tiefsten Kratern, wo keine Sonne hinkommt, hat es maximal −171 °C.

SCHWERKRAFT Das 0,38-Fache der Erdschwerkraft. Also wäre jemand, der auf der Erde 45 kg wiegt, auf dem Merkur 17 kg schwer.

NAME Im 14. Jahrhundert v. Chr. nannten die Assyrer Merkur „den springenden Planeten", weil er von der Erde aus gesehen abwechselnd links und rechts der Sonne am Himmel erscheint. Heute benennen wir seine Krater nach Künstlern, Musikern und Schriftstellern, seine Gebirgsrücken nach Wissenschaftlern, seine Steilhänge nach wissenschaftlichen Expeditionen und seine Kraterketten nach Radioteleskopen.

ERFOLGREICHE MISSIONEN
1974: Raumsonde *Mariner 10* (USA)
2011: Raumsonde *MESSENGER* (USA)

LÄNGLICHE UMLAUBAHN Wie die anderen Planeten im Sonnensystem umkreist auch der Merkur die Sonne auf einer Ellipse. Seine ist jedoch die elliptischste. Merkurs Abstand zur Sonne bewegt sich im Bereich von 45–70 Millionen Kilometern.

DÜNNE ATMOSPHÄRE
Die Schwerkraft des Merkurs ist zu schwach, um eine Atmosphäre zu halten, darum ist die Atmosphäre dünn und vergänglich. Die wenigen Gase, die er anzieht, kommen vor allem aus dem Sonnenwind – geladene Teilchen von der Sonne, die mit 900 km/s unterwegs sind. Sobald sich die Atmosphäre in den Weltraum zerstreut, wird sie vom Sonnenwind wieder angereichert.

AUFBAU Der Kern des Merkurs macht 42 % des Volumens aus. Im Vergleich dazu macht der Erdkern nur etwa 17 % aus. Früher dachte man, dass die Kerne sehr kleiner Planeten fest sein müssten, da kleine Planeten rasch abkühlen. Aber Merkur hat ein schwaches Magnetfeld – ein starker Hinweis auf geschmolzenes Eisen unter seiner Oberfläche.

SELTSAME SONNE Auf dem Merkur geht die Sonne gelegentlich halb über dem Horizont auf, ändert ihre Richtung, geht unter und dann wieder auf. Das geschieht, wenn der Merkur der Sonne am nächsten ist und sich am schnellsten auf seiner Ellipse bewegt. In diesen Zeiten ist seine Umlaufgeschwindigkeit im Vergleich zu seiner langsamen Rotation so schnell, dass sich die Sonne scheinbar rückwärts über den Merkurhimmel bewegt.

NATRIUMSCHWEIF Als sonnennächster Planet (und aufgrund seiner langsamen Rotation) ist Merkur für lange Perioden dem Sonnenwind dauerhaft ausgesetzt. Dieser Wind bläst Natriumionen von der Oberfläche des Planeten und erzeugt einen kometenartigen Gasschweif von rund 2,4 Millionen km Länge.

DIE SPINNE Im größten Becken des Merkurs, im Caloris-Becken, befindet sich der spinnenförmige Einschlagkrater Pantheon Fossae. Seine radialen Gräben wurden einst von einem Meteor getroffen, wobei der Krater Apollodorus entstand – der Körper der Spinne.

MAGNETWIRBEL Das Magnetfeld des Merkurs sendet Wirbel aus magnetischer Energie ins All. Die Wirbel bilden sich beim Auftreffen des Sonnenwinds, der starke Magnetfelder mit sich trägt. Diese verwirbeln sich mit dem Magnetfeld des Merkurs und bilden magnetische Strudel, die so groß wie der halbe Planet werden können.

KRATER Merkur hat mehr Krater als jeder andere Planet im Sonnensystem. Anders als auf anderen Planeten sind seine Krater nicht durch Wind, Wasser, Erdbeben, Vulkane und andere geologische Prozesse gezeichnet. Auf Merkur gibt es keine vergleichbaren Prozesse, die Krater von der Oberfläche tilgen.

RUNZELN Als der Eisenkern des Merkurs vor Milliarden von Jahren abkühlte und schrumpfte, runzelte sich seine Oberfläche. Diese *Eskarpen* können bis zu 1,6 km hoch und hunderte Kilometer lang werden.

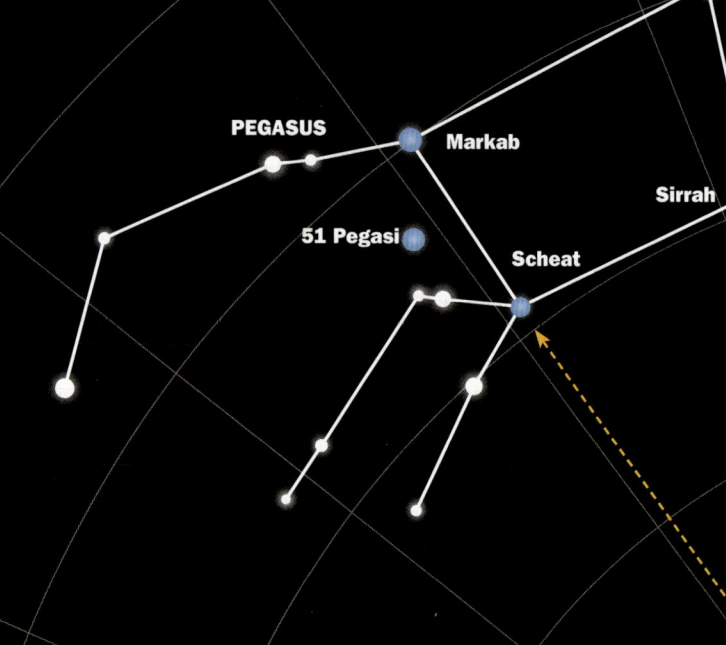

Algenib

PEGASUS

Markab

Sirrah

51 Pegasi

Scheat

79
START BEIM GEFLÜGELTEN PFERD

Vier helle Sterne markieren die Ecken eines Asterismus, den man als das Herbstviereck kennt – der Körper des geflügelten Pferdes aus der griechischen Mythologie, das ein markantes Bild am Herbsthimmel ist. In bildlichen Darstellungen durchsticht Pegasus oft den Himmel und fliegt zur Erde herab. Zum Sternbild gehören ein Körper, ein Kopf, Vorderbeine und Flügel. Man kann Pegasus auf der Nordhalbkugel und im Süden sogar bis zum 60. Breitengrad sehen. Auf der Nordhalbkugel ist die beste Beobachtungszeit im Oktober und auf der Südhalbkugel zu Frühlingsbeginn.

Um Pegasus zu finden, sucht man erst den Kasten des Großen Wagens. Dort die beiden Sterne an der Vorderseite des Kastens beachten. Diese mit einer gedachten Linie verbinden und die Linie weiter zum Polarstern (Alpha Ursae Minoris) verlängern. Die Linie von dort aus weiterführen, bis man den Bauch des geflügelten Pferdes erreicht, beziehungsweise die Oberkante des Herbstvierecks.

80
51 PEGASI LOKALISIEREN

1995 entdeckte man den ersten Planeten, der einen anderen sonnenähnlichen Stern umkreist: Bellerophon, im Umlauf um 51 Pegasi, einen schwachen, kaum sichtbaren Stern zwischen Hals und Vorderbeinen des Pegasus. Benannt wurde der Planet nach dem griechischen Helden Bellerophon, der Pegasus zähmte und auf ihm reitend ein Monster tötete.

81
PRINZESSIN ANDROMEDA

Die Sternbilder des Herbsthimmels erzählen die Geschichte von Prinzessin Andromeda, die als Opfer für das Ungeheuer Ketos an einen Felsen gekettet ist. Man findet sie vom Herbstviereck aus: von jenem Stern, der Bauch mit Hinterbeinen verbindet (Sirrah/Alpha Andromedae). Er ist der Eckpunkt einer Gruppe aus sieben Sternen, die auch Hinterbeine sein könnten. Diese V-Form bildet Andromedas Körper und Beine.

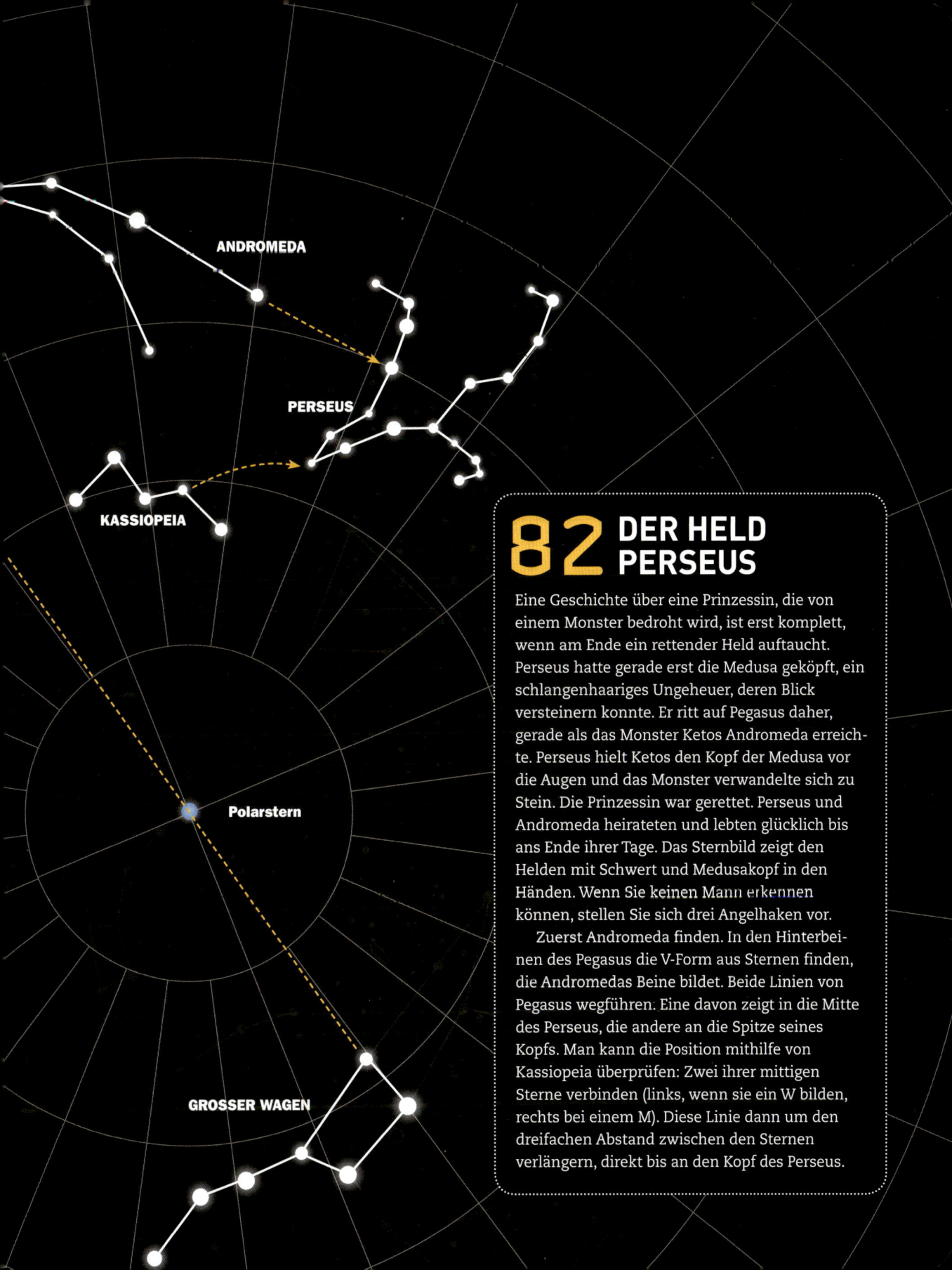

ANDROMEDA

PERSEUS

KASSIOPEIA

Polarstern

GROSSER WAGEN

82 DER HELD PERSEUS

Eine Geschichte über eine Prinzessin, die von einem Monster bedroht wird, ist erst komplett, wenn am Ende ein rettender Held auftaucht. Perseus hatte gerade erst die Medusa geköpft, ein schlangenhaariges Ungeheuer, deren Blick versteinern konnte. Er ritt auf Pegasus daher, gerade als das Monster Ketos Andromeda erreichte. Perseus hielt Ketos den Kopf der Medusa vor die Augen und das Monster verwandelte sich zu Stein. Die Prinzessin war gerettet. Perseus und Andromeda heirateten und lebten glücklich bis ans Ende ihrer Tage. Das Sternbild zeigt den Helden mit Schwert und Medusakopf in den Händen. Wenn Sie keinen Mann erkennen können, stellen Sie sich drei Angelhaken vor.

Zuerst Andromeda finden. In den Hinterbeinen des Pegasus die V-Form aus Sternen finden, die Andromedas Beine bildet. Beide Linien von Pegasus wegführen. Eine davon zeigt in die Mitte des Perseus, die andere an die Spitze seines Kopfs. Man kann die Position mithilfe von Kassiopeia überprüfen: Zwei ihrer mittigen Sterne verbinden (links, wenn sie ein W bilden, rechts bei einem M). Diese Linie dann um den dreifachen Abstand zwischen den Sternen verlängern, direkt bis an den Kopf des Perseus.

83

DEN LICHTSCHWACHEN WIDDER AUFSPÜREN

Die alten Babylonier, Ägypter, Perser und Griechen benannten das Sternbild Widder. In der griechischen Sage hatte der König von Thessalien zwei Kinder, Phrixus und Helle, die von ihrer Stiefmutter misshandelt wurden. Der Gott Hermes entsandte einen Widder mit goldenem Vlies, der sie retten sollte. Als der Widder von Europa nach Asien flog, fiel Helle jedoch ins Meer. Am Ufer des Schwarzen Meers opferte Phrixus den Widder. Sein Vlies wurde einem schlaflosen Drachen übergeben.

Der Widder ist das erste Sternbild des Tierkreises, da die Sonne einst am Tag des Frühlingsäquinoktiums in den Widder eintrat – wenn sie von der südlichen in die nördliche Himmelshälfte wechselt. Aufgrund der Erdpräzession steht die Sonne zum Frühlingsäquinoktium nun in den Fischen. Der schwache Widder liegt zwischen Fische und Stier, die hellen Ausnahmen seiner Sterne sind Hamal (Alpha Arietis), Sheratan (Beta Arietis), Mesarthim (Gamma Arietis) und Bharani (41 Arietis).

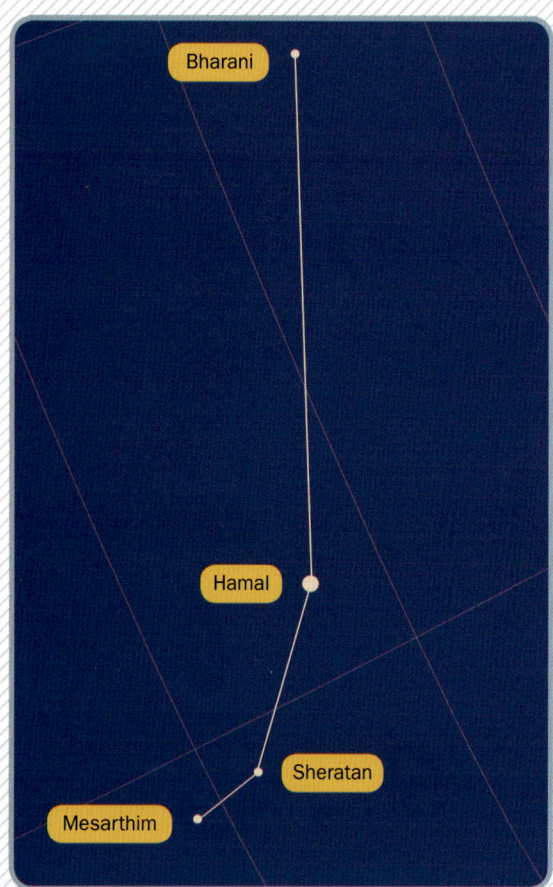

84

DEN FUHRMANN VERFOLGEN

Der mehrseitige Fuhrmann ist am Himmel leicht zu finden, vor allem wegen des hellen Sterns Kapella, der Ziege, und ihrem Gefolge aus drei kleinen Geißlein. In alten Sagen wird der Fuhrmann mit einer Ziege auf den Schultern und zwei oder drei Zicklein auf seinem Arm dargestellt. Er wird auch als Erechtheus gesehen, Sohn des Hephaistos (der römische Gott Vulcanus), der nicht laufen konnte und für sich zur Fortbewegung einen Wagen erfand.

Kapella (Alpha Aurigae) ist der sechsthellste Stern am Himmel und gilt seit der römischen Antike als Ziegenstern. Er ist fast 50 Lichtjahre entfernt und ähnelt unserer Sonne, ist aber größer.

Ein ganz besonderer variabler Stern im Fuhrmann ist Almaaz (Epsilon Aurigae). Dieser Überriese verblasst, wenn er alle 27 Jahre von seinem Begleiter verdeckt wird. Während der Bedeckung sinkt seine Helligkeit um zwei Drittel einer Magnitude. Die stärkste Phase der Bedeckung dauert ein ganzes Jahr, was darauf hindeutet, dass der Begleitstern von einer gigantischen Wolke aus Gas und Staub umgeben ist.

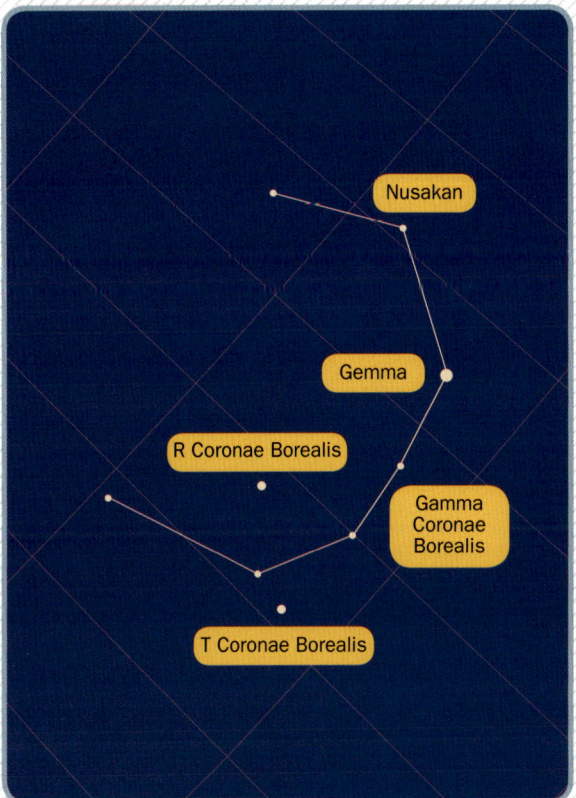

85 DIE NÖRDLICHE KRONE SEHEN

Nur 20° nordöstlich von Arktur (Alpha Bootis) in Richtung Herkules liegt die Nördliche Krone, ein kleiner Halbkreis aus schwachen, aber markanten Sternen. Der griechischen Sage zufolge gehört die Krone Ariadne, der Tochter des Königs Minos von Kreta. Nachdem sie der sterbliche Theseus verlassen hatte, zögerte sie, den Heiratsantrag des Dionysos (als Sterblicher) anzunehmen. Um seine Göttlichkeit zu beweisen, warf Dionysos die Krone zu Ariadnes Ehren an den Himmel. Ariadne heiratete ihn und wurde selbst unsterblich.

Einer der bemerkenswerteren Sterne am Himmel ist R Coronae Borealis (R CrB), eine umgekehrte Nova. Seine übliche Helligkeit von 5,9 mag fällt in unregelmäßigen Zeitabständen ganz plötzlich ab – um bis zu acht Magnituden – wobei dunkles Material in seine Atmosphäre geschleudert wird. Wenn sich das Material zerstreut, wird er wieder heller. Ein anderer interessanter Stern ist T Coronae Borealis, eine rekurrierende (wiederkehrende) Nova. In den Jahren 1866 und 1946 kam es dort zu explosionsartigen Ausbrüchen, die wohl auch in Zukunft wieder stattfinden werden.

86 AUDIENZ BEI KEPHEUS

Kepheus war der König des alten Äthiopiens, der Gemahl der Kassiopeia und der Vater der Andromeda. Das Sternbild Kepheus ist eher unscheinbar und die fünf Sterne nur aufgrund ihrer Lage über dem W der Kassiopeia leicht zu finden. Das Sternbild ähnelt einem Haus mit spitzem Dach. Zwar zeigt das Dach nicht direkt zum Polarstern (Alpha Ursae Minoris), aber es weist in die allgemeine Richtung des Pols – zu einer Zeit, wenn die Zeigesterne des Großen Wagens nicht gut zu erkennen sind.

Delta Cephei ist einer der bekanntesten der veränderlichen Sterne und der Prototyp der *Cepheiden* (veränderliche Sterne mit regelmäßigen Phasen, anhand derer ihre Entfernung zur Erde geschätzt werden kann). Diese Variation wurde 1784 von John Goodricke entdeckt. Eine Periode dauert rund 5,4 Tage.

Ein weiterer bemerkenswerter Stern ist der granatrote Überriese My Cephei. Er leuchtet so intensiv rot, dass Wilhelm Herschel ihn den „Granatstern" nannte. Er ist einer der größten bekannten Sterne in der Milchstraße.

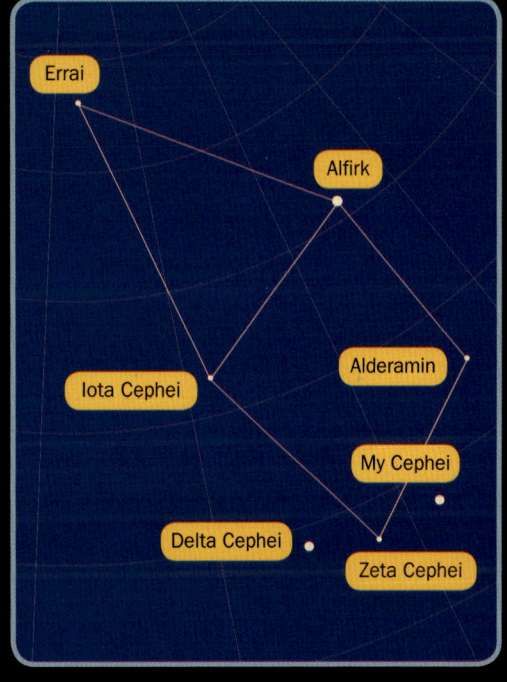

87 DER TIERKREIS IN ANDEREN KULTUREN

Die Sternbilder des Tierkreises sind weder die hellsten noch die größten Sternbilder, aber sie alle liegen auf der *Ekliptik*, auf jenem Weg, auf dem Sonne, Mond und Planeten von der Erde aus gesehen über den Himmel wandern. Diese geschichtenumwobenen Sternbilder formen den fernen Hintergrund der Ebene unseres Sonnensystems und teilen den Himmel traditionell in zwölf Abschnitte von jeweils 30°.

Auch wenn die sauber geteilten Abschnitte des Tierkreises nicht mit der chaotischen Realität der Sternbilder übereinstimmen, sollen die Sternzeichen den Stand der Sonne auf der Ekliptik zum jeweiligen Geburtsdatum anzeigen. Aber unser heutiges astrologisches System wurde vor vielen Tausend Jahren erdacht und die Rotationsachse der Erde hat sich mit der Zeit verschoben, sodass die ursprünglichen Sternbilder nicht mehr genau mit dem Sonnenstand unserer Geburtsdaten übereinstimmen (sondern um etwa 20 Tage abweichen).

Die Sternbilder der modernen Astronomie und ihre lateinischen Namen haben denselben Ursprung wie die astrologischen Sternzeichen des Horoskops: Wassermann, Steinbock, Schütze, Skorpion, Waage, Jungfrau, Löwe, Krebs, Zwillinge, Stier, Widder und Fische bilden zusammen die traditionellen zwölf Tierkreiszeichen und haben allesamt ihren Ursprung in der Mythologie des Mittelmeerraums. Aber viele andere Kulturen haben ihre eigenen Geschichten hinter den Tierkreiszeichen. Einige besonders interessante Geschichten haben wir hier für Sie ausgewählt.

LATEIN (DEUTSCHER NAME)	SUMERO-BABYLONISCHES SYMBOL	MAYA-SYMBOL	CHINESISCHES SYMBOL	SANSKRIT
CAPRICORNUS (STEINBOCK)	ZIEGENFISCH	VOGEL	SCHWARZE SCHILDDKRÖTE DES NORDENS	MAKARA
AQUARIUS (WASSERMANN)	DER GROSSE MANN, DER EINEN KRUG TRÄGT	FLEDERMAUS		KUMBHA
PISCES (FISCHE)	GROSSE SCHWALBE	SKELETT	WEISSER TIGER DES WESTENS	MINA
ARIES (WIDDER)	LANDARBEITER	JAGUAR		MESA
TAURUS (STIER)	STIER DES HIMMELS	SCHLANGE		VISABHA
GEMINI (ZWILLINGE)	GROSSE ZWILLINGE	EULE		MITHUNA
CANCER (KREBS)	FLUSSKREBS	FROSCH	ROTER VOGEL DES SÜDENS	KARKA
LEO (LÖWE)	LÖWE	PEKARI		SIMBA
VIRGO (JUNGFRAU)	GÖTTIN SHALAS KORNÄHRE	MONDGÖTTIN	BLAUER DRACHE DES OSTENS	KANYA
LIBRA (WAAGE)	WAAGE	VOGEL		TULA
SCORPIUS (SKORPION)	SKORPION	SKORPION		VISCIKA
SAGITTARIUS (SCHÜTZE)	SOLDAT	FISCHSCHLANGE		DHANUS

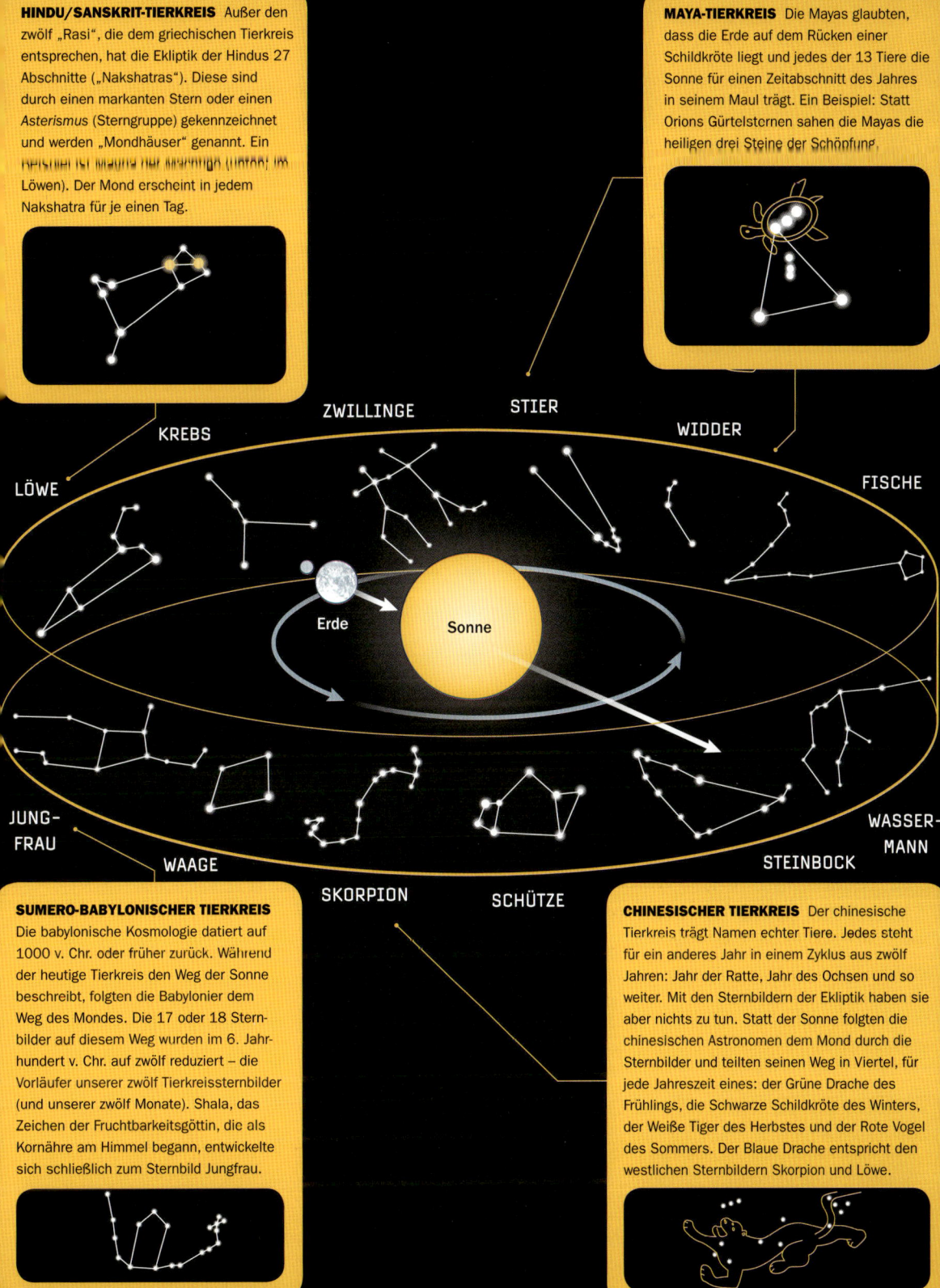

HINDU/SANSKRIT-TIERKREIS Außer den zwölf „Rasi", die dem griechischen Tierkreis entsprechen, hat die Ekliptik der Hindus 27 Abschnitte („Nakshatras"). Diese sind durch einen markanten Stern oder einen *Asterismus* (Sterngruppe) gekennzeichnet und werden „Mondhäuser" genannt. Ein Beispiel ist Magha (der Mächtige im Löwen). Der Mond erscheint in jedem Nakshatra für je einen Tag.

MAYA-TIERKREIS Die Mayas glaubten, dass die Erde auf dem Rücken einer Schildkröte liegt und jedes der 13 Tiere die Sonne für einen Zeitabschnitt des Jahres in seinem Maul trägt. Ein Beispiel: Statt Orions Gürtelsternen sahen die Mayas die heiligen drei Steine der Schöpfung.

ZWILLINGE

STIER

KREBS

WIDDER

LÖWE

FISCHE

Erde

Sonne

JUNG-
FRAU

WASSER-
MANN

WAAGE

STEINBOCK

SKORPION

SCHÜTZE

SUMERO-BABYLONISCHER TIERKREIS
Die babylonische Kosmologie datiert auf 1000 v. Chr. oder früher zurück. Während der heutige Tierkreis den Weg der Sonne beschreibt, folgten die Babylonier dem Weg des Mondes. Die 17 oder 18 Sternbilder auf diesem Weg wurden im 6. Jahrhundert v. Chr. auf zwölf reduziert – die Vorläufer unserer zwölf Tierkreissternbilder (und unserer zwölf Monate). Shala, das Zeichen der Fruchtbarkeitsgöttin, die als Kornähre am Himmel begann, entwickelte sich schließlich zum Sternbild Jungfrau.

CHINESISCHER TIERKREIS Der chinesische Tierkreis trägt Namen echter Tiere. Jedes steht für ein anderes Jahr in einem Zyklus aus zwölf Jahren: Jahr der Ratte, Jahr des Ochsen und so weiter. Mit den Sternbildern der Ekliptik haben sie aber nichts zu tun. Statt der Sonne folgten die chinesischen Astronomen dem Mond durch die Sternbilder und teilten seinen Weg in Viertel, für jede Jahreszeit eines: der Grüne Drache des Frühlings, die Schwarze Schildkröte des Winters, der Weiße Tiger des Herbstes und der Rote Vogel des Sommers. Der Blaue Drache entspricht den westlichen Sternbildern Skorpion und Löwe.

88

METEOR ODER
METEOROID?

Die Begriffe *Meteor*, *Meteoroid* und *Meteorit*
werden oft bedeutungsgleich verwendet.
Zwar stehen alle für kleine Gesteinsbrocken im All, aber jeder Begriff bezieht sich
auf eine andere Station auf der Reise des
Weltraumgesteins.

METEOROID Ein kleines Objekt, das
Millionen Kilometer durch das All fliegt,
nennt man Meteoroid. Denken Sie an
Aster-„oid", nur kleiner: Asteroiden sind
meist größere Objekte. (Siehe Nr. 230–231
für weitere Informationen zu Asteroiden.)

METEOR Meteore oder Sternschnuppen
sind die hellen Streifen am Himmel, die
durch Meteoroiden entstehen. Dabei ist
das Verglühen des Steinchens jedoch nicht
der Hauptgrund. Vielmehr wird die Luft
selbst zum Leuchten angeregt, wobei
Druck und Temperatur eine wichtige Rolle
spielen. Die Brocken verbrennen jedoch
nicht, der Prozess ähnelt eher dem
Schmelzen.

METEORIT Ein Meteorit ist ein Brocken,
der durch die Atmosphäre zu Boden fällt.
Aber keine Sorge, auch nicht bei einem
Meteoritenschauer: Es sind kaum Fälle
bekannt, bei denen Menschen von Meteoriten getroffen wurden. Eher gewinnt man
im Lotto und wird gleichzeitig von einem
Hai gebissen – die meisten Brocken
erreichen den Boden nämlich gar nicht.

89 DIE BESTE ZEIT FÜR STERNSCHNUPPEN

Wir sehen die jährlichen Meteorschauer, wenn die Erde die Teilchen einer Kometenbahn durchquert (siehe Nr. 232–234). Nur wenige Kometen passieren die Erdumlaufbahn, aber wenn sie sich nähern und von der Sonne erwärmt werden, hinterlassen sie eine Staubspur: Teilchen aus Gestein und Metall – perfekte Meteoroiden. Sie verglühen beim Eintritt in die Erdatmosphäre und erhellen als Meteorschauer den Nachthimmel.

Die beste Zeit, um sie zu beobachten, sind die Stunden nach Mitternacht, wenn wir in die Richtung der Erdbewegung blicken. Ein von einem Kometen hinterlassenes Teilchenfeld, das die Erdatmosphäre trifft, ist wie ein Schwarm Leuchtkäfer, der auf die Windschutzscheibe eines fahrenden Autos prallt. Nach Mitternacht blicken wir in die Richtung, in die das Auto fährt – mit direktem Blick auf den Schwarm.

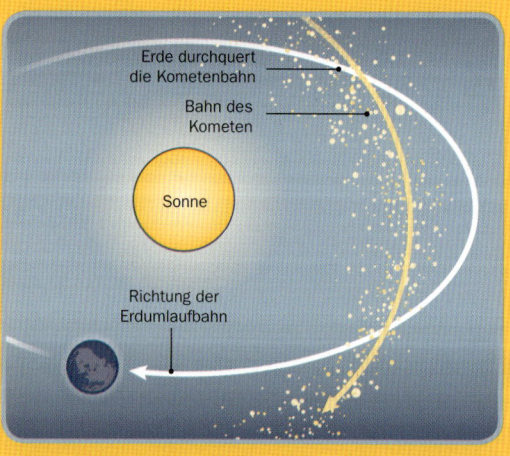

Erde durchquert die Kometenbahn

Bahn des Kometen

Sonne

Richtung der Erdumlaufbahn

90

FÜNF TIPPS FÜR
DIE JAGD NACH METEORITEN

Auf der Erde liegen unzählige Meteoriten, aber da sie wie normale Steine aussehen, findet man sie nur schwer. Darum geben wir Ihnen fünf Tipps zum Finden und Identifizieren von Meteoriten:

☐ **GUTE STELLE FINDEN** Auf einem Platz mit wenigen Steinen fallen die vorhandenen auf. Sandwüsten oder Eisdecken sind ideal, aber ein gepflügtes Feld tut es auch.

☐ **DUNKLE STEINE SUCHEN** Die Reise durch die Atmosphäre gibt dem Meteoriten meist eine dunkle Schmelzkruste. Er enthält wahrscheinlich Eisen und ist schwerer als andere Steine gleicher Größe. Er ist wohl auch fest und porenfrei.

☐ **MAGNETTEST MACHEN** In der Regel sind Meteoriten aufgrund ihres hohen Eisenanteils magnetisch. Aber auch auf der Erde gibt es magnetisches Gestein, der Magnettest ist also nicht eindeutig.

☐ **ABSCHLEIFEN** Eine Ecke des Steins abkratzen, um zu sehen, ob darunter Metallsplitter sind.

☐ **EXPERTEN FRAGEN** Erfüllt ein Stein die Kriterien, kann ihn ein Museum oder das Geologie-Institut einer Universität identifizieren (eventuell mit Kosten verbunden). Große Meteoriten können wertvoll sein; bei kleinen weiß man, dass der Stein aus dem Weltraum kam.

91
METEORSCHAUER UND IHRE NAMEN

Wissen Sie, wie Meteorschauer zu ihren Namen kommen? Beobachtet man sie eine Zeit lang, fällt auf, dass die meisten Spuren der Meteore bei jedem Schauer von einem bestimmten Himmelsbereich ausgehen. Verfolgte man alle zurück, würden sie auf ein bestimmtes Sternbild zeigen. Das Sternbild hat nichts mit dem Ursprung des Meteors zu tun, aber es liegt in der Richtung, aus der die Teilchen strömen – und gibt dem Schauer seinen (lateinischen) Namen. Zum Beispiel kommen die Perseiden aus der Richtung des Sternbilds Perseus.

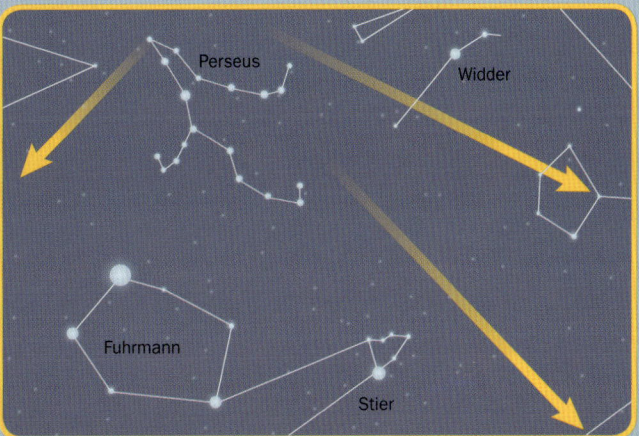

92
TERMINE FÜR METEORSCHAUER

Wollen Sie den nächsten Meteorschauer beobachten? Einige Schauer kommen jedes Jahr zur etwa gleichen Zeit. Notieren Sie sich diese Highlights im Kalender!

• **QUADRANTIDEN**
2.–3. Januar

• **LYRIDEN** 22.–23. April

• **ETA-AQUARIDEN**
5.–6. Mai

• **DELTA-AQUARIDEN**
29.–30. Juli

• **PERSEIDEN**
11.–12. August

• **ORIONIDEN**
21.–22. Oktober

• **TAURIDEN** 4.–5. November

• **LEONIDEN**
16.–17. November

• **GEMINIDEN**
12.–13. Dezember

• **URSIDEN**
22.–23. Dezember

93 DIE VENUS

Planen Sie Ihre nächste Reise ins All? Bloß nicht zur Venus! Der zweitinnerste und erdähnliche Planet verfügt aufgrund seiner dichten Atmosphäre aus Kohlendioxid über die heißeste Oberfläche in unserem Sonnensystem.

DURCHMESSER 12 100 Kilometer oder rund 95 % des Durchmessers der Erde.

ENTFERNUNG ZUR SONNE
Im Schnitt 108 Millionen Kilometer – 0,7-mal so groß wie der Abstand zwischen Erde und Sonne

LÄNGE EINES JAHRES 225 Erdentage

LÄNGE EINES TAGES Ein Umlauf der Venus um die Sonne dauert 225 Erdentage, aber zwischen den Sonnenuntergängen auf der Venus liegen 243 Erdentage. Warum ist der Venustag länger als das Jahr? Von ihrem Nordpol aus gesehen dreht sich die Venus im Uhrzeigersinn – im Gegensatz zu den anderen Planeten. Diese Kombination aus einer Umlaufbahn gegen den Uhrzeigersinn und einer Drehung im Uhrzeigersinn bedeutet außerdem, dass die Sonne im Westen auf- und im Osten untergeht.

OBERFLÄCHENTEMPERATUR 460°C, bei Tag und bei Nacht. Die dichte Kohlendioxid-Atmosphäre der Venus wirkt wie eine Decke und schließt die Wärme der Sonne ein – eine Temperatur, bei der Blei schmilzt.

SCHWERKRAFT Das 0,9-Fache der Schwerkraft der Erde. Das heißt, auf der Venus wäre man um ein Zehntel leichter und könnte 10 % höher springen.

MONDLOS Venus ist einer von zwei Planeten im Sonnensystem, die keinen Trabanten haben.

ERFOLGREICHE MISSIONEN
1970: Lander *Venera 7* (UdSSR)
1978: Raumsonde *Pioneer-Venus 1* (USA)
1989: Raumsonde *Magellan* (USA)
2005: Raumsonde *Venus Express* (ESA, Europa)

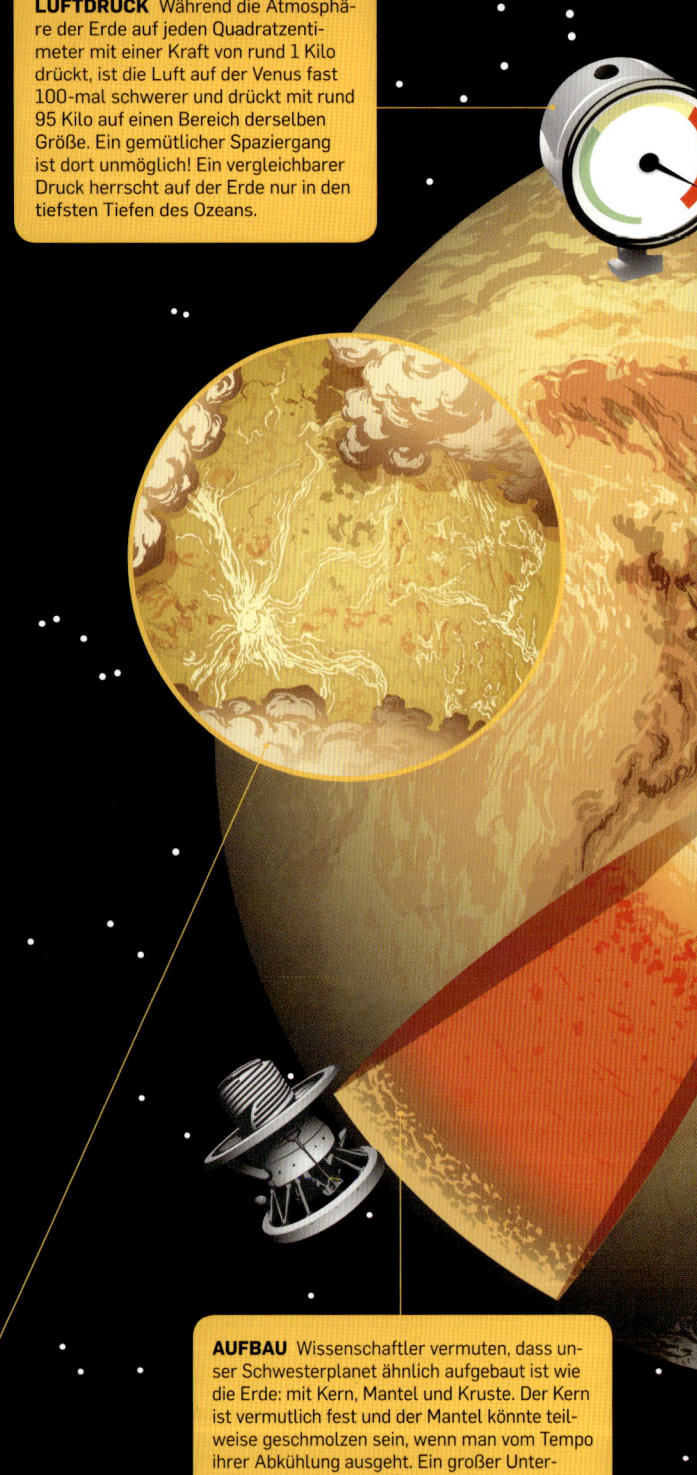

LUFTDRUCK Während die Atmosphäre der Erde auf jeden Quadratzentimeter mit einer Kraft von rund 1 Kilo drückt, ist die Luft auf der Venus fast 100-mal schwerer und drückt mit rund 95 Kilo auf einen Bereich derselben Größe. Ein gemütlicher Spaziergang ist dort unmöglich! Ein vergleichbarer Druck herrscht auf der Erde nur in den tiefsten Tiefen des Ozeans.

UNTER DEN WOLKEN Die Venus ähnelt größtenteils einer Wüste, mit vom hohen Luftdruck abgeflachten Felsblöcken. Die ersten Raumsonden, die auf der Venus landeten, waren die sowjetischen Sonden Venera 9 und 10. Sie übertrugen eine Stunde lang Daten, bevor der Funkkontakt abbrach. Auf der Venus gibt es massive Gebirge – darunter Maxwell, das 870 Kilometer lang und bis zu 11 Kilometer hoch ist – und Coronae, die durch Vulkantätigkeit entstanden sind. Es gibt auch zwei große kontinentale Hochländer: Ishtar Terra und Aphrodite Terra.

AUFBAU Wissenschaftler vermuten, dass unser Schwesterplanet ähnlich aufgebaut ist wie die Erde: mit Kern, Mantel und Kruste. Der Kern ist vermutlich fest und der Mantel könnte teilweise geschmolzen sein, wenn man vom Tempo ihrer Abkühlung ausgeht. Ein großer Unterschied: Die Kruste der Venus weist zwar geologische Aktivität auf, aber keine Plattentektonik.

STARKER WIND Die Winde im oberen Bereich der Atmosphäre bewegen sich mit über 345 km/h schnell wie ein Hurrikan und ziehen eine Wolkendecke in nur vier Tagen komplett um die Venus. Näher an der Oberfläche fühlen sich die Windgeschwindigkeiten von 5 km/h dagegen an wie eine sanfte Brise – wären sie nicht so unerträglich heiß.

RÄTSELHAFTES „Y" Mittels UV-Licht erkannten Wissenschaftler eine dunkle Form in den Wolken der Venus – ein riesiges „Y", das die Venus umkreist, mit dem Stiel am Äquator. Die Form entsteht vermutlich durch Zentrifugalkräfte und Winde, die in höheren Breiten schneller wirbeln und die Wolken verzerren.

VULKANE Auf der Venus gibt es über 1600 größere Vulkane – mehr als auf jedem anderen Planeten unseres Sonnensystems. Es gibt 167 Riesenvulkane, jeder mit einem Durchmesser von mindestens 100 km. Manche Lavarinnen sind über 5000 km lang. Der größte Vulkan ist der 8 km hohe Maat Mons, benannt nach der ägyptischen Göttin.

WOLKENDECKE Die Venus ist von einer dicken Wolkenschicht umhüllt. Schwefelsäurekristalle in den Wolken reflektieren das meiste Sonnenlicht ins All. Damit ist die Venus nach Sonne und Mond das dritthellste Objekt am Himmel. Auf ihr herrscht ein unkontrollierbarer Treibhauseffekt.

BLITZE Aus den Schwefelsäurewolken über der Venus schießen regelmäßig Blitze auf den Planeten. Auch auf vier anderen Planeten gibt es Blitze: auf der Erde, dem Jupiter, dem Saturn und dem Uranus. Die Venus erfährt wohl noch mehr elektrische Entladungen als die Erde. Sie ist der einzige Planet, auf dem Blitze aus Schwefelsäure entstehen.

WOLKENSTADT Der Luftdruck und die Temperaturen 50 Kilometer über der Oberfläche der Venus ähneln jenen auf der Erdoberfläche. Ein von der NASA erdachtes Konzept beinhaltet den Bau von schwebenden Forschungsstationen in diesem Bereich der Atmosphäre (HAVOC – High Altitude Venus Operational Concept). Um in dieser Wolkenstadt überleben zu können, müssten Raumfahrzeuge und ihre Solarzellen vor der Schwefelsäure dort geschützt werden.

POLARE WIRBEL Die Venus hat an jedem Pol einen veränderlichen Wirbel. Sie verändern täglich ihre Größe und Form, manchmal werden sie sogar zu Doppelwirbeln.

DIE FARBEN DES POLARLICHTS

Jeder glühende gasförmige Ring der Aurora borealis und Aurora australis (das Nordlicht und das Südlicht) hat einen Durchmesser von vielen tausenden Kilometern und schimmert viele Kilometer über der Erdoberfläche. Diese Lichtspiele am Himmel – manchmal hell genug, um zu lesen – entstehen, wenn der von der Sonne kommende Strom aus geladenen Teilchen (der Sonnenwind) auf das Magnetfeld der Erde trifft und starke elektrische Ströme erzeugt. Diese Ströme ionisieren Atome in der oberen Atmosphäre der Erde und erzeugen die bunten Lichter, die wir sehen können.

Die Polarlichter sind meist leuchtend grün, aber sie können auch intensiv rot, rosa oder blau erscheinen. Welche Farben wir sehen, hängt von der Art des ionisierten Atoms ab sowie von der Temperatur und dem Druck auf der Höhe dieser Atome. Sauerstoffatome erzeugen auf etwa 100 km Höhe grünes Licht, auf einer Höhe von 320 km jedoch rotes Licht. Die folgende Liste wird Ihnen dabei helfen, die Farben des Polarlichts zu interpretieren.

ROT Erzeugt von Sauerstoffatomen, die sich höher als 190 km über der Erdoberfläche befinden.

BLAU Erzeugt von Stickstoffatomen, die sich zwischen 100 und 190 km über der Erdoberfläche befinden.

GRÜN Erzeugt von Sauerstoffatomen, die sich zwischen 100 und 190 km über der Erdoberfläche befinden.

ROSA Erzeugt von Stickstoffatomen, die sich weniger als 100 km über der Erdoberfläche befinden.

95 DIE BESTEN ORTE, UM DAS POLARLICHT ZU SEHEN

An den folgenden Orten haben Sie quasi Logenplätze für die Lichtspiele der Natur.

SKANDINAVIEN Die nördliche Lage von Norwegen und Schweden macht sie zu den Favoriten für Fans der Polarlichter. Besonders die Stadt Tromsø und das Spitzbergen-Archipel (das nördlichste besiedelte Gebiet der Welt) in Norwegen bieten zahlreiche Beobachtungsmöglichkeiten. Aber auch der schwedische Nationalpark Abisko in Lappland ist ein idealer Ort.

NORDAMERIKA Die nördlichsten Bereiche der USA und Kanada bieten Pauschalreisen für Polarlichtgucker.

Ein guter Ort ist der Denali-Nationalpark, eine zweistündige Autofahrt von Fairbanks (Alaska) entfernt. Man kann auch per Hundeschlitten nach Whitehorse im Yukon Territory fahren und dort die Lichter erwarten.

SÜDPAZIFIK Der Rakiura-Nationalpark auf der neuseeländischen Stewartinsel ist ein Traumziel für Beobachter des Polarlichts. In der Sprache der Maori bedeutet sein Name „Land des glühenden Himmels". Auch Tasmanien ist eine gute Wahl.

INTERNET Keine Reise geplant? Auch über Online-Livestreams kann man sich das Phänomen ansehen.

96 REISE ZU DEN POLARLICHTERN

Der beste Weg, um die Polarlichter zu sehen, ist eine Reise in den extremen Norden oder Süden – falls man nicht bereits dort lebt. Diese sogenannten Polarlichtzonen sind schmale Streifen von wenigen Graden Breite und für gewöhnlich 10° bis 20° von den Magnetpolen der Erde entfernt. Die Polarlichtzonen existieren, weil das Magnetfeld der Erde geladene Teilchen aus dem Sonnenwind einfängt und diese dann zu den beiden Magnetpolen schießt. Diese Teilchen treffen dann die obere Atmosphäre, lange bevor sie die Erdoberfläche erreichen.

Man kann die Polarlichter auch vom Flugzeug aus sehen, wenn man in Polnähe fliegt. Eine Möglichkeit wäre auch eine Schiffsreise in eine Polarlichtzone. So kann man unterwegs auch die Natur genießen. Am besten reist man jedoch direkt in diese Zonen und verbringt einen tollen Urlaub in einem neuen Land. Manche Städte haben sich auf den Polarlicht-Tourismus spezialisiert und einige Reisebüros vermitteln entsprechende Ausflüge.

Einen Haken hat die Sache jedoch: Der extreme Norden oder Süden kann schwierig zu erreichen sein. (Besonders im Fall des Südlichts, da es vor allem auf dem Meer oder in der Antarktis zu sehen ist.) In den Wintermonaten – zur besten Polarlichtzeit – kann eine Reise sogar unmöglich sein. Der Sommer eignet sich besser für die Reise, dafür sind die Nächte viel kürzer – falls die Sonne überhaupt untergeht. Aber ganz gleich, auf welchem Wege Sie die Polarlichter betrachten werden: Vergessen Sie nicht, sich warm anzuziehen!

97 DIE BESTE ZEIT FÜR DAS POLARLICHT

Die Polarlichter sind an einen 11-jährigen Sonnenzyklus gebunden. In den Jahren mit der größten Aktivität gibt es mehr zu sehen, auch viel weiter von den Polen entfernt als sonst. Voraussagen für die nächsten Tage gibt es bei der US-Behörde für Wetter und Ozeanografie NOAA auf www.swpc.noaa.gov oder unter www.polarlicht-vorhersage.de. Die besten Monate, um das Polarlicht zu sehen, sind auf der Nordhalbkugel von August bis April, auf der Südhalbkugel von April bis August.

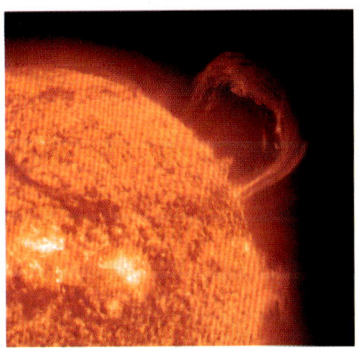

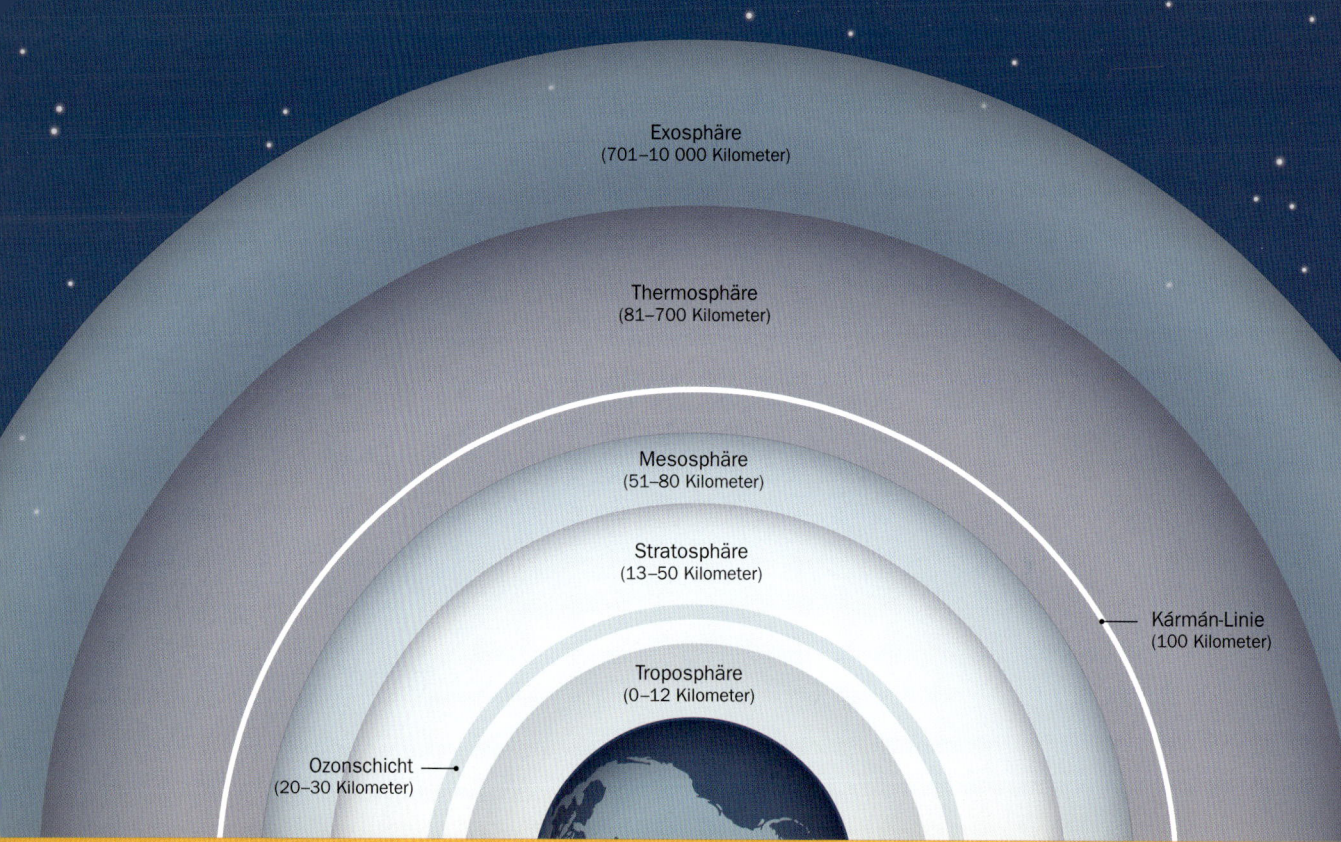

Exosphäre
(701–10 000 Kilometer)

Thermosphäre
(81–700 Kilometer)

Mesosphäre
(51–80 Kilometer)

Stratosphäre
(13–50 Kilometer)

Kármán-Linie
(100 Kilometer)

Troposphäre
(0–12 Kilometer)

Ozonschicht
(20–30 Kilometer)

98 AUFBAU DER ERDATMOSPHÄRE

Das obige Diagramm zeigt die fünf Schichten der Erdatmosphäre, wenn auch nicht maßstabsgetreu (würde man die Erde auf diese Größe schrumpfen, wäre die Atmosphäre dünn wie eine Apfelschale). Jede Schicht hat ihre individuelle chemische Zusammensetzung und Temperatur, und die Schichten werden mit zunehmender Höhe dünner, bis im Bereich der gedachten Kármán-Linie in etwa 100 Kilometern Höhe der Luft- in den Weltraum übergeht.

TROPOSPHÄRE Die erste Schicht reicht bis etwa 12 Kilometer über die Erde. Sie ist die dichteste Schicht und enthält die Hälfte der Atmosphärenmasse, hauptsächlich Stickstoff (78 %) und Sauerstoff (21 %). In ihr spielt sich der Großteil des Wetters ab.

STRATOSPHÄRE Die Stratosphäre erstreckt sich bis in eine Höhe von etwa 50 Kilometern und enthält die Ozonschicht, die für Wärme in der Atmosphäre sorgt und Sonnenstrahlung absorbiert. In dieser Höhe ist die Luft extrem trocken und der Luftdruck beträgt ein Tausendstel des Luftdrucks auf Seehöhe.

MESOSPHÄRE Die Mesosphäre reicht bis etwa 80 Kilometer in den Himmel und ist die Schicht, in der Meteore verglühen. Die Schicht auf ihr, die *Mesopause,* ist der kälteste Bereich der Erdatmosphäre, mit einer Durchschnittstemperatur von rund –80 °C.

THERMOSPHÄRE In der Thermosphäre befindet sich die Internationale Raumstation (ISS) und früher flogen dort die Space Shuttles. Sie reicht bis etwa 700 km über die Erdoberfläche. Die Temperaturen dort erreichen bis zu 1500 °C. In dieser Schicht gibt es auch Polarlichter, wenn Teilchen aus dem All auf Moleküle der Thermosphäre prallen und diese anregen.

EXOSPHÄRE Die Exosphäre ist die Schicht, in der die Atmosphäre der Erde mit dem Weltraum verschmilzt. Die Luft dort ist extrem dünn und besteht aus Wasserstoff und Helium. Sie reicht bis zu etwa 10 000 km über dem Meeresspiegel. Auf dieser Höhe können Atome und Moleküle hunderte Kilometer voneinander entfernt sein und oft wechseln sie aus der Erdatmosphäre in den Weltraum über.

99 EINEN BLICK AUF EINE GLORIE ERHASCHEN

Um eine Glorie zu sehen – die an einen Heiligenschein erinnert –, müssen Sie sich zwischen der Sonne und einer Wolke aus feinsten Wassertropfen befinden. Das Licht der Sonne hinter Ihnen wird von den Tropfen *gebrochen* und erzeugt einen mehrfarbigen Effekt, ähnlich wie ein Regenbogen, aber nur für Sie sichtbar.

Die Kombination aus Ihrem geisterhaften Schatten und der Glorie nennt man *Brockengespenst*. Glorien entdeckt man an sonnigen, nebligen Tagen, wenn man von einem hohen Gebäude oder einem Berg auf den Nebel hinabschaut. Glorien sieht man auch um den Schatten von Flugzeugen auf den Wolken darunter.

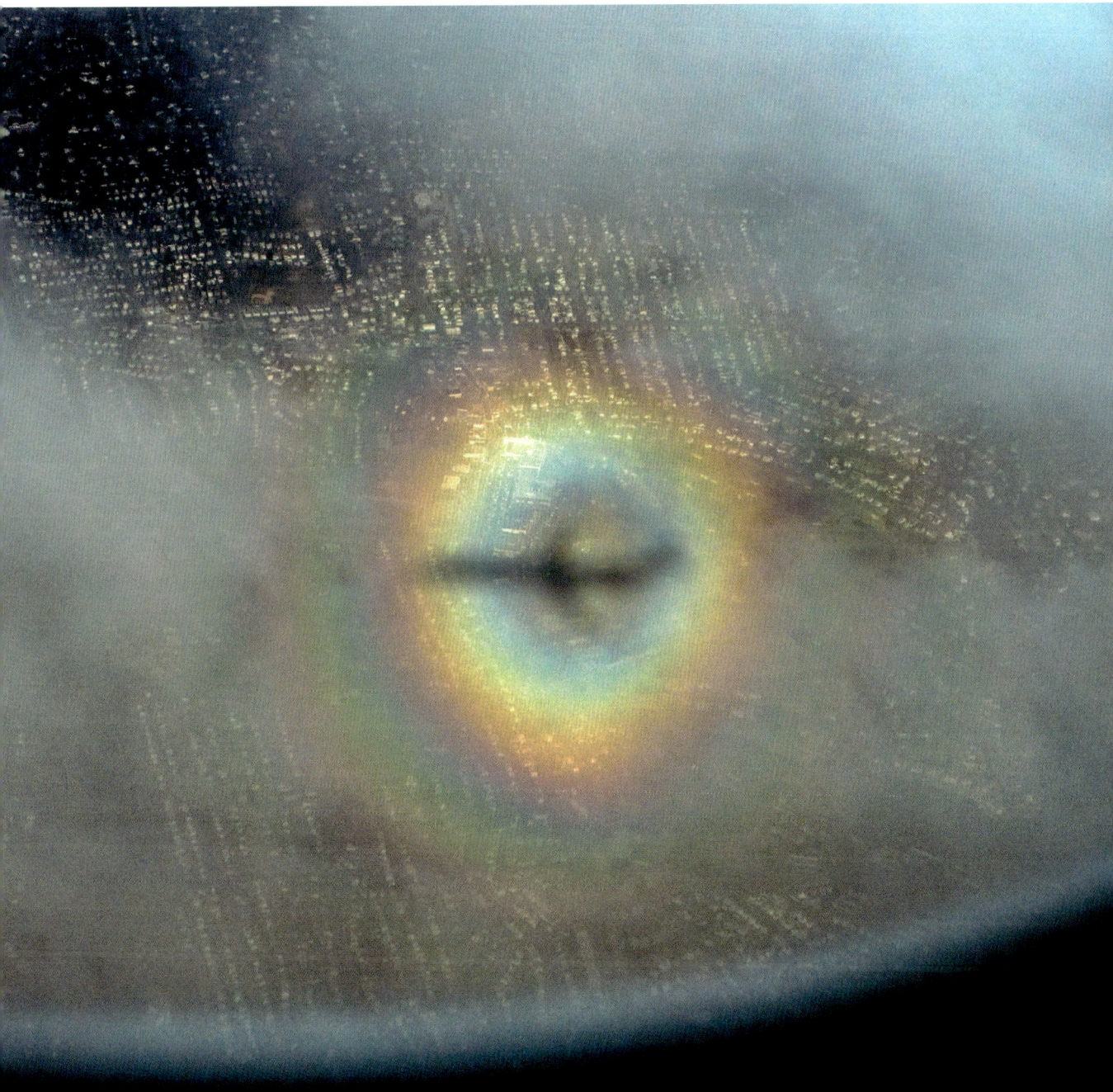

100 NEBENSONNEN UND NEBENMONDE

Unsere Atmosphäre ist dynamisch. Die wirbelnden Teilchen darin filtern das Licht der Himmelskörper und erzeugen spektakuläre optische Effekte. Verantwortlich dafür sind feine Staubpartikel, Luftunruhe, Wasserdampf, Eiskristalle, sehr feine und hohe Wolken, leichter Nebel und Rauch. Ist viel davon vorhanden, kommt es zu außergewöhnlichen Erscheinungen.

Nebenmonde und Nebensonnen sind nur zwei dieser faszinierenden atmosphärischen Effekte – helle Flecken an den Seiten des Mondes oder der Sonne, meist Teil eines Halos, der das Objekt mit einem luftigen weißen Ring umschließt. Das Phänomen entsteht durch helles Licht der Sonne oder eines (beinahen) Vollmonds, das von sechseckigen Eiskristallen in hohen, kalten, fedrigen Zirruswolken gebrochen wird und im Halo als Lichtflecken mit 22° Abstand zur Mond- oder Sonnenmitte erscheint. Eine horizontale Ausrichtung der Kristalle lässt Nebensonnen- bzw. -monde entstehen.

101 WARUM FUNKELN DIE STERNE?

Haben Sie sich schon einmal gefragt, warum die Sterne am Nachthimmel glitzern? Bevor das Licht die Augen erreicht, muss es erst durch unsere dichte Atmosphäre gelangen. Das Funkeln – Szintillation genannt – entsteht, wenn das Licht der Sterne durch Luftunruhe verzerrt wird. Am Zenit des Himmels ist das Funkeln schwächer und am Horizont stärker, da das Licht von weiter oben am Himmel durch weniger Luft hindurchdringen muss. Um sehr starkes Funkeln zu sehen, finden Sie einen hellen Stern in Horizontnähe, etwa Sirius (Alpha Canis Majoris; siehe Nr. 59), der in vielen verschiedenen Farben zu blinken scheint. Bedenken Sie jedoch: Starke Szintillation sieht zwar schöner aus, bedeutet aber auch schlechtere Sicht bei Benutzung eines Teleskops.

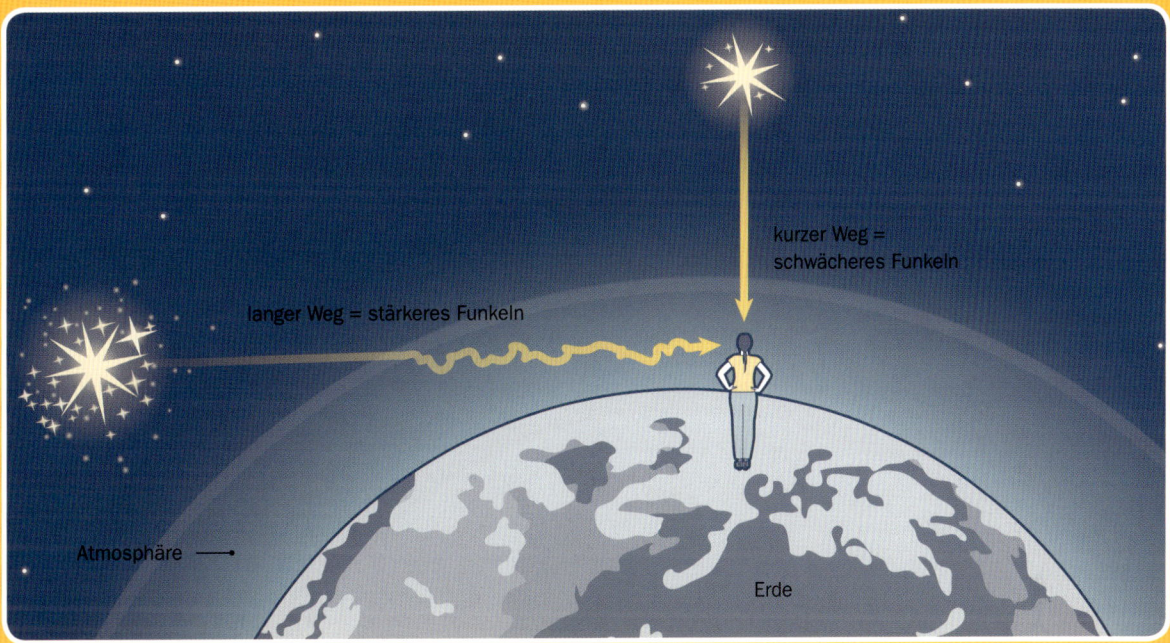

kurzer Weg = schwächeres Funkeln

langer Weg = stärkeres Funkeln

Atmosphäre

Erde

102 SONNEN- UND MONDHALOS

Halos erscheinen als Lichtbänder um Sonne und Mond. Sie entstehen, wenn das Licht zufällig angeordnete Eiskristalle in der Atmosphäre trifft. Die meisten Halos werden durch Eis in hohen Zirruswolken verursacht, aber im Winter sieht man Halos auch aufgrund von Eiskristallen in der unteren Atmosphäre. Bei guten Bedingungen sieht ein Sonnenhalo wie ein strahlend bunter Regenbogen aus. Mondhalos sind schwächer, haben aber oft Spuren von Rot und Blau. Ein ähnliches Phänomen ist die Lichtsäule (ebenfalls durch Eiskristalle verursacht), ein heller Lichtstreifen, der senkrecht nach oben aus der untergehenden Sonne strömt.

103 DER MARS

Der Mars ist der von der Sonne aus vierte Planet: klein, rostrot und mit bloßem Auge gut sichtbar. Er beflügelt schon lange unsere Fantasie und ist seit Langem Auslöser zahlreicher Missionen, Studien und sogar der Hoffnung, dort einfaches Leben zu finden oder ihn in Zukunft zu besiedeln. Wir haben einige faszinierende Fakten über den Mars für Sie:

NAME Da der Mars am Nachthimmel rot erscheint, verknüpften ihn viele alte Kulturen mit Blut und Krieg. Die Römer gaben ihm den Namen ihres Kriegsgotts – den wir heute noch benutzen.

DURCHMESSER 6775 Kilometer, etwa die Hälfte des Durchmessers der Erde

MASSE 642 Trilliarden kg, etwa ein Zehntel der Erdmasse

ENTFERNUNG ZUR SONNE Im Durchschnitt ungefähr 230 Millionen Kilometer – etwa 1,4-mal weiter als die Entfernung zwischen Erde und Sonne

LÄNGE EINES JAHRES 687 Erdentage (fast zwei Erdenjahre)

TEMPERATUREN Von −145 °C bis 35 °C. Wie die Erde ist auch der Mars am Äquator wärmer und an den Polen kühler. Da die Marspole geneigt sind (25,2°), und zwar fast gleich wie jene der Erde (23,5°), gibt es auch auf dem Mars verschiedene Jahreszeiten. Diese sind doppelt so lang wie die Jahreszeiten auf der Erde, denn der Mars benötigt für den Umlauf um die Sonne zweimal so lang wie die Erde. Durch ein Teleskop sieht man die Eiskappen an seinen Polen mit dem Wechsel der Jahreszeiten schrumpfen und wachsen.

MARSTAG Die alten Babylonier erfanden die Sieben-Tage-Woche und benannten die Tage nach den sieben bekannten beweglichen Objekten am Himmel: Sonne, Mond, Mars, Merkur, Jupiter, Venus und Saturn. Der Marstag der Babylonier war unser Dienstag. Im Anschluss an die babylonische Tradition wurde der Name „Dienstag" nach dem germanischen Gott Tyr benannt.

ERFOLGREICHE MISSIONEN
2001: Raumsonde *Mars Odyssey* (USA)
2003: Raumsonde *Mars Express* (ESA, Europa)
2004: Mars-Rover *Spirit* und *Opportunity* (USA)
2006: Raumsonde *Mars Reconnaissance Orbiter* (USA)
2008: Raumsonde *Phoenix* (USA)
2012: Mars-Rover *Curiosity/Mission Mars Science Laboratory* (USA)
2014: Raumsonde *MAVEN* (USA)

SCHWERKRAFT Die Schwerkraft am Mars beträgt das 0,375-Fache der Erde. Man wäre dort um zwei Drittel leichter und könnte dreimal so hoch springen.

MARSMETEORITEN Rund 200 Stücke des Mars fand man bereits auf der Erde. Bei Einschlägen von Kometen und Asteroiden auf dem Planeten wurden Stücke des Planeten ins All geschleudert. Diese Gesteinsbrocken kosten bis zu 1000 Euro pro Gramm.

3x

STAUBSTÜRME Auf dem Mars gibt es die größten Staubstürme im gesamten Sonnensystem. Sie toben oft monatelang und bedecken den Planeten komplett.

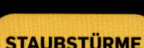

FARBE Ein Stück Eisen im Regen wird aufgrund der Kombination aus Wasser und dem Sauerstoff in der Luft rostig. Der Mars ist rot, weil das Eisen in seinem Gestein vor langer Zeit verrostete – als es auf ihm mehr flüssiges Wasser und in der Atmosphäre mehr Sauerstoff gab, als es heute der Fall ist.

WASSER Auf dem Mars gibt es Wasser in den polaren Eiskappen und direkt unter der Oberfläche. Würde alles schmelzen, wäre die gesamte Oberfläche 35 Meter hoch mit flüssigem Wasser bedeckt. Man vermutet, dass es auf dem Mars vor über 3,5 Milliarden Jahren Ozeane gab – als Luftdruck und Temperaturen noch hoch waren.

MONDE Die beiden bekannten Marsmonde Phobos und Deimos sind klein und kartoffelförmig. Phobos hat einen Durchmesser von 23 km, Deimos ist nur 13 km breit. Wissenschaftler glauben, dass beide ursprünglich Asteroiden waren, die durch die Anziehungskraft des Mars eingefangen wurden.

OLYMPUS MONS Der höchste Berg im Sonnensystem ist ein inaktiver Vulkan, 2,3-mal höher als der Mount Everest und fast so groß wie Frankreich. Man vermutet, dass er noch aktiv ist, da noch vor 2 Millionen Jahren Lava floss – für einen über 4 Milliarden Jahre alten Planeten also erst „gestern".

AUFBAU Der Mars hat kein Magnetfeld, darum ist unklar, ob er einen flüssigen Eisenkern hat. Es gibt schon lange keine Plattentektonik mehr, denn der Mars kühlte schneller ab und verfestigte sich schneller als größere Planeten wie die Erde. Die Atmosphäre besteht zu 96 % aus Kohlendioxid. Die restlichen 3,8 % sind Argon und Stickstoff sowie Spuren von Sauerstoff und Wasser. Die Marsatmosphäre ist um ein 100-Faches weniger dicht als jene der Erde, was den Oberflächendruck sehr gering macht.

NÄHE ZUR ERDE Der Mars und die Erde sind sich alle 26 Monaten am nächsten. Viele Marsmissionen nutzen diese Nähe für einen Besuch am roten Planeten. Darum werden Marsmissionen – je nach Budget – oft in einem Rhythmus von zwei Jahren durchgeführt.

104 EINE KONJUNKTION BEOBACHTEN

Ein regelmäßiges Phänomen ist die *Konjunktion*: Zwei oder mehrere Objekte (Mond und Planeten) sind auf einer Linie ausgerichtet, sodass es aussieht, als begegneten sie einander (1° Abstand), meist in der Dämmerung oder parallel zum Horizont.

Oft steht der Mond auf seinem Weg durch die Ekliptik in Konjunktion mit den verschiedenen Planeten oder zwei Planeten ziehen im Laufe von Tagen aneinander vorbei. Hier zum Beispiel steht Venus fast auf einer Höhe mit Jupiter. Sie begegnen sich am Himmel und trennen sich wieder, wenn sie sich auf ihrer jeweiligen Bahn weiterbewegen. Natürlich ist keines der Objekte tatsächlich in der Nähe des anderen, es sieht von unserer Perspektive nur so aus, wenn wir quer über ihre Umlaufbahnen blicken.

Es gibt auch noch besondere Planetenreihen, bei denen drei oder mehr Himmelskörper eine gerade Linie am Himmel zu bilden scheinen. Eine besondere Planetenreihe ist die *Syzygie*, bei der die Erde und die Sonne eine Linie mit einem weiteren Himmelskörper bilden.

105 DEN DURCHGANG DER PLANETEN SEHEN

Wenn man von der Erde aus beobachtet, wie die Bahn eines Objekts vor einem anderen Himmelskörper verläuft (wie auf dem Bild die Bahn der Venus vor der Sonne), sieht man einen Durchgang. Damit es zu einem Planetendurchgang kommt, muss der Planet zwischen Erde und Sonne kreisen. Das heißt, wir können nur Venus oder Merkur vor der Sonnenscheibe sehen. Durchgänge von Merkur vor der Sonne treten viel häufiger auf als jene der Venus. Ein Mekurtransit findet alle paar Jahre statt, bis zum nächsten Venusdurchgang müssen wir rund 100 Jahre warten.

(Dafür ist Merkur kleiner als Venus, was seine Beobachtung zusätzlich erschwert.) Mit dem Teleskop sieht man auch den Durchgang anderer Objekte, etwa die Jupitermonde vor dem Jupiter. In der Vergangenheit berechneten Astronomen die Größe eines Planeten und seine Entfernung zu Erde und Sonne anhand der Dauer, die er für den Durchgang durch die Sonne benötigte. Am 11. November 2019 und am 13. November 2032 sieht man den Durchgang des Merkurs durch die Sonne. Erst im Jahr 2117 wird es wieder zu einem Durchgang der Venus kommen.

106 BEDECKUNGEN BEOBACHTEN

Wenn ein Planet oder kleineres Objekt (etwa der Mond oder ein Asteroid) vor einem anderen vorbeizieht und es verfinstert, nennt man dies eine *Bedeckung*. Der Mond kann Sterne und Planeten verfinstern, und sogar ein winziger Asteroid kann im Vorbeiziehen einen leuchtenden Stern bedecken. Im Bild rechts verfinstert Jupiter gerade seinen Mond Ganymed. Bedeckungen sind von großer wissenschaftlicher Bedeutung, da das Tempo der Verdunkelung sowie die Dauer des Verfinsterns und erneutem Erscheinens wichtige Informationen zu Größe und Atmosphäre des Objekts liefern können. Und es macht Spaß zu sehen, wie ein Objekt ein anderes „einfängt".

107 PLANETEN BEI GRÖSSTER ELONGATION BEOBACHTEN

Haben Sie Merkur oder Venus schon einmal besonders hoch am Himmel gesehen? Der Planet befand sich wohl nahe seiner *größten Elongation* – dem größten Winkel zur Sonne, von der Erde aus gesehen. Die größte Elongation ist die beste Zeit, um diese Planeten zu beobachten: Sie sind entfernt vom Licht der Sonne, am höchsten am Himmel und am längsten beobachtbar.

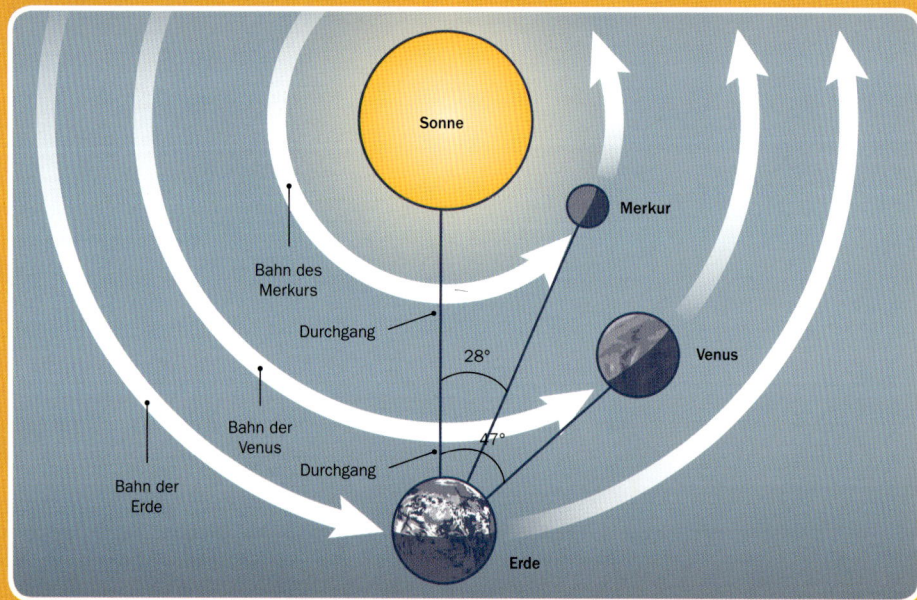

108 RÜCKLÄUFIGE PLANETEN

Von der Erde aus betrachtet scheinen alle Planeten gerade von West nach Ost zu wandern – und von oben gesehen drehen sich alle in dieselbe Richtung. Gelegentlich bewegen sich Planeten aber *rückläufig* (von Ost nach West am Himmel), bevor sie wieder die Richtung wechseln. Im Zeitraffer haben Astronomen diese Schleifenbewegung eingefangen und erhielten spektakuläre Bilder. Was steckt dahinter?

Auf ihrer Bahn um die Sonne ändern Planeten nicht tatsächlich die Richtung. Alle Planeten, auch die Erde, umkreisen die Sonne stets in dieselbe Richtung. Der seltsame Effekt entsteht durch unseren Beobachtungspunkt auf der Erde, die sich ebenfalls bewegt. Etwas Ähnliches können Sie von einem Auto aus sehen: Beim Überholen scheint das Auto neben Ihnen rückwärts zu fahren, auch wenn Sie beide in dieselbe Richtung fahren. Das geschieht auch, wenn Planeten mit verschiedenen Geschwindigkeiten unterwegs sind und einander überholen:

Der langsamere Planet erscheint den Beobachtern auf dem schnelleren Planeten als rückläufig. Nach dieser „Oppositionsschleife" setzt der Planet seinen rechtläufigen Weg am Himmel fort.

Wenn Sie einen rückläufigen Planeten beobachten möchten, ist die Zeit um die Opposition bei Mars, Jupiter und Saturn am besten geeignet.

109 ZUR OPPOSITION DIE GANZE NACHT AUFBLEIBEN

Um einen Planeten die ganze Nacht lang beobachten zu können, muss er in *Opposition* stehen, also von der Erde aus gesehen direkt gegenüber der Sonne. Der Planet geht dann bei Sonnenuntergang auf und zu Sonnenaufgang unter. Er wird auch von der Sonne komplett beleuchtet. Eine Opposition ist oft von Vorteil, denn der Planet ist der Erde viel näher und erscheint dadurch im Teleskop größer und heller.

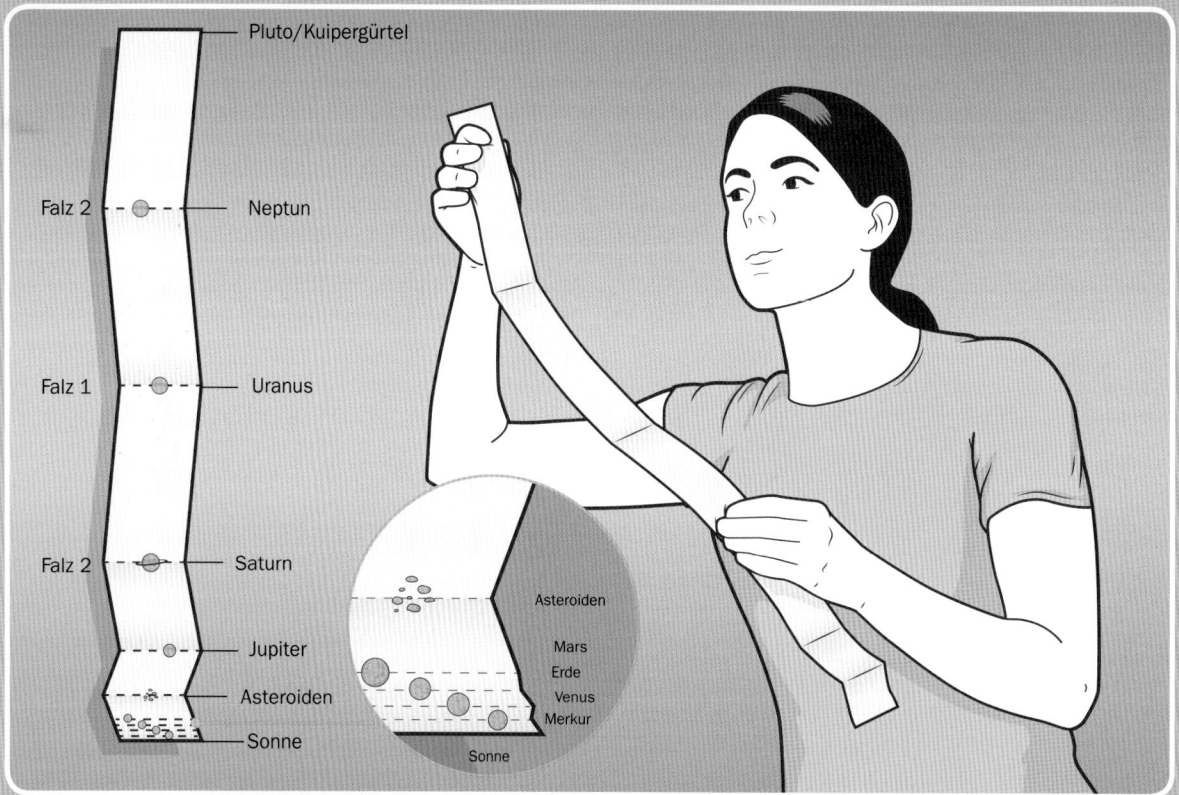

Pluto/Kuipergürtel

Falz 2 — Neptun

Falz 1 — Uranus

Falz 2 — Saturn

Jupiter

Asteroiden

Sonne

Asteroiden
Mars
Erde
Venus
Merkur
Sonne

110 PAPIERMODELL DES SONNENSYSTEMS

Unser Sonnensystem ist so groß und so unvorstellbar leer, dass es schwierig ist, den Maßstab und die Größe der Planeten korrekt darzustellen. Aber dieses einfache Papiermodell stellt die Größenverhältnisse gut dar.

SCHRITT 1 Man benötigt ein Stück Papier von einer Kassenrolle oder etwas Ähnliches, mindestens 1 Meter lang und nicht länger als Ihre Körpergröße.

SCHRITT 2 Auf ein Ende des Streifens klein „Sonne" schreiben; aufs andere „Pluto/Kuipergürtel" (eine Region außerhalb der Neptunbahn; siehe Nr. 274).

SCHRITT 3 Das Papier in der Hälfte falten. Wieder aufklappen und auf den Falz „Uranus" schreiben.

SCHRITT 4 Das Papier wieder am „Uranus"-Falz falten. Dann erneut in der Hälfte falten, sodass der Streifen in Viertel geteilt wird. Da Neptun der einzige Planet zwischen Uranus und Pluto ist, auf den Falz bei Pluto „Neptun" schreiben. Den anderen Falz mit „Saturn" beschriften.

SCHRITT 5 Alle verbleibenden Planeten kommen zwischen Sonne und Saturn. Die Sonne bis zum Saturn hochfalten und wieder öffnen. Der entstandene Falz markiert die Umlaufbahn des Jupiter.

SCHRITT 6 Die Sonne zum Jupiter hochfalten. Der neue Falz markiert die Bahn des Asteroidengürtels (siehe Nr. 230).

SCHRITT 7 Die Sonne zum Asteroidengürtel falten und einen Falz für die Bahn des Mars machen.

SCHRITT 8 Nun wird es ein wenig knifflig. Die Sonne zum Mars hochfalten und gefaltet lassen. Die Seite mit dem Falz erneut zum Mars falten. So erhält man drei Falzlinien zwischen Sonne und Mars: Merkur, Venus und Erde.

111 GROSSENVERHÄLTNISSE DER PLANETEN VERSTEHEN

In einem Sonnensystem auf einem 1-Meter-Streifen Papier wäre die Sonne im richtigen Maßstab kleiner als ein Sandkorn und die Planeten nicht zu erkennen. Dennoch ist es möglich, die Planeten ungefähr maßstabsgetreu zu zeigen. Hier ist eine Möglichkeit, die Größenverhältnisse der wichtigsten Himmelskörper darzustellen:

SCHRITT 1 Den Namen jedes der acht Planeten auf je ein Blatt Papier schreiben. Als Bonus auch noch Pluto.

SCHRITT 2 Etwa 1,5 Kilo Teig oder Ton besorgen und in zehn gleiche Stücke teilen. Das geht am leichtesten, wenn man den Teig zuerst in eine zylindrische Form rollt.

SCHRITT 3 Hat man zehn Stücke, knetet man sechs davon wieder zusammen und legt den Klumpen auf das Jupiter-Papier. Dann drei Stücke zusammenkneten und auf das Saturn-Papier legen. Nun sollte noch ein Stück übrig sein.

SCHRITT 4 Das verbleibende Stück wieder in zehn gleiche Stücke teilen. Fünf davon zum Teig am Saturn-Papier mischen, zwei davon aufs Neptun-Papier, zwei weitere auf das Blatt für Uranus. Nun sollte noch ein Stück übrig sein.

SCHRITT 5 Das verbleibende Stück in vier Stücke teilen und drei davon zum Saturn-Teig mischen. Wieder bleibt ein Stück übrig.

SCHRITT 6 Das verbleibende Stück in fünf gleiche Stücke teilen. Eines davon auf das Erde-Papier legen und eines auf die Venus. Zwei Stücke zum Uranus-Teig hinzumischen.

SCHRITT 7 Das verbleibende Stück in zehn gleiche Stücke teilen. Ein Stück auf das Mars-Papier legen. Vier Stücke zum Neptun-Teig mischen und vier weitere zum Uranus-Teig.

SCHRITT 8 Das verbleibende Stück in zehn gleiche Stücke teilen. Sieben davon auf das Blatt für Merkur legen. Zwei Stücke mit dem Teig auf dem Uranus-Papier mischen.

SCHRITT 9 Das letzte Stück in zehn gleiche Stücke teilen. Neun davon zu Uranus mischen. Das letzte Stück auf das Pluto-Papier legen. Jeder Teigklumpen steht nun mit seinem Volumen für einen Planeten (und Pluto). Wenn man daraus Kugeln formt, verkörpern die Klumpen besser die Formen der Planeten – und man versteht sofort, warum Pluto mittlerweile als Zwergplanet gilt.

112 START AM SOMMERDREIECK

Das Sommerdreieck ist kein richtiges Sternbild, sondern ein *Asterismus*: eine Gruppe aus Sternen, die ein auffälliges Bild formt. Drei sehr helle Sterne (Deneb, Wega und Atair bzw. Alpha Cygni, Alpha Lyrae und Alpha Aquilae) bilden die Spitzen des Dreiecks. Beobachter auf der Nordhalbkugel sehen es von Juni bis einschließlich Dezember, auf der Südhalbkugel von August bis Oktober.

Man findet das Sommerdreieck, wenn man ein paar Stunden nach Sonnenuntergang fast gerade nach oben blickt. Je näher man sich am Äquator befindet, desto höher steht es am Himmel. Sein hellster Stern ist Wega. Atair markiert den spitzesten der drei Winkel und Deneb macht das Dreieck komplett. Vom Dreieck aus sind es dann nur kleine Sprünge zu weiteren Sternbildern.

113 DEN DELFIN ENTDECKEN

Die Sterne, die den Delfin bilden, ähneln einem springenden Delfin so stark, dass man ihn oft schon am Himmel bemerkt, bevor man irgendetwas anderes findet. Die vier Sterne seines Kopfs bilden eine Raute. In China sind seine Sterne ein Teil eines größeren Tiers (Genbu, die Schwarze Schildkröte des Nordens), die Araber hingegen nannten sie Ka'ud (das Reitkamel).

Den Delfin findet man, indem man zuerst Atair (Alpha Aquilae) am Kopf des Adlers sucht und von dort der Flugrichtung des Adlers folgt. Die erste delfinartige Figur ist der Delfin, der von überall gesehen werden kann, außer von den entferntesten Breitengraden des Südens.

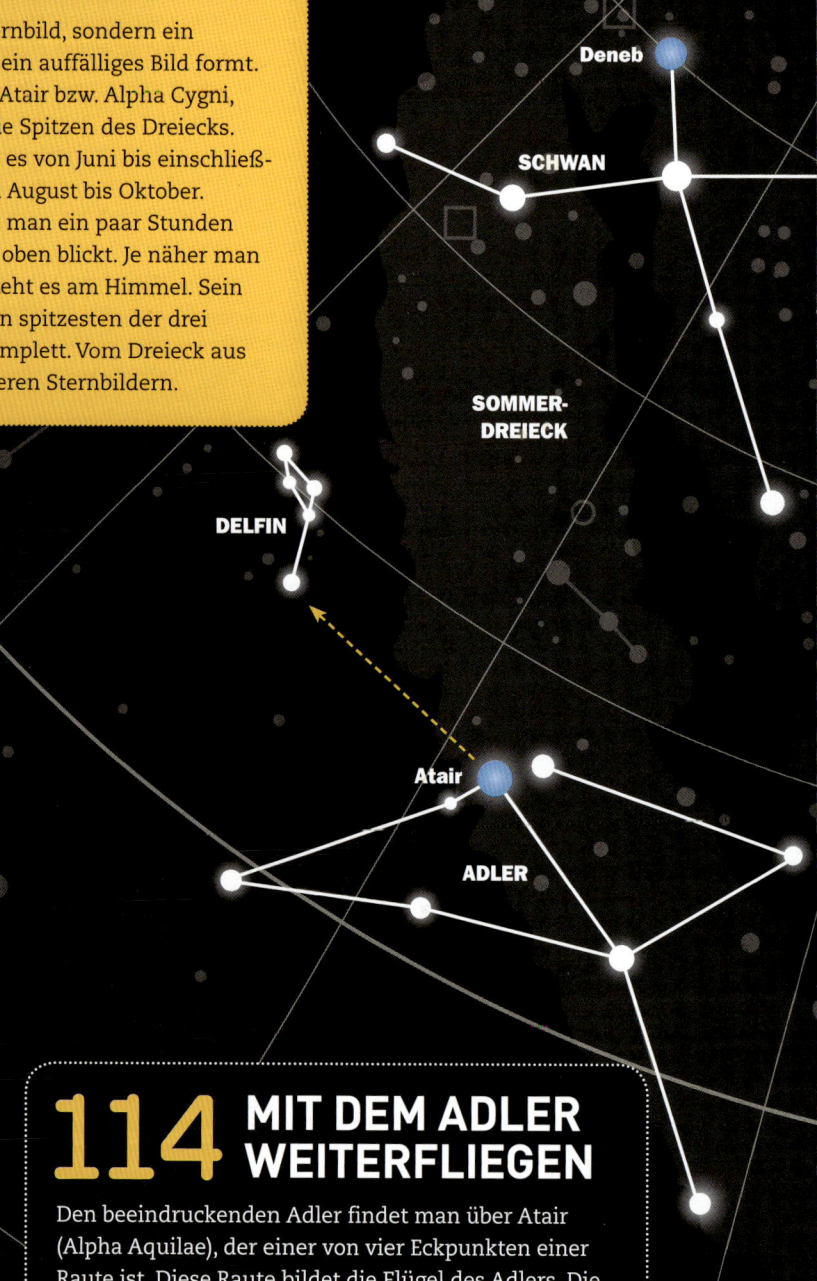

114 MIT DEM ADLER WEITERFLIEGEN

Den beeindruckenden Adler findet man über Atair (Alpha Aquilae), der einer von vier Eckpunkten einer Raute ist. Diese Raute bildet die Flügel des Adlers. Die lange Sternenreihe, die sich gegenüber von Atair von der Rautenseite erstreckt, ist der Schwanz des Adlers.

115 MIT DEM SCHWAN EMPORSTEIGEN

Deneb (Alpha Cygni) befindet sich im Sternbild Schwan. Da viele Beobachter ein Kreuz am Himmel erkennen, an dessen einem Ende Deneb liegt, nennt man dieses kleinere Bild im Schwan manchmal das Kreuz des Nordens. Der Schwan ähnelt einem fliegenden Schwan mit ausgebreiteten Flügeln. Der längste Abschnitt des Kreuzes ist der lange Hals des Schwans, die kürzeste Sternenreihe beim Schwanz (mit Deneb an der Spitze) und die quer zum Hals verlaufende Linie bildet die ausgebreiteten Flügel. Der Schwan liegt auf der Nordhalbkugel; weiter als bis 40° südliche Breite ist er nicht zu sehen.

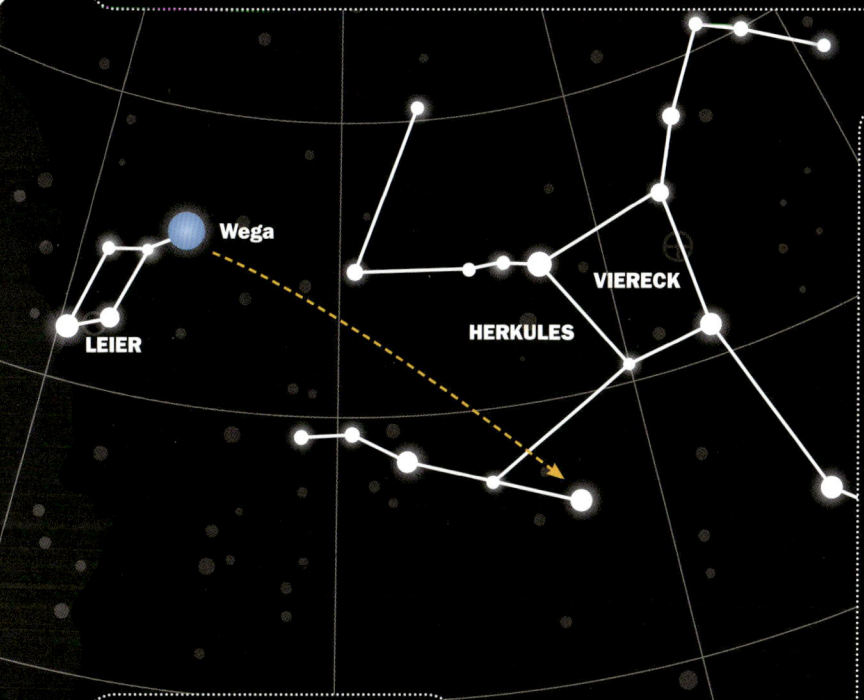

Wega

LEIER

VIERECK

HERKULES

117 HERKULES AUFSPÜREN

Das große Sternbild Herkules wird meist als kniender Krieger gesehen, der eine Keule über dem Kopf schwingt. Wie Orion scheint auch Herkules gegen etwas über ihm zu kämpfen. Aber anders als Orion enthält er nicht viele helle Sterne und ist in Städten oder bei hellerem Nachthimmel schlecht zu erkennen. Ein erkennbares Merkmal im Herkules ist das Vier-

118 DIE WASSER-SCHLANGE

Die Wasserschlange – nicht zu verwechseln mit der Kleinen Wasserschlange – war das neunköpfige Monster, das Herkules als eine seiner zwölf Aufgaben töten musste. Für jeden abgeschlagenen Kopf wuchsen zwei neue nach. Schließlich verbrannte sein Neffe jeden Stumpf, damit kein neuer Kopf nachkam. Mitten im Kampf schickte Hera einen Krebs, der Herkules angriff. Der Krebs kniff Herkules, der den Krebs daraufhin zertrat. Für seine Tapferkeit belohnte Hera den Krebs mit einem Platz am Sternenhimmel.

Einige Kartografen versuchten, die Wasserschlange und andere große Sternbilder aufzuteilen. Der französische Astronom Joseph Lalande erfand 1805 das Sternbild Katze, das er aus Sternen der Wasserschlange und der Luftpumpe bildete. Es hat sich jedoch nicht durchgesetzt. Die Wasserschlange blieb erhalten und schlängelt sich über ein Viertel des Himmels, umgeben von den Sternbildern Waage, Zentaur und Krebs. Ihr hellster Stern ist Alphard (Alpha Hydrae), der nur mit einer Helligkeit von 2 mag leuchtet.

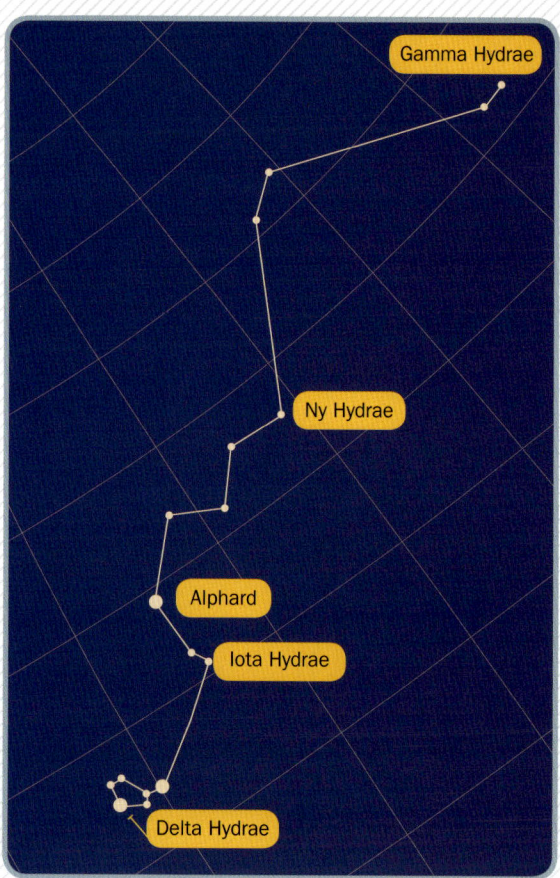

119 DEN SCHLANGEN-TRÄGER FINDEN

Der Schlangenträger, vom Sternbild Schlange umrankt, nimmt viel Platz am Himmel ein und enthält interessante Objekte, darunter einige der dichtesten Sternhaufen der Milchstraße. Der Schlangenträger steht meist für Asklepios, den Gott der Heilkunst. In einer Sage erzählte ihm eine Schlange von der Heilkraft der Pflanzen. Seine Heilkünste waren so gut, dass er sogar Tote erweckte – das erzürnte Hades, den Gott der Unterwelt. Hades überredete seinen Bruder Zeus, Asklepios zu töten. Zeus gab Asklepios als Anerkennung seiner Heilkunst einen Platz am Himmel, zusammen mit seiner Schlange.

Im Schlangenträger liegt die wiederkehrende Nova RS Ophiuchi; sie brach in den Jahren 1898, 1933, 1958, 1967, 1985 und 2006 aus. Ihre minimale Helligkeit liegt um 11,8 mag, bei einem Ausbruch steigt sie bis auf 4,3 mag

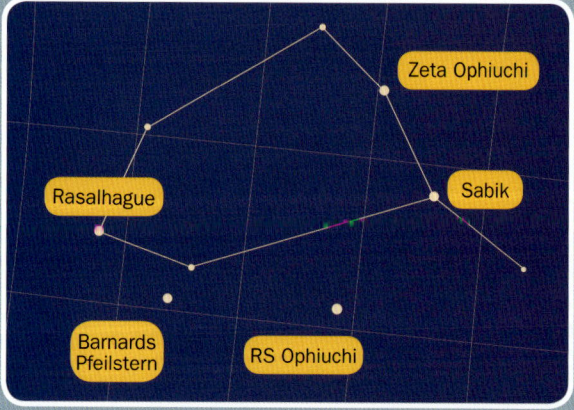

an. Interessant ist auch Barnards Pfeilstern (V2500 Ophiuchi), entdeckt 1916 von E. E. Barnard. Dieser Rote Zwerg der Helligkeit 9,5 mag hat die größte *Eigenbewegung* (scheinbare Bewegung am Himmel) aller bekannten Sterne.

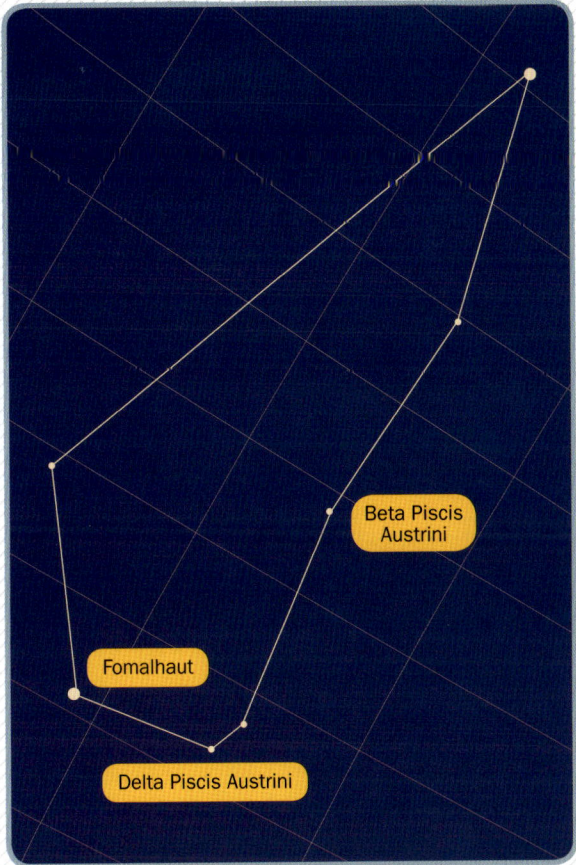

Beta Piscis Austrini

Fomalhaut

Delta Piscis Austrini

121 BLICK ZUM SCHÜTZEN

Der Schütze gehört zu den zwölf Tierkreiszeichen und liegt in Richtung des Zentrums der Milchstraße. Hier ist das Band der Milchstraße am breitesten und von dunklen Staubbändern durchzogen – eine wahre Fundgrube aus offenen Sternhaufen und Kugelsternhaufen sowie hellen und dunklen Nebeln.

Der markanteste Bereich des Schützen ist eine Sterngruppe, die an einen Teekessel erinnert, komplett mit Griff und Tülle. Im Griff sehen manche auch eine Milchkelle. Bei den alten Arabern war das westliche Dreieck eine Gruppe Strauße auf dem Weg zu ihrer Quelle, der Milchstraße. Das östliche Viereck waren Strauße auf ihrem Rückweg. (Siehe Nr. 60–64 für weitere Deutungen der Milchstraße.)

Der Schütze wird als Zentaur gesehen (halb Mensch, halb Pferd), oft speziell als Chiron, der auch mit dem Sternbild Zentaur assoziiert wird. Der gespannte Bogen des Schützen passt jedoch nicht zu Chiron, den man für seine Güte kennt. Manche behaupten, Chiron schuf das Sternbild zur Orientierung für Iason und die Argonauten.

120 DEN SÜDLICHEN FISCH FANGEN

Südlich von Wassermann und Steinbock und nördlich des Kranich liegt der kleine Südliche Fisch – nicht zu verwechseln mit dem größeren Sternbild Fische. Man findet ihn recht leicht aufgrund seines einzigen hellen Sterns Fomalhaut (Alpha Piscis Austrini), der manchmal auch „der Einsame" genannt wird. Für die Perser war er vor 5000 Jahren ein königlicher Stern, einer der vier Himmelswächter. Auf vielen alten Sternkarten trinkt der Südliche Fisch Wasser, das der Wassermann aus seinem Krug gießt.

Mit einer Helligkeit von 1,2 mag ist Fomalhaut 22 Lichtjahre entfernt – für eine Weltraumdistanz also nicht weit. Er ist etwa zweimal so groß wie unsere Sonne und 14-mal so hell. Etwa 2° südlich befindet sich ein Zwergstern der Helligkeit 6,5 mag, der sich zusammen mit Fomalhaut zu bewegen scheint. Sie sind zu weit voneinander entfernt, um sie als Doppelsternsystem zu bezeichnen, aber vielleicht sind die beiden Sterne die Überreste eines lange zerstreuten Sternhaufens.

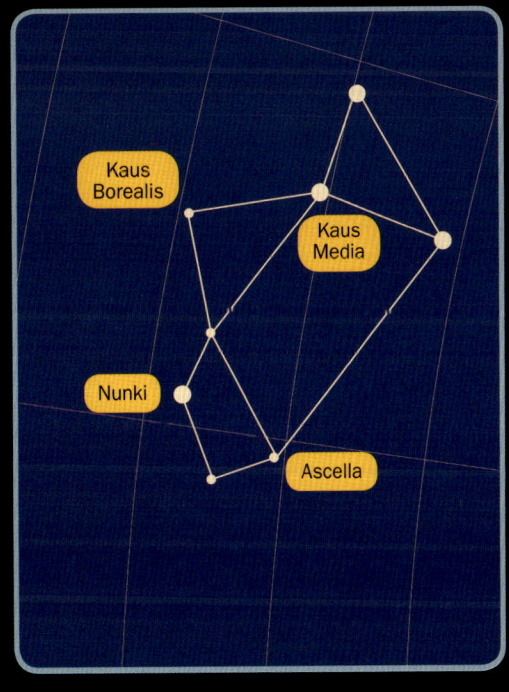

Kaus Borealis

Kaus Media

Nunki

Ascella

122 DIE ERSTEN WICHTIGEN STERNGUCKER

Lange bevor Weltraumteleskope ihre Bilder live ins Internet übertrugen, beschäftigten sich schon viele mit den Mechanismen des Universums. Die folgenden Personen sind nur einige wenige, die das Wissen über unseren kleinen Platz im Kosmos geprägt haben, viele Jahre bevor wir überhaupt eine Ahnung davon hatten.

THALES VON MILET
(624 V. CHR.–546 V. CHR.)
Thales war ein griechischer Philosoph, Reisender und Mathematiker und einer der ersten, die annahmen, dass die Himmelskörper und das Wetter nicht wie allgemein angenommen von Göttern gelenkt wurden, sondern durch wissenschaftliche Prinzipien erklärt werden konnten. Laut Herodot sagte Thales eine Finsternis um 585 v. Chr. exakt voraus.

PYTHAGORAS
(570 V. CHR.–495 V. CHR.)
Man kennt Pythagoras vor allem durch seinen geometrischen Satz, aber von ihm stammt auch erstmals die Aussage, dass die Erde und die Planeten rund seien. Er täuschte sich aber auch oft und dachte zum Beispiel, dass die Planetenkugeln aneinander rieben und „Sphärenmusik" erzeugten.

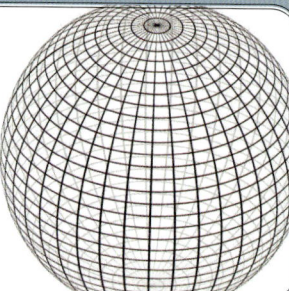

ARISTOTELES
(384 V. CHR.–322 V. CHR.)
Aristoteles übertraf Pythagoras, indem er seine Theorie der kugelförmigen Erde mit Beobachtungen stützte, etwa durch die kreisförmigen Schatten bei Finsternissen und der Tatsache, dass auf dem Weg einer Person nach Norden oder Süden die Sterne ihre Höhen wechseln. Aber auch er täuschte sich oft. Er hielt die Erde für das fixe Zentrum, um das sich alles andere bewegte.

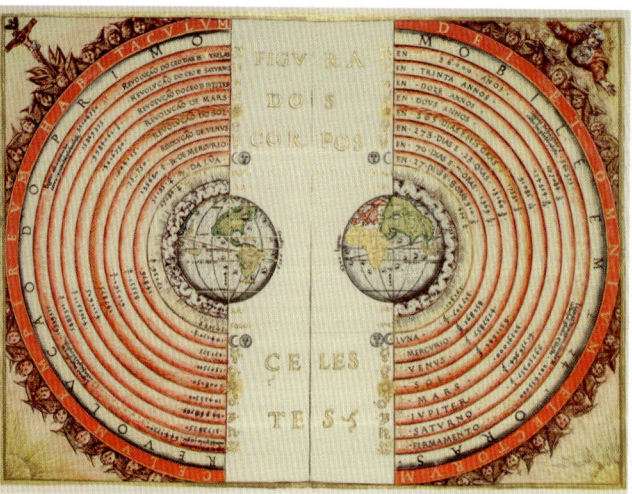

HIPPARCHOS
(190 V. CHR.–120 V. CHR.)
Hipparchos war einer der bedeutendsten Astronomen der Antike und führte seine Beobachtungen mit relativ einfachen Hilfsmitteln durch – etwa mit dem Gnomon (für eine Anleitung siehe Nr. 38). Unter anderem legte er einen umfangreichen Sternkatalog an und erfand eine Skala für die Helligkeit der Sterne.

ERATOSTHENES
(276 V. CHR.–194 V. CHR.)
Eratosthenes war ein Universalgenie und immer auf der Suche nach Wissen. Der griechische Gelehrte beschäftigte sich unter anderem mit Musiktheorie, Mathematik, Poesie und Astronomie, erfand praktisch die Geometrie und ist am besten für seine präzisen Berechnungen des Erdumfangs und der Neigung der Erdachse bekannt.

ARISTARCH
(310 V. CHR.–230 V. CHR.)
Im Schatten des Aristoteles war Aristarch der erste bekannte Mensch, der die Sonne als Zentrum des Universums sah, um das die Erde und die anderen Planeten kreisten. Diese Idee war viel zu radikal für die damalige Zeit und erst 1200 Jahre später wurde das heliozentrische Weltbild wirklich ernstgenommen.

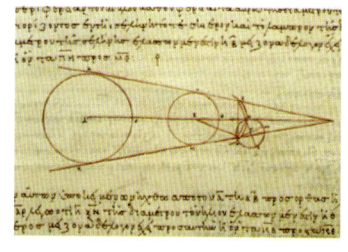

PTOLEMÄUS
(90-168)

Wie seine Vorgänger lag auch Ptolemäus mit einigen Ideen richtig, mit anderen daneben. Alle Himmelskörper bewegten sich ihm zufolge mit konstanter Geschwindigkeit auf einer Kreisbahn. Abgesehen davon, dass die Bahnen nicht kreisförmig sind, war die zentrale Erde ein weiterer Fehler in seinem Modell. Seine Liste der 48 Sternbilder wurde bis ins Mittelalter verwendet.

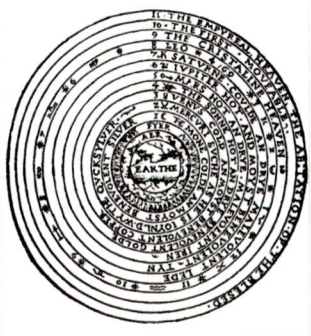

NIKOLAUS KOPERNIKUS
(1473-1543)

Fast 1200 Jahre nach Aristarchs Vermutung, dass die Erde und andere Planeten um die Sonne kreisten, präsentierte Kopernikus ein schlüssiges Modell eines heliozentrischen Sonnensystems. Es war nicht perfekt, aber es veränderte die Sicht der Astronomen – und Laien auf der ganzen Welt – auf das Universum. Er belegte auch Aryabhatas Theorie, dass die Erdrotation die scheinbaren Himmelsbewegungen verursacht. Seine Erkenntnisse veröffentlichte er in *Über die Umschwünge der himmlischen Kreise*.

NASIR AD-DIN AT-TUSI
(1201-1274)

Der arabische Astronom at-Tusi ließ die aufwendigste Sternwarte seiner Zeit errichten – das Observatorium in Maragha im Iran –, um astronomische Ereignisse besser vorhersagen zu können. Vor allem war er aber der Erste, der die Milchstraße nicht als Wolke (wie zuvor vermutet) sah, sondern als Ansammlung von Sternhaufen. (Galileo Galilei bewies die Idee 300 Jahre später mithilfe eines  Teleskops.) At-Tusi erstellte auch die für seine Zeit genauesten Tabellen zu den Bewegungen der Planeten.

TYCHO BRAHE
(1546-1601)

Als er einen neuen „Stern" auftauchen sah (mittlerweile als Supernova identifiziert und SN 1572 benannt), zweifelte der dänische Astronom Tycho Brahe an Aristoteles' Aussage, dass alles außerhalb der Bahn des Mondes immer gleich blieb. Brahe beobachtete den Großen Kometen von 1577 und fand heraus, dass Kometen nicht in unserer Atmosphäre entstehen, sondern sich außerhalb davon bewegen. Nach Brahes Tod entwickelte Johannes Kepler seine Gesetze der Planetenbewegung basierend auf Brahes Aufzeichnungen der Marsbewegungen. In einem Streit mit einem Verwandten über eine mathematische Formel verlor Brahe seine Nase. Die beiden sollen sich aber wieder versöhnt haben.

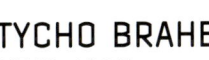

ARYABHATA
(476-550)

Der indische Mathematiker und Astronom Aryabhata war der Erste, der den Wechsel von Tag und Nacht richtigerweise auf die tägliche Drehung der Erde um ihre eigene Achse zurückführte. Auch die Bewegung der Sterne erkannte er als scheinbare Bewegung, die durch die Erdrotation verursacht wurde. Allerdings dachte auch er, dass die Erde den Mittelpunkt des Universums bildete.

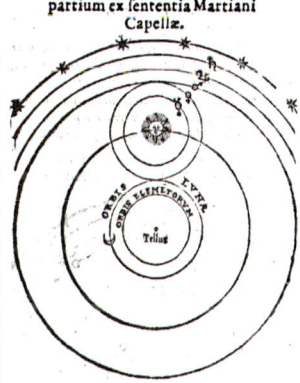

ABD AR-RAHMAN AS-SUFI
(903-986)

Der persische Astronom as-Sufi entdeckte als Erster die Große Magellansche Wolke (die von Europäern erst 800 Jahre später beobachtet wurde), verzeichnete als Erster den Andromedanebel und war der erste Mensch, der neben der Milchstraße noch andere Galaxien entdeckte. Er bemerkte auch die Neigung der Ekliptik – der Bahn der Sonne relativ zum Äquator. In seinem illustrierten *Buch der Fixsterne* sammelte as-Sufi detaillierte Informationen über alle Sternbilder, unter anderem über ihre Lage, Helligkeit und Farbe.

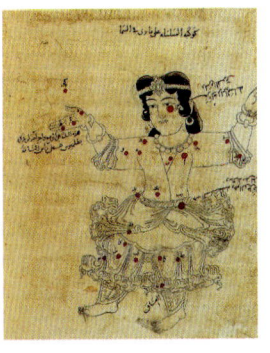

123 DER JUPITER

Jupiter ist von der Sonne aus der fünfte Planet, der größte in unserem Sonnensystem und das vierthellste Objekt am Himmel (hinter Sonne, Mond und Venus). Er ist ein Gasriese und wer auf ihm landen wollte, wäre zerquetscht, bevor er festen Boden erreichte. Aber seine rätselhaften Merkmale und enormen Kräfte machen einen Besuch lohnenswert.

DURCHMESSER 140 000 Kilometer oder 11 Erden hintereinander

MASSE 1,9 Quadrilliarden kg, also die Masse von 318 Erden (aber weniger als ein Tausendstel der Masse der Sonne)

ENTFERNUNG ZUR SONNE Durchschnittlich 779 Millionen km – etwa das Fünffache der Entfernung zwischen Sonne und Erde

LÄNGE EINES TAGES Ein Tag am Jupiter dauert nur 10 Stunden – kein Vergleich zum langen 24-Stunden-Tag der Erde. Jupiter ist der schnellste Planet im Sonnensystem: Er rotiert so schnell um seine Achse, dass sich sein Äquator nach außen wölbt. Jupiter ist somit ein abgeplattetes Rotationsellipsoid. Wolken sausen mit über 640 km/h um den Planeten.

LÄNGE EINES JAHRES Jupiter benötigt etwa 4333 Erdentage oder fast 12 Erdenjahre für einen Umlauf um die Sonne.

TEMPERATUR Im Schnitt −105 °C in der Wolkenobergrenze

HINTER DEM NAMEN In der griechischen Mythologie kannte man Jupiter als Zeus, den König des Himmels und der Erde, einschließlich der Götter. Viele der Jupitermonde sind nach mythologischen Figuren benannt.

ERFOLGREICHE MISSIONEN
1973: Vorbeiflug *Pioneer 10* (USA)
1974: Vorbeiflug *Pioneer 11* (USA)
1979: Vorbeiflüge *Voyager 1* und *2* (USA)
1995: Raumsonde *Galileo* (USA)
2016: Raumsonde *Juno* (USA)

POLARLICHT Das mächtige Magnetfeld des Jupiter erzeugt ein Polarlicht, das dem Nordlicht der Erde (siehe Nr. 94) ähnelt. Sähe man es am Himmel, wäre es größer als fünf Vollmonde!

KERN Über den Kern des Jupiters weiß man nicht viel. Wahrscheinlich ist er fest, größer als die Erde und von einer gewaltigen Schicht aus metallischem Wasserstoff umgeben. Man kann nicht allzu weit in die Jupiteratmosphäre eindringen, da der starke Druck jedes Flugobjekt zerquetscht, bevor es den Kern erreicht. Als die Raumsonde Galileo eine kleinere Sonde in die Atmosphäre schickte, übertrug diese nur 150 km lang Daten, bevor sie zerstört wurde. Vielleicht bringen uns zukünftige Erkundungen mehr Erkenntnisse.

GROSSER ROTER FLECK Der Große Rote Fleck des Jupiters ist an der breitesten Stelle so breit wie zwei Erden und fasziniert Astronomen seit über 300 Jahren. Er ist ein großer Sturm, aber man weiß nicht, warum er so lange andauert. Er wird größer und kleiner und verblasst manchmal komplett. Durch ein Amateurteleskop mit einer Öffnung von 20 cm oder mehr kann man ihn bereits sehen.

ATMOSPHÄRE Die Atmosphäre des Jupiters besteht zu 90 % aus Wasserstoff und zu 10 % aus Helium (in Volumen) mit Spuren von Methan, Wassereis und Ammoniak. Seine roten und weißen Bänder sind Wolken aus chemischen Stoffen. Die hellen Bänder nennt man *Zonen*. Sie verlaufen entgegengesetzt zu den dunklen *Gürteln*.

RINGE Jupiters Ringe (schwächer als jene des Saturn) sind im Amateurteleskop nicht sichtbar und bestehen aus Staub von den inneren Monden. Die Ringe liegen innerhalb der Bahnen der Galileischen Monde.

MONDE Jupiter hat 67 bestätigte Monde (und es werden mehr), darunter Ganymed, der größte Mond unseres Sonnensystems, größer als der Merkur. Die vier größten Jupitermonde (Io, Europa, Ganymed und Kallisto) wurden von Galilei entdeckt und werden demnach „Galileische Monde" genannt. Sie dienten als Beweis dafür, dass nicht jeder Himmelskörper um die Erde kreist. Es sind außergewöhnliche Monde: Auf Io befinden sich viele Vulkane, auf Europa und Ganymed gibt es Eis und Ozeane. Die anderen Jupitermonde sind vergleichsweise winzig. Manche haben exzentrische Umlaufbahnen und unregelmäßige Formen. Viele sind wohl eingefangene Asteroiden. (Jupitermonde beobachten: siehe Nr. 135.)

STAUBSAUGER Die Schwerkraft des Jupiters ist sehr viel stärker wie jene der Erde und wirkt wie ein kosmischer Staubsauger, der die Trümmer des Sonnensystems aufsaugt und die Erde wahrscheinlich vor vielen verheerenden Einschlägen schützt. Aufgrund der starken Schwerkraft schlagen regelmäßig Kometen auf Jupiter ein, etwa der berühmte Komet Shoemaker–Levy 9 im Jahr 1994. Einschlagstellen größer als der Große Rote Fleck blieben monatelang sichtbar.

TELESKOPE
& ZUBEHÖR

124 DAS RICHTIGE FERNGLAS

Für Einsteiger empfiehlt es sich, vor dem Kauf eines Teleskops den Nachthimmel erst einmal mit einem Fernglas kennenzulernen. Ferngläser sind relativ günstig, einfach zu handhaben und transportabel. Mit ihrem größeren *Gesichtsfeld* sieht man mehr vom Himmel als mit einem Teleskop. So findet man eher, wonach man sucht, sofern das gewünschte Objekt sichtbar ist. Die folgenden Tipps helfen Ihnen bei der Auswahl eines Fernglases.

DIE RICHTIGEN ZAHLEN Ferngläser haben oft zwei Kennzahlen – aus ihnen kann man schließen, was man durch das Fernglas sehen wird. Ein Beispiel wäre 7x35. Die erste Zahl bezeichnet die *Vergrößerung* – um wie viel Mal größer ein Objekt über eine bestimmte Entfernung erscheint. Die zweite Zahl ist der *Objektivdurchmesser* – der Durchmesser des *Objektivs* (in Millimetern). Das Objektiv besteht aus den Linsen auf der anderen Seite des *Okulars* und bündelt das Licht. Im 7x35-Fernglas sähe der Mond siebenmal größer aus als mit bloßem Auge, während das Objektiv einen Durchmesser von 35 mm hätte. Für die meisten astronomischen Objekte ist eine Vergrößerung zwischen 5 und 8 ideal. Für alles darüber benötigt man ein Stativ, damit das Bild nicht wackelt. Beim Objektivdurchmesser gilt: Je größer das Objektiv ist, desto heller erscheinen die Bilder – je größer die Zahl, desto besser. Auf der Rückseite des Fernglases ist meist auch das Gesichtsfeld angegeben.

GEEIGNETE LINSEN Beschichtungen beeinflussen Beugung und Durchlässigkeit des Lichts durch die Linse, wodurch mehr Licht zu den Pupillen gelangen kann. Es gibt verschiedene Kürzel: „FC" bedeutet etwa, dass alle Linsen des Fernglases beschichtet sind, „FMC", dass alle mehrfach beschichtet sind. Letzteres ist am besten, aber auch am teuersten. Für astronomische Zwecke keine UV-Beschichtung verwenden. Sie trübt das Bild.

STABILES BILD Bei zittrigen Händen empfiehlt sich ein Fernglas mit *Bildstabilisator* – eine Vorrichtung, die Bewegung im Bild ausgleicht. Der Bildstabilisator liefert tolle Bilder, hat allerdings auch seinen Preis.

KEINE EINHEITSGRÖSSE Kleinere Gesichter verlangen nach kleineren Ferngläsern. Für Kinder oder für Erwachsene, deren Pupillenabstand weniger als 6 cm beträgt, empfiehlt sich die Verwendung eines Kompaktfernglases.

125 WAHL DER PRISMEN: PORRO ODER DACHKANT?

Ein Fernglas hat wie ein Linsenteleskop zwei wesentliche Teile: das lichtsammelnde Objektiv und das Okular mit seiner vergrößernden Linse. In Ferngläsern sind zwei Prismensysteme verbaut: *Porroprismen* oder *Dachkantprismen*, die das einfallende Bild umdrehen. Ein typisches Porroprisma liefert mit seinen versetzt angeordneten Prismen scharfe Bilder. Zwischen den Linsen geht kaum Licht verloren. Dachkantprismen sind abgewinkelt und gerade angeordnet, müssen aber sehr präzise verarbeitet sein, um die Schärfe (auch am Rand) der Porroprismen zu erreichen. Einige teure Modelle haben jedoch ein sehr scharfes Bild.

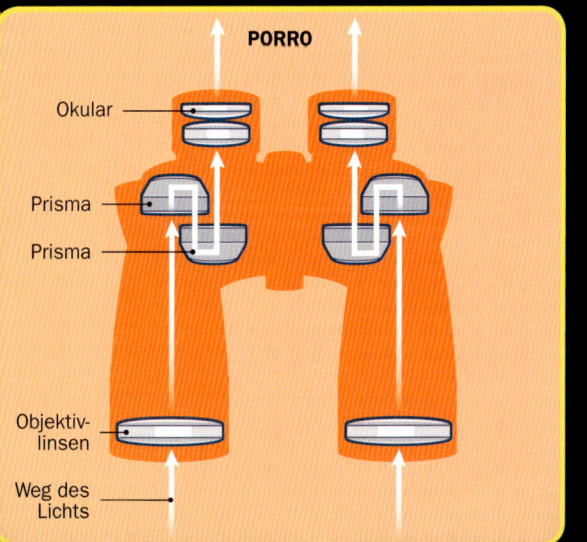

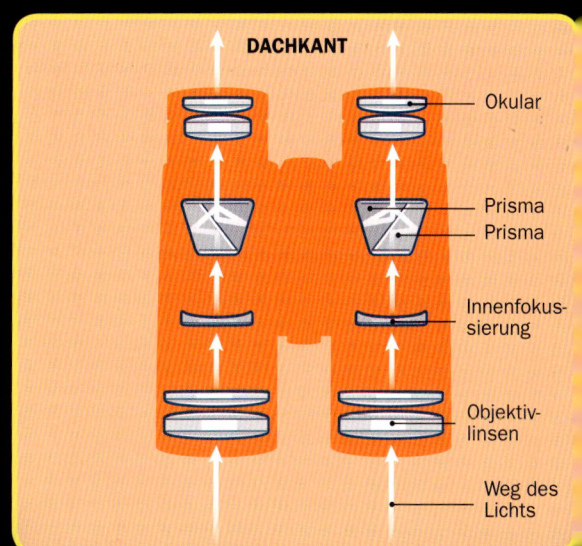

126 KURZ ERKLÄRT: DER AUGE-OKULAR-ABSTAND

Der *Auge-Okular-Abstand* reicht vom äußersten Teil des Okulars bis zur *Austrittspupille*, dem Kreis aus bildgebendem Licht, den Ferngläser und andere optische Geräte zum Auge leiten. Um richtig zu fokussieren, muss sich das Auge direkt an der Austrittspupille befinden. Oft ergibt eine stärkere Vergrößerung einen kürzeren Auge-Okular-Abstand, sodass das Auge unbequem nah am Okular sein muss. Weitwinkelokulare haben auch oft einen kürzeren Abstand. Für Brillenträger sind anpassbare Okulare oder ein großer Auge-Okular-Abstand ideal.

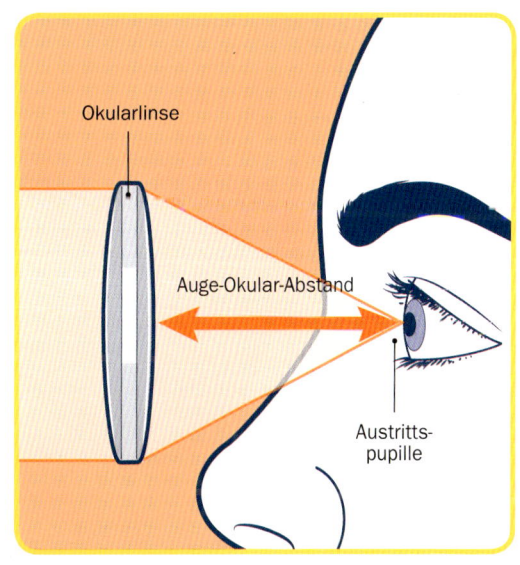

127 SEHSCHÄRFE EINSTELLEN AM FERNGLAS

Die meisten Menschen haben unterschiedlich starke Augen, die minimal unterschiedlich fokussieren. Ein Fernglas besteht praktisch aus zwei kleinen Teleskopen, wovon jedes auf ein Auge angepasst ist. Ein neues Fernglas muss daher unbedingt auf Ihre Augen eingestellt werden, auch wenn Sie kein Brillenträger sind. Die folgenden Tipps betreffen nicht jede Art von Fernglas. Machen Sie sich daher mit Ihrem Modell – und der Anleitung – vertraut.

SCHRITT 1 Das *Fokus-Stellrad* finden; es liegt in der Mitte des Fernglases, zwischen den Okularen. Als Nächstes das *Dioptrien-Stellrad* am rechten Okular finden. Mit diesem kann man die Okulare einzeln auf die unterschiedlichen Sehstärken beider Augen anpassen. Das Fokus-Stellrad stellt die Schärfe für beide Okulare gleichzeitig ein.

SCHRITT 2 Das Auge hinter dem Dioptrien-Rad schließen (meist das rechte). Durch das linke Auge blicken und am Fokus drehen, bis ein entferntes Objekt (etwa ein Baum oder der Mond) scharf zu sehen ist.

SCHRITT 3 Nun das linke Auge schließen. Das rechte hinter dem Dioptrien-Okular öffnen. Das scharfgestellte Objekt kann nun wieder unscharf aussehen. Am Dioptrien-Rad drehen, bis das Bild wieder scharf ist.

SCHRITT 4 Beide Augen öffnen und den stereoskopischen Blick auf ein kristallklares Bild genießen.

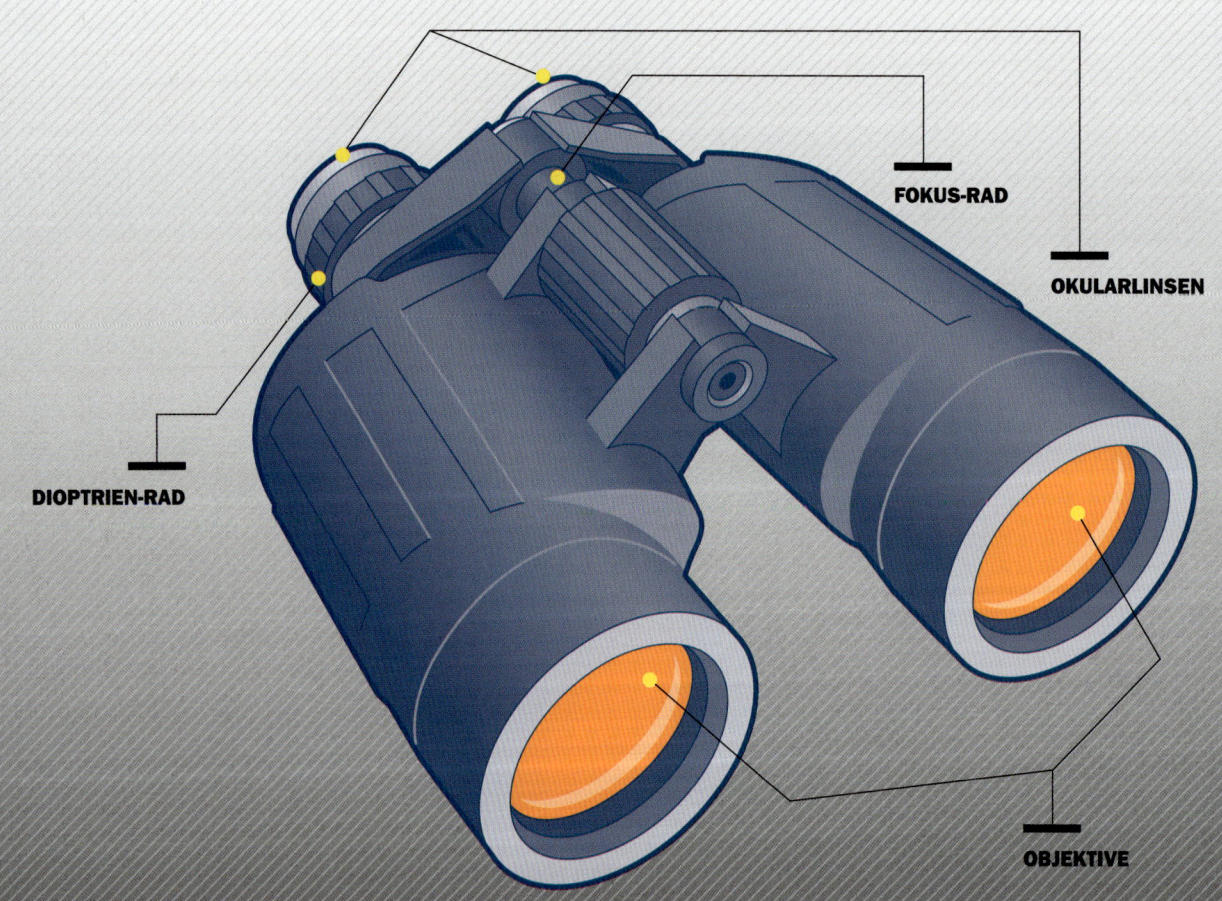

FOKUS-RAD

OKULARLINSEN

DIOPTRIEN-RAD

OBJEKTIVE

128 FERNGLÄSER REINIGEN

Ferngläser reinigt man schonend und mit großer Sorgfalt. Widerstehen Sie der Versuchung, jeden kleinen Fleck auf den Linsen wegzupolieren. Zu eifriges Putzen kann Kratzer hinterlassen oder der Beschichtung schaden. Um die Linsen vorsichtig zu reinigen, gehen Sie folgendermaßen vor:

SCHRITT 1 Prüfen, ob sich Staub oder Feuchtigkeit im Inneren des Fernglases befindet. Wenn ja, dann muss es von einem Fachmann gereinigt und wieder verschlossen werden. Bei einem billigen Fernglas kann es günstiger sein, ein neues zu kaufen, das wasserdicht (nicht nur wasserbeständig) ist.

SCHRITT 2 Als Grundreinigung zuerst den Staub entfernen. Staub von den Linsen vorsichtig mit Druckluft oder einem speziellen Blasebalg wegpusten oder mit einem weichen Pinsel wegwischen.

SCHRITT 3 Schmierige Stellen von Fingerabdrücken oder Blütenstaub sanft mit einem weichen, fusselfreien Baumwolltuch entfernen. Ein Mikrofasertuch sollte Teil der Reinigungsutensilien sein. Spezielle Reinigungsstifte (siehe Bild unten) sind ebenfalls sehr praktisch, vor allem für die Okulare, die kleiner und schwieriger zu reinigen sind.

SCHRITT 4 Wenn die Linsen richtig schmutzig sind, kann man ein Reinigungsmittel verwenden. Aber niemals mit Alkohol oder Glasreiniger putzen! Sie können die Beschichtung angreifen und die Linsen trüben. Es gibt spezielle Reinigungsmittel für optische Geräte, aber reines destilliertes Wasser ist viel günstiger und erfüllt den gleichen Zweck.

129 FÜNF TIPPS RICHTIGER UMGANG MIT FERNGLÄSERN

Bei richtigem Umgang sollte ein gutes Fernglas ein Leben lang halten. Hier sind fünf Tipps für ein langes Fernglas-Leben:

☐ **RICHTIG AUFBEWAHREN** Das Fernglas nach der Verwendung immer wegräumen und die Linsen mit den Schutzkappen abdecken.

☐ **SICHER VERSTAUEN** Zur Aufbewahrung und zum Transport des Fernglases eine weiche, gepolsterte Tasche verwenden.

☐ **VOR DEN ELEMENTEN SCHÜTZEN** Wenn Sie Ihr Fernglas im Freien stehen lassen, wird Wasser eindringen und es beschädigen. Auch die Sonne kann dem Fernglas schaden. Der Wechsel aus Wärme und Kälte verzieht die Versiegelungen und verkürzt damit die Lebensdauer der Optik und der Augenmuscheln.

☐ **PFLEGE DER AUGENMUSCHELN** Die Augenmuscheln (die Gummiringe, die am Gesicht anliegen) beim Lagern nicht zerdrücken. Gelegentlich mit Reinigungsmittel für Gummi oder Vinyl abwischen, damit sie nicht rissig werden.

☐ **NICHT OHNE GURT** Bei Freihandgebrauch das Fernglas immer am Tragegurt umhängen. Auch wenn Sie es fest im Griff haben: Irgendwann fällt es einem aus der Hand. (Wie es auch mit Handys häufig geschieht.)

130 KASSIOPEIA MIT PACMAN-NEBEL

Im Herbst und Winter erzählt der Himmel die Geschichte von Kassiopeia, einer Königin, deren große Eitelkeit die Götter erzürnte. Diese schickten das Meeresungeheuer Ketos, um die Äthiopier zu verschlingen. Der König opferte seine schöne Tochter Andromeda und band sie für das Monster an einen Felsen. Zum Glück kam der Held Perseus, mit Flügelschuhen an den Füßen, und sah sie. Zuvor hatte er die Medusa enthauptet und richtete nun die Medusenaugen auf Ketos und verwandelte ihn zu Stein. Die beiden Liebenden ritten auf dem geflügelten Pferd Pegasus in den Sonnenuntergang (oder in den Kosmos, um genau zu sein).

Beim Sternegucken mit dem Fernglas beginnt man am besten beim „W" der Kassiopeia, hoch am Nordhimmel (für jene in nördlichen Breiten). Ist der Himmel dunkel, das Fernglas dann auf Schedir (Alpha Cassiopeiae) richten. Daneben sieht man einen *Emissionsnebel* (eine Wolke aus ionisiertem Gas, die in verschiedenen Farben leuchtet): NGC 281, auch bekannt als Pacman-Nebel. Benannt wurde er nach der Titelfigur eines Spieleklassikers, entdeckt wurde er jedoch bereits 1881 – lange bevor pixelige gelbe Münder virtuelle Geister und Kirschen verspeisten. Den Pacman-Nebel sieht man mit vielen Ferngläsern und Amateurteleskopen.

Schedir

PACMAN-NEBEL

KASSIOPEIA

131 DEN DOPPELSTERNHAUFEN IM FERNGLAS EINFANGEN

Neben Kassiopeia liegt bekanntlich der schwächere, ausladende Perseus (siehe Nr. 82). Von ihm aus sind einige andere besondere Objekte leicht zu finden. Auf dem Weg zum Helden liegt der berühmte Doppelsternhaufen aus NGC 869 und NGC 884. Diese offenen Sternhaufen sind nur einige hundert Lichtjahre voneinander entfernt. Sie befinden sich auf halbem Weg vom zentralen Stern im „W" und dem hellsten Stern im Perseus, Mirfak (Alpha Persei).

Zu den Zeiten, in denen der Doppelsternhaufen am nächsten zum Horizont erscheint (vor allem im Frühling und Sommer), ist er oft schwer zu finden. Am besten erkennt man ihn im Herbst oder Winter. An einem dunklen Himmel sieht man ihn mit bloßem Auge oder besonders gut mit einem Fernglas. In diesem Bereich des Himmels lohnt sich auch ein Blick auf die Sterngruppe rund um Mirfak – ein toller Anblick durch ein Fernglas.

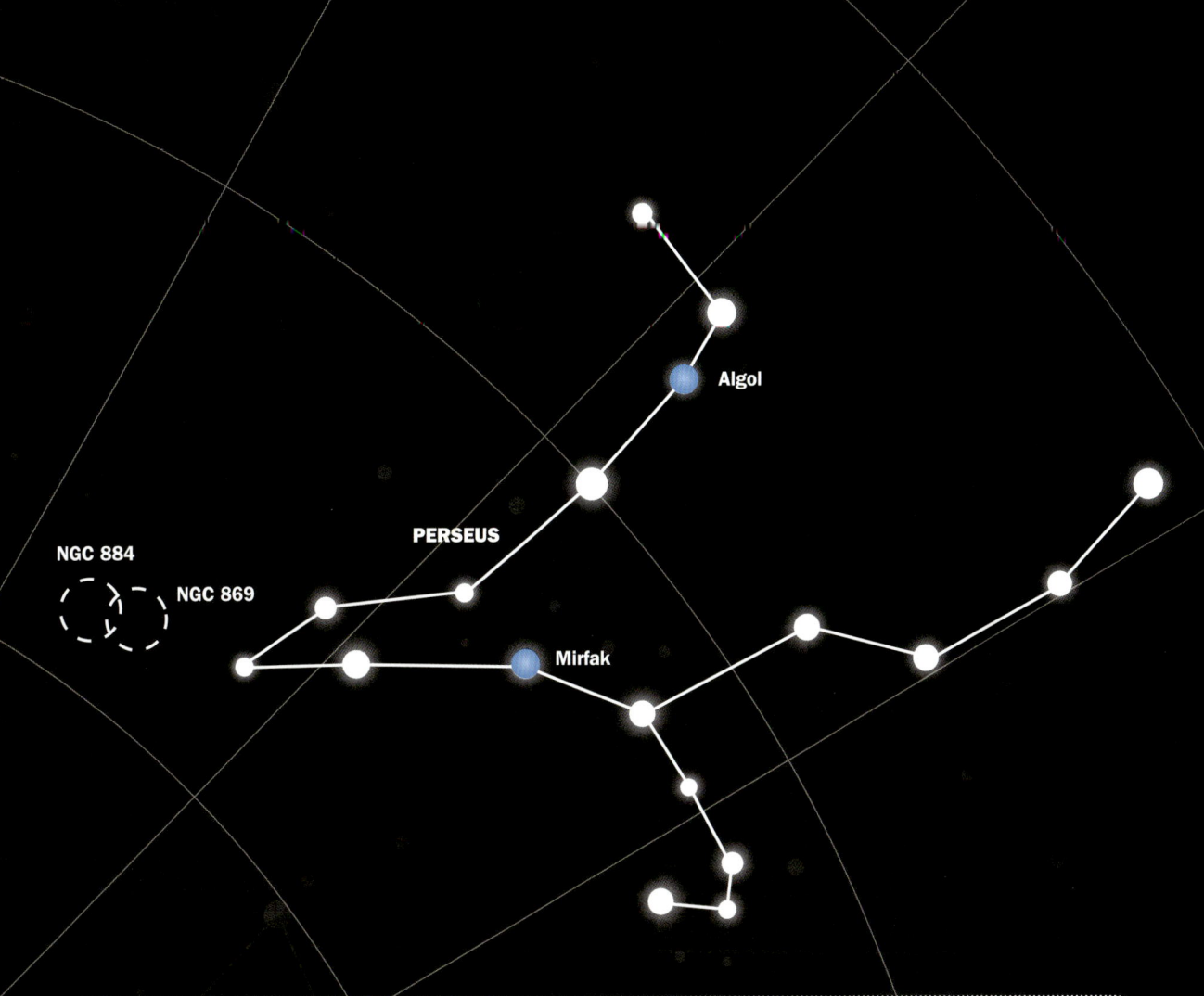

NGC 884

NGC 869

PERSEUS

Algol

Mirfak

132 ALGOL IM BLICKPUNKT

Ein Stern im Perseus ist seit dem Altertum bekannt: Algol (Beta Persei), vom arabischen „gul" für Dämon, wird oft als Teufelsstern bezeichnet. In der Sage der Andromeda ist er das Auge der schlangenhaarigen Medusa, die Ketos in Stein verwandelt. Algol wurde offiziell 1667 durch den italienischen Astronomen Geminiano Montanari entdeckt und wird in mehreren Kulturen mit Gewalttaten assoziiert.

Der Doppelstern Algol verdunkelt sich von der Erde aus gesehen etwa alle drei Tage (eigentlich ist er ein Dreifachstern, aber der dritte Stern ist viel kleiner und trägt nicht zur Verdunkelung bei). Die beiden Hauptsterne umkreisen einander enger, als der Merkur unsere Sonne umkreist. Der Hauptstern Algol A hat viel mehr Masse als sein Nachbar Algol B, auch wenn Algol B viel älter ist. Dieses „Algol-Paradoxon" resultiert wohl aus der Nähe der Sterne zueinander. Der massereichere Algol A (und seine daraus entstehende Anziehungskraft) zieht einen steten Strom aus Materie aus seinem älteren Begleiter.

Der Zyklus von hell zu dunkel zu hell dauert fast 10 Stunden, aber der Unterschied zeigt sich rasch. In nur 5 Stunden verdunkelt sich dieser Stern von einer Helligkeit von 2,1 auf 3,4 mag. Mit einem Fernglas oder Teleskop kann man die verschiedenen Phasen besser mit der Helligkeit anderer Sterne vergleichen.

133 STERNHAUFEN IM FERNGLAS

Ein Blick durch das Fernglas zeigt Ihnen die faszinierenden Details der Sternhaufen.

A OFFENE STERNHAUFEN Diese verstreuten Gruppen zeigen sich im breiten Gesichtsfeld des Fernglases besonders gut. Die Haufen sind Wolken aus Sternen, die zur gleichen Zeit und aus der gleichen Materie entstanden. Sie sind meist jung, hell und blau – die jüngeren Schwestern der Sterne, die zusammenhalten, bis sie schließlich auseinandertreiben. Beispiele für offene Sternhaufen: die Plejaden (M 45) im Stier (siehe Nr. 202), Praesepe (M 44/NGC 2632) im Krebs (Nr. 215) und der Wildentenhaufen (M 11/NGC 6705) im Schild (Nr. 238).

B KUGELSTERNHAUFEN Sie sind viel weiter entfernt und erscheinen dichter. Durch das Fernglas sieht man nur einen kleinen verschwommenen Punkt. Diese dichten Kugeln sind von der Schwerkraft gebunden und ihre Sterne gehören zu den ältesten in unserer Galaxie – und es gibt über 150 Kugelsternhaufen in der Umgebung der Milchstraße! Ihre Verteilung lieferte den Astronomen einst Hinweise darauf, dass wir uns nicht im Zentrum unserer Galaxis befinden. Einige Beispiele: Kugelsternhaufen im Skorpion (M 4/NGC 6397; siehe Nr. 204) und der Herkuleshaufen (M 13/NGC 6205; siehe Nr. 192).

134 ENTFERNTE GALAXIEN DURCH DAS FERNGLAS BESTAUNEN

Die entferntesten Objekte, die man mit dem Fernglas sehen kann, sind Galaxien. Wer gute Augen hat, sieht selbst durch schwächere Modelle einige davon. Zwar besteht jede Galaxie aus Abermillionen von Sternen, doch man darf sich keinen detaillierten Blick wie durch das Hubble-Teleskop (siehe Nr. 262) erwarten. Im Fernglas erscheinen Galaxien eher wie unscharfe Flecken. Auf der Nordhalbkugel kann man die Andromedagalaxie (M 31/NGC 224; siehe Nr. 35) und die Galaxien im Großen Bären (M 81/NGC 3031 und M 82/NGC 3034) sehen; im Süden die Magellanschen Wolken. Diese nah beieinanderliegenden Zwerggalaxien passen nicht ins Gesichtsfeld eines Teleskops und sind damit ideal für die Beobachtung mit dem Fernglas.

135 DIE JUPITERMONDE MIT DEM FERNGLAS VERFOLGEN

Die Beobachtung der Jupitermonde Io, Europa, Ganymed und Kallisto über eine ganze Woche ist ein interessantes Projekt. Wenn man sie jede Nacht zur selben Zeit durchs Fernglas betrachtet, kann man sie bald auseinanderhalten. Die drei inneren Monde – Io, Europa und Ganymed – stehen in einer Resonanz von 4:2:1. Das heißt, für jeden Umlauf von Ganymed um Jupiter umkreist Europa den Planeten zweimal und Io viermal. Als Galilei diese Beobachtung vor über 400 Jahren machte (rechts seine Liste), bewies dies, dass nicht jedes Objekt um die Erde kreise – einer der letzten Beweise gegen das geozentrische Weltbild.

Machen Sie eine einfache Tabelle (wie jene unten) und zeichnen Sie die Monde ein, die Sie sehen und wie sie zum Jupiter positioniert sind. (Jedes Feld ist etwa eine Jupiterbreite). Nicht jede Nacht sieht man immer alle vier. Da Sie sie von der Seite betrachten, sieht es so aus, als bewegten sie sich auf einer geraden Linie hin und her (und nicht im Kreis).

SCHRITT 1 Mit einer Astronomie-App prüfen, ob Jupiter zu sehen sein wird.

SCHRITT 2 Mindestens sieben Tage hintereinander zur selben Zeit Jupiter durch ein Fernglas beobachten.

SCHRITT 3 In dieser Zeit versuchen, die Monde voneinander zu unterscheiden. Gibt es bestimmte Muster? Erkennen Sie eine *Periode*, die Zeit, in der ein Mond den Jupiter einmal komplett umrundet? Vergleichen Sie Ihre Ergebnisse mit jenen einer Online-Quelle und sehen Sie, ob Sie richtig lagen.

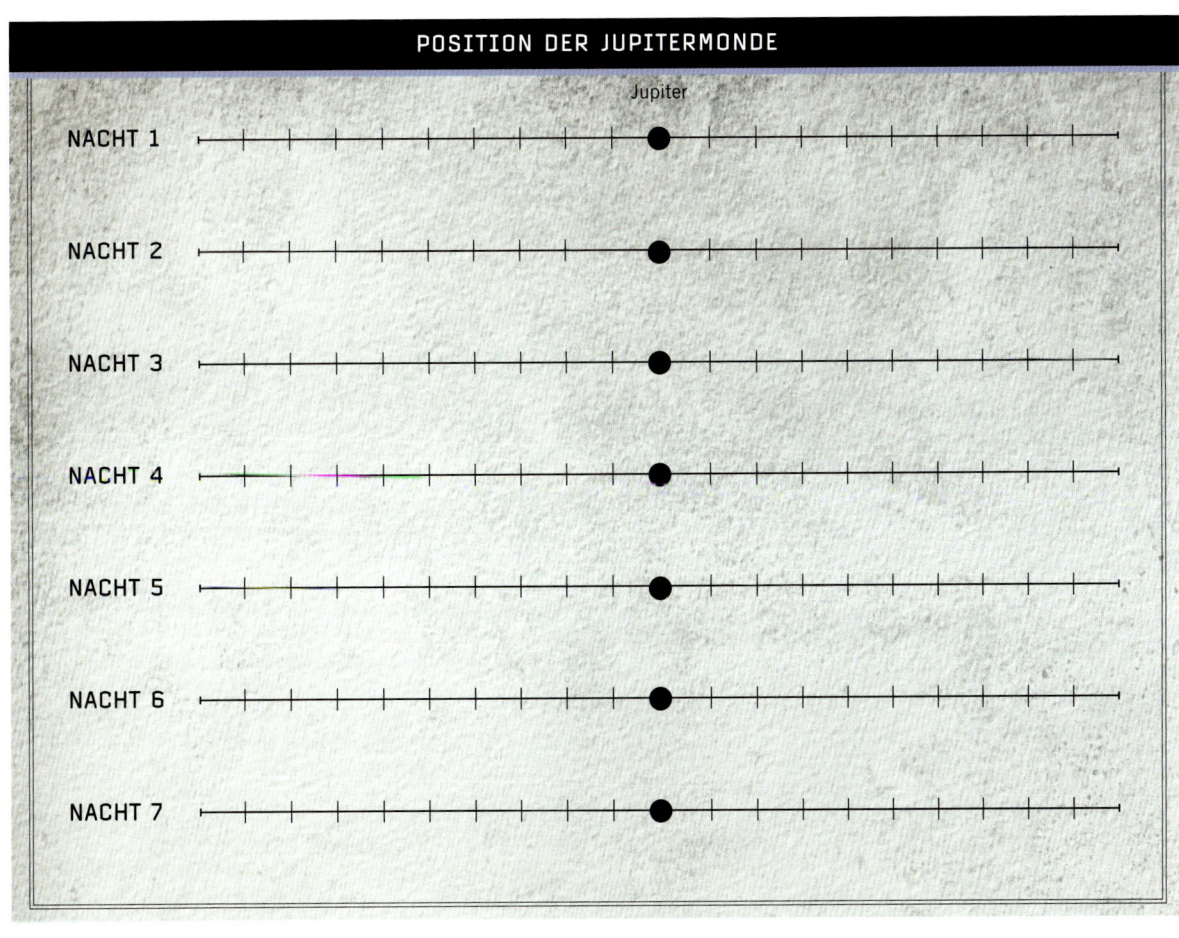

POSITION DER JUPITERMONDE

Jupiter

NACHT 1

NACHT 2

NACHT 3

NACHT 4

NACHT 5

NACHT 6

NACHT 7

136
MIT DEM FERN-GLAS DURCH DIE MILCHSTRASSE

Die Milchstraße hält für den Blick durchs Fernglas viele Schätze bereit: Sternhaufen, Nebel oder Gas- und Staubwolken. Am besten erforscht man sie ganz nach Lust und Laune, und für typische Ferngläser (z. B. 7x50 oder 10x50) haben wir hier einen Rundblick für Einsteiger parat:

SCHRITT 1 Im Sommer auf der Nordhalbkugel und im Winter auf der Südhalbkugel: Beim Schützen beginnen, in die Richtung des galaktischen Zentrums. Den „Teekessel"-Asterismus aus acht Sternen finden. Der „Dampf", der aus ihm herauskommt, ist ein Blick von der Seite in unsere Milchstraße.

SCHRITT 2 Das Fernglas auf den Bereich über dem Dampf richten, um zwei helle Nebel zu sehen: den Lagunennebel (M 8/NGC 6523), der wie ein kleiner ovaler Teich mit einem dunklen Fluss hindurch aussieht, und den dreiteiligen Trifidnebel (M 20/NGC 6514). Beide sind etwa 5000 Lichtjahre von der Erde entfernt und liegen am Himmel nah beieinander. Vielleicht bekommen Sie sogar beide in das Gesichtsfeld Ihres Fernglases.

SCHRITT 3 Noch weiter oben liegt der Adlernebel (M 16/NGC 6611), 7000 Lichtjahre entfernt und Heimat der berühmten „Säulen der Schöpfung" (siehe Nr. 269), die man nur mit einem leistungsstarken Teleskop sehen kann. Außerdem sichtbar: der Omeganebel (M 17/NGC 6618 – auch Schwanen- oder Hufeisennebel genannt).

137 AUF ZU DEN JAGDHUNDEN

Gleich südlich der Deichsel des Großen Wagens befinden sich die Jagdhunde Asterion und Chara, an der Leine des Rinderhirten, der hinter dem Großen und dem Kleinen Bären her ist. Der polnische Astronom Johannes Hevelius beschrieb sie 1687 auf diese Weise. Neben den Sternen Cor Caroli und La Superba (Alpha und Y Canum Venaticorum) liegen in den Jagdhunden auch einige Deep-Sky-Objekte, die mit einem Teleskop zu sehen sind.

Eine Besonderheit des Nordhimmels ist der Kugelsternhaufen M 3 (NGC 5272) auf halbem Weg zwischen Cor Caroli und Arktur (Alpha Bootis). Am Rand der Jagdhunde, nahe am Großen Bären, liegt die Strudelgalaxie (M 51/NGC 5194), ein glühender Kreis der Helligkeit 8 mag mit einem hellen Kern. Ein 12-Zoll-Teleskop (300 mm) offenbart ihre Spiralform. Ebenfalls einen Blick wert ist die Sonnenblumengalaxie (M 63/NGC 5055). Bereits durch ein 8-Zoll-Teleskop (200 mm) sieht man ihre Spiralarme, die erstmals im 19. Jahrhundert von Lord Rosse beobachtet wurden.

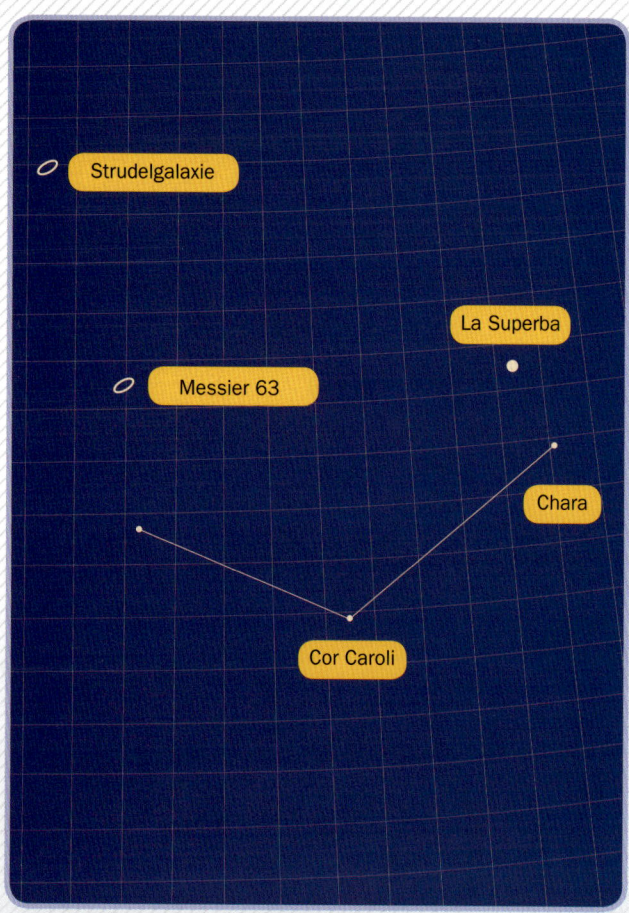

138 BLICK AUF DAS FÜCHSCHEN

Dieses Sternbild wurde 1690 von Hevelius eingeführt und hat keine spannende Geschichte. Hevelius nannte es ursprünglich *Vulpecula cum ansere*, also Füchschen mit Gans, aber heute ist es nur noch das Füchschen. Es ist ziemlich schwach und am Nordhimmel nahe der Mitte des Sommerdreiecks zu finden (siehe Nr. 112).

Einer der schönsten planetarischen Nebel, der Hantelnebel (M 27/NGC 6853) im Füchschen, war auch der erste entdeckte seiner Art. Er ist groß, hell und leicht zu finden – direkt nördlich von Gamma Sagittae. Mit seiner Helligkeit von 7 mag kann er auch im Fernglas zu sehen sein, aber nur als schwacher, unklarer Fleck. Mit einem kleinen Teleskop sieht man bereits seine besondere Form. Ein größeres Modell mit einer Öffnung von mindestens 25 cm offenbart den Zentralstern mit einer

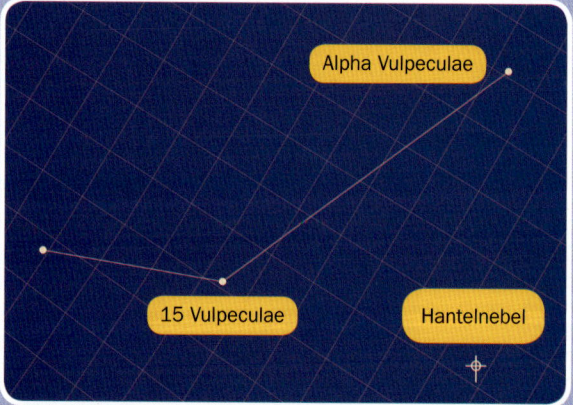

Helligkeit von fast 14 mag – ein Weißer Zwerg, der Überrest des Sterns, dessen Gase nun diesen Nebel bilden. Auch wenn sich diese Gase mit 27 km/s ausbreiten, wird sich das Aussehen des Nebels in der Lebenszeit eines Menschen nicht merklich verändern.

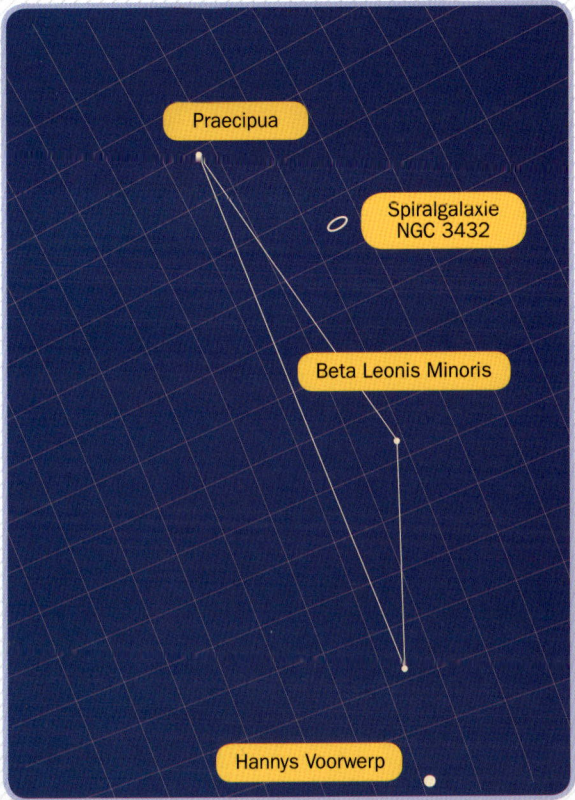

139 DEN KLEINEN LÖWEN SUCHEN

Der Kleine Löwe galt nicht immer als eigenes Sternbild. Er wurde 1687 vom Astronomen Johannes
Hevelius benannt und liegt am Nordhimmel zwischen
dem Großen Bären im Norden und dem Löwen im
Süden. Die westliche Grenze bilden Krebs und Luchs.

Im Kleinen Löwen befinden sich einige nennenswer-
te Sterne. Viele davon sieht man am besten durch ein
Fernglas oder Teleskop. Der Stern Praecipua (46 Leonis
Minoris) ist mit einer Helligkeit von 3,8 mag der hellste
Stern im Kleinen Löwen. Die Farbe dieses orangen Riesen
zeigt sich besonders gut in einem Fernglas.

Im Löwen befinden sich auch einige Deep-Sky-Objekte, die mit etwas größeren Teleskopen gut zu sehen
sind. Die Balkenspiralgalaxie NGC 3432 sieht man mit
vielen Amateurteleskopen. Sie weist mit der Kante zu
uns und entfernt sich langsam von unserer Galaxie.

Hannys Voorwerp ist ein außergewöhnliches Objekt,
das 2007 von einer niederländischen Lehrerin im
„Galaxy Zoo" entdeckt wurde. Dabei soll es sich um das
Lichtecho eines mittlerweile inaktiven Quasars handeln. Es hat etwa die Größe der Milchstraße.

140 DIE FISCHE EINFANGEN

Seit tausenden Jahren sieht man dieses Sternbild als Fisch oder zwei Fische. In der grie
chisch-römischen Mythologie wurden Aphrodite
und ihr Sohn Eros vom Ungeheuer Typhon
verfolgt. Um ihm zu entkommen, verwandelten
sie sich in Fische und schwammen davon.

Im westlichen Fisch, unter Pegasus, befindet
sich ein Kreis aus Sternen. Der östliche Fisch
befindet sich unter Andromeda. Ein seltener
Zyklus aus dreifachen Konjunktionen begann
7 v. Chr. im Sternbild Fische: Dabei erscheinen
Jupiter und Saturn alle 800 Jahre dreimal in
einem Jahr nahe beieinander am Himmel.

Einige weitere Sehenswürdigkeiten: der
Doppelstern Zeta Piscium der Helligkeiten 5,6
und 6,5 mag, 24 Bogensekunden voneinander
entfernt; die Spiralgalaxie M 74 (NGC 628) bei
Eta Piscium, die man durch ein 8-Zoll-Teleskop
(200 mm Öffnung) sehen kann; und Van
Maanens Stern, ein Weißer Zwerg.

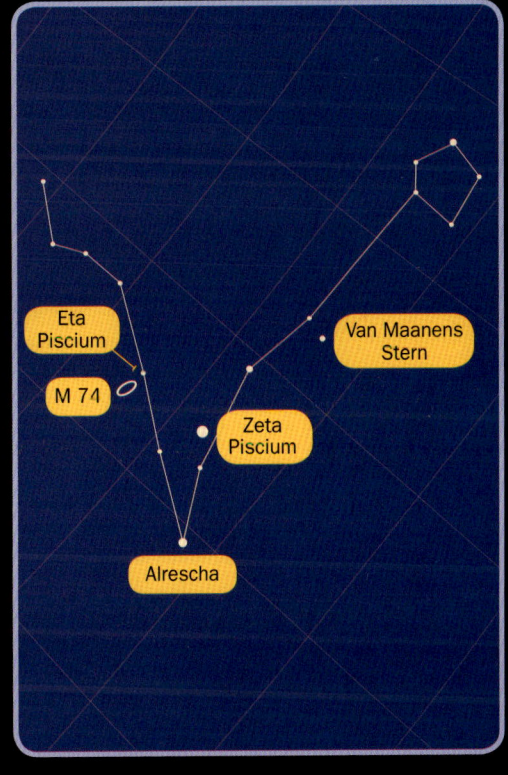

141
AUFBAU EINES TELESKOPS

Es gibt viele verschiedene Teleskope, aber alle erfüllen denselben Zweck: Sie sammeln enorm viel Licht – viel mehr als unsere Augen – und bündeln es, um scharfe Bilder von Objekten aus den dunklen Ecken des Universums zu erzeugen. Die beiden ältesten und einfachsten Arten sind Refraktoren (Linsenteleskope) und Reflektoren (Spiegelteleskope), aber die meisten Modelle sind ähnlich aufgebaut.

OBJEKTIV
Die Linse(n), um Licht vom beobachteten Objekt zu sammeln und zu bündeln, sodass ein reelles Bild entsteht.

TAUKAPPE
Eine Erweiterung des Tubus, der das Objektiv vor Abkühlung schützt, damit es nicht beschlägt. Zusätzlich schützt es die Linsen vor Streulicht. (Für Tipps zur Taukappe siehe Nr. 180.)

MONTIERUNG
Dieses Teil verbindet das Teleskoprohr mit dem Stativ und ermöglicht die Ausrichtung des Teleskops. Eine der gängigsten Montierungen für Amateurteleskope ist die *azimutale Montierung*, die man auf und ab (in der Höhe) sowie nach links und rechts (im Azimut) ausrichten kann – siehe Nr. 158. Aufwendigere Teleskope verwenden meist eine *parallaktische Montierung*: Dabei ist eine Achse parallel zur Erdachse ausgerichtet und die motorisierte Montierung dreht sich, um die Objekte fest im Gesichtsfeld zu behalten (siehe Nr. 160). Mit einer computergesteuerten Version der Montierungen kann man Objekte auf Knopfdruck einstellen.

STATIV
Der dreibeinige Ständer, der das Teleskop während der Beobachtung stabil hält. Oft ist das Stativ aus Aluminium oder Holz gemacht, mit einem „Spreizer" zum Fixieren der Beine. (Für Tipps zum Teleskopkauf siehe Nr. 169.) Manche Teleskope haben statt eines Stativs eine fest aufgestellte Säule oder eine sogenannte Rockerbox, die Funktion ist aber dieselbe.

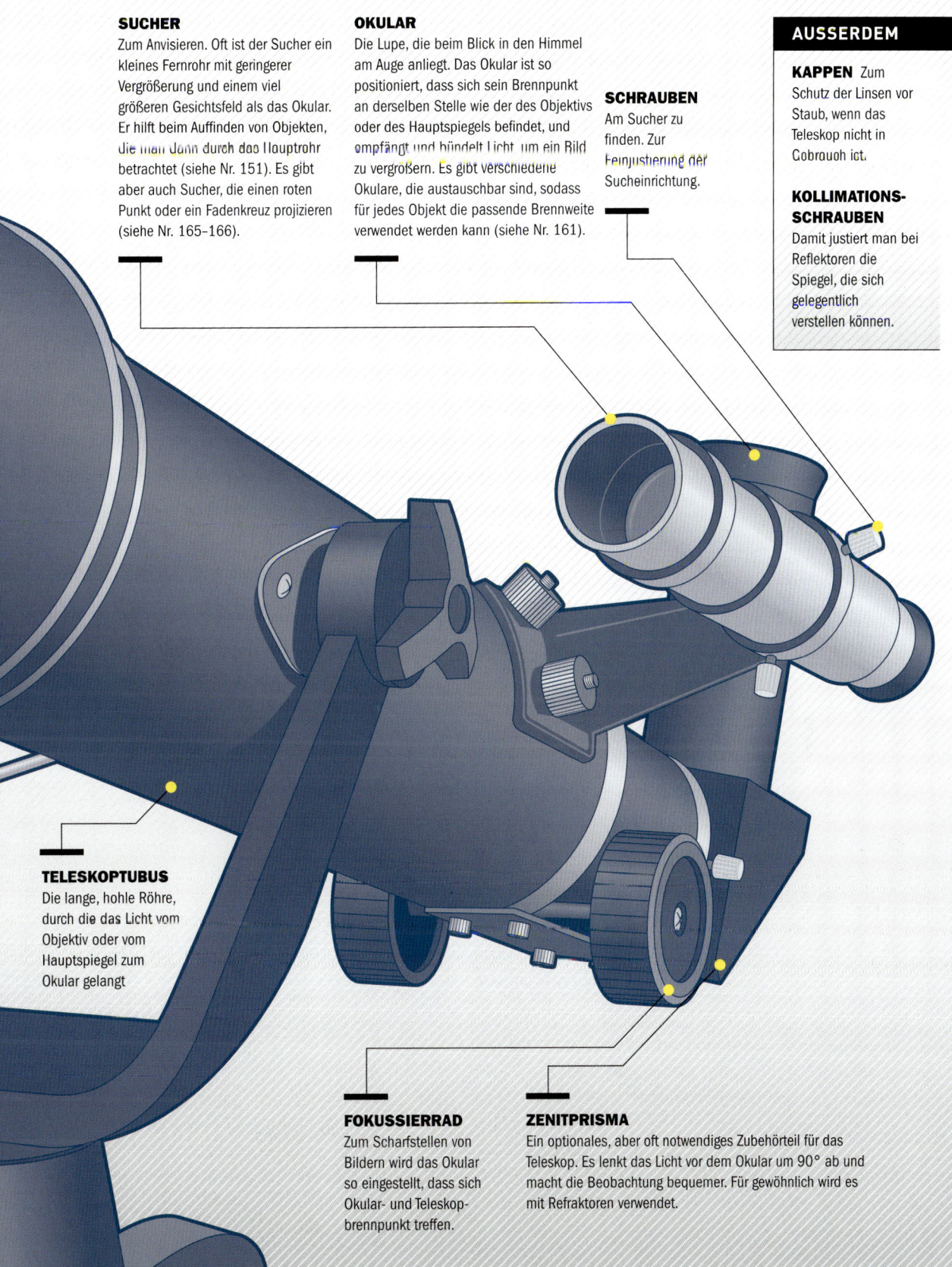

SUCHER

Zum Anvisieren. Oft ist der Sucher ein kleines Fernrohr mit geringerer Vergrößerung und einem viel größeren Gesichtsfeld als das Okular. Er hilft beim Auffinden von Objekten, die man dann durch das Hauptrohr betrachtet (siehe Nr. 151). Es gibt aber auch Sucher, die einen roten Punkt oder ein Fadenkreuz projizieren (siehe Nr. 165–166).

OKULAR

Die Lupe, die beim Blick in den Himmel am Auge anliegt. Das Okular ist so positioniert, dass sich sein Brennpunkt an derselben Stelle wie der des Objektivs oder des Hauptspiegels befindet, und empfängt und bündelt Licht, um ein Bild zu vergrößern. Es gibt verschiedene Okulare, die austauschbar sind, sodass für jedes Objekt die passende Brennweite verwendet werden kann (siehe Nr. 161).

SCHRAUBEN

Am Sucher zu finden. Zur Feinjustierung der Sucheinrichtung.

AUSSERDEM

KAPPEN Zum Schutz der Linsen vor Staub, wenn das Teleskop nicht in Gebrauch ist.

KOLLIMATIONS-SCHRAUBEN Damit justiert man bei Reflektoren die Spiegel, die sich gelegentlich verstellen können.

TELESKOPTUBUS

Die lange, hohle Röhre, durch die das Licht vom Objektiv oder vom Hauptspiegel zum Okular gelangt

FOKUSSIERRAD

Zum Scharfstellen von Bildern wird das Okular so eingestellt, dass sich Okular- und Teleskop-brennpunkt treffen.

ZENITPRISMA

Ein optionales, aber oft notwendiges Zubehörteil für das Teleskop. Es lenkt das Licht vor dem Okular um 90° ab und macht die Beobachtung bequemer. Für gewöhnlich wird es mit Refraktoren verwendet.

142 DAS KLASSISCHE LINSENFERNROHR

Der Refraktor – das Linsenteleskop – ist das bekannteste Teleskop (und das älteste: erfunden im 17. Jahrhundert von Lipperhey, verbessert von Galilei). Es ist unkompliziert, langlebig und wartungsarm. Im Prinzip besteht es aus einer Linse, die fest in einem Rohr montiert ist. Diese Linse *bricht das Licht* von entfernten Objekten in einem *Brennpunkt*, von wo aus es durch das Okular weiter zum Auge geleitet wird. Je größer das Teleskop und je präziser seine Optik, desto teurer ist es.

Bei Refraktoren muss man beachten, dass Objekte von farbigen Säumen umgeben sein können. Das nennt man *chromatische Aberration* und bedeutet, dass nicht alle Wellenlängen des Lichts (Rot, Orange, Gelb, Grün, Blau und Violett) in einem Brennpunkt gebündelt werden können, wodurch unscharfe Ränder oder Regenbogenfarben entstehen können. Teurere Modelle sind *apochromatisch*: Zusätzliche Linsen und Spezialglas korrigieren den Farbfehler und liefern ein makelloses Bild (siehe Nr. 291).

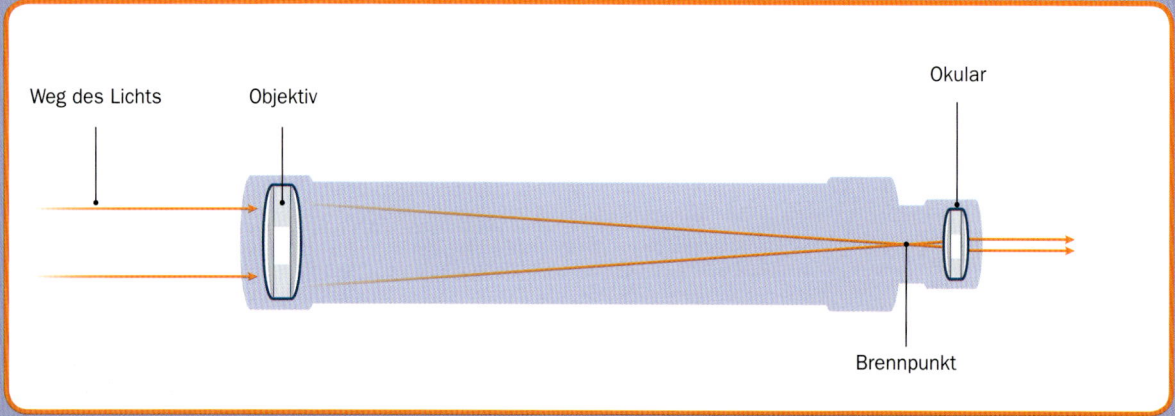

Weg des Lichts   Objektiv   Okular

Brennpunkt

143 AUFBAU EINES SPIEGELTELESKOPS

Ein Reflektor oder Spiegelteleskop wirft das Licht von einem Objekt über einen gekrümmten Spiegel und nach oben ins Auge. Reflektoren sind meist kürzer, günstiger und einfacher zu benutzen als Refraktoren. Mit etwas Geschick kann man auch selbst einen bauen. Meist sind sie größer als Linsenteleskope.

Reflektoren haben keine chromatische Aberration, aber andere Fehler: Ein Reflektor kann Objekte im Randbereich des Spiegels oft nicht richtig einfangen, was Abbildungsfehler aufgrund von *sphärischer Aberration* verursacht. Auch benötigen die Spiegel mehr Wartung. Aber wie Refraktoren liefern auch Spiegelteleskope ein viel besseres Bild des Nachthimmels, als man mit bloßem Auge sehen kann.

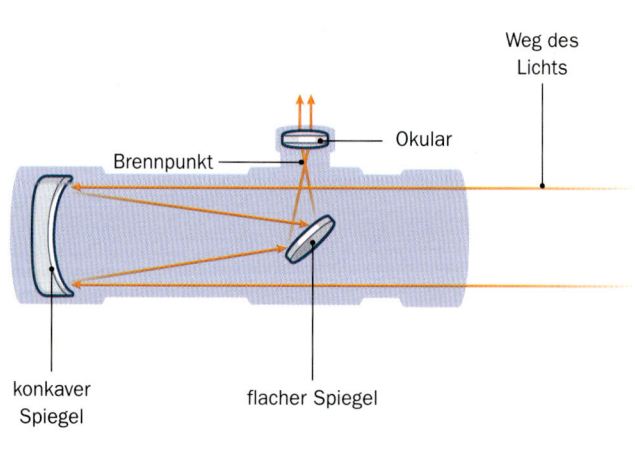

Weg des Lichts

Brennpunkt   Okular

konkaver Spiegel   flacher Spiegel

144 ANDERE ARTEN VON TELESKOPEN

Refraktoren und Reflektoren sind die gängigsten Teleskope, aber es gibt noch einige andere Teleskoparten, die man kennen sollte.

SCHMIDT-CASSEGRAIN-TELESKOP Wenn Sie einmal an einem Teleskoptreffen teilnehmen, sehen Sie dort wahrscheinlich auch ein Schmidt-Cassegrain-Teleskop. Meist wird es über Computersteuerung oder ein Kamerasystem betrieben und es verbindet die Brechungskraft der Schmidt-Korrektionsplatte mit dem starken Cassegrain-Spiegel, um chromatische und sphärische Aberration sowie die Größe des Teleskoptubus zu reduzieren.

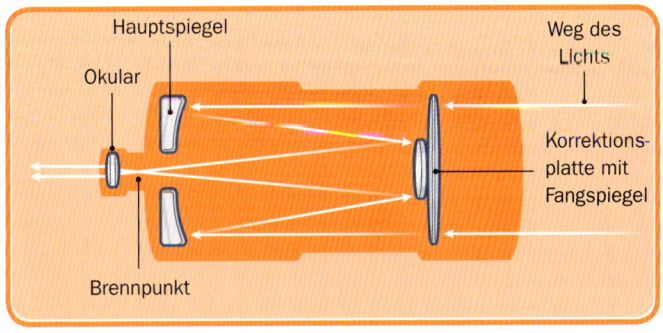

MAKSUTOV-TELESKOP Das Maksutov-Prinzip ist oft in Spektiven und kleineren Reiseteleskopen verbaut. Ein Maksutov-Teleskop (siehe unten) eignet sich gut für Natur- und Vogelbeobachtung, ist aber auch ein brauchbares astronomisches Instrument. Besonders Camper mögen dieses robuste, transportable Gerät. Seine dünne, konvexe Linse unterscheidet es von der Korrektionsplatte des Schmidt-Cassegrain-Teleskops.

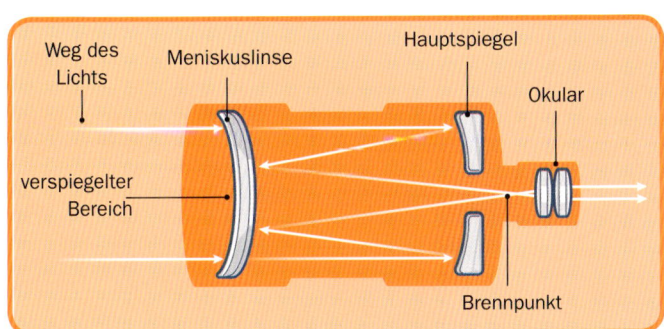

145

FÜNF TIPPS FÜR DIE
AUSWAHL EINES TELESKOPS

Der Kauf des ersten Teleskops kann einschüchternd sein. Es gibt viele Hersteller und unzählige Modelle, jedes angeblich das beste. Aber keine Sorge. Sie brauchen nicht das beste Teleskop, sondern eines, das Ihre aktuellen Anforderungen erfüllt.

☐ **AUF DEN DURCHMESSER ACHTEN**
Ignorieren Sie Teleskope mit 800-facher Vergrößerung und achten Sie stattdessen auf den Durchmesser der Optik. Die meisten guten Einsteigergeräte haben Spiegel mit 4½ bis 6 Zoll (110–150 mm) Durchmesser. Spiegel mit 10 Zoll (250 mm) oder größer sind für Anfänger meist weniger gut geeignet.

☐ **DIE RICHTIGE GRÖSSE WÄHLEN**
Kaufen Sie kein riesiges Teleskop. Besser ist ein leichtes Gerät, das gut und ohne Rückenschmerzen zu transportieren ist – und in Ihren Kofferraum passt. Am wichtigsten ist aber eine bequeme Handhabung.

☐ **WENIGE TEILE** Kaufen Sie ein einfaches, stabiles Teleskop mit guter Montierung, einigen Okularen (siehe Nr. 161) und einem guten Sucher (siehe Nr. 165). Man kann später immer noch weiteres Zubehör dazukaufen.

☐ **VORHER AUSPROBIEREN** Manche astronomische Vereine verleihen Teleskope. Wenn Sie diese Möglichkeit haben, nutzen Sie sie. Auch bei Teleskoptreffen kann man sich verschiedene Teleskope anschauen.

☐ **EIN GUTER PREIS** Geben Sie nicht zu viel Geld aus, aber seien Sie auch nicht geizig. Für ein paar hundert Euro gibt es schon gute Einsteigerteleskope. Alles unter 100 Euro ist meist von schlechter Qualität.

146
COMPUTERGESTEUERT ODER MANUELL?

VS.

Hätten Sie gerne ein computergesteuertes GoTo-Teleskop, das Ihnen auf Knopfdruck tausende Objekte zeigt? Moment! Computergesteuerte Teleskope sind viel komplizierter, als man denkt (siehe Nr. 149), und für Einsteiger oft frustrierend. Die Orientierung am Sternenhimmel ist herausfordernd genug, auch ohne sich mit einem neuen elektronischen Gerät vertraut machen zu müssen.

Für Einsteiger empfiehlt sich ein manuelles Teleskop. Damit lernen Sie den Himmel besser kennen – beginnend beim Mond, den Planeten und anderen hellen Objekten. Da ein manuelles Teleskop keinen Strom braucht, müssen Sie sich nicht um Akkus oder Verlängerungskabel kümmern. Außerdem ist es innerhalb von Minuten einsatzbereit.

Für fortgeschrittenere Sterngucker können computergesteuerte Teleskope nützlich sein – wenn man den Nachthimmel und die Bedienung des Teleskops bereits gut kennt. Aber auch Astronomen mit Elektronik-Faible haben meist noch ein manuelles Teleskop als Reservegerät.

147 DAS RICHTIGE EINSTEIGER-TELESKOP FÜR EIN KIND

Kinder lieben den Weltraum. Ein Teleskop für ein Kind sollte preiswert, klein und robust sein. Es gibt viele Einsteigerteleskope für Kinder (manche davon unter 100 Euro), aber kaufen Sie kein Spielzeugteleskop – damit sieht man kaum mehr als den Mond, was bald langweilig wird. Kleine Spiegelteleskope sind günstig und zeigen einiges vom Nachthimmel. Wichtig ist auch, dass das Gerät von einem Kind herumgetragen werden kann und nicht leicht kaputt geht. (Bonus: Solche Teleskope sind auch ideal auf Reisen oder beim Camping.)

Ein 3-Zoll-Reflektor (76 mm) ist eine gute erste Wahl. Er liefert ein großes Bild und ist leistungsstark genug, um damit Mondkrater, Jupitermonde und Saturnringe sehen

zu können – was Kindern und Erwachsenen Freude macht. Und das ist der Geheimtipp beim Kauf: Das Teleskop sollte auch für Erwachsene weder Langeweile noch Frust bringen. Ein Kinderteleskop kann für Erwachsene ein gutes Einsteigergerät sein. Machen wir uns doch nichts vor: Sobald die Kinder im Bett sind, werfen die Eltern selbst einen Blick ins All.

Bewahren Sie einen Notizblock und einige Stifte beim Teleskop auf, sodass Ihr Kind sein eigenes Beobachtungsbuch führen und Objekte skizzieren kann. (Für Tipps dazu siehe Nr. 254–256.) Auch feuchte Reinigungstücher sind praktisch – nicht für das Teleskop, sondern um klebrige Kinderfinger zu säubern, bevor sie es anfassen.

148 DAS TELESKOP AUFSTELLEN

Niemand sieht ein Teleskop und weiß sofort, wie man es aufbaut. Die folgenden Schritte zeigen Ihnen, wie Sie ein Teleskop einfach und sicher aufstellen.

SCHRITT 1 Bei Wolken, Regen oder hoher Luftfeuchtigkeit lohnt es sich nicht. Die Spiegel und Linsen würden beschlagen, was eine gute Sicht unmöglich macht.

SCHRITT 2 Das Stativ auf eine flache, feste, trockene Stelle platzieren. Gras oder Erde sind besser als Asphalt, der Hitze speichern und die Sicht stören kann. Auch Holzböden meiden, da sie leicht vibrieren. Der Blick soll frei sein. Die Stativbeine ausziehen und fixieren.

SCHRITT 3 Wenn die Montierung noch nicht verbaut ist, diese aufsetzen und am Stativ festschrauben.

SCHRITT 4 Die beiden Richtungen der Montierung (auf/ab und rechts/links) mit den Feststellschrauben fixieren. Bei einer parallaktischen Montierung die Gegengewichte anbringen und fixieren.

SCHRITT 5 Die Montierung nach Norden zum Himmelspol ausrichten. Bei manchen Teleskopen kann die Montierung mit einem eingebauten Polsucher eingestellt werden.

SCHRITT 6 Nun vorsichtig das Teleskop aufsetzen und auf der Montierung anbringen. Alle Schrauben und Klemmen feststellen, damit das Teleskop stabil fixiert ist.

SCHRITT 7 Zubehör wie Sucher und Okular anbringen. Nochmals prüfen, ob die Polausrichtung stimmt.

SCHRITT 8 Prüfen, ob der Sucher auf das Gesichtsfeld des Teleskops ausgerichtet ist. Das kann man auch bei Tag machen oder indem man bei Nacht auf eine Lichtquelle (z. B. den Mond, einen hellen Stern) fokussiert.

SCHRITT 9 Das Teleskop auf die Außentemperatur abkühlen lassen. Das kann einige Minuten, aber auch über eine Stunde dauern.

SCHRITT 10 Ein Ziel wählen (etwa den Mond, einen hellen Stern oder einen Planeten) und das Teleskop darauf richten. Das Okular einstellen, bis ein scharfes Bild zu sehen ist. Das Sternegucken kann losgehen!

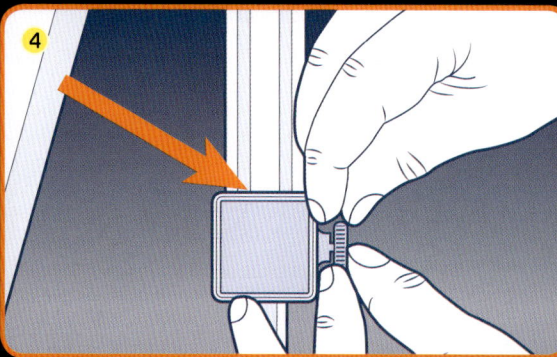

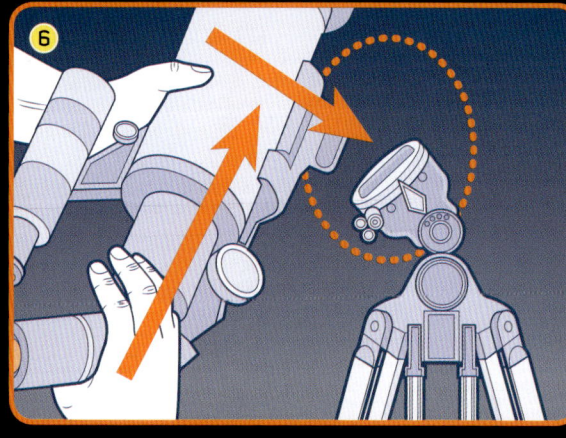

149 VERWENDUNG EINER COMPUTERSTEUERUNG

Ein computergesteuertes oder GoTo-Teleskop vereinfacht bequemes Beobachten, erfordert aber auch Kenntnis der Suchfunktionen. Geben Sie nicht auf, falls es nicht gleich klappt. Für jedes Teleskop braucht man Übung und jedes Modell hat seine Eigenheiten. Mit den folgenden Tipps wird die Beobachtung mit Ihrem GoTo-Teleskop ein Erfolg.

SCHRITT 1 Zuerst die Bedienungsanleitung lesen und grundlegende Funktionen kennenlernen. Die Anleitung für später bereithalten.

SCHRITT 2 Die Stromversorgung prüfen. Akkus sollen voll geladen oder das Teleskop über das Netzteil angeschlossen sein.

SCHRITT 3 Das Teleskop auf die „Home"-Position einstellen. (Das Teleskop ist parallel zum Boden und nach Norden ausgerichtet.) Man muss das Teleskop manchmal mehrmals nach rechts oder nach links um die Montierungsachse drehen, um die Bewegungsfreiheit zu gewährleisten. Lesen Sie alles zu diesem Schritt in Ihrem Handbuch nach – er ist der wichtigste Schritt.

SCHRITT 4 Die Geschwindigkeit des Antriebs prüfen. Die meisten GoTo-Teleskope bieten mehrere Einstellungen, da sich Sterne, Mond und Sonne unterschiedlich schnell bewegen, auch vor dem Hintergrund der Sterne: siderisch (Sterne), lunar und solar. Meist verwendet man „siderisch", beobachtet man jedoch ein Objekt im Sonnensystem länger als eine halbe Stunde, kann das Teleskop mit der Zeit abweichen (gilt ganz besonders bei Astrofotografie). Außerdem erkennen die meisten

Teleskope, was man beobachtet, und passen die Geschwindigkeit der Nachführung automatisch an.

SCHRITT 5 Prüfen, ob Zeit, Datum und Standort stimmen. Gegebenenfalls die Sommerzeit beachten. Manche Teleskope ermitteln diese Daten per GPS, bei anderen müssen sie manuell eingegeben werden.

SCHRITT 6 Nun wird das Teleskop geeicht. Dazu wählt das Gerät meist selbst einige helle Referenzsterne, um sich auszurichten. Jeder Stern muss bestätigt werden, wenn das Teleskop ihn anpeilt und in seine Richtung schwenkt. Zur leichteren Identifizierung der Sterne können Sie eine Sternkarte zu Rate ziehen. Wird ein gewählter Referenzstern von etwas verdeckt, überspringen Sie ihn. Das Teleskop wird einen anderen Stern auswählen.

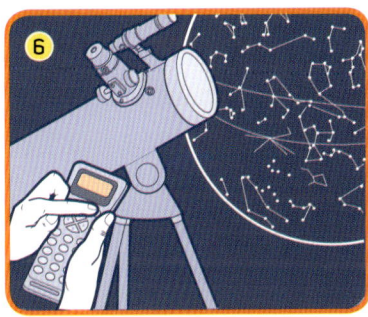

SCHRITT 7 Richten Sie das Teleskop auf jeden Referenzstern. Mit der Steuereinheit jeden Referenzstern nacheinander im Okular zentrieren. Das Teleskop wird jede Ausrichtung mit einem Signalton quittieren. Das kann einige Minuten dauern.

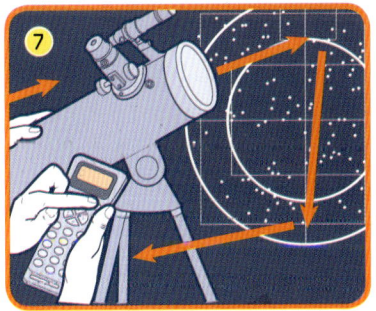

SCHRITT 8 Ein anderes Objekt mit dem Steuergerät anwählen. Wählen Sie eines, das Sie sofort erkennen, um zu prüfen, ob das Teleskop korrekt ausgerichtet ist. Ein weiterer heller Stern eignet sich dafür gut.

SCHRITT 9 Sehen Sie Ihr Ziel im Okular? Gratulation! Das Sternegucken kann beginnen. Es kann sein, dass Sie einige Versuche benötigen, um ein Gefühl für die Eichung des Teleskops zu bekommen.

150 DAS TELESKOP FÜR OPTIMIERTE ABBILDUNG KOLLIMIEREN

Mit richtig justierten – also *kollimierten* – Spiegeln holen Sie aus Ihrem Teleskop das Maximum heraus. Jedes Teleskop, das Spiegel verwendet (etwa die gängigen Newton-Teleskope oder das Schmidt-Cassegrain), muss kollimiert werden, und Reflektoren erfordern die meiste Justage – besonders nach einer langen, holprigen Fahrt zum Beobachtungsplatz. Die Kollimation zentriert den Hauptspiegel auf das Okular und richtet den Fangspiegel auf Okular und Hauptspiegel aus.

SCHRITT 1 Das Teleskop auf eine helle Lichtquelle richten – etwa auf eine Straßenlampe oder Glühbirne.

SCHRITT 2 Das Okular entfernen und stattdessen ein Kollimationsokular aufstecken – oder eine kleine Kappe mit einem kleinen Loch in der Mitte, die genau auf den Okularhalter passt. (Man kann auch einfach ein Loch in eine Filmdose stechen oder den Okularhalter mit Folie überkleben und ein Loch hineinpieksen.)

SCHRITT 3 Den Fangspiegel justieren, wenn im Gesichtsfeld verschobene schwarze Ränder zu sehen sind (eine Reflexion der Innenseite des Okulars). Die drei kleinen Schrauben oben am Fangspiegel mit einem kleinen Schraubendreher oder Inbusschlüssel verstellen, bis der Fangspiegel zentriert ist und die schwarzen Ränder zu den anderen Kreisen mittig sitzen.

SCHRITT 4 Weiter zum Hauptspiegel. Durch das Loch blicken und den kleinen Ring in der Mitte des Spiegels lokalisieren. Bei einem richtig justierten Teleskop befindet sich der Ring im Zentrum des Gesichtsfelds und der Punkt der Kollimationskappe mittig im Ring.

SCHRITT 5 Die drei großen Kollimationsschrauben an der Unterseite des Spiegelhalters lokalisieren. (Bei manchen Teleskopen gibt es Feststellschrauben, die man zuerst lösen muss.) Durch die Kollimationskappe schauen und langsam alle drei Schrauben einstellen, bis der Ring in der Mitte des Gesichtsfelds liegt und der Punkt der Kappe genau in der Mitte des Rings.

SCHRITT 6 Die Ausrichtung erneut prüfen und bei Bedarf nachjustieren. Wenn alles zentriert ist und man den Punkt der Kollimationskappe im Ring sieht, ist die Kollimation abgeschlossen. Gegebenenfalls die Feststellschrauben wieder anziehen.

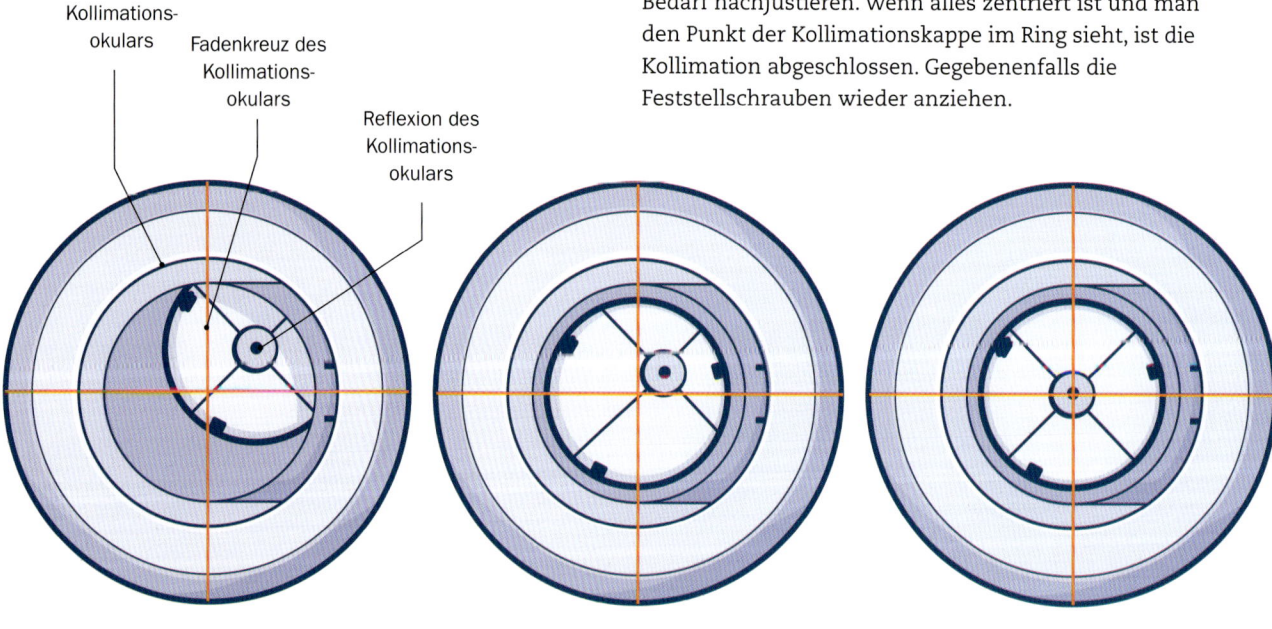

unterer Rand des Kollimationsokulars

Fadenkreuz des Kollimationsokulars

Reflexion des Kollimationsokulars

FANGSPIEGEL ZENTRISCH UNTER DEM OKULARAUSZUG

FANGSPIEGEL KORREKT AUSGERICHTET

HAUPTSPIEGEL KORREKT AUSGERICHTET

151 ANVISIEREN ÜBER DEN SUCHER

Wollen Sie mit Ihrem Teleskop ein Objekt anpeilen, ist der Sucher Ihr Freund. Behandeln Sie ihn darum auch mit der gebotenen Sorgfalt.

Ein Sucher sitzt auf dem Teleskop und ermöglicht das Anvisieren von Objekten bei großem Gesichtsfeld, bevor man sie im Teleskop vergrößert. Ein Sucher kann ein kleineres Fernrohr auf dem Hauptteleskop sein, ein Gerät, das einen roten Punkt auf das Blickfeld projiziert, oder ein Reflexvisier mit Glas und Fadenkreuz (siehe Nr. 165–166). Wenn der Sucher Batterien benötigt (z. B. ein Rotpunktvisier), sollte er nach jeder Verwendung wieder ausgeschaltet werden. Am besten eine Ersatzbatterie dabeihaben!

Für die beste Beobachtung muss der Sucher *justiert*, also auf das Gesichtsfeld des Teleskops ausgerichtet werden. Die richtige Einstellung des Suchers vor dem Sternegucken erspart Ihnen viel Zeit bei der Suche nach Objekten.

SCHRITT 1 Das Einrichten des Suchers bei Tag erleichtert die ersten Versuche. Ein entferntes Objekt (Baum, Mast, aber nicht die Sonne) mit dem Sucher anvisieren. Falls Sie den Sucher nachts justieren müssen, richten Sie ihn auf ein helles Objekt, etwa auf eine entfernte Straßenlampe.

SCHRITT 2 Ins Okular schauen und dabei den Sucher nicht berühren. (Die Vibrationen würden das Bild verwackeln.) Das Objekt ist im Vergleich zum Sucherbild wahrscheinlich versetzt oder gar

nicht sichtbar. Keine Sorge. Richten Sie das Teleskop auf das Objekt (der Sucher sollte es in dessen Nähe gebracht haben).

SCHRITT 3 Das Teleskop auf das Objekt gerichtet lassen und den Sucher mit den Stellschrauben an seiner Halterung sorgfältig feinjustieren, bis das Objekt in der Mitte liegt.

SCHRITT 4 Nochmals prüfen, ob das Objekt im Sucher sowie im Teleskop zentriert ist. Nun sind Sie bereit.

152 SCHARFSTELLEN UND ANPEILEN

Ihr Teleskop ist nun aufgebaut, ausgekühlt und mit dem Sucher parallel gestellt. Jetzt wird fokussiert!

SCHRITT 1 Ein Objekt auswählen. Üben Sie bei Tag, um ein Gefühl für den Umgang mit Ihrem Teleskop zu bekommen. Im Dunkeln sehen Sie das Teleskop dann nicht mehr so gut. Für die ersten Versuche bei Nacht ist der Mond ein gutes Ziel, aber auch ein heller Stern wie Sirius (Alpha Canis Majoris – siehe Nr. 59, wie man ihn findet).

SCHRITT 2 Wenn Sie das Objekt im (hoffentlich justierten) Sucher eingefangen haben, schauen Sie

ins Okular. Bei korrekt ausgerichtetem Sucher sehen Sie nun das Objekt möglicherweise verschwommen.

SCHRITT 3 Durch langsames Drehen der Stellräder das Bild scharfstellen. Nicht vergessen, dass Nebel und Luftunruhe die Schärfe beeinflussen.

SCHRITT 4 Wenn der Stern als heller, scharf umrissener Lichtpunkt ohne Halo, Doppelbild oder Unschärfe erscheint, ist die Einstellung perfekt.

153
DER MOND DURCHS TELESKOP GESEHEN

Nun haben Sie Ihr erstes Teleskop und sind bereit für Ihre erste astronomische Beobachtung. Als Einstiegsobjekt empfehlen wir unseren Nachbarn, den Mond. Vielleicht finden Sie andere Objekte spannender, aber die Oberfläche des Mondes sieht im Teleskop wunderschön und überraschend interessant aus. Man erkennt den Mond auch sofort und findet ihn mit dem Teleskop viel leichter als Planeten, Nebel oder Galaxien.

Bei Vollmond sieht man durch die Stärke des reflektierten Sonnenlichts nicht viele Kontraste auf der Mondoberfläche. Der Vollmond ist zwar hell und imposant, aber zu anderen Mondphasen sieht man die Krater und Berge auf der Oberfläche des Mondes im Teleskop viel detailreicher.

Die Bilder hier zeigen die in den Abendstunden sichtbaren Mondphasen nach Neumond. Zu jeder Phase finden Sie auch die Positionen einiger der interessantesten Krater, Meere und Berge des Mondes.

STRUKTUREN AM MOND

- Krater
- Geländestufe
- Mondmeer
- Gebirgskette
- Kap (Gebirgsendpunkt)
- Furche

IDEALE MONDPHASEN FÜR DIE BEOBACHTUNG MIT DEM TELESKOP

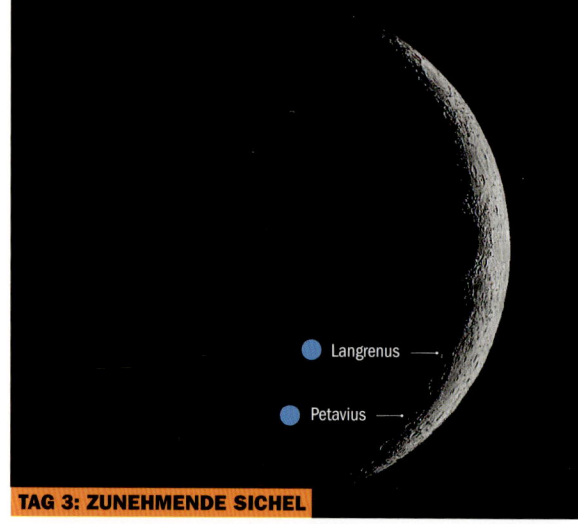

Langrenus
Petavius

TAG 3: ZUNEHMENDE SICHEL

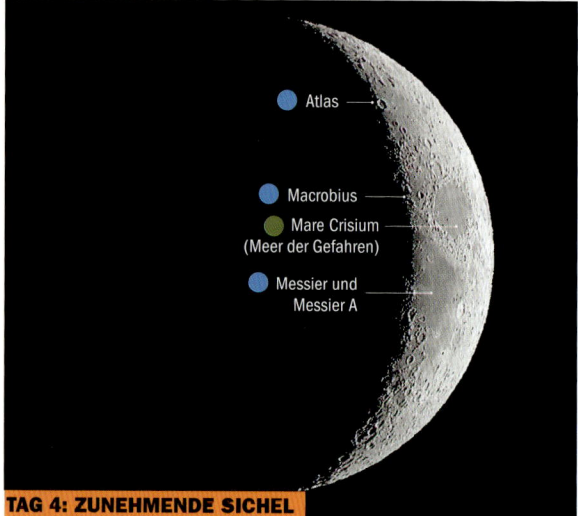

Atlas
Macrobius
Mare Crisium (Meer der Gefahren)
Messier und Messier A

TAG 4: ZUNEHMENDE SICHEL

Hercules
Posidonius
Rupes Altai
Piccolomini

TAG 5: ZUNEHMENDE SICHEL

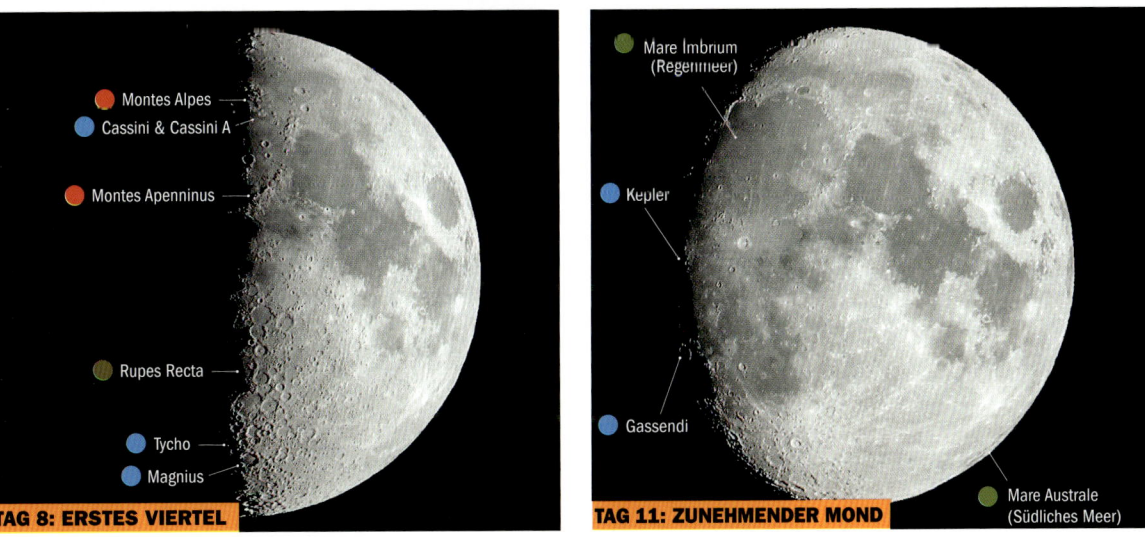

TAG 6: ZUNEHMENDE SICHEL

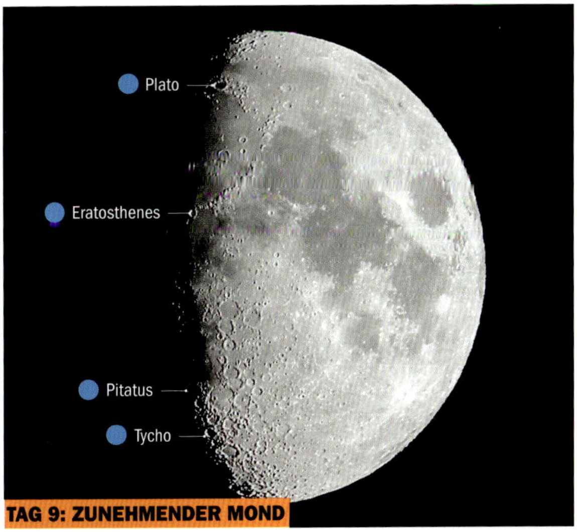

- Plinus
- Theophilus
- Cyrillus
- Catharina

TAG 7: ZUNEHMENDE SICHEL

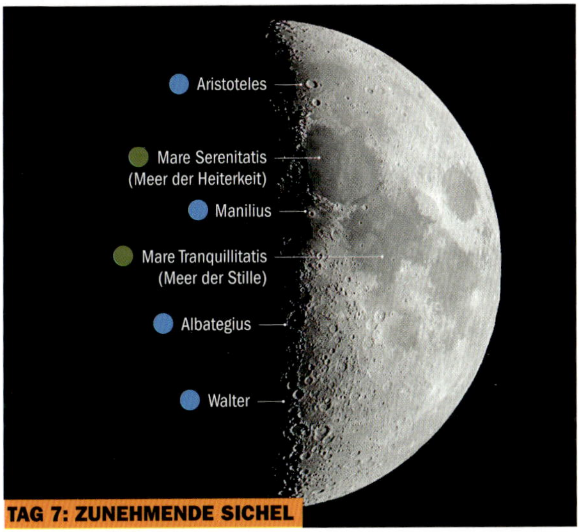

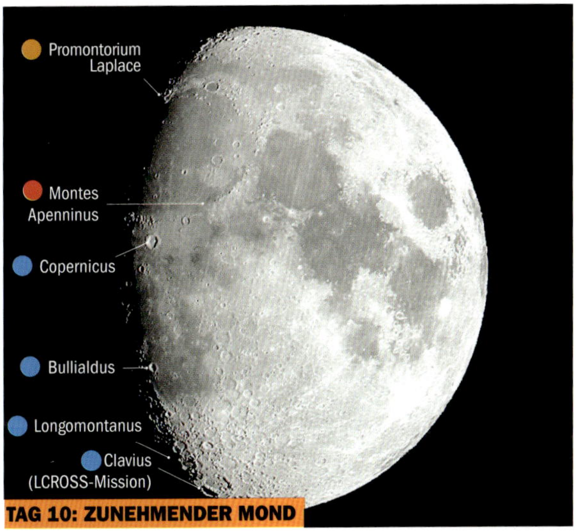

- Aristoteles
- Mare Serenitatis (Meer der Heiterkeit)
- Manilius
- Mare Tranquillitatis (Meer der Stille)
- Albategius
- Walter

TAG 8: ERSTES VIERTEL

- Montes Alpes
- Cassini & Cassini A
- Montes Apenninus
- Rupes Recta
- Tycho
- Magnius

TAG 9: ZUNEHMENDER MOND

- Plato
- Eratosthenes
- Pitatus
- Tycho

TAG 10: ZUNEHMENDER MOND

- Promontorium Laplace
- Montes Apenninus
- Copernicus
- Bullialdus
- Longomontanus
- Clavius (LCROSS-Mission)

TAG 11: ZUNEHMENDER MOND

- Mare Imbrium (Regenmeer)
- Kepler
- Gassendi
- Mare Australe (Südliches Meer)

154 DIE LUFTPUMPE ANPEILEN

Die Luftpumpe wurde nach der Erfindung des Physikers Otto von Guericke aus dem 17. Jahrhundert benannt und ist ein kleines, lichtschwaches Sternbild nahe der hellen südlichen Milchstraße. Die Astronomen im alten Griechenland konnten die Sterne der Luftpumpe wohl auch schon sehen, aber sie waren zu schwach, um Teil eines markanten Sternbilds zu werden.

Der französische Astronom Nicolas-Louis de Lacaille gab der Luftpumpe ihren unpoetischen Namen, als er von 1750 bis 1754 im Observatorium am Kap der Guten Hoffnung arbeitete. Basierend auf seinen Beobachtungen von rund 10 000 Sternen des Südhimmels teilte Lacaille den Südhimmel in 14 neue Sternbilder auf – eines davon war die Luftpumpe.

Die Luftpumpe liegt nicht weit vom Segel und vom Hinterdeck entfernt und wird von der Wasserschlange, dem Zentaur und dem Kompass umringt. Ihr hellster Stern ist kaum heller als der Rest und hat keinen Eigennamen. Er ist rot und variiert vermutlich leicht in seiner Helligkeit.

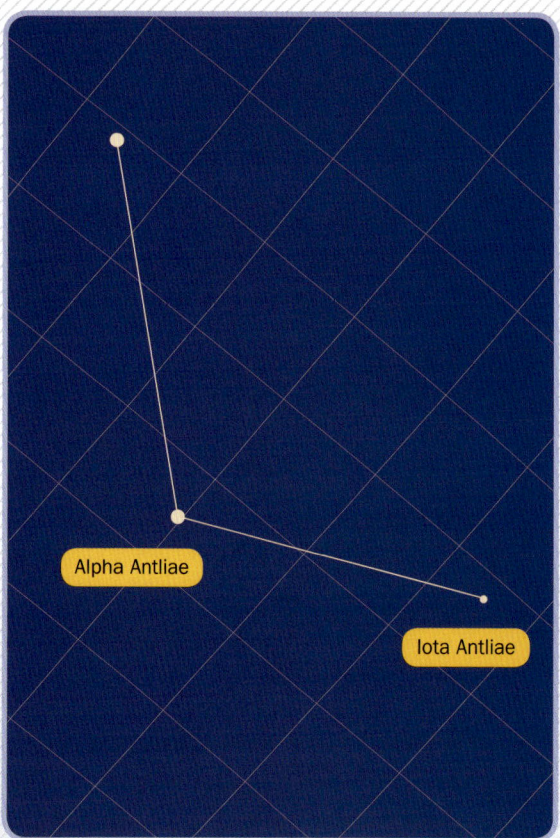

155 DAS SÜDLICHE DREIECK ERKENNEN

Eine simple dreiseitige Form am Südhimmel: Das Südliche Dreieck erschien erstmals 1603 in Johann Bayers *Uranometria* – einem Atlas voller Sternbilder und Übersichtskarten für den nördlichen und südlichen Sternenhimmel. Das Südliche Dreieck liegt südlich vom Winkelmaß und östlich vom Zirkel – Werkzeuge, die von Handwerkern und Seefahrern auf frühen Expeditionen zur Südhalbkugel verwendet wurden.

Einer von mehreren *Cepheiden* (Sterne, die in regelmäßigen Perioden pulsieren, wobei Temperatur und Helligkeit schwanken) im Sternbild ist R Trianguli Australis, dessen Helligkeit sich von 6,0 zu 6,9 mag verändert. Da er ein Cepheid ist, kennen wir die genaue Periode: 3,39 Tage. Bei Cepheiden mit so raschen

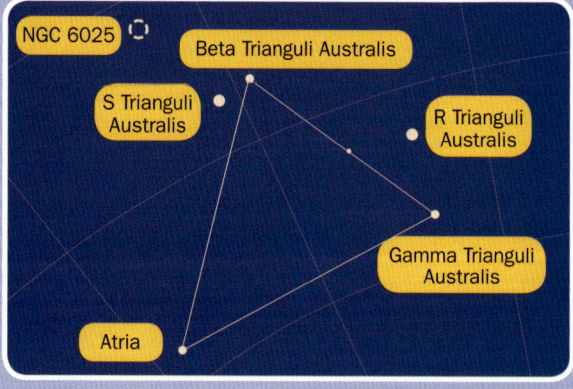

Schwankungen lohnt es sich, die Helligkeit zumindest einmal in der Nacht zu vergleichen. Ein weiterer heller Cepheid ist S Trianguli Australis, der in einer Periode von 6,3 Tagen von der Helligkeit 6,0 zu 6,8 mag und wieder zurück wechselt.

Im Südlichen Dreieck befindet sich auch NGC 6025, ein kleiner offener Sternhaufen aus rund 60 Sternen der Helligkeit 7 mag und einigen lichtschwächeren Sternen.

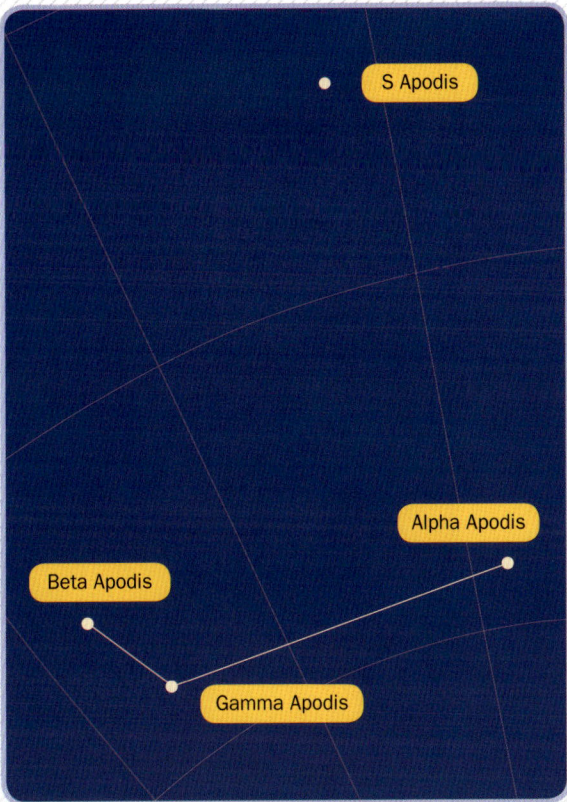

156 DEN PARADIES-VOGEL FANGEN

Der fachsprachliche Name dieses Sternbilds, *Apos*, ist altgriechisch und bedeutet „fußlos". Davon kommt das lateinische *Avis indica*, wie die Europäer den indischen Paradiesvogel nannten, den sie fälschlicherweise für fußlos hielten. (Den ersten toten Vögeln entfernte man die Füße, bevor man sie 1522 nach Europa verschiffte.) Im 16. Jahrhundert benannte der niederländische Astronom und Kartograf Petrus Plancius diese Sterngruppe und nutzte die detaillierten Beobachtungen der Seefahrer Frederick de Houtman und Pieter Dirkszoon Keyser, die den Südhimmel kartiert hatten. Heute kennt man den Paradiesvogel als schwaches Sternbild unter dem Südlichen Dreieck. Es liegt nahe am Südpol und kann vom Großteil der Nordhalbkugel nicht gesehen werden.

Der veränderlichste Stern im Paradiesvogel ist S Apodis – eine „umgekehrte" Nova. Normalerweise hat er eine Helligkeit von etwa 10 mag (und kann durch ein kleines Teleskop gesehen werden), bricht jedoch regelmäßig aus und schleudert dunkle, rußähnliche Partikel in die Atmosphäre. Dann verblasst er stark und leuchtet erst Wochen später wieder hell wie zuvor.

157 DAS WINKEL-MASS SEHEN

Östlich von Zentaur und Wolf liegt das kleine Sternbild Winkelmaß. Nicolas-Louis de Lacaille nannte es ursprünglich „Norma et Regula", Winkelmaß und Lineal, in Anlehnung an die Geräte eines Zimmermanns. Das Lineal geriet jedoch in Vergessenheit und heute steht nur noch das Winkelmaß am Himmel.

Das Sternbild grenzt an den Zirkel, der von Lacaille zur gleichen Zeit benannt wurde. Das Winkelmaß liegt in der südlichen Milchstraße und sieht durch ein Fernglas interessant aus. Der offene Sternhaufen NGC 6067 nahe Kappa Normae offenbart in einem großen Fernglas oder einem Teleskop hunderte Sterne auf einem Fleck. In seiner Nähe kann man mit einem Teleskop NGC 6087 entdecken, ein weiterer der faszinierenden offenen Sternhaufen im Winkelmaß. Er besteht aus rund 40 Sternen, die den veränderlichen Stern S Normae umringen.

Im Winkelmaß gab es schon einige Novae: riesige nukleare Helligkeitsausbrüche eines Sterns. IM Normae ist eine von nur zehn bekannten wiederkehrenden Novae in der Milchstraße. Er brach 1920 und 2002 und möglicherweise auch 1961 aus.

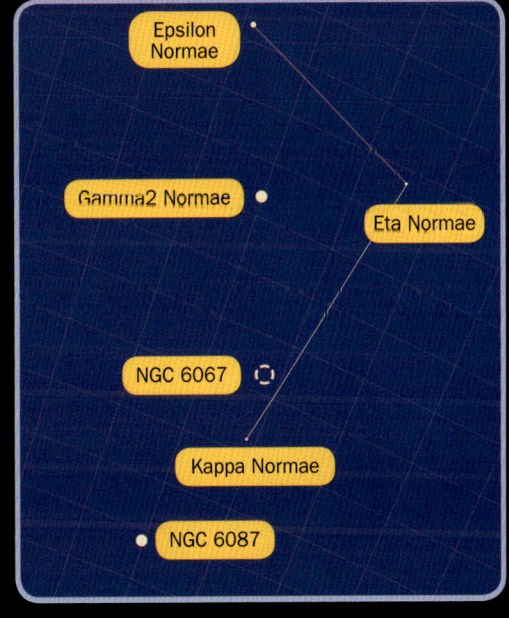

158 DIE AZIMUTALE MONTIERUNG

Hat Ihr Teleskop eine *azimutale Montierung*? Das ist eine einfache Montierung mit zwei Achsen, mit der man Objekte über eine vertikale und horizontale Steuerung verfolgt. Der Aufbau ist einfach. Steht das Stativ erst einmal auf einem stabilen, ebenen Platz, helfen Ihnen die folgenden Schritte bei der weiteren Vorbereitung.

SCHRITT 1 Das Teleskop auf die Montierung setzen und die richtige Höhe für ein bequemes Beobachten einstellen.

SCHRITT 2 Das Teleskop ausbalancieren: Erst parallel zum Boden ausrichten, dann Okular und Zubehör anbringen und sehen, auf welche Seite sich das Teleskop neigt. Richten Sie es dann entlang der Rohrschellen aus, bis es waagerecht bleibt.

SCHRITT 3 Mit dem Himmel über Ihnen folgen Sie Ihrem Ziel, indem Sie das Teleskop über die Stellschrauben waagerecht und senkrecht bewegen. Wenn Sie zu einem nahen Objekt springen möchten, drehen Sie die Schrauben schneller. Wollen Sie zu einem anderen Bereich am Himmel schwenken, lösen Sie die Montierungsklemmen und drehen Sie den Tubus manuell dorthin.

159 DAS DOBSON-TELESKOP

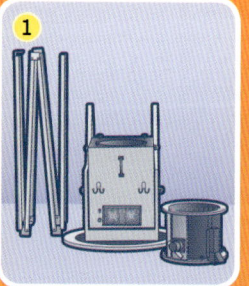
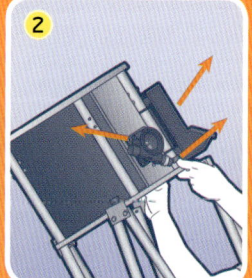

Beliebt bei Amateuren ist das Dobson-Teleskop (benannt nach seinem Erfinder John Dobson), ein leichtes, simples Newton-Teleskop mit großer Öffnung, das viel Licht sammelt. Dobsons revolutionierten die Amateurastronomie, denn man kann für wenig Geld ein eigenes Teleskop aus Spiegeln und Sperrholz bauen. Hier der Aufbau:

1 ZERLEGEN Der Transport des Teleskops als Einheit, also mit dem Tubus auf der Montierung, scheint praktisch. Besser ist es jedoch, das Teleskop zerlegt zu transportieren.

2 OHNE ALLES Vor dem Transport sämtliches Zubehör abnehmen. Niemand freut sich beim Auspacken nach der Fahrt über einen abgebrochenen Sucher.

3 GEWICHTE Wer Objekte in Horizontnähe beobachten möchte, sollte einige kleine Gegengewichte mitnehmen. Ein oder zwei Gewichte an der Unterseite (wenn auch nur mit Klebeband befestigt) können helfen, das Rohr bei extremen Winkeln auszubalancieren.

160 DIE PARALLAKTISCHE MONTIERUNG

Im Vergleich zu Dobsons oder azimutalen Montierungen sind parallaktische Montierungen viel komplizierter. Sie folgen der Himmelsdrehung, oft mit automatischer Nachführung. Die Ausrichtung ist hier äußerst wichtig und gute Montierungen haben meist eine eingebaute Dosenlibelle als Hilfsmittel. Auch die folgenden Tipps helfen Ihnen bei einem reibungslosen Aufbau:

A FÜSSE SCHÜTZEN Der wichtigste Teil der Montierung ist die Sicherungsschraube am Ende der Gegengewichtsstange. Sie verhindert, dass die Gewichte herunterrutschen und Ihre Füße zerquetschen.

B ORIENTIEREN Das Ausrichten des Teleskops geht einfacher, wenn man Norden und Süden am Boden markiert. Aber keine Stolperfallen aufstellen!

C POLHÖHE EINSTELLEN Die Polhöhenskala auf die geografische Breite des Beobachtungsortes einstellen, sonst wird die Suche schwierig.

D EINNORDEN Eine Montierung mit Polsucher verwenden, um das Teleskop möglichst genau auf den Himmelspol auszurichten. Der eingebaute Sucher zoomt den Polarstern heran, sodass man das Teleskop noch präziser ausrichten kann.

E DIE ZAHLEN KENNEN Mit dem Zahlensystem auf den Deklinations- (Dec) und Rektaszensionsachsen (RA) vertraut machen. Die Zahlen entsprechen den Koordinaten des Nachthimmels (siehe Nr. 49–51). Sie helfen bei der Lokalisierung von schwer auffindbaren Objekten aus Sternkarten oder Planetariumssoftware.

F MANUELL NACHFÜHREN Das Teleskop folgt der Himmelskugel entlang der Nord-Süd- und Ost-West-Richtung. Eine Achse dreht das Teleskop von Nord nach Süd (Dec), die andere von Ost nach West (RA). Wenn alles genau ausgerichtet ist, muss man nur das RA-Rad vorsichtig nachstellen, um das anvisierte Objekt zu verfolgen und im Blickfeld zu behalten.

161 DAS PASSENDE OKULAR WÄHLEN

Wie eine Kamera kann man auch ein Teleskop mit diversem Zubehör erweitern und anpassen. Für die optimale Himmelsbeobachtung gehören Okulare wohl zu den wichtigsten Zusatzteilen – vor allem, weil viele Teleskope nur mit einem meist mittelmäßigen Okular ausgeliefert werden. Da man zur Beobachtung der Himmelskörper verschiedene Vergrößerungsstufen benötigt, lohnt sich die Anschaffung mehrerer Okulare. Die hier vorgestellten Typen sollen Ihnen bei der Auswahl Ihrer Okulare helfen.

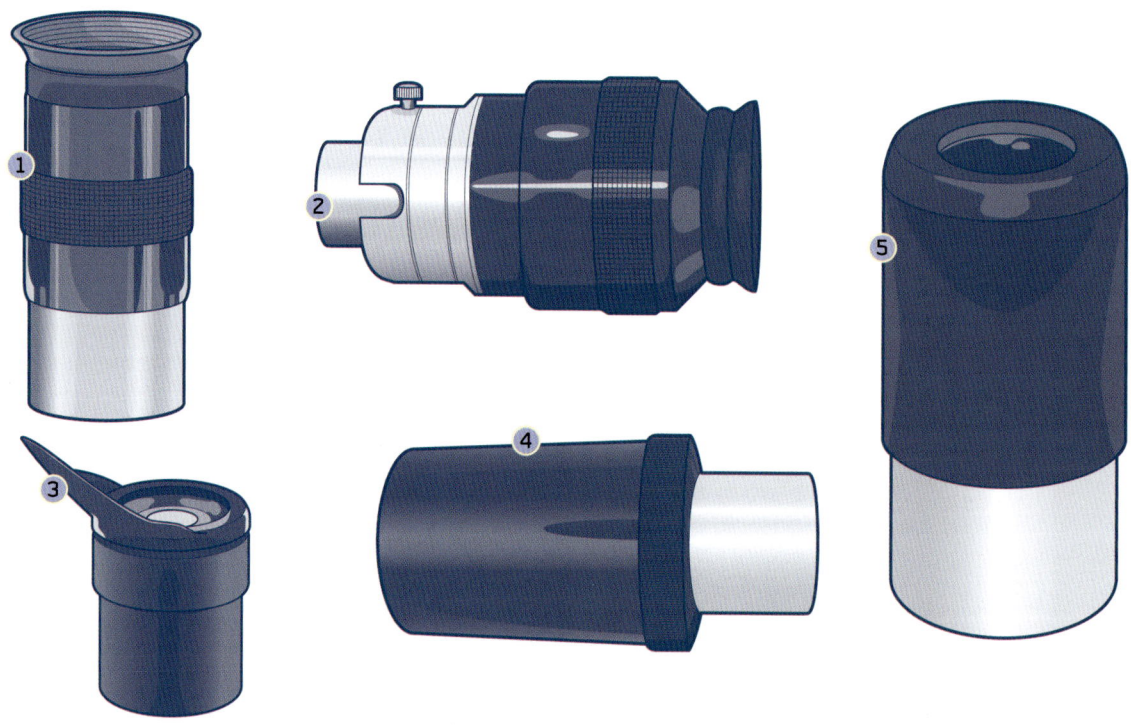

1 PLÖSSL Das symmetrisch aufgebaute Plössl-Okular wurde 1840 von Georg Simon Plößl erfunden. Die zwei Linsenpaare ermöglichen ein großes Gesichtsfeld und machen das Okular vielseitig einsetzbar, ob für die Beobachtung von Planeten oder Deep-Sky-Objekten. Plössl-Okulare gehören zu den beliebtesten Okularen (fast alle Teleskope sind mit einem ausgestattet), die Qualität hängt vom Hersteller ab.

2 NAGLER Diese von Albert Nagler entworfenen Okulare bestehen aus vergleichsweise vielen Linsen in mehreren Gruppen. Die Vorteile der Nagler-Okulare sind ihre hohe Qualität bei starker Vergrößerung und das enorme Gesichtsfeld. Nachteile sind ihr Gewicht (manchmal über 500 g), das kleinere Teleskope zum Kippen bringen kann, und der meist hohe Preis. Aber die Bildqualität ist brillant – besonders bei Deep-Sky-Objekten.

3 ORTHOSKOPISCH Das orthoskopische Okular wurde im 19. Jahrhundert von Ernst Abbe erfunden, ursprünglich zur präziseren Abstandsmessung unter dem Mikroskop. Aufgrund des kleinen Gesichtsfelds eignet es sich am besten für die Detailbeobachtung von Objekten, etwa zur Planetenbeobachtung.

4 KÖNIG Das ursprüngliche König-Okular war Albert Königs einfachere Variante des orthoskopischen Okulars. Während das Original eine starke Vergrößerung mit einem Plössl-Gesichtsfeld kombinierte, sind neuere Versionen durch zusätzliche Linsengruppen verstärkt, was die Vergrößerung und das Gesichtsfeld verbessert. Dieses Okular eignet sich für eine detailreiche Beobachtung von Deep-Sky-Objekten. In Verbindung mit Filtern sind sie ideal für den Blick auf Emissionsnebel und Galaxien.

5 KELLNER/ACHROMAT Das Kellner-Okular ist eines der preisgünstigsten Okulare und besteht aus drei optischen Elementen in zwei Gruppen. Es ist leistungsschwächer als die Plössl- und Nagler-Okulare, eignet sich jedoch gut für Planeten, Mond und Deep-Sky-Objekte.

6 **MONOZENTRISCH** Das monozentrische Okular ist näher am Profi-Level und seine drei miteinander verkitteten Linsen ungewöhnlich. Sichtfeld und Einsatzmöglichkeiten sind begrenzt. Erfunden wurde es 1883 von Hugo Adolph Steinheil. Es liefert ein helles, kontrastreiches Bild und eignet sich am besten für die Zeitmessung von Durchgängen der Jupitermonde, Sternbedeckungen durch den Erdmond oder Veränderungen der Marsoberfläche. Der Augenabstand ist jedoch gering (siehe Nr. 126).

7 **ZOOM** Wie sein Name schon sagt, ermöglicht ein Zoom-Okular die Anpassung der Vergrößerung an die Beobachtungsbedingungen, oft in einem Brennweitenbereich von 8–24 mm. Bedauerlicherweise bringt die komfortable Funktion eines Zoom-Okulars auch einen Verlust an Bildqualität mit sich.

8 **BELEUCHTETES FADENKREUZ** Manche Okulare verfügen über ein beleuchtetes Fadenkreuz wie bei einem Zielfernrohr. Sie sind besonders nützlich für die Astrofotografie, da man das Okular zur Kontrolle der Nachführung benutzen kann. Okulare mit beleuchtetem Fadenkreuz können auch bei der Kollimation des Teleskops oder beim Messen der scheinbaren Größe eines Objekts behilflich sein.

9 **BARLOW-LINSE** Eine Barlow-Linse ist eigentlich kein Okular, sondern sorgt zusammen mit einem Teleskop und einem Okular für eine stärkere Vergrößerung eines Bilds, normalerweise um das Zwei- bis Dreifache. Mit dieser Linse (und geringem Lichtverlust) ist es, als hätte man doppelt so viele Okulare, jedes mit unterschiedlichen Vergrößungen.

10 **KOLLIMATION** Um durch das Teleskop das schärfstmögliche Bild herauszuholen, müssen die optischen Elemente präzise ausgerichtet sein. Diesen Justierungsprozess nennt man Kollimation und ein Kollimationsokular ist ein Hilfsmittel, das die Justage der Optik viel einfacher macht. (Siehe Nr. 150 für eine Anleitung zur Kollimation.)

162 WIE FUNKTIONIERT VERGRÖSSERUNG?

Bei Teleskopen ist mehr Vergröße-rung nicht immer besser. Je stärker ein Objekt vergrößert wird, desto lichtschwächer wird das Bild. Zu viel Zoom bei schlechter Sicht – oder mehr, als das Teleskop erlaubt – und das Bild wird schlecht. Die höchsten Vergrößerungen eignen sich am besten für helle Objekte wie Planeten, Mond und Doppelsterne, während niedrige Vergrößerungen besser für große, lichtschwächere Objekte wie Galaxien und Nebel sind.

Für den Anfang hilft es schon, die höchste sinnvolle Vergrößerung für Ihr Teleskop zu kennen. Meist ist sie etwa das Doppelte des Objektiv-durchmessers in Millimeter. Dem-nach hätte ein 6-Zoll-Teleskop (150 mm) eine 300-fache Maximalvergrö-ßerung. Man kann die Vergrößerung von Teleskop und Okular auch mit dieser einfachen Formel berechnen:

Vergrößerung = Brennweite (Teleskop) / Brennweite (Okular)

Wenn Sie also ein 10-mm-Okular einsetzen und Ihr Teleskop eine Brennweite von 1000 mm hat, erhalten Sie eine 100-fache Vergröße-rung. Ab 30-fach sieht man einige Objekte schon ganz gut. Generell liegt im Amateurbereich die Obergrenze der sinnvollen Vergrößerung bei 400-fach (da die Atmosphäre dann die Sicht beschränkt). Die Zahlen zu Ihren Geräten finden Sie übrigens ganz einfach: Die meisten Hersteller drucken sie bei ihren Okularen und Teleskopen auf die Seite.

niedrige Vergrößerung   hohe Vergrößerung   zu hohe Vergrößerung

163 DAS RICHTIGE GESICHTSFELD

Für eine optimale Nutzung des Teleskops sollte man wissen, wie verschiedene Okulare unterschiedliche Gesichtsfelder bei ähnlicher Vergrößerung zeigen. Bei manchen ist das Gesichtsfeld schmal, wie der Blick durch einen Tunnel oder ein Rohr. Andere zeigen einen großen Bereich des Himmels, als blicke man durch ein Bullauge.

Es hilft, den Unterschied zwischen *wahrem Gesichts-feld* und *scheinbarem Gesichtsfeld* eines Okulars zu kennen. Das wahre Gesichtsfeld ist der Ausschnitt des Himmels, der durch das Okular gezeigt wird, während das scheinbare Gesichtsfeld aussagt, wie groß der Bereich des Himmels für das Auge erscheint. Als Beispiel kann ein Okular ein scheinbares Gesichtsfeld von 35° und ein wahres Gesichtsfeld von 0,5° haben.

Sie können Ihr wahres Gesichtsfeld ausrechnen, indem Sie das scheinbare Gesichtsfeld Ihres Okulars durch die Vergrößerung dividieren (siehe Nr. 162 zum Ermitteln der Vergrößerung):

scheinbares GF / Vergrößerung = wahres GF

Angenommen, Ihr Teleskop und Ihr 10-mm-Okular haben eine 100-fache Vergrößerung und das Okular ein scheinbares Gesichtsfeld von 50°. Fünfzig geteilt durch 100(-fach) ergibt 0,5° des Himmels als wahres Gesichts-feld. Das ist die Größe des Vollmonds am Himmel, somit würde der Mond das komplette Okular ausfüllen (A).

Ein anderes 10-mm-Okular hat vielleicht ein scheinbares Gesichtsfeld von 80°, also ein wahres Gesichtsfeld von 0,8°: ein größerer Himmelsausschnitt bei gleicher Vergrößerung. Hier wäre der Mond noch von reichlich Weltraum umgeben (B) – ideal, wenn man auf eine Sternbedeckung durch den Mond wartet.

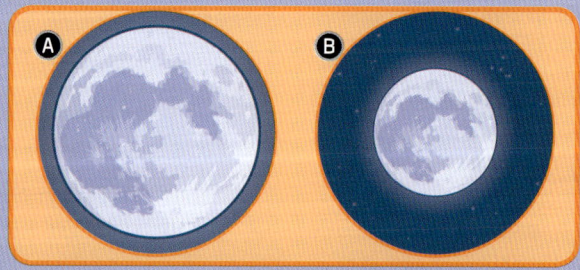

164 MEHR AUFLÖSUNGSVERMÖGEN MIT DEM RICHTIGEN OKULAR

Vergleichen Sie einen alten Fernseher mit dem neuen HDTV. Sehen Sie das klare HD-Bild? Das liegt an der höheren *Auflösung*, also der Schärfe und Detailliertheit des Bildes. Für das beste Auflösungsvermögen am Teleskop sorgt das richtige Okular. Ein großes Teleskop sammelt mehr Licht und bietet mehr Details – ein schlechtes Okular macht diese Vorteile größtenteils zunichte. So ist es auch mit den falschen HDTV-Einstellungen: Das Signal wird zwar empfangen, aber das Bild ist nicht so gut, wie es sein könnte.

Betrachten Sie beim nächsten Teleskoptreffen (siehe Nr. 177) ein Objekt durch verschiedene Okulare. Achten Sie auf das Maximum an feinen Details, das jedes Okular zeigt, besonders bei Okularen mit hoher Vergrößerung. Sehen Sie auch, wie verschieden große Teleskope und verschiedene Okulare eine bessere oder schlechtere Auflösung bei diesen Objekten ergeben. Fragen Sie die Astronomen nach ihren Teleskopen und Okularen. Bestimmt werden sie gerne mit Ihnen über das Thema Auflösungsvermögen plaudern.

165 DER PASSENDE SUCHER

Diese kleinen Zusatzfernrohre am Teleskop liefern ein größeres Gesichtsfeld und helfen bei der Suche am Himmel. Von normalen Aufstecksuchern bis zu Visiereinrichtungen mit Laser gibt es eine große Auswahl.

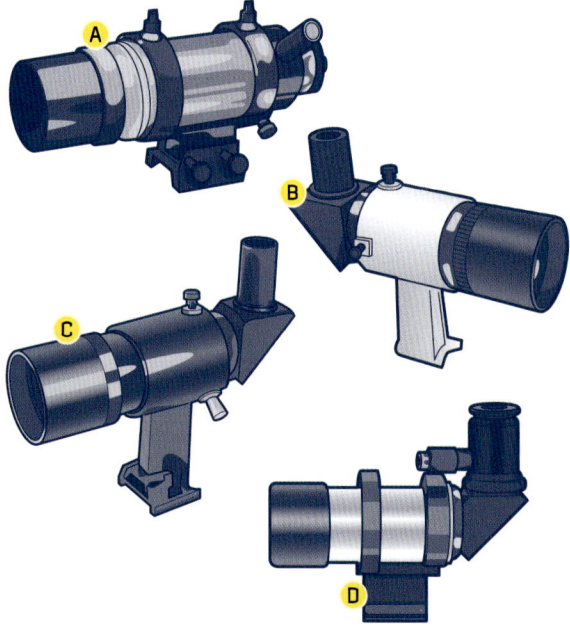

A GERADSICHT-SUCHER Dieses kleine Fernrohr ist der gängigste Sucher und sollte ein brauchbares Gesichtsfeld haben. Viele Einsteigerteleskope sind mit so einem Sucher ausgestattet, aufgrund des kleinen Gesichtsfelds jedoch fast nutzlos. Der Sucher sollte mindestens 6x30 sein. Dieses Modell stellt das Bild auf dem Kopf stehend dar, also das umgekehrte Bild von dem, was man am Himmel sieht.

B SUCHER MIT WINKELEINBLICK Die verbesserte Version des Geradsicht-Suchers hat einen Winkeleinblick, dessen Ende um 90° abgewinkelt ist, wie bei einem Zenitprisma im Okularauszug eines Refraktors. Der Winkelsucher ist praktisch, da man den Kopf nicht unbequem unter dem Teleskop verrenken muss. Das gezeigte Bild ist ein Spiegelbild von dem, was man sieht.

C WINKELSUCHER MIT SEITENRICHTIGEM BILD Anders als die Sucher, die ein Bild seitenverkehrt zeigen, sieht man den Himmel durch diesen Sucher genau so, wie man ihn auch mit bloßem Auge sieht.

D BELEUCHTETER SUCHER Dieser Sucher legt als Zusatzfunktion ein leuchtendes Fadenkreuz über das Gesichtsfeld, mit dem man Himmelsobjekte präziser anpeilen und genau zentrieren kann.

166 SUCHER MIT ZIELPUNKT

Diese Sucher projizieren einen roten Zielpunkt in die Richtung, in die das Teleskop zeigt.

A REFLEXVISIER Ideal für kleinere Teleskope. Ihr großes Gesichtsfeld mit Fadenkreuz hilft beim groben, schnellen Anvisieren.

B LEUCHTPUNKTSUCHER Diese Sucher projizieren einen kleinen roten Zielpunkt auf eine Glas- oder Plastikplatte. Leuchtpunktsucher findet man oft auf kleinen Einsteigerteleskopen. Sie sind allerdings nicht sehr genau.

C TELRAD Eine größere Variante des Reflexvisiers. Ein Telrad eignet sich besser für größere Teleskope und wird oft zusammen mit einem Sucherfernrohr verwendet. Auf vielen Sternkarten und bei Astronomiesoftware finden sich Telradkreise, die bei der Orientierung am Himmel helfen.

D LASERHALTERUNG Sie besteht aus zwei Klammern, die an zwei kleine Rohrschellen erinnern und einen grünen Laserpointer halten. Die Verwendung dieser Geräte kann gefährlich sein, sie sind nur im Ausland erhältlich. Wir raten vom Gebrauch ab.

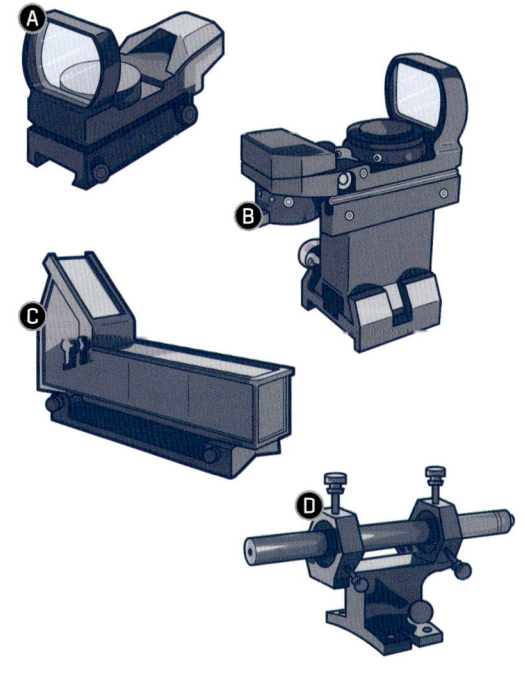

167

HIMMELSZEIGER VERWENDEN

Mit einer guten Taschenlampe können Sie anderen etwas am Himmel zeigen. Der Lichtstrahl scheint direkt zu den Sternen zu reichen, doch das ist nur ein perspektivischer Trick: tatsächlich hellt das Licht Staub und Feuchtigkeit in der Luft auf. Das genügt aber für diesen praktischen Effekt!

Das Bild illustriert die Wirkung mittels eines starken Laserpointers. Solche Geräte waren eine Zeit lang auch bei Hobbyastronomen beliebt, doch sie können bei unsachgemäßer Handhabung das Auge schädigen und sogar Piloten in weit entfernten Flugzeugen blenden. Erwerb und Nutzung dieser Laserpointer ist daher gesetzlich stark reglementiert worden. Benutzen Sie besser die Taschenlampe!

168 EINE WEBCAM ANS TELESKOP ANSCHLIESSEN

Eine Webcam ist ein tolles Hilfsmittel, um den Blick durchs Teleskop zu zeigen. Am besten funktioniert das mit helleren Objekten, etwa mit Mars und Jupiter, Mond oder Sonne (jedoch nur mit Sonnenfilter).

Als Erstes benötigen Sie einen Adapter, um eine normale Webcam in den Okularauszug oder an eine Barlow-Linse zu stecken. (Solange die Webcam angeschlossen ist, können Sie jedoch nicht durch das Okular blicken.) Verbinden Sie die Webcam dann mit Ihrem Laptop (siehe Nr. 248). Sie können Ihr Bild live übertragen oder aufnehmen und später zeigen.

Für ein besseres Bild entfernen viele Amateure die Filter der Webcam oder verwenden Planetenkameras. Letztere sind teurer, lohnen sich aber, wenn man die dafür entwickelte Software nutzen möchte. Viele tolle Webcam-Fotos bestehen aus aufgenommenen und via Software übereinandergelegten Einzelbildern (siehe Nr. 246).

169 FÜNF TIPPS DAS RICHTIGE STATIV

Der Kauf eines guten Stativs wird durch bequemes Beobachten und unkomplizierten Aufbau belohnt. Hier sind fünf Aspekte, die Sie bei Ihrer Auswahl beachten sollten. Nehmen Sie sich ruhig Zeit – es lohnt sich.

☐ **BEINE FIXIEREN** Das Stativ sollte verstellbare, ausziehbare Beine haben, damit man die Höhe verstellen kann. Ideal ist ein Stativ mit Mittelstreben, um die Beine zu versteifen. So bleiben nicht nur die Beine fixiert, oft haben die Mittelstreben auch eine Ablage für Okulare.

☐ **STABILITÄT** Das Stativ sollte leicht, aber stabil sein und das Gewicht des Teleskops tragen können. Füße oder Spitzen aus Gummi sorgen für einen rutschfesten Stand am Boden.

☐ **TRANSPORTKOFFER** Kaufen oder basteln Sie einen gepolsterten Koffer für Ihr Stativ. Wichtig ist auch ein stabiler Tragegurt, um ihn bequem mitzunehmen.

☐ **PASSEND ZUR MONTIERUNG** Auf das Stativ sollten viele verschiedene Montierungen passen. Kameras, Ferngläser und Teleskopmontierungen können alle mit demselben Stativ verwendet werden.

☐ **LIBELLE** Achten Sie darauf, dass das Stativ über eine eingebaute Dosenlibelle (Wasserwaage) verfügt.

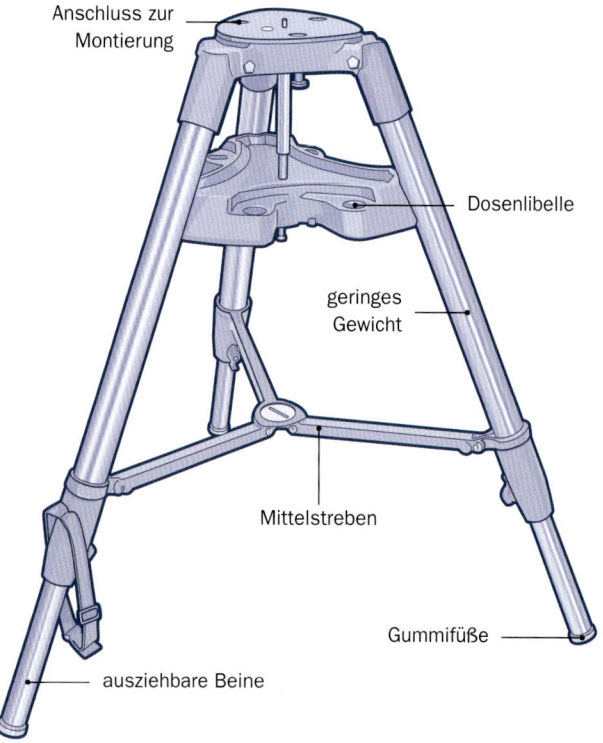

Anschluss zur Montierung

Dosenlibelle

geringes Gewicht

Mittelstreben

ausziehbare Beine

Gummifüße

170 FÜR SICHERHEIT SORGEN

Bestimmt möchten Sie nicht im Dunkeln über Ihre Geräte stolpern. Sorgen Sie daher mit den folgenden Tipps für Sicherheit.

ORDNUNG HALTEN Immer alles verstauen, was man gerade nicht benötigt. Das hat den Vorteil, dass nichts verloren geht, dass alle Geräte an ihrem Platz sind und dass man nicht so leicht etwas fallenlässt. Viele Sterngucker sind schon auf der Suche nach einem verlorenen Okular versehentlich in ihr Teleskop gekracht. Ersparen Sie sich das: Tragen Sie eine Jacke oder Cargohosen mit vielen Taschen für Zubehör, verstauen Sie alle Geräte in einem eigenen

Koffer und bewahren Sie zusammengehörende Teile auch zusammen auf.

BELEUCHTEN Einige schwache rote Lichter um das Teleskop aufstellen, um etwas sehen zu können. Wenn Sie Ihren Platz so markieren, sehen auch andere, wo Ihre Geräte stehen – und wo man besser nicht hintreten sollte. Mit roten Lichtern an Ihrem Beobachtungstisch und um die Stativbeine zeigen Sie allen, wo sich Ihre Sachen befinden (siehe Nr. 173), ohne Ihre Dunkeladaption zu verlieren. Je weniger Zeit Sie mit Sucherei im Dunkeln verbringen, desto mehr Zeit bleibt für die Himmelsbeobachtung.

171 EIN BEQUEMER SITZ BEIM STERNEGUCKEN

Der richtige Stuhl beim Beobachten ist wichtig. Welcher das ist, hängt von Ihnen ab – von Ihren Gewohnheiten, Ihrem Teleskop und Ihrem Budget. Für Sterngucker mit Fernglas und bloßem Auge empfiehlt sich ein Liegestuhl. Manchmal genügen auch eine Decke und ein Kissen, auf die man sich legen kann.

Wenn Sie viel Zeit mit Ihrem Teleskop oder Ihrem leistungsstarken Fernglas verbringen, lohnt sich die Anschaffung eines speziellen Beobachtungsstuhls. Viele dieser Stühle sehen wie verstellbare Hocker aus. Achten Sie darauf, dass der Stuhl stabil gebaut und höhenverstellbar ist sowie einen bequemen, wasserfesten Sitz hat. Außerdem sollte er leicht zu transportieren sein, ein geringes Gewicht haben und über stabile Beine verfügen. Niemand möchte im Dunkeln plötzlich auf den Po fallen.

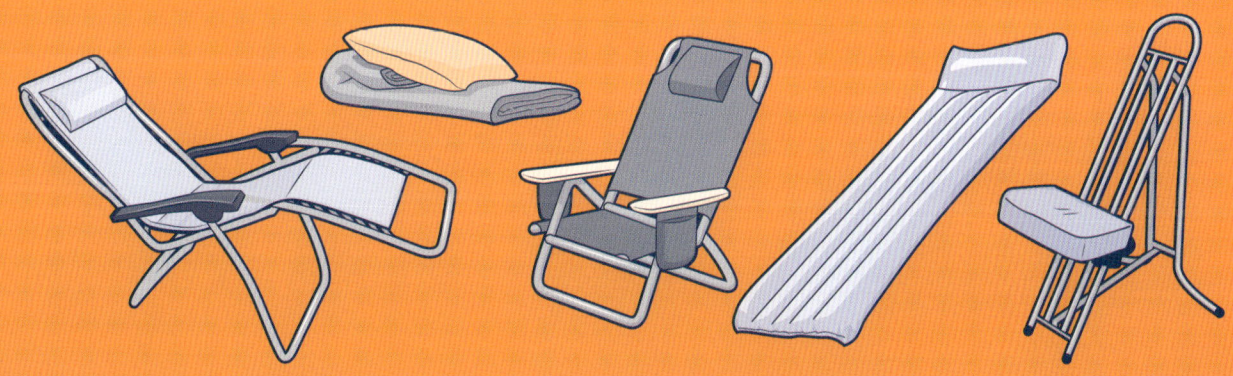

172 DAS TELESKOP AUSKÜHLEN

Ein Lüfter am Teleskop kann beim raschen Auskühlen des Teleskops helfen und sorgt für bestes Sehen in kürzester Zeit. Besonders nützlich ist das bei einem Dobson-Teleskop mit großem Spiegel.

SCHRITT 1 Man benötigt einen kleinen Computerlüfter oder Ähnliches. Er soll nicht zu groß sein, denn größere Lüfter erzeugen stärkere Vibrationen. Computerlüfter gibt es im Fachhandel oder im Internet. Kaufen Sie auch eine mobile Stromversorgung und einen Gleichstrom-adapter (wie für den Zigarettenanzünder) mit Litzenan-schluss, den Sie an den Lüfter anbringen können.

SCHRITT 2 Den Stecker am Kabel des Lüfters mit einer Zange abknipsen. Mit einem Kabelverbinder oder einer Klemme die Litze des Lüfters mit jener des Adapters verbinden. Dabei auf die richtigen Plus- und Minus-An-schlüsse achten. Mit Isolierband umwickeln.

SCHRITT 3 Klettverschluss in 2,5 cm breite Streifen schneiden und entlang der hinteren Teleskopzelle aufkleben. Aus Schaumstoff, Plastik oder Neopren einen Kreis ausschneiden und mit Klebeband am hinteren Ende des Teleskops befestigen. (Bei Bedarf Löcher für Kollimationsschrauben hineinschneiden.)

SCHRITT 4 Den Kreis abnehmen, den Lüfter auf ihn legen, die Form nachzeichnen und ausschneiden.

SCHRITT 5 Den Lüfter mit Klebstoff oder Klettver-schluss an der Scheibe befestigen, mit dem Ventilator zur Zelle, damit Luft hineingelangen kann.

SCHRITT 6 Den Adapter an die Stromversorgung anschließen, damit sich der Ventilator dreht. Die Mon-tage so anpassen, dass es keine Vibrationen gibt. Ist das Teleskop ausgekühlt, kann man alles wieder abstecken.

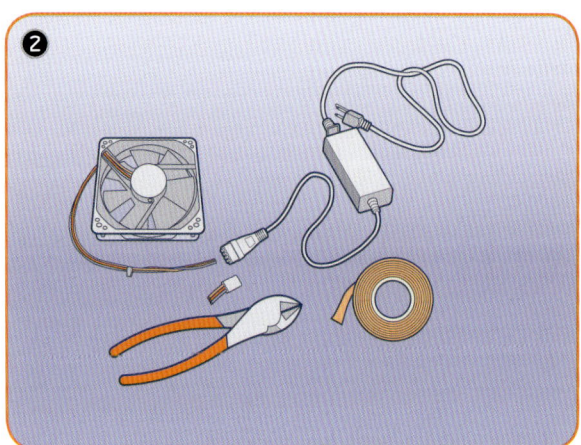

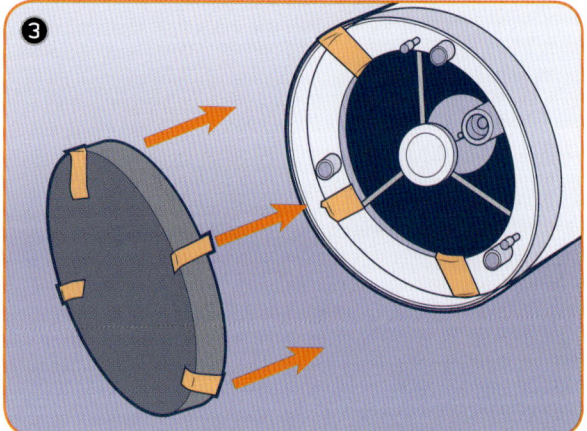

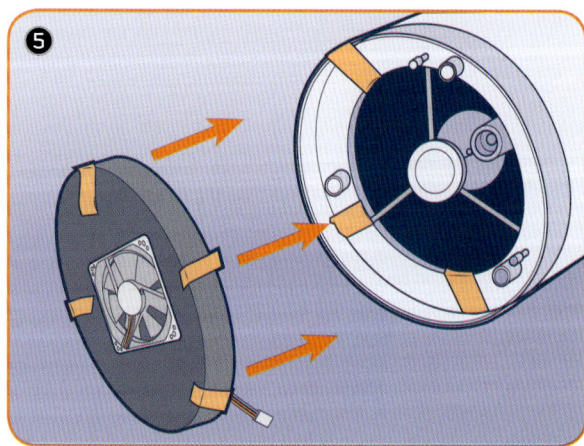

173 LICHT FÜRS STATIV

Rote LED-Lichter schützen Sie und andere Sterngucker vor einem Zusammenstoß mit Ihrem Teleskop. Man kann etwa eine batteriebetriebene LED-Lichterkette um das Stativ wickeln, was jedoch vielleicht zu hell ist. Darum haben wir eine dunkelsichtfreundliche Alternative für Sie.

SCHRITT 1 Man benötigt ein rotes LED-Lichtband und einige selbstklebende Klettpunkte. Die Punkte auf die Rückseite des Lichtbands kleben.

SCHRITT 2 Das LED-Band um die Beine am Stativ wickeln. Probieren Sie verschiedene Positionen für die Lichter aus, bevor Sie sie befestigen. Mehrere Bänder so anbringen, dass ihre Litzen oder Klemmen beieinanderliegen (z. B. so, dass die Drähte von drei Bändern an der Stativspitze zusammenführen). Wenn alle Bänder passend hängen, die Schutzfolie von der Klebeseite der Klettpunkte abziehen und die LED-Bänder am Stativ festkleben.

SCHRITT 3 Ein regelbares 12-Volt-Netzteil besorgen. Die Litzen der beiden Netzteilkabel mit den Litzen der LED-Bänder verdrillen: Plus- zu Plusdraht und Minus- zu Minusdraht. Nun sollten die Lichter leuchten. Für bessere Steuerung kann man auch einen Schalter zwischen Stromquelle und Lichter schließen.

174 EINE KAMERA ANBRINGEN

Um tolle, große Himmelsausschnitte zu fotografieren, kann man die Kamera auf das Teleskop aufsetzen und mithilfe der Nachführung für lange Belichtung sorgen. Halterungen kosten nicht viel, aber eine selbstgemachte Befestigung kostet noch weniger.

SCHRITT 1 Durch die Mitte eines kleinen, 5 mm starken Holzbretts ein 7 mm dickes Loch bohren. Eine etwa 10 mm lange Schraube mit Fotogewinde und flachem Kopf einführen. Sie sollte ca. 5 mm weit herausstehen, damit die Kamera an ihrem Stativanschluss später stabil aufgeschraubt werden kann.

SCHRITT 2 Zwei kleinere Holzblöcke an die Seiten des Blocks anleimen. Sie werden am Teleskop aufliegen. Für besseren Halt am Teleskop die Blöcke vorher keilförmig zuschneiden. An den Unterseiten der Blöcke Dichtungsband ankleben, damit die Holzblöcke auf dem Teleskop besser anliegen.

SCHRITT 3 Eine Schlauchschelle passend zum Teleskopdurchmesser mit zwei Flachkopfschrauben an dem hölzernen Kamerahalter befestigen. Darauf achten, dass die Schrauben nicht so lang sind, dass sie das Teleskop zerkratzen.

SCHRITT 4 Die Kamera mit der Fotoschraube am Kamerahalter festschrauben, so dass Halter und Kamera parallel sind.

SCHRITT 5 Die Schelle über das Teleskop streifen und mit der Spannschraube an der Schelle festziehen.

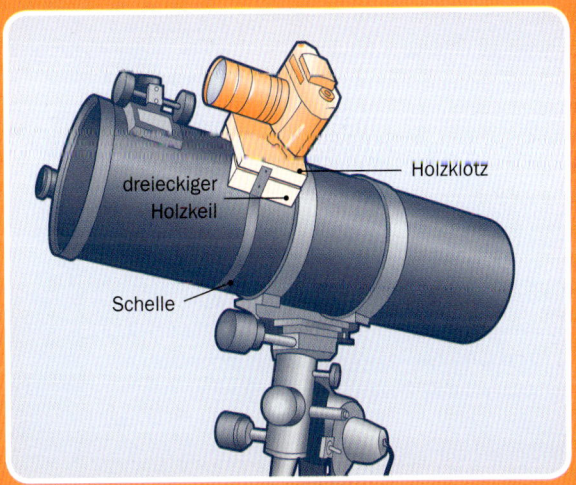

dreieckiger Holzkeil

Holzklotz

Schelle

175

FÜNF TIPPS
MIT DEM TELESKOP AUF REISEN

Bevor Sie ein großes Teleskop mit ins Flugzeug nehmen, fragen Sie bei astronomischen Vereinen am Reiseort nach. Vielleicht leiht man Ihnen ein Gerät oder begleitet Sie sogar. Sie können auch ein gutes Fernglas mitnehmen. Wenn Sie aber unbedingt mit dem Teleskop fliegen müssen, beachten Sie Folgendes:

☐ **KLEIN IST FEIN** Die Optik sollte ins Handgepäck passen. Besser sind kleinere Teleskope, also unter 4 Zoll (100 mm). Es gibt auch eigene Reiseteleskope. Probieren Sie eines aus. Vor jedem Kauf aber immer die Bewertungen lesen!

☐ **VORAUSPLANEN** Kommen Sie rechtzeitig zur Sicherheitskontrolle. Das Personal sieht nur selten ein Teleskop und untersucht es vielleicht ganz genau.

☐ **MIT INS GEPÄCK** Okulare, Kollimator und Sucherfernrohr mit dem Gepäck aufgeben (gut verpacken). Auch wenn es vielleicht keine Probleme geben würde: Lieber alles aufgeben, als die Geräte dann vor der Sicherheitskontrolle wegwerfen zu müssen.

☐ **STATIV MITNEHMEN** Ein stabiles, klappbares Stativ können Sie ebenfalls mit dem Gepäck aufgeben, genauso wie Werkzeuge oder Messer.

☐ **STROM** Akkus oder Powerbanks sind ideal. Damit lässt es sich einen Abend lang beobachten. Denken Sie an ein Ladegerät, Steckeradapter und bei Überseereisen an einen Spannungswandler.

176 CAMPING UNTER DEN STERNEN

Camping ist eine tolle Möglichkeit, abseits der Zivilisation einen richtig dunklen Nachthimmel mit wenig künstlichem Licht zu erleben. Die internationale *Dark Sky Association* (IDA) führt eine Liste von Parks auf der ganzen Welt, die einen außergewöhnlichen Sternenhimmel haben. (Mehr zu Dark Sky unter Nr. 284.) Aber es gibt auch viele unregistrierte Plätze mit guter Sicht. Neben den üblichen Vorbereitungen (etwa das Planen rund um Mondphasen und Wetter für dunkelsten und klarsten Himmel; das Finden eines flachen, erhöhten Platzes; und das Mitbringen von Stühlen, Decken, Freunden und Verpflegung) gibt es beim Sternegucken in freier Natur noch einiges zu beachten.

DIE UMGEBUNG KENNEN Es ist gut zu wissen, welche Tiere sich in der Gegend herumtreiben könnten. Nachtaktive Tiere werden vielleicht von Ihnen überrascht. Denken Sie sich zuvor schon einen Verhaltensplan aus, falls Sie einem Tier begegnen, das gefährlicher ist als Rotwild.

GEEIGNETE GERÄTE Die meisten erfahrenen Camper empfehlen ein kleineres Teleskop und ein gutes Fernglas. Es kann schwierig und gefährlich sein, ein großes oder schweres Teleskop über holpriges Gelände zu schleppen.

IM SCHATTEN ZELTEN Da Sie wohl die Nacht über beschäftigt sein werden, kampieren Sie am besten im Schatten, damit Sie tagsüber nicht die Sonne röstet. Eine Schlafmaske ist auch sehr nützlich.

AUSRUHEN Seien Sie ausgeruht, meiden Sie Koffein und Alkohol und essen Sie etwas Süßes – das alles sorgt für ein größeres Vergnügen durch verbessertes Sehvermögen und mehr Energie.

177 VERHALTENSREGELN FÜR TELESKOPTREFFEN

Große, mehrnächtige *Teleskoptreffen* (Zusammenkünfte von Amateurastronomen, die Geräte und Ressourcen in Gruppenbeobachtungen vereinen – siehe Nr. 286) sind ideal, um Gleichgesinnte zu finden. Man kann dabei auch an eigenen Beobachtungszielen arbeiten und Wissen austauschen. Einiges sollten Sie jedoch beachten:

FRÜH ANMELDEN Die Treffen sind oft ausgebucht, also informieren Sie sich, melden Sie sich an und planen Sie die Reise weit im Voraus.

INFORMIEREN Gibt es Campingsäulen und andere Einrichtungen? Bei großen Treffen gibt es auch Sanitäranlagen. Zu welchen Zeiten darf man auf das Gelände fahren? Nach Einbruch der Dunkelheit ist die Zufahrt oft beschränkt, um Störungen durch Streulicht zu minimieren. Finden Sie heraus, ob der Beobachtungsort in der Nähe des Zeltplatzes ist und planen Sie entsprechend.

LICHT AUS Alle Lampen im Auto rot überkleben oder ausschalten. Sie machen sich nicht beliebt, wenn Sie nachts die Tür öffnen und plötzlich grelles Licht angeht.

KEINE TIERE Hunde sind oft nicht erlaubt, da sie den Geräten in die Quere kommen könnten.

KOPFHÖRER Musik und andere laute Geräusche sind meist nicht willkommen. Möchten Sie unter den Sternen abrocken, verwenden Sie lieber Kopfhörer.

BATTERIEN LADEN Batterien bereits am Tag laden, um nachts keinen Generator zu benötigen. Oft sind mobile Stromquellen aus Lärmschutzgründen nicht erlaubt.

FREUNDE FINDEN Bei Teleskoptreffen lernt jeder etwas. Das ist die Freude am gemeinsamen Sternegucken – egal, ob für Neuling oder erfahrene Sternkenner.

178 SICHERER TRANSPORT

Der richtige Schutz bewahrt Ihre Geräte vor Schäden durch Fall oder Druck (etwa durch zu vollgepackte Transporttaschen). Auch unschöne Kratzer und Dellen können so vermieden werden.

Befördern Sie Ihre Geräte ergonomisch und sicher in einem gepolsterten Transportkoffer. Kaufen Sie einen an Ihr Teleskop angepassten, adaptieren Sie einen alten Koffer oder basteln Sie einen neuen. Wichtig ist, dass er mit gutem Schaumstoff gepolstert ist. Schneiden Sie den Schaumstoff mit einem Schaumstoffschneider passgenau zurecht oder verwenden Sie Würfelschaum (den man an jede Form anpassen kann), damit Ihre Geräte sicher fixiert sind. Auch Stative, Montierungen und Okulare brauchen Schutz. Ein robuster Gurt, der am Koffer befestigt wird,

sorgt für Tragekomfort. Noch besser für Ihren Rücken wäre eine stabile, klappbare Sackkarre mit Gepäck-spannern als Befestigungsgurte. Damit verringert sich auch das Risiko, dass Ihnen am Weg zum Beobach-tungsort etwas auf den Boden fällt.

179 BEDECKT BEI JEDEM WETTER

Eine Schutzhülle für Ihr Teleskop ist eine lohnenswerte Investition für die Instandhaltung – andernfalls kann die Leistung der Optik mit der Zeit nachlassen. Wenn Sie Ihr Teleskop für Aufbewahrung und Transport bedeckt halten, bleiben Staub, Schmutz und Krabbel-tiere fern. Und nach dem Sternegucken ist es in nur wenigen Minuten wieder fest und sicher eingewickelt.

Auch für mehrtägige Teleskoptreffen sind Schutzhül-len ideal, da sie Ihre Geräte tagsüber sicher abschirmen. Zur Not tun es auch eine Decke, Plane oder Plastikfolie und etwas Klebeband oder ein Stück elastisches Seil. So brauchen Sie auch keine Angst vor einem plötzlichen Regenguss zu haben, während Sie nicht bei Ihrem Teleskop sind – an manchen Beobachtungsorten kann das Wetter innerhalb von Minuten umschlagen.

Wenn Ihr Teleskop tagsüber im Freien bleibt – etwa beim Camping auf einem Teleskoptreffen –, lohnt sich die Anschaffung einer reflektierenden Schutzhülle. Sie hält an sonnigen Tagen die Hitze fern, indem sie das Sonnenlicht ablenkt – ähnlich wie eine Sonnenblende im Auto. Zusätzlich sorgt die verringerte Temperatur dafür, dass der Spiegel noch rascher auskühlt – wenn die Sonne untergegangen ist und das Sternegucken beginnt.

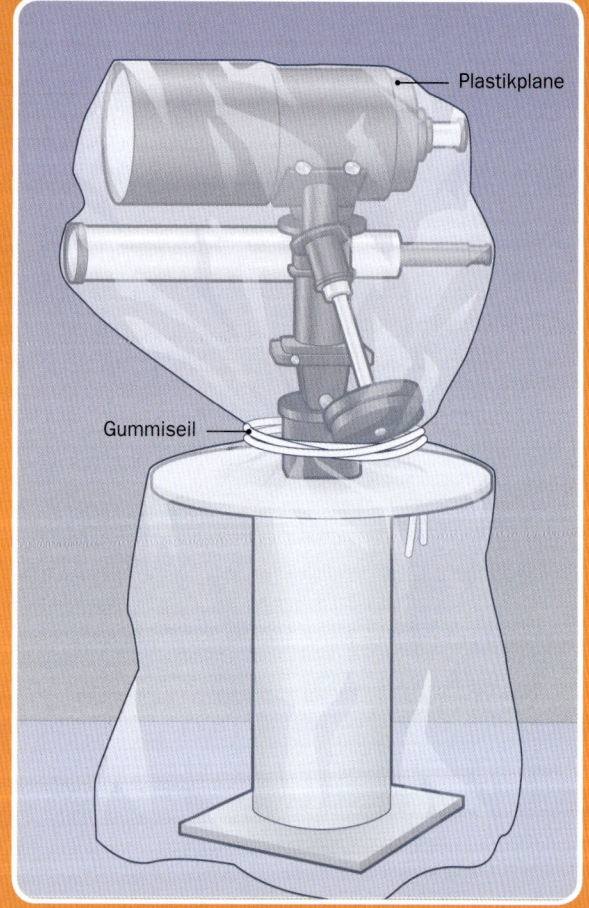

Plastikplane

Gummiseil

180 SCHUTZ VOR FEUCHTIGKEIT

Damit die Optik Ihres Teleskops nicht beschlägt, schützen Sie sie mit einer Taukappe. Besonders gefährdet sind Schmidt-Cassegrain-Teleskope und Refraktoren, deren Optik am Ende des Tubus frei liegt.

Ⓐ EIGENBAU Eine Taukappe kann man kaufen oder einfach selbst machen: Moosgummi oder ein dünnes, biegsames Stück Plastik um das Ende des Teleskops wickeln und mit Klebeband oder Klettverschlussstreifen befestigen. (Zur Not geht es auch mit Pappe.)

Ⓑ FÖNEN Wenn das Teleskop beschlagen ist, kann man es auch mit einem batteriebetriebenen kleinen Fön

auf niedriger Stufe trocknen. Aber nur wenn es sich lohnt: Bei einer Luftfeuchtigkeit ab 90 % ist es wohl ohnehin zu feucht zum Sternegucken. Verwenden Sie allerdings keine Antibeschlagsprays oder Wischtücher! Sie könnten die Beschichtung der Optik beschädigen.

Ⓒ WÄRME Eine „Taukappenheizung" ist die neueste Waffe gegen den Tau. Heizbänder werden um die Optik gebunden und erwärmen die Luft vor der Optik, um das Beschlagen zu verhindern. Auch wenn das Gerät teuer ist, lohnt es sich, wenn man oft in feuchten Gegenden beobachtet. Außerdem ist es immer noch günstiger als ein Ersatz für ein Teleskop mit Wasserschaden.

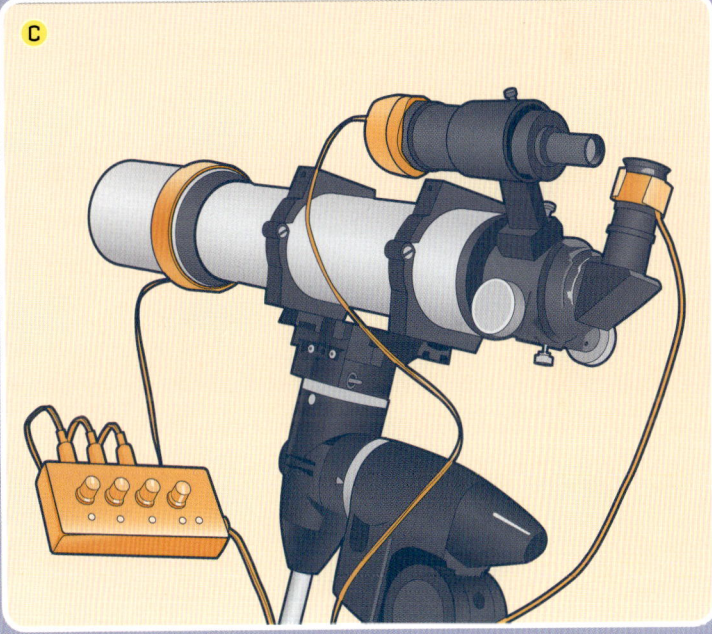

181 DIE OPTIK ABDECKEN

Behalten Sie immer die Staubabdeckung auf Linsen oder Spiegeln. Nicht verlieren! Indem Sie Ihr Teleskop bis zur Beobachtung abgedeckt halten, schützen Sie es vor der Ansammlung von Staub, Fingerabdrücken und anderem Schmutz. Die Schutzkappen verhindern auch, dass sich im Lauf der Nacht Feuchtigkeit bildet. Außerdem halten sie Insekten und andere unerwünschte Besucher davon ab, in die Geräte zu krabbeln.

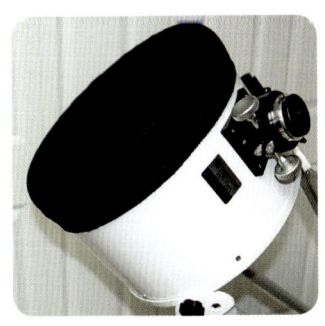

182 SONNENFILTER: SICHERER BLICK AUF DIE SONNE

Der Blick in die Sonne ist selbst mit bloßem Auge sehr gefährlich, umso schlimmer ist das verstärkte Sonnenlicht durch ein Teleskop. Leider sind viele ungeeignete, aber angeblich sichere Materialien in Verwendung, wie etwa Rettungsfolie oder Schweißerglas. Sie bieten nur unzureichenden Schutz für die Augen. Für den direkten Blick in die Sonne sollte man diese Materialien daher niemals verwenden. Bewahren Sie stattdessen Ihr Augenlicht und benutzen Sie einen der folgenden Filter.

A VERSPIEGELTES GLAS Der wohl beste Sonnenfilter besteht aus poliertem, mit verschiedenen Metallen bedampftem Glas. Sie verringern die Intensität der Sonnenstrahlen auf 0,001 %. Wenn Sie so einen Filter auf Ihr Objektiv stecken, können Sie die Oberfläche der Sonne nach Lust und Laune beobachten, ohne um Ihre Netzhaut bangen zu müssen.

B SONNENFILTERFOLIE Diese Folie ist nicht annähernd so stabil wie der Glasfilter, dafür ist sie preisgünstig und funktioniert genauso gut. Prüfen Sie, ob die Filterschicht intakt ist: Selbst ein winziges Loch lässt einen verstärkten Sonnenstrahl durch, der Ihr Sehvermögen ernsthaft schädigen kann.

C H-ALPHA-FILTER Diese Filter sind für viel Geld auch als Einzelfilter erhältlich, aber meist in Spezialteleskope eingebaut. Sie lassen nur einen winzigen Bereich aus dem sichtbaren Lichtspektrum durch: das dunkelrote H-Alpha-Licht angeregter Wasserstoffatome. Das macht die Filter ideal für die Beobachtung von Sonneneruptionen, Protuberanzen und anderen Sonnenphänomenen. Wenn Sie einen H-Alpha-Filter ergattern, prüfen Sie vorab, ob Ihr Teleskop dafür geeignet ist, damit es nicht überhitzt.

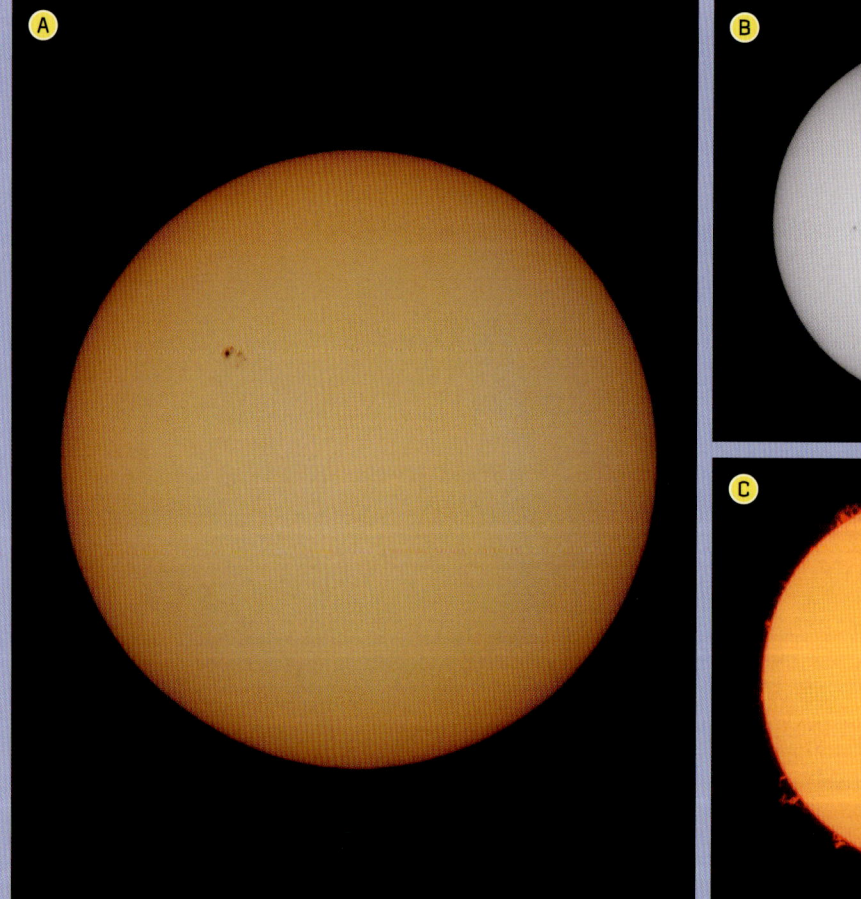

183 BUNTE MOND- UND PLANETENFILTER

Farbfilter für die Beobachtung von Mond und Planeten verstärken den Kontrast von Oberflächen in ähnlichen Farben – anders als die verdunkelnden Sonnenfilter oder Deep-Sky-Filter, die Wellenlängen blockieren. Für den individuellen Bedarf kann man Filter auch beliebig miteinander kombinieren.

POLARISATIONSFILTER Vielleicht der wichtigste und ein toller Allzweckfilter. Er verringert Reflexionen und erhöht den Kontrast.

#25 ROT Gut bei Tag. Rotfilter verringern Blendlicht beim Beobachten der Venus und verstärken die Oberflächendetails des Mars.

#30 PURPUR Verdunkelt grüne Strukturen, verstärkt blaue und rote.

#15 DUNKELGELB Ideal für die Beobachtung der Atmosphären von Venus, Jupiter und vor allem von Saturn.

#58 GRÜN Ideal für die Venus, den Roten Fleck am Jupiter, bestimmte Saturnstrukturen und alle natürlich weißen Details wie Eis am Mars und Eisstürme am Saturn.

#8 HELLGELB Verstärkt die Oberflächendetails des Mars und kann die Mondstrukturen deutlicher hervorheben.

#56 HELLGRÜN Gut für die Beobachtung von Oberflächennebeln und Polkappen auf dem Mars. Vorsicht: Viele Filtersets enthalten grünliche „Mondfilter". Diese Filter sind schlecht und kein Ersatz für Polarisationsfilter. Aber sie dämpfen das helle Mondlicht ab.

#21 ORANGE Hebt den Kontrast zwischen dunklen und hellen Bereichen hervor. Verbessert die Sicht durch Wolken und Nebel des Mars.

#82A HELLBLAU Ideal, um den Kontrast auf dem Mond zu erhöhen und manche Doppelsterne voneinander zu unterscheiden.

#80A BLAU Gut für die Wolkenbänder von Gasriesen. Interessant ist auch die Beobachtung von Komentenschweifen durch diesen Filter.

#47 VIOLETT Nützlich bei der Beobachtung der Venus und für die Hervorhebung jener Marsstrukturen, die nicht rot sind.

184 MIT NEBELFILTERN TIEFER INS ALL

Möchte man mit einem Teleskop tiefer ins All blicken, macht es einem das Licht aus der eigenen Umgebung schwer. Selbst auf dem dunkelsten Nachthimmel können Nebel und andere Objekte mithilfe von Filtern noch hervorgehoben werden. Die Filter reduzieren Lichtverschmutzung oder erhöhen den Kontrast von Nebeln.

SCHMALBAND-/LINIENFILTER
Diese Filter lassen nur einen sehr schmalen Bereich des Lichtspektrums passieren. Sie blocken Lichtverschmutzung und lassen gleichzeitig das Licht von licht-

schwachen Nebeln passieren. O-III-, UHC- (Ultra High Contrast) und H-Beta-Filter verdunkeln das Himmelsleuchten, das die Nebel sonst verblassen lässt, was einige unsichtbare Nebel sichtbar macht und die Details anderer verstärkt. Objekte erscheinen schwarz-weiß (Bild rechts), aber kontrastreicher.

BREITBAND Während Schmalbandfilter das Licht des Himmels verdunkeln, bekämpfen Breitbandfilter die Lichtverschmutzung von Straßenbeleuchtung und anderen Lichtquellen. Da diese Filter das Licht aus Natrium- und

Quecksilberdampflampen sowie anderen künstlichen Lichtquellen blocken, erhöhen sie die Sichtbarkeit vieler Deep-Sky-Objekte, am meisten bei Emissionsnebeln.

185 DER SATURN

Saturn ist der von der Sonne aus sechste Planet und der zweitgrößte in unserem Sonnensystem. Er ist ein Gasriese und bekannt für seine auffälligen eisigen Ringe, die Sterngucker seit Jahrhunderten in ihren Bann ziehen. Zwar kann man ihn auch mit bloßem Auge sehen, seine faszinierenden Ringe jedoch nur mit einem Teleskop.

DURCHMESSER Ungefähr 115 000 Kilometer, also so breit wie neun Erden nebeneinander

MASSE 568,3 Quadrillionen kg – das ist die Masse von 95 Erden

ENTFERNUNG ZUR SONNE Durchschnittlich etwa 1,4 Milliarden km, also das 9-Fache des Abstands zwischen Sonne und Erde

LÄNGE EINES JAHRES 10 756 Erdentage oder etwa 29 Erdenjahre

DURCHSCHNITTSTEMPERATUR –178 °C in den oberen Wolkenschichten

DICHTE Saturn ist der am wenigsten dichte Planet, leichter als Wasser. Astronomen witzeln, dass er in einer riesigen Badewanne schwimmen könnte.

ALTER 4,5 Milliarden Jahre

MYTHOLOGIE Saturn wurde nach dem römischen Gott des Ackerbaus benannt. Figuren aus der römischen Mythologie sind die Namensgeber für die großen Monde, während unregelmäßig geformte Monde Inuit-, gallische oder nordische Namen tragen.

ERFOLGREICHE MISSIONEN
1979: Vorbeiflug *Pioneer 11* (USA)
1980: Vorbeiflug *Voyager 1* (USA)
1081: Vorbeiflug *Voyager 2* (USA)
2004: Raumsonde *Cassini-Huygens* (USA)

SCHWERKRAFT Die Schwerkraft in der obersten Wolkenschicht über dem Äquator des Saturn ähnelt jener der Erde. Je nachdem, wo man die „Oberfläche" misst, würde man etwa gleich viel wiegen wie auf der Erde – wenn es festen Boden gäbe, auf dem man stehen könnte.

AUFBAU Das Innere des Saturn ist noch rätselhaft. Wissenschaftler vermuten einen Eisen-Nickel-Kern, umgeben von Schichten aus metallischem Wasserstoff, flüssigem Wasserstoff und Helium sowie einer gasförmigen Außenschicht. Ammoniakkristalle in der Atmosphäre verleihen ihm die typische gelbliche Farbe.

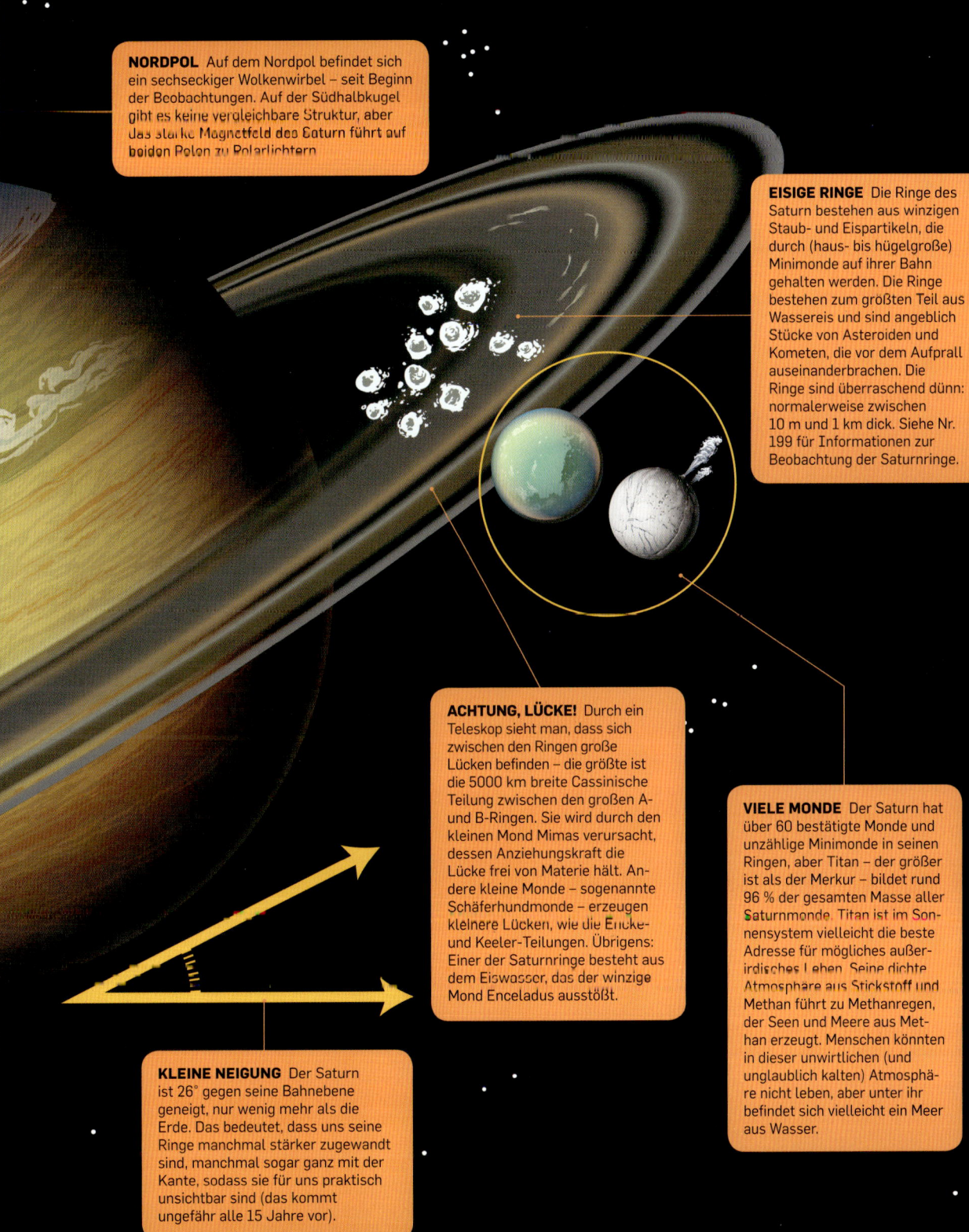

NORDPOL Auf dem Nordpol befindet sich ein sechseckiger Wolkenwirbel – seit Beginn der Beobachtungen. Auf der Südhalbkugel gibt es keine vergleichbare Struktur, aber das starke Magnetfeld des Saturn führt auf beiden Polen zu Polarlichtern.

EISIGE RINGE Die Ringe des Saturn bestehen aus winzigen Staub- und Eispartikeln, die durch (haus- bis hügelgroße) Minimonde auf ihrer Bahn gehalten werden. Die Ringe bestehen zum größten Teil aus Wassereis und sind angeblich Stücke von Asteroiden und Kometen, die vor dem Aufprall auseinanderbrachen. Die Ringe sind überraschend dünn: normalerweise zwischen 10 m und 1 km dick. Siehe Nr. 199 für Informationen zur Beobachtung der Saturnringe.

ACHTUNG, LÜCKE! Durch ein Teleskop sieht man, dass sich zwischen den Ringen große Lücken befinden – die größte ist die 5000 km breite Cassinische Teilung zwischen den großen A- und B-Ringen. Sie wird durch den kleinen Mond Mimas verursacht, dessen Anziehungskraft die Lücke frei von Materie hält. Andere kleine Monde – sogenannte Schäferhundmonde – erzeugen kleinere Lücken, wie die Encke- und Keeler-Teilungen. Übrigens: Einer der Saturnringe besteht aus dem Eiswasser, das der winzige Mond Enceladus ausstößt.

VIELE MONDE Der Saturn hat über 60 bestätigte Monde und unzählige Minimonde in seinen Ringen, aber Titan – der größer ist als der Merkur – bildet rund 96 % der gesamten Masse aller Saturnmonde. Titan ist im Sonnensystem vielleicht die beste Adresse für mögliches außerirdisches Leben. Seine dichte Atmosphäre aus Stickstoff und Methan führt zu Methanregen, der Seen und Meere aus Methan erzeugt. Menschen könnten in dieser unwirtlichen (und unglaublich kalten) Atmosphäre nicht leben, aber unter ihr befindet sich vielleicht ein Meer aus Wasser.

KLEINE NEIGUNG Der Saturn ist 26° gegen seine Bahnebene geneigt, nur wenig mehr als die Erde. Das bedeutet, dass uns seine Ringe manchmal stärker zugewandt sind, manchmal sogar ganz mit der Kante, sodass sie für uns praktisch unsichtbar sind (das kommt ungefähr alle 15 Jahre vor).

186 DEN OFEN ANFEUERN

Nicolas-Louis de Lacaille hob diese lichtschwachen Sterne Mitte des 18. Jahrhunderts erstmals aus dem Fluss Eridanus hervor. Der „Chemische Ofen" bezog sich dabei auf die Befeuerung einer Destillation. Rund 50 Jahre später führte Johann Elert Bode das Sternbild als „Apparatus Chemicus" wieder ein.

Im Chemischen Ofen gibt es keine wirklich hellen Sterne, aber mit einem größeren Teleskop sieht man den Fornax-Galaxienhaufen nahe der Grenze zum Eridanus. Mit einem Weitfeldokular kann man bis zu neun Galaxien im Gesichtsfeld haben. Die hellste Galaxie (Helligkeit 9 mag) ist Fornax A (NGC 1316).

Ein anderes Objekt ist die Fornax-Zwerggalaxie, die aus lichtschwachen Sternen und Kugelsternhaufen besteht. Mit einem Amateurteleskop erkennt man sie nicht, aber ihr Kugelsternhaufen NGC 1049 hat eine Helligkeit von 12,9 mag und ist bei klarem Himmel auch in einem 10-Zoll-Teleskop (250 mm) sichtbar. Diese Zwerggalaxie ist ein winziger Bestandteil der Lokalen Gruppe und erscheint ungewöhnlich, aber ähnliche Galaxien kommen im Universum häufig vor.

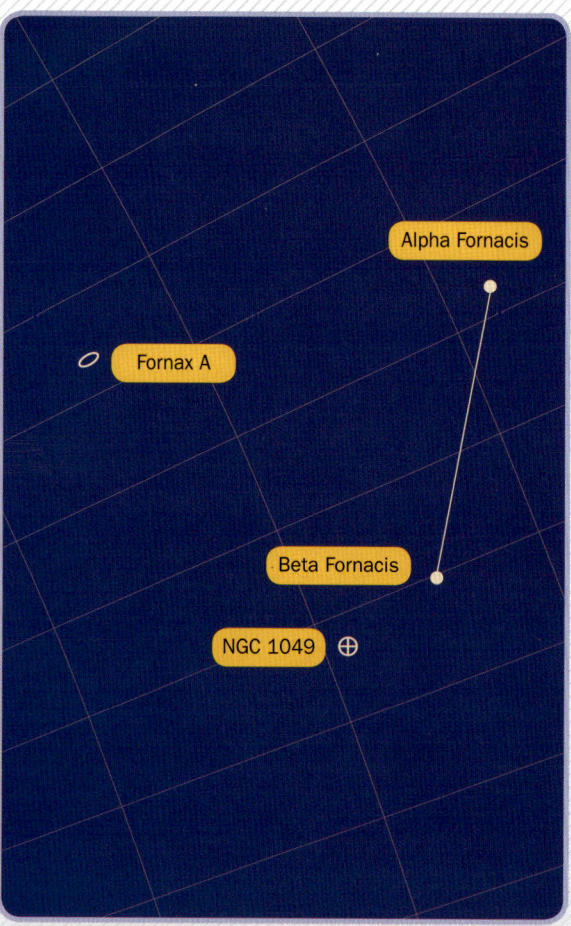

187 HOCH ZUM KRANICH

In seinem Sternatlas aus dem Jahr 1603 nannte Johann Bayer dieses südliche Sternbild „Kranich" – das Symbol der altägyptischen Astronomen. Diese Sterngruppe wurde auch schon als Storch, Flamingo und Angelrute gesehen und hat für kleine Teleskope wenig zu bieten, bis auf einige schwache Galaxien für Teleskope mit einer Öffnung von mindestens 8 Zoll (200 mm).

Drei recht helle Sterne des Kranichs bieten einen Helligkeitsvergleich. Alnair (Alpha Gruis) ist ein großer blauer Hauptreihenstern mit der 70-fachen Leuchtkraft der Sonne und einer Helligkeit von 1,7 mag. Nur 57 Lichtjahre entfernt ist er aufgrund seiner Erdnähe der hellste der drei Sterne. Der viel größere Rote Riese Beta Gruis hat eine Helligkeit von 2,3 mag und die 800-fache Leuchtkraft der Sonne, aber seine Entfernung von 140

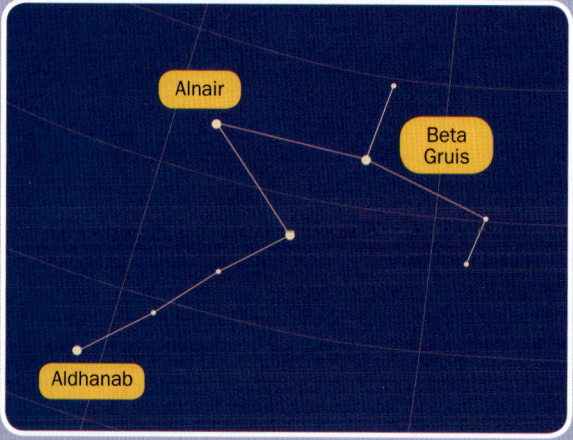

Lichtjahren lässt ihn schwächer erscheinen. Der Blaue Riese Aldhanab (Gamma Gruis) hat die Helligkeit 3 mag und die stärkste Leuchtkraft, erscheint aber aufgrund der Entfernung von 230 Lichtjahren am schwächsten.

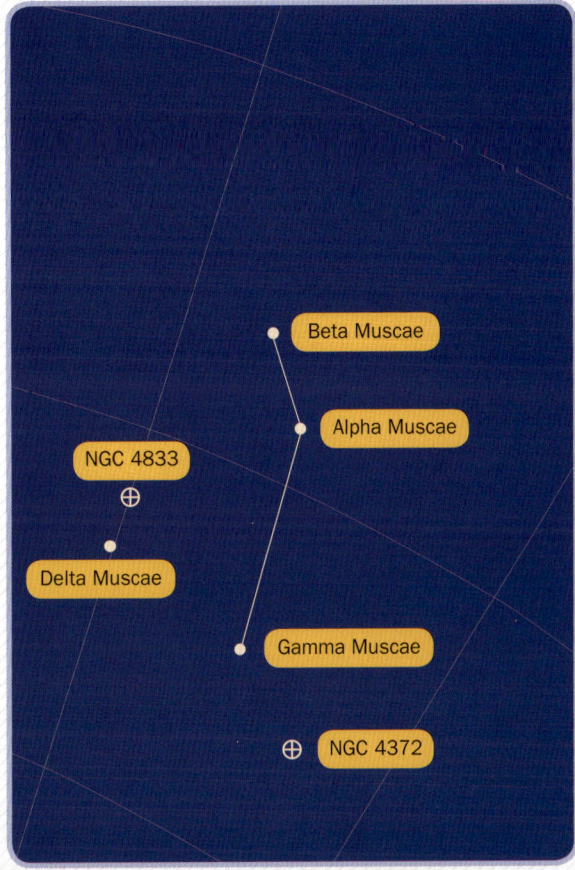

188 DIE FLIEGE ERWISCHEN

Die Fliege ist einfach zu finden: gleich südlich des Kreuz des Südens. Johann Bayer nannte sie 1603 in seinem Sternenatlas „Biene", Edmond Halley später „Fliegenbiene" und Nicolas-Louis de Lacaille nannte sie „Südliche Fliege" – um sie nicht mit der Fliege im Sternbild Widder zu verwechseln. Seitdem das Sternbild Nördliche Fliege aber nicht mehr in Verwendung ist, heißt die Südliche Fliege einfach nur noch „Fliege".

Der Doppelstern Beta Muscae besteht aus zwei Sternen der Helligkeit 4 mag, die einander in einer Periode von mehreren hundert Jahren umkreisen. Das Paar ist rund 520 Lichtjahre von der Erde entfernt. Zwischen ihnen liegen nur 1,6 Bogensekunden, was sie für ein 4-Zoll-Teleskop (100 mm) schwer auflösbar macht.

Neben Gamma Muscae liegt der Kugelsternhaufen NGC 4372, dessen schwache Sterne sich über 18 Bogenminuten erstrecken. NGC 4833 ist ein großer Kugelsternhaufen, 1° von Delta Muscae entfernt. Einzelsterne sieht man erst ab einer Öffnung von 4 Zoll (100 mm).

189 DEN PHÖNIX FINDEN

Der Phönix, das Symbol der Wiedergeburt, ist ein mythischer Vogel, der 500 Jahre alt wird. Er baut ein Nest aus Zweigen und duftenden Blättern, das von den Strahlen der Mittagssonne entzündet wird. Der Phönix verbrennt dabei, aber ein kleiner Wurm kriecht aus der Asche, sonnt sich und wird zu einem neuen Phönix. Bilder des Wundervogels fand man in altägyptischer Kunst und auf römischen Münzen, aber die Idee des Phönix am Himmel geht auf den altchinesischen Feuervogel Ho Neaou zurück.

Das beste Beispiel eines Zwerg-Cepheiden ist SX Phoenicis. In nur 79 Minuten und 10 Sekunden ändert er seine Helligkeit von 7,1 zu 7,5 mag und wieder zurück. Manchmal erreicht er auch eine Helligkeit von bis zu 6,7 mag. Diese Variation liegt wahrscheinlich an den zwei unterschiedlichen, gleichzeitigen Schwingungen. So ein geringer Helligkeitsunterschied ist schwer zu beobachten und erfordert den sorgfältigen Vergleich mit benachbarten Sternen.

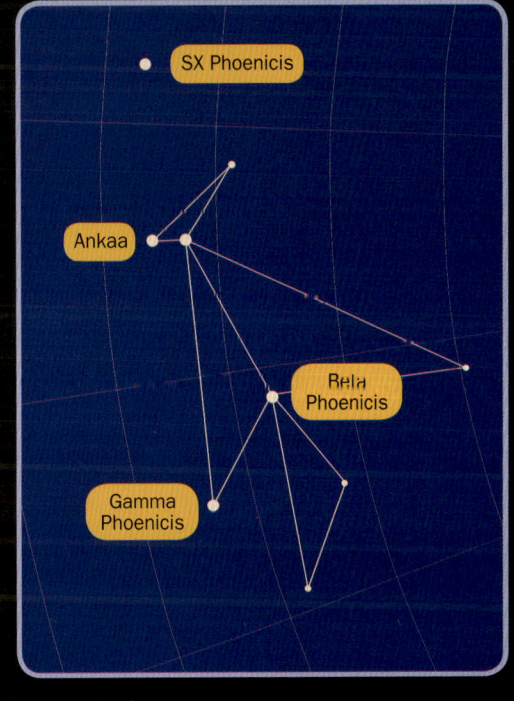

190 ZOOM IN DEN ORIONNEBEL

Ein Highlight am Himmel ist der berühmte Orionnebel (M 42/NGC 1976), der auf jeder Vergrößerungsstufe etwas zu bieten hat. Oft ist er das erste Deep-Sky-Objekt, das ein Amateur mit dem Teleskop ansteuert. Mit einer recht geringen 20-fachen Vergrößerung und einem großen Gesichtsfeld (A) genießt man den gesamten Komplex aus wirbelndem Gas, funkelnden Sternen und nahen Deep-Sky-Objekten. Für bessere Sicht empfiehlt sich ein OIII-, Deep-Sky- oder Lichtverschmutzungsfilter. Mit 60-facher Vergrößerung (B) erkennt man feine Details in den Punkten und Wirbeln des Nebels und sieht, dass der helle Stern in der Mitte, das Trapez, aus mindestens vier Sternen besteht. Bei 200-facher Vergrößerung (C) sieht man sogar noch mehr Sterne.

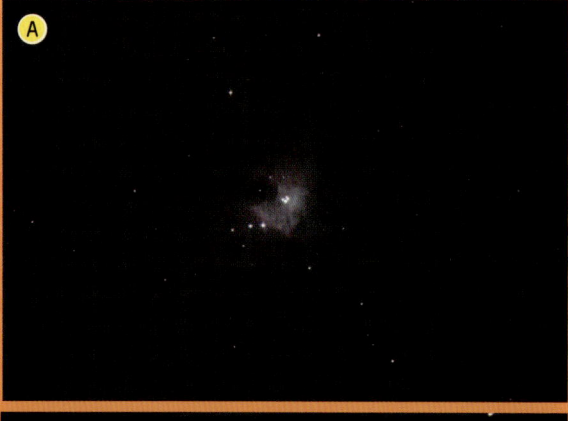

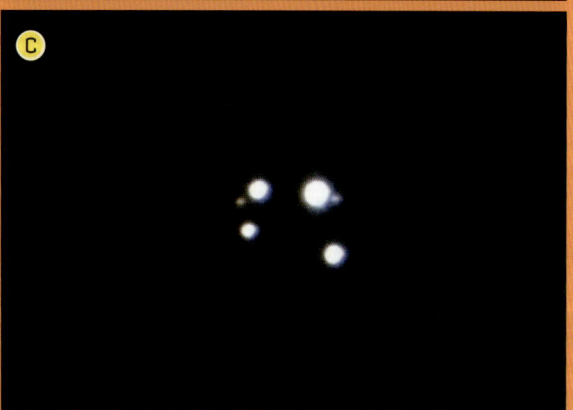

191 BLICK AUF ALBIREO

Albireo (Beta Cygni) ist für viele der schönste Doppelstern. Zuerst den Schwan lokalisieren (siehe Nr. 115) und dann dessen Kopf – Albireo ist der „Schnabelstern". Bereits durch ein kleines Teleskop sieht man, dass der Stern aus zwei farbigen, kontrastierenden Sternen besteht: dem goldenen Albireo A und dem etwas schwächeren, blaugrünen Albireo B. Wissenschaftler sind sich noch uneinig, ob es sich um ein Doppelsternsystem handelt.

192 DER KUGELSTERNHAUFEN IM STERNBILD HERKULES

Den Herkuleshaufen (M 13/NGC 6205) finden Sie mit Weitfeldokular, Sternkarte und folgender Anleitung:

SCHRITT 1 Zuerst die blau-weiße Wega (Alpha Lyrae) in der Leier (siehe Nr. 116) und Arktur (Alpha Bootis) im Rinderhirten finden (siehe Nr. 30).

SCHRITT 2 Nach etwa einem Drittel des Weges zwischen diesen beiden Sternen liegt das Viereck, der Asterismus, der den Körper des Herkules bildet.

SCHRITT 3 Im Viereck die beiden Sterne auf der Seite des Arktur (Eta Herculis und Zeta Herculis) betrachten. Zwischen ihnen liegt ein unscharfer Lichtpunkt – M 13, einer der faszinierendsten Sternhaufen der Galaxie.

SCHRITT 4 In kleinen Teleskopen erscheint der Haufen als großer, verschwommener Fleck. Bei mehr Öffnung und Vergrößerung sieht man einzelne Sterne – von denen sich in diesem Kugelsternhaufen tausende befinden, die gemeinsam den Halo der Milchstraße umkreisen.

193 DIE JUNGFRAU IM TELESKOP

Die Jungfrau ist das größte der Tierkreiszeichen und das nach der Wasserschlange zweitgrößte Sternbild am Himmel. Am besten sieht man sie auf der Nordhalbkugel im Frühling und Sommer und auf der Südhalbkugel im Herbst und Winter. Die Jungfrau wird mit mehreren Göttinnen und Heiligen assoziiert – von Göttin Shalas Kornähre im babylonischen Tierkreis über die griechischen und römischen Göttinnen der Fruchtbarkeit und des Ackerbaus bis hin zur Jungfrau Maria.

Trotz ihrer enormen Größe gehört die Jungfrau nicht zu den auffälligsten Sternbildern am Himmel. Aber was ihr an Leuchtkraft fehlt, gleicht sie mit Tiefe wieder aus: Das Sternbild ist voller Galaxien (die entferntesten Objekte, die man mit einem Teleskop sehen kann), die man am besten im Virgo-Galaxienhaufen sieht, wenn man weiß, wo genau. Von 109 Messier-Objekten (siehe Nr. 209) sind 13 Galaxien in der Jungfrau. Ein Okular mit geringer Vergrößerung eignet sich gut für den Blick durchs Teleskop (8 Zoll/200 mm). Beginnen Sie bei Spica (Alpha Virginis), dem hellsten Stern der Jungfrau (siehe Nr. 32), und genießen Sie die Highlights.

194 BLICK AUF DIE SOMBREROGALAXIE

Die Sombrerogalaxie (M 104/ NGC 4594) – benannt nach ihrer Hutform – ist eine Galaxie im Sternbild Jungfrau. Entdeckt wurde sie 1781 von Pierre Méchain, aber erst 1921 offiziell in den Messier-Katalog aufgenommen. Auffällig ist das Band aus Staubteilchen, das den zentralen Wulst umringt. Manche vergleichen die Galaxie mit Saturn. Das dunkle Staubband verdeckt viele Sterne der Galaxie. (Foto unter Nr. 209.)

Folgt man der Deichsel des Großen Wagens in ihrem Bogen bis zu Arktur und dann weiter zu Spica (Alpha Virginis), ist das nächste Sternbild der Rabe – eine kleine Sterngruppe, die eher wie ein Segel als ein Rabe aussieht. Vom linken oberen Eckstern des Raben aus (Spica am nächsten) führt eine kleine Spur aus Sternen zum Rand der Sombrerogalaxie. (Zwar kann man die Sombrerogalaxie auch mit dem Fernglas sehen, aber ein Teleskop zeigt ihre längliche Form deutlich besser und ab 200 mm Öffnung auch das dunkle Staubband.)

Arktur

Vindemiatrix

Linie des Himmelsäquators

JUNGFRAU

Spica

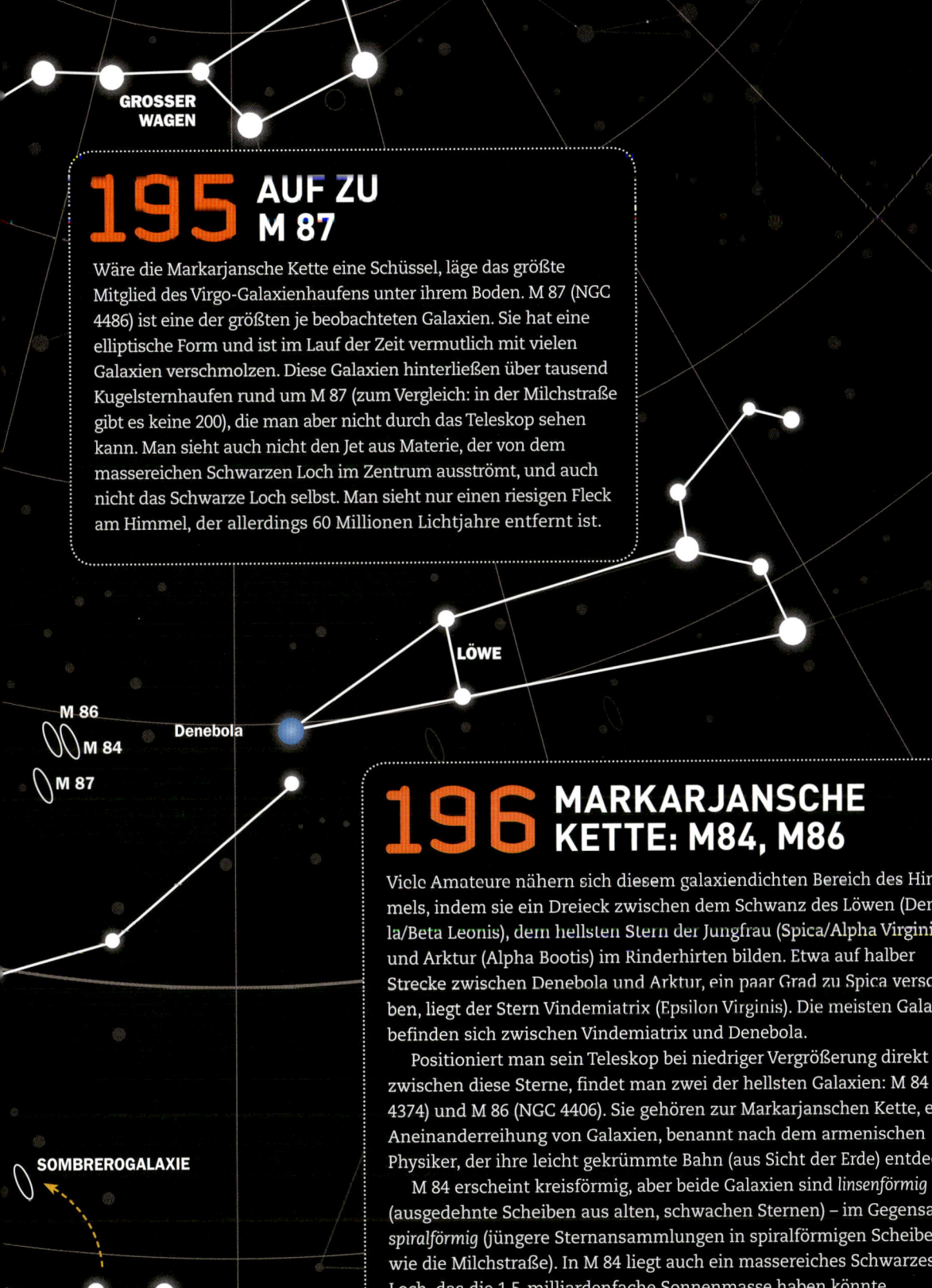

GROSSER WAGEN

195 AUF ZU M 87

Wäre die Markarjansche Kette eine Schüssel, läge das größte Mitglied des Virgo-Galaxienhaufens unter ihrem Boden. M 87 (NGC 4486) ist eine der größten je beobachteten Galaxien. Sie hat eine elliptische Form und ist im Lauf der Zeit vermutlich mit vielen Galaxien verschmolzen. Diese Galaxien hinterließen über tausend Kugelsternhaufen rund um M 87 (zum Vergleich: in der Milchstraße gibt es keine 200), die man aber nicht durch das Teleskop sehen kann. Man sieht auch nicht den Jet aus Materie, der von dem massereichen Schwarzen Loch im Zentrum ausströmt, und auch nicht das Schwarze Loch selbst. Man sieht nur einen riesigen Fleck am Himmel, der allerdings 60 Millionen Lichtjahre entfernt ist.

LÖWE

M 86
M 84
Denebola
M 87

196 MARKARJANSCHE KETTE: M84, M86

Viele Amateure nähern sich diesem galaxiendichten Bereich des Himmels, indem sie ein Dreieck zwischen dem Schwanz des Löwen (Denebola/Beta Leonis), dem hellsten Stern der Jungfrau (Spica/Alpha Virginis), und Arktur (Alpha Bootis) im Rinderhirten bilden. Etwa auf halber Strecke zwischen Denebola und Arktur, ein paar Grad zu Spica verschoben, liegt der Stern Vindemiatrix (Epsilon Virginis). Die meisten Galaxien befinden sich zwischen Vindemiatrix und Denebola.

Positioniert man sein Teleskop bei niedriger Vergrößerung direkt zwischen diese Sterne, findet man zwei der hellsten Galaxien: M 84 (NGC 4374) und M 86 (NGC 4406). Sie gehören zur Markarjanschen Kette, einer Aneinanderreihung von Galaxien, benannt nach dem armenischen Physiker, der ihre leicht gekrümmte Bahn (aus Sicht der Erde) entdeckte.

M 84 erscheint kreisförmig, aber beide Galaxien sind *linsenförmig* (ausgedehnte Scheiben aus alten, schwachen Sternen) – im Gegensatz zu *spiralförmig* (jüngere Sternansammlungen in spiralförmigen Scheiben, wie die Milchstraße). In M 84 liegt auch ein massereiches Schwarzes Loch, das die 1,5-milliardenfache Sonnenmasse haben könnte.

SOMBREROGALAXIE

RABE

197 DIE SCHATTEN DER JUPITERMONDE

Im Fernglas haben Sie die Jupitermonde bereits kennengelernt (siehe Nr. 135), aber mit einem mittelgroßen Teleskop kann man auch ihre Schatten auf den Wolken des Jupiters sehen. Die vier großen Monde des Jupiters werfen auf ihrem Umlauf regelmäßig Schatten auf die Wolkendecke des Planeten. Wann es soweit ist, können Sie per App ermitteln, aber bei regelmäßiger Beobachtung sehen Sie die Schatten wahrscheinlich auch so.

Meist sind die Monde (und auch Jupiter) so hell, dass man ihre Größen nur schwer ausmachen kann, aber die durchgehenden Schatten lassen auf die Größe des jeweiligen Mondes schließen. Vielleicht sehen Sie die Monde auch hinter Jupiter „verschwinden" und wieder „auftauchen". Selten sieht man sogar zwei oder drei Schatten auf dem Jupiter. Einige Hobby-Videokünstler haben mit viel Können erstaunliche, detaillierte Filme dieser Durchgänge gemacht.

Um die Schatten zu sehen, benötigen Sie ein Okular mit einer mindestens 150-fachen Vergrößerung und müssen eine Phase mit geringer Luftunruhe erwischen.

198 DOPPELSTERNE IN DREI STERNE TRENNEN

Vielleicht erinnern Sie sich an den Sehtest der alten Seefahrer: einen scheinbaren Einzelstern im Großen Wagen in Mizar und Alkor zu trennen (Zeta und 80 Ursae Majoris; siehe Nr. 33). Mit einem Teleskop müssen Sie keine Augenakrobatik betreiben, um den Doppelstern aufzulösen. Ein starkes Teleskop trennt Mizar sogar noch weiter. Aus zwei Sternen werden drei! (Von denen jeder eigentlich ein Doppelstern ist, die man mit einem Amateurteleskop jedoch nicht erkennen kann.)

199 DIE SATURN-RINGE SEHEN

Selbst mit einem kleinen Teleskop kann man die Ringe des Saturn erkennen – zwei kleine Henkel auf einer goldenen Kugel. Durch ein großes Teleskop sieht man die Lücken zwischen Ringen und Planet bereits besser, auch den Schatten der Ringe auf den Saturnwolken und sogar die Lücken zwischen den Ringen. Die bekannteste und deutlichste Lücke ist die Cassinische Teilung. Um sie zu sehen, benötigen Sie ein 5-Zoll-Teleskop (130 mm) mit einer 150-fachen Vergrößerung sowie einen klaren Himmel. Vielleicht sehen Sie auch einige Saturnmonde, die oft um die Ringe tanzen. Saturn benötigt Jahrzehnte, um die Ekliptik zu durchlaufen, darum müssen Sie vor den Beobachtungen seine genaue Position nachlesen.

200
BLICK IN ORIONS WIEGE DER STERNE

Sterne, Nebel und Sternhaufen zeugen von der Geburt, dem Leben und dem Tod der Sterne. Orion ist ein fantastischer Bereich, um die Geburt zu beobachten. Wenn Sie scharfe Augen haben und der Himmel dunkel ist, erkennen Sie vielleicht einen verschwommenen Lichtfleck im Schwert des Orion. Im Fernglas oder in einem kleinen Teleskop offenbart sich dieser unscheinbare Fleck jedoch als eines der spektakulärsten (und meistfotografierten) Objekte am Himmel: der Orionnebel (M 42/NGC 1976). Diese riesige Wolke ist 24 Lichtjahre breit, 1300 Lichtjahre entfernt und die Geburtsstätte hunderter Sterne. Mit Forschungsteleskopen und anderen Geräten entdeckte man 700 junge Sterne, noch eingehüllt in Gas und Staub. Die ältesten von ihnen sind rund 300 000 Jahre alt, die jüngsten entstanden vor rund 10 000 Jahren. Um etwa 150 von ihnen könnten sich Planeten entwickeln, die sie umkreisen. Aber bis das geschieht, werden noch einige Millionen Jahre vergehen.

Beteigeuze

Oriongürtel

201 DER TOD DES STERNS BETEIGEUZE IM ORION

Orion beherbergt nicht nur entstehende Sterne. Ein Stern nähert sich auch seinen letzten Tagen. Es ist der hellrote Stern, der Orions rechte Schulter bildet: Beteigeuze (Alpha Orionis). Er begann als Gasball in einer riesigen Wolke aus Wasserstoff und Helium, der an Dichte und Temperatur zunahm, bis es vor Millionen von Jahren zur Kernfusion kam. Ein Stern von der mehrfachen Größe unserer Sonne war geboren. Und nun nähert er sich seinem Ende.

Könnte man in den alternden Beteigeuze hineingucken, sähe man die Elemente, die im Lauf seines Lebens durch Kernfusion entstanden. Wasserstoff, Helium, Kohlenstoff, Sauerstoff, Kalzium und die restlichen Elemente bis Eisen. Sie werden gespeichert und eines Tages, wenn Beteigeuze als Supernova explodiert, ins All geschleudert. Die Gase werden riesige Gaswolken bilden, ähnlich dem Orionnebel, und die Rohstoffe für neue Sterne liefern, wie jene in den Plejaden (M 45). Als Supernova könnte Beteigeuze für kurze Zeit heller als der Vollmond werden. Diese Explosion wird wahrscheinlich erst in einigen hunderttausend Jahren passieren, also warten Sie besser nicht darauf.

202 DIE JUNGEN PLEJADEN IM STERNBILD STIER

Blickt man mit bloßem Auge zu den Plejaden im Sternbild Stier hoch, sieht man vielleicht sechs oder sieben Sterne. Bereits die alten Griechen bemerkten diese Gruppe und nannten sie „die sieben Schwestern" oder die Plejaden (M 45). Mit einem guten Fernglas sieht man in den Plejaden über hundert Sterne. Sehr große Teleskope lokalisierten über 3000.

Der Plejaden-Sternhaufen ist eine riesige Gruppe aus sehr jungen Sternen, die in einer gigantischen Gaswolke entstanden, als die Erde noch von Dinosauriern bevölkert war. Sie verließen ihre *Sternentstehungsregion* (dichte Molekülwolken, in denen Sterne entstehen) vor langer Zeit, stehen aber noch beieinander. Bilder zeigen, dass die jungen Sterne von einem bläulichen Hof aus Staub umgeben sind. Er entsteht, wenn der die Gruppe einhüllende Staub das blaue Licht der Sterne reflektiert. Die Sterne bilden seit etwa 100 Millionen Jahren eine Gruppe, werden aber in etwa 250 Millionen Jahren auseinandergedriftet sein und sich zu den anderen Sternen der Galaxis gesellen.

203 AUF ZUM SKORPION

Von Juni bis August kann man auf der Nordhalbkugel das Sternbild Skorpion tief im Süden – oder auf der Südhalbkugel hoch am Himmel – gut erkennen. Dieses große Sternbild des Tierkreises liegt nahe des Milchstraßenzentrums, mit der Waage im Westen und dem Schützen im Osten. Anders als viele Sternbilder ähnelt der Skorpion tatsächlich seinem Namensgeber, mit Kopf, Stachel und einem gebogenen Schwanz, der für Sterngucker im höheren Norden oft unter den Horizont taucht. (Übrigens: Der Skorpion und sein Nachbar Orion stehen nie gleichzeitig am Himmel. In der griechischen Sage tötete der Skorpion Orion, weswegen sie am Himmel voneinander getrennt sind.)

Im Skorpion sieht man viele schöne Sterne und Sternhaufen, besonders beim Blick durch ein Teleskop. Zum Beispiel sind dort Graffias (Beta Scorpii), einer der hellsten Doppelsterne, den man mit einem kleinen Teleskop am Himmel sehen kann, und im Herzen des Skorpions der leuchtend rote Stern Antares (Alpha Scorpii), dessen Name im Griechischen „Gegner des Mars" bedeutet. Dieser Riese wird bald zur Supernova werden (astronomisch gesehen – also vielleicht in einer Million Jahren, vielleicht morgen). Dann wird sein heller Überrest auch am Tag zu sehen sein. Vorerst ist Antares jedoch ein nützlicher Leitstern, um andere Objekte im Skorpion zu finden.

204 KUGELSTERN-HAUFEN M4

Etwa 1,3° westlich von Antares (Alpha Scorpii), in derselben Fernglasansicht, sieht man den hellen Kugelsternhaufen M 4 (NGC 6121), der 1746 erstmals entdeckt und 1764 von Charles Messier katalogisiert wurde (siehe Nr. 209). Mit einer Entfernung von 7200 Lichtjahren ist er einer unserer nächsten Kugelsternhaufen, nördlich unserer galaktischen Ebene. Er enthält die ältesten bekannten Weißen Zwerge. Auf den ersten Blick erscheint er wie ein nebliger Lichtfleck am Himmel, aber mit einem Teleskop kann man ihn in Einzelsterne auflösen. (Ohne dem ganzen interstellaren Staub zwischen ihm und der Erde wäre er noch heller.) Bei optimalen Bedingungen ist M 4 sogar für bloße Augen sichtbar. Im Teleskop kann man eventuell eine Balkenform aus stellaren Objekten sehen, was ihn abgeflacht erscheinen lässt.

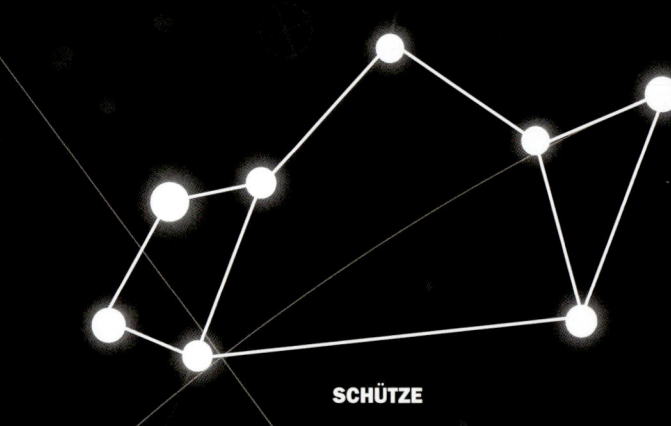

SCHÜTZE

206 M 80 FINDEN

Folgen Sie der Linie von Antares (Alpha Scorpii) zum Kopf des Skorpions. Dort liegt Graffias (Beta Scorpii). Zwischen Antares und diesem Doppelsternsystem befindet sich der kleine, kompakte Kugelsternhaufen M 80 (NGC 6093) – einer der dichtesten in der Milchstraße. Bei den hunderttausenden Sternen in nächster Nähe sind Zusammenstöße häufig. Während die meisten Kugelsternhaufen nur alte rote Sterne enthalten, gibt es in dieser Gruppe viele *Blaue Nachzügler*: große Sterne, die wahrscheinlich beim Zusammenstoß und der Verschmelzung zweier kleiner Sterne in dieser dichten stellaren Nachbarschaft entstanden. M 80 ist 32 600 Lichtjahre von uns entfernt – über viermal so weit wie M 4 (NGC 6121).

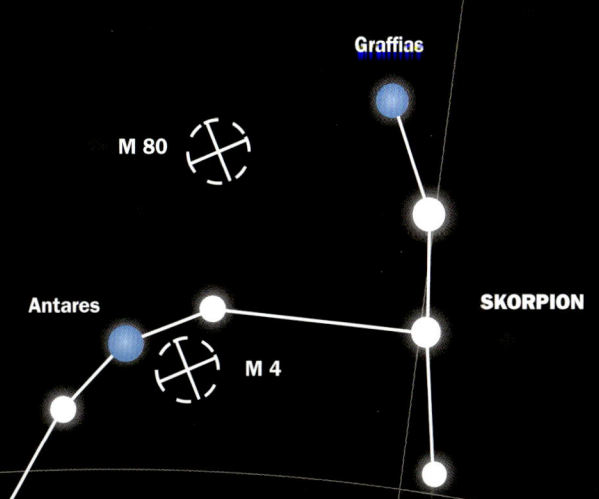

Graffias

M 80

Antares

M 4

SKORPION

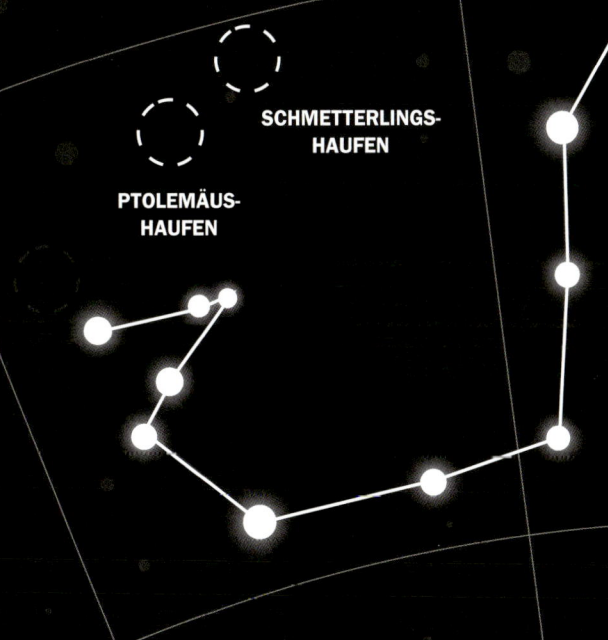

SCHMETTERLINGS-
HAUFEN

PTOLEMÄUS-
HAUFEN

205 SCHMETTERLINGS-HAUFEN UND PTOLEMÄUSSTERNHAUFEN

Von den alten Kugelsternhaufen bei Antares (Alpha Scorpii) führt uns der Schwanz des Skorpions zu jungen offenen Sternhaufen mit Dutzenden hellen Sternen. Zwischen der Schwanzkrümmung und dem Teekessel im Schützen liegen zwei helle offene Sternhaufen, die in eine Fernglasansicht passen.

Der Ptolemäus-Sternhaufen (M 7/NGC 6475) ist der hellere und liegt neben dem Stachel, etwa 1000 Lichtjahre entfernt. Diese jungen Sterne entstanden vor nur 200 Millionen Jahren, etwa zur Zeit des Mesozoikums. M 7 ist so auffällig, dass ihn Ptolemäus mit bloßem Auge bereits 130 v. Chr. sah.

Der nahe Schmetterlingshaufen (M 6/NGC 6405) ist vielleicht 1600 Lichtjahre entfernt und nicht ganz so hell. Die meisten seiner Sterne sind heiß und blau, bis auf einen orangen Riesen, BM Scorpii. Die Sterne sind wohl rund 100 Millionen Jahre alt und entstanden, als auf der Erde die ersten Bienen die neu wachsenden Blumen bestäubten. Erkennen Sie die Form der ausgebreiteten Schmetterlingsflügel?

207 DER URANUS

Wie sein Schwesterplanet Neptun ist auch Uranus ein Eisriese von kühler blauer Farbe. Von der Sonne aus ist er der siebte Planet und der drittgrößte im Sonnensystem. Sein einheitliches Aussehen lässt ihn eher langweilig erscheinen. Dennoch gibt es viele interessante Fakten über Uranus.

DURCHMESSER 51 118 Kilometer am Äquator

MASSE 86,8 Quadrillionen kg – etwa das 14,5-Fache der Erdmasse

ENTFERNUNG ZUR SONNE Durchschnittlich 2,87 Milliarden km – etwa 19,2-mal weiter als die Entfernung zwischen Sonne und Erde

LÄNGE EINES JAHRES 84 Erdenjahre

LÄNGE EINES TAGES Etwas mehr als 17 Stunden

DURCHSCHNITTSTEMPERATUR −216 °C

BLAUER FARBTON Uranus und auch Neptun erhalten ihre blaue Farbe vom Methan in der oberen Atmosphäre der Planeten. Es absorbiert das rote Licht und reflektiert das blaue Licht, das wir sehen.

ENTDECKUNG Uranus war der erste Planet, der mit einem Teleskop entdeckt wurde – und zwar von Wilhelm Herschel, der ihn am 13. März 1781 sah. Obwohl man Uranus auch ohne Teleskop, mit bloßem Auge, sehen kann, blieb er bis dahin verborgen.

NAME Uranus wurde nach dem griechischen Himmelsgott Uranos benannt. Er war der Vater des Saturn und der anderen Titanen. Herschel wollte ihn „Georgsplanet" nennen – nach dem König von England. Erst im 19. Jahrhundert einigte man sich auf den Namen Uranus.

ERFOLGREICHE MISSIONEN
1986: Vorbeiflug *Voyager 2* (USA)

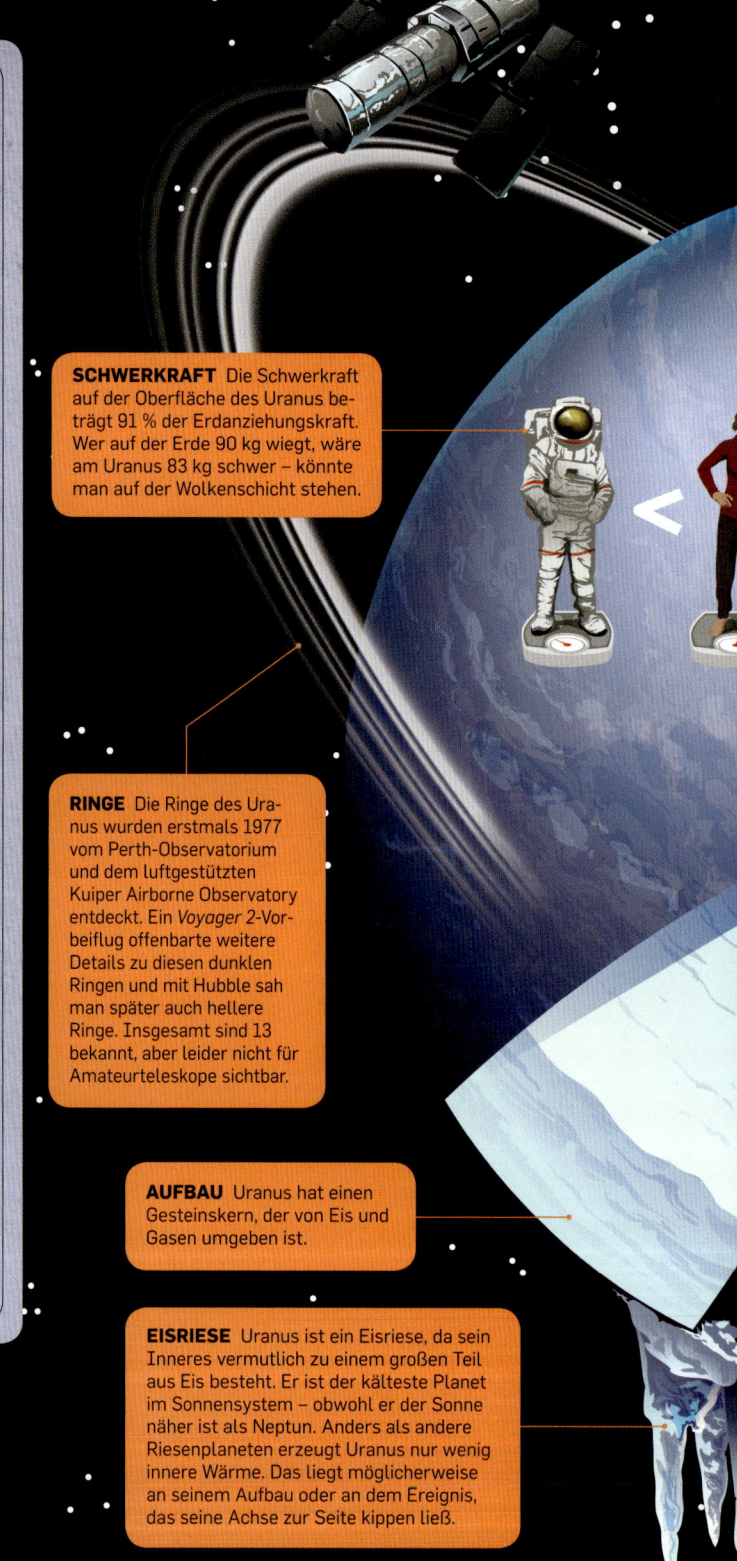

SCHWERKRAFT Die Schwerkraft auf der Oberfläche des Uranus beträgt 91 % der Erdanziehungskraft. Wer auf der Erde 90 kg wiegt, wäre am Uranus 83 kg schwer – könnte man auf der Wolkenschicht stehen.

RINGE Die Ringe des Uranus wurden erstmals 1977 vom Perth-Observatorium und dem luftgestützten Kuiper Airborne Observatory entdeckt. Ein *Voyager 2*-Vorbeiflug offenbarte weitere Details zu diesen dunklen Ringen und mit Hubble sah man später auch hellere Ringe. Insgesamt sind 13 bekannt, aber leider nicht für Amateurteleskope sichtbar.

AUFBAU Uranus hat einen Gesteinskern, der von Eis und Gasen umgeben ist.

EISRIESE Uranus ist ein Eisriese, da sein Inneres vermutlich zu einem großen Teil aus Eis besteht. Er ist der kälteste Planet im Sonnensystem – obwohl er der Sonne näher ist als Neptun. Anders als andere Riesenplaneten erzeugt Uranus nur wenig innere Wärme. Das liegt möglicherweise an seinem Aufbau oder an dem Ereignis, das seine Achse zur Seite kippen ließ.

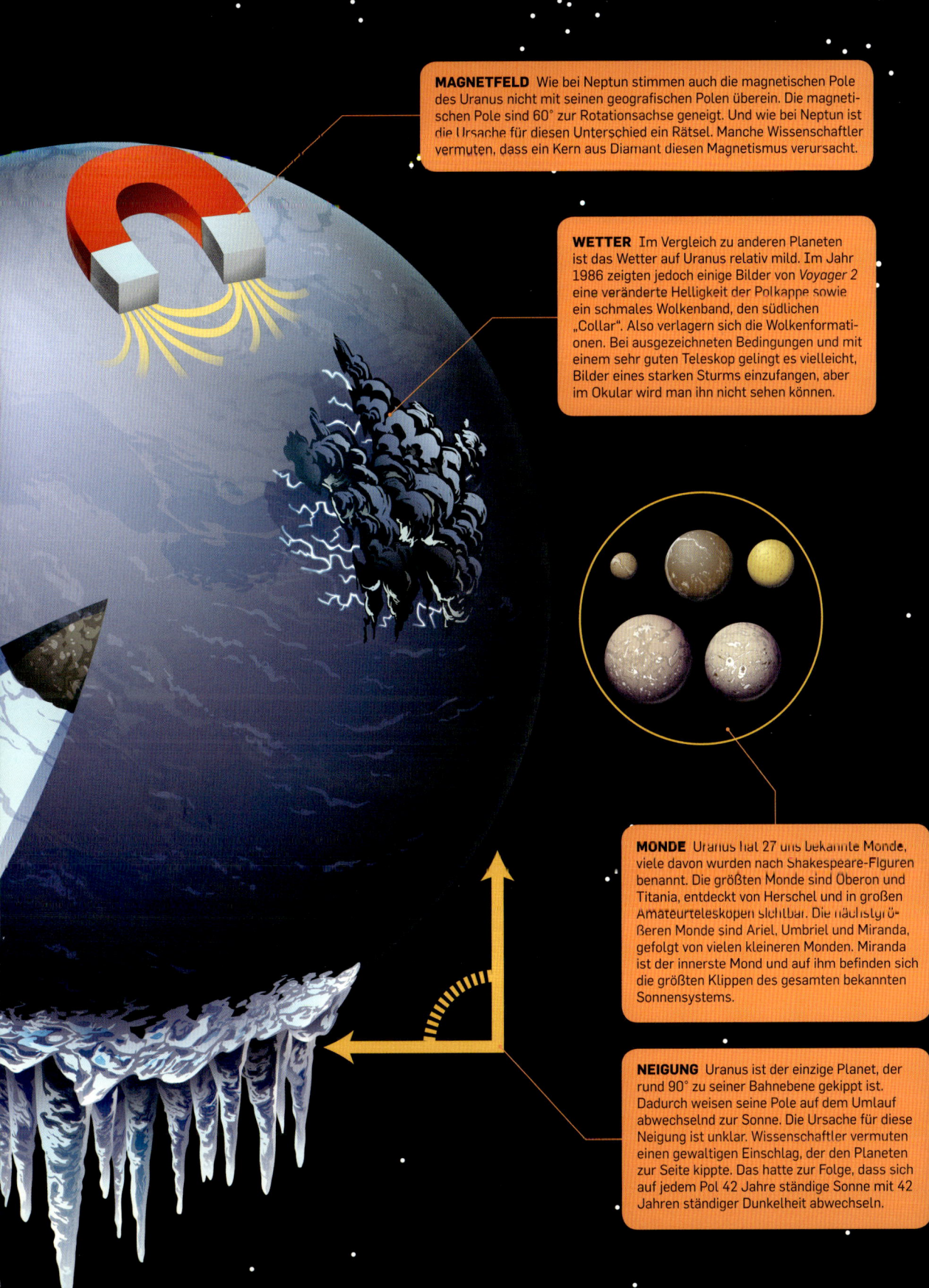

MAGNETFELD Wie bei Neptun stimmen auch die magnetischen Pole des Uranus nicht mit seinen geografischen Polen überein. Die magnetischen Pole sind 60° zur Rotationsachse geneigt. Und wie bei Neptun ist die Ursache für diesen Unterschied ein Rätsel. Manche Wissenschaftler vermuten, dass ein Kern aus Diamant diesen Magnetismus verursacht.

WETTER Im Vergleich zu anderen Planeten ist das Wetter auf Uranus relativ mild. Im Jahr 1986 zeigten jedoch einige Bilder von *Voyager 2* eine veränderte Helligkeit der Polkappe sowie ein schmales Wolkenband, den südlichen „Collar". Also verlagern sich die Wolkenformationen. Bei ausgezeichneten Bedingungen und mit einem sehr guten Teleskop gelingt es vielleicht, Bilder eines starken Sturms einzufangen, aber im Okular wird man ihn nicht sehen können.

MONDE Uranus hat 27 uns bekannte Monde, viele davon wurden nach Shakespeare-Figuren benannt. Die größten Monde sind Oberon und Titania, entdeckt von Herschel und in großen Amateurteleskopen sichtbar. Die nächstgrößeren Monde sind Ariel, Umbriel und Miranda, gefolgt von vielen kleineren Monden. Miranda ist der innerste Mond und auf ihm befinden sich die größten Klippen des gesamten bekannten Sonnensystems.

NEIGUNG Uranus ist der einzige Planet, der rund 90° zu seiner Bahnebene gekippt ist. Dadurch weisen seine Pole auf dem Umlauf abwechselnd zur Sonne. Die Ursache für diese Neigung ist unklar. Wissenschaftler vermuten einen gewaltigen Einschlag, der den Planeten zur Seite kippte. Das hatte zur Folge, dass sich auf jedem Pol 42 Jahre ständige Sonne mit 42 Jahren ständiger Dunkelheit abwechseln.

208
ZURÜCK IN DIE VERGANGENHEIT

Wer denkt beim Einschalten einer Lampe daran, wie lange es dauert, bis das Licht von der Glühbirne ins Auge gelangt? Das Licht bewegt sich mit 300 000 Kilometern pro Sekunde fort. Während eines Blinzelns umkreist ein Lichtstrahl dreimal die Erde. Das Licht vom Mond benötigt keine 2 Sekunden zur Erde; Licht von der Sonne nur 8 Minuten. Wenn Sie Jupiter sehen, denken Sie daran, dass sein Licht 40 oder 50 Minuten unterwegs war. Das Licht jedes Planeten in unserem Sonnensystem erreicht uns in weniger als einem Tag.

Betrachtet man ein Objekt tiefer im Weltraum, sieht man nicht seine Gegenwart, sondern den Zeitpunkt, an dem sich das Licht auf den Weg machte. Im riesigen All kann es Millionen oder Milliarden von Jahren dauern, bis uns ein Lichtstrahl von seinem Ausgangspunkt erreicht. Licht aus der Milchstraße von außerhalb unseres Sonnensystems war wenige bis zehntausende Jahre unterwegs, wenn es die Erde erreicht. Licht aus einer anderen Galaxie reiste Millionen bis Milliarden Jahre zu uns. Die entferntesten Objekte, die das Hubble-Teleskop erspähte, sind über 13 Milliarden Lichtjahre von uns entfernt.

So gesehen könnte man ein Teleskop als eine Art Zeitmaschine betrachten, die uns zeigt, wie das Universum in der Vergangenheit ausgesehen hat. Die folgenden Himmelskörper sollen illustrieren, wie weit man in der Zeit zurückblickt, wenn man das Licht dieser Objekte sieht.

LAUFZEIT DES LICHTS

▲ INTERNATIONALE RAUMSTATION 1/1000 Lichtsekunde

▼ DER MOND 1,4 Lichtsekunden   ▼ DIE SONNE 8 Lichtminuten

▲ MARS 4–24 Lichtminuten   ▲ JUPITER 36–53 Lichtminuten   ▲ PLUTO 4–6,5 Lichtstunde

▲ RIGIL KENTAURUS 4,5 Lichtjahre   ▲ SIRIUS 8,6 Lichtjahre   ▲ PROCYON 11,5 Lichtjahr

▼ ARKTUR 36,7 Lichtjahre   ▼ ALDEBARAN 65,2 Lichtjahre

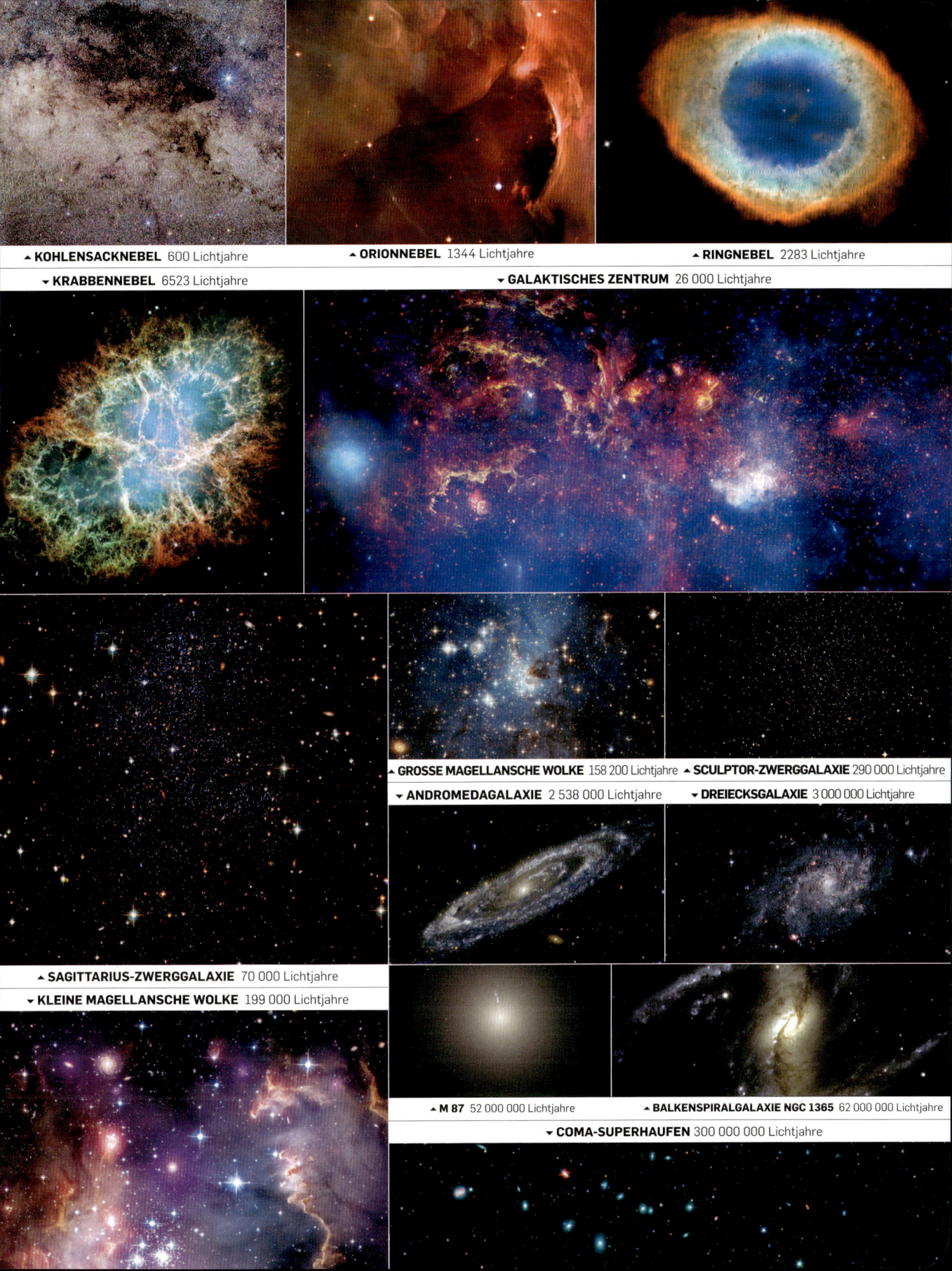

▲ **KOHLENSACKNEBEL** 600 Lichtjahre

▲ **ORIONNEBEL** 1344 Lichtjahre

▲ **RINGNEBEL** 2283 Lichtjahre

▼ **KRABBENNEBEL** 6523 Lichtjahre

▼ **GALAKTISCHES ZENTRUM** 26 000 Lichtjahre

▲ **GROSSE MAGELLANSCHE WOLKE** 158 200 Lichtjahre

▲ **SCULPTOR-ZWERGGALAXIE** 290 000 Lichtjahre

▼ **ANDROMEDAGALAXIE** 2 538 000 Lichtjahre

▼ **DREIECKSGALAXIE** 3 000 000 Lichtjahre

▲ **SAGITTARIUS-ZWERGGALAXIE** 70 000 Lichtjahre

▼ **KLEINE MAGELLANSCHE WOLKE** 199 000 Lichtjahre

▲ **M 87** 52 000 000 Lichtjahre

▲ **BALKENSPIRALGALAXIE NGC 1365** 62 000 000 Lichtjahre

▼ **COMA-SUPERHAUFEN** 300 000 000 Lichtjahre

209 AM MESSIER-MARATHON TEILNEHMEN

Charles Messier war ein Kometenjäger im Frankreich des 18. Jahrhunderts. Im Lauf seines Lebens suchte er mit über einem Dutzend verschiedenen Teleskopen nach den eisigen Flugkörpern. Es ärgerte ihn jedoch, dass er so viel Zeit mit kometenähnlichen Objekten verschwendete, die dann gar keine Kometen waren. Deshalb fing er an, die anderen Bereiche – vor allem Deep-Sky-Objekte wie Sternhaufen, Galaxien und Nebel – auf eine Liste zu schreiben. Ironischerweise wurde genau dieses Verzeichnis der Nicht-Kometen (der heutige „Messier-Katalog") zum Hauptteil von Messiers Vermächtnis – neben 13 entdeckten Kometen. Andere Astronomen haben die originale Liste seither ein wenig erweitert, aber der Name bleibt. (Es gibt auch noch andere Systeme, um die von Messier notierten Galaxien, Nebel und Sternhaufen zu kategorisieren – etwa den *New General Catalogue*, dessen Objekte mit „NGC" gekennzeichnet sind.)

Wann kann man diese schönen nebligen Objekte, wie die hier gezeigte Sombrerogalaxie (M 104/NGC 4594), nun also sehen? In jeder Nacht kann man einige von ihnen sehen, aber in der Neumondnacht um Ende März herum sind sie alle am Himmel. Für manche Sterngucker ist dann Zeit für den „Messier-Marathon": das Beobachten aller über 100 Messier-Objekte in einer Nacht. Möglich ist das auf der Nordhalbkugel überall, die Chancen stehen aber auf den niedrigeren nördlichen Breiten höher. Und da Messier den Himmel über Frankreich erforschte, sind auf der Südhalbkugel nicht alle Objekte zu sehen.

Wir haben für Sie eine Auswahl aus dem Messier-Katalog zusammengestellt. Es ist nicht der komplette Marathon, aber ein faszinierender Einstieg ins tiefe All.

DIE 10 SCHÖNSTEN MESSIER-OBJEKTE

MESSIER-NR. (NAME)	Objekttyp	Entfernung	Sternbild	Helligkeit in mag
M 1 (KRABBENNEBEL)	Reste einer Supernova	6523 Lichtjahre	Stier	8,4
M 8 (LAGUNENNEBEL)	Nebel mit Sternhaufen	4,1 Lichtjahre	Schütze	6,0
M 31 (ANDROMEDAGALAXIE)	Spiralgalaxie	2,54 Mio. Lichtjahre	Andromeda	3,4
M 45 (PLEJADEN)	offener Sternhaufen	444 Lichtjahre	Stier	1,64
M 51 (STRUDELGALAXIE)	Spiralgalaxie	23 Mio. Lichtjahre	Jagdhunde	8,4
M 57 (RINGNEBEL)	planetarischer Nebel	2283 Lichtjahre	Leier	8,8
M 82 (ZIGARRENGALAXIE)	Starburst-Galaxie	12 Mio. Lichtjahre	Großer Bär	8,4
M 97 (EULENNEBEL)	planetarischer Nebel	2,03 Lichtjahre	Großer Bär	9,9
M 101 (FEUERRADGALAXIE)	Spiralgalaxie	21 Mio. Lichtjahre	Großer Bär	7,9
M 104 (SOMBREROGALAXIE)	Spiralgalaxie	30 Mio. Lichtjahre	Jungfrau	9,0

GROSSER WAGEN

210 START AM LEO-TRIPLETT

Eine der besten Ansichten im Teleskop ist das Leo-Triplett, bestehend aus den Spiralgalaxien M 65 (NGC 3623), M 66 (NGC 3627) und NGC 3628 (aufgrund ihrer Form auch „Hamburgergalaxie" genannt). Eingebettet in das Sternbild Löwe schieben und ziehen diese drei Galaxien aneinander wie streitende Himmelsnachbarn. M 65 und M 66 wurden 1780 von Charles Messier entdeckt und sind jeweils 35 und 36 Millionen Lichtjahre von der Erde entfernt.

Die Galaxien des Leo-Tripletts passen in das Gesichtsfeld eines schwach vergrößernden Okulars, weswegen sie relativ einfach zu finden sind. Würde der Große Wagen Öl verlieren, landeten die Tropfen auf dem Kopf des Löwen. Direkt unter den Hinterbeinen des Löwen, etwa auf halbem Weg zwischen Theta und Iota Leonis, befinden sich die spiralförmigen Scheiben M 65 und M 66, die bei klarem Himmel sofort mit dem Teleskop zu erkennen sind. Die dritte Galaxie, NGC 3628, ist lichtschwächer und macht eine größere Öffnung erforderlich. Von unserem Beobachtungspunkt hier auf der Erde sieht man die Hamburgergalaxie von der Seite.

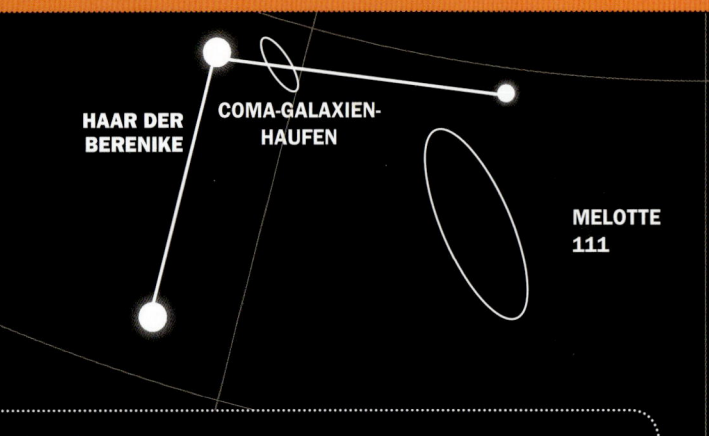

HAAR DER BERENIKE

COMA-GALAXIEN-HAUFEN

MELOTTE 111

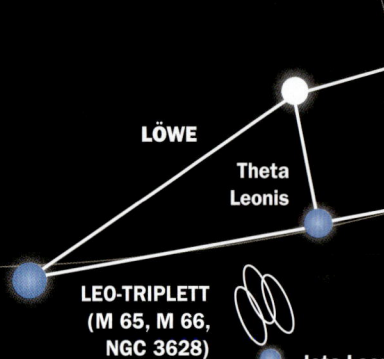

LÖWE

Theta Leonis

Denebola

LEO-TRIPLETT (M 65, M 66, NGC 3628)

Iota Leor

211 WEITER ZUM COMA-GALAXIENHAUFEN

Der berühmte Coma-Galaxienhaufen liegt zwischen zwei Sternen im Haar der Berenike. Mit einem Teleskop von mindestens 8 Zoll (200 mm) kann man rund ein Dutzend Galaxien in diesem Haufen sehen. Die meisten davon sind schwächer als Helligkeit 12 mag und ähneln einer verschwommenen Sterngruppe. Diesen Galaxienhaufen untersuchte der Astronom Fritz Zwicky in den 1930er-Jahren, als er den Begriff „Dunkle Materie" prägte. Damit erklärte er, warum Galaxien nicht auseinanderreißen: Dunkle Materie umgibt sie und hält sie mit zusätzlicher Schwerkraft zusammen. Hinweise auf Dunkle Materie finden sich überall im Universum (siehe Nr. 278).

212 DER OFFENE STERNHAUFEN MELOTTE 111 IM FERNGLAS

Blicken Sie zum Löwen (siehe Nr. 31). Ein Stück vom Schwanzstern Denebola (Beta Leonis) entfernt sieht man mit bloßem Auge ein kleines, lichtschwaches Sternbild: Das Haar der Berenike. Es besteht aus drei schwachen Sternen, die ein rechtwinkeliges Dreieck bilden. Die Namensgeberin des Sternbilds ist die ägyptische Königin Berenike II., die ihr Haar der Aphrodite geopfert haben soll, damit ihr Mann Ptolemaios im Krieg unversehrt blieb. Als der König zurückkehrte, schnitt Berenike ihr Haar ab und

opferte es auf einem Altar. Am nächsten Tag sah der König, dass jemand die Haare gestohlen hatte. Er drohte, die Priester zu töten, aber zum Glück kam es nicht dazu: Der Hofastronom sagte dem König, dass die Götter das Haar an den Himmel gehängt hätten.

Zwischen dem Löwen und dem Haar der Berenike liegt 288 Lichtjahre entfernt der große offene Sternhaufen Melotte 111, voller neuer blauer Sterne. Er ist 450 Millionen Jahre alt und im Fernglas sichtbar oder bei dunklem Himmel auch mit bloßem Auge.

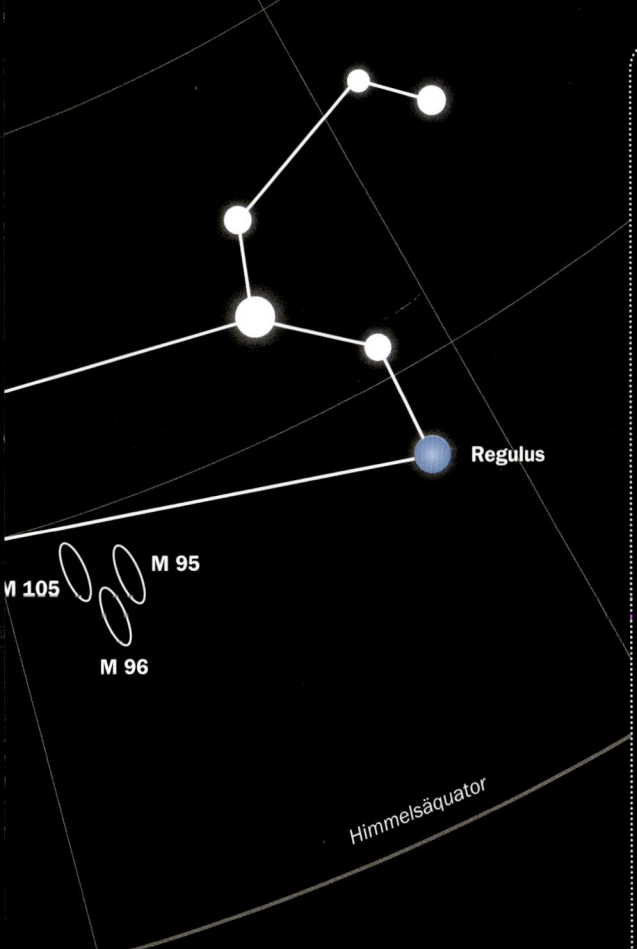

Regulus

M 105

M 95

M 96

Himmelsäquator

213 BLICK AUF DIE M 96-GRUPPE

Zwei weitere Spiralgalaxien, M 95 und M 96 (NGC 3351 und NGC 3368), liegen direkt unter der Linie zwischen Regulus (Alpha Leonis) – dem hellsten Stern im Löwen; eigentlich eine Sterngruppe im Herz des Löwen – und Theta Leonis. Etwa auf halbem Weg zwischen den beiden Sternen liegen die Galaxien – zusammen mit M 105 (NGC 3379) – als Teil einer größeren Galaxiengruppe aus 8 bis 24 Galaxien: die M 96-Gruppe. Der Astronom Pierre Méchain entdeckte diese drei Galaxien im Jahr 1781. Messier ergänzte seinen Katalog aus Objekten, die weder Kometen noch Sterne waren, um M 95 und M 96, M 105 wurde erst später hinzugefügt.

Die Spiralgalaxie M 95 ist rund 33 Millionen Lichtjahre entfernt und mit den meisten Amateurteleskopen zu sehen. Im Jahr 2012 gab es dort eine Supernova, die auf der Erde sogar mit manchen 6-Zoll-Teleskopen (150 mm) zu sehen war. Die Nachbargalaxie M 96 ist mit dem Fernglas schwer zu erkennen; ein kleines Teleskop zeigt sie ähnlich wie M 95. Je größer das Teleskop, desto besser!

Das letzte gut sichtbare Objekt ist M 105, die hellste elliptische Galaxie in der M 96-Gruppe, die etwa 32 Millionen Lichtjahre entfernt liegt. Im Fernglas kann M 105 als schwachen Lichtfleck erkennen, aber erst mit einer Öffnung von 8 Zoll (200 mm) oder mehr kann man den Kern und die Struktur auflösen.

214 DER WEG ZUM WASSERMANN

Das Sternbild Wassermann war bereits den alten Babyloniern bekannt und liegt passend im „Wasserbereich" des Sternenhimmels – nicht weit vom Delfin, dem südlichen Fisch, dem Walfisch und den Fischen. Auf der Nordhalbkugel ist es im Herbst am besten zu sehen und auf der Südhalbkugel im Frühling. Es wurde schon mit vielen Mythologien in Verbindung gebracht, unter anderem mit Zeus, der das Wasser des Lebens aus dem Himmel herabgießt.

Der Wassermann ist eines der größten Sternbilder und Heimat des Kugelsternhaufens M 2 (NGC 7089), der im Fernglas und durch kleine Teleskope als unscharfer Lichtpunkt erscheint. Das fleckige Aussehen des Sternhaufens kann man durch ein 4-Zoll-Teleskop (100 mm) sehen und ihn mit 6 Zoll (150 mm) in einzelne Sterne auflösen.

Auch einige Nebel befinden sich im Wassermann, unter anderem der nach seinen scheinbaren Ringen benannte Saturnnebel (NGC 7009) sowie der Helixnebel (NGC 7293). Mit einer Entfernung von 700 Lichtjahren ist der Helixnebel der erdnächste planetarische Nebel.

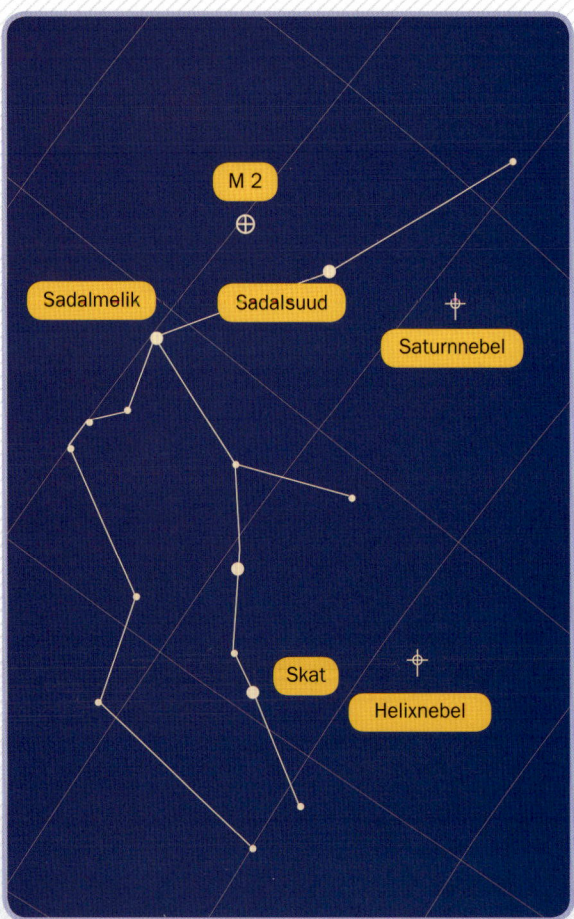

215 WEITER ZUM KREBS

In der griechischen Mythologie sollte der Krebs den Helden Herkules im Kampf gegen die Hydra ablenken, wurde jedoch von Herkules zertrampelt. Hera belohnte den Krebs mit einem Platz am Sternenhimmel. Seine Tierkreisform symbolisiert seine Scheren.

Vor tausenden Jahren lag das Sommersolstitium der Sonne (ihre nördlichste Position am Himmel – Deklination 23,5° nördlich) vor dem Sternbild Krebs. Daher bringt man heute noch den „Nördlichen Wendekreis" mit dem Krebs in Verbindung. Als Folge der Präzession (der Polverschiebung aufgrund der Schwerkraft und der Kreiselbewegung der Erde) befindet sich die nördlichste Position der Sonne heute an der Grenze zu Zwillinge und Stier.

Der Krebs liegt zwischen Zwillinge und Löwe – zwei Vorzeigesternbilder. Er selbst ist nur für seine Zugehörig-

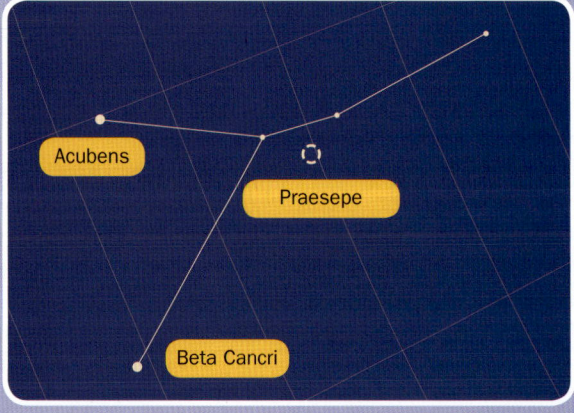

keit zum Tierkreis und den Sternhaufen Praesepe (M 44) bekannt. Letzterer ist einer der schönsten offenen Sternhaufen am Himmel. Auf 1,5° verteilen sich dort über 200 Sterne, die man am besten durch ein Fernglas betrachtet.

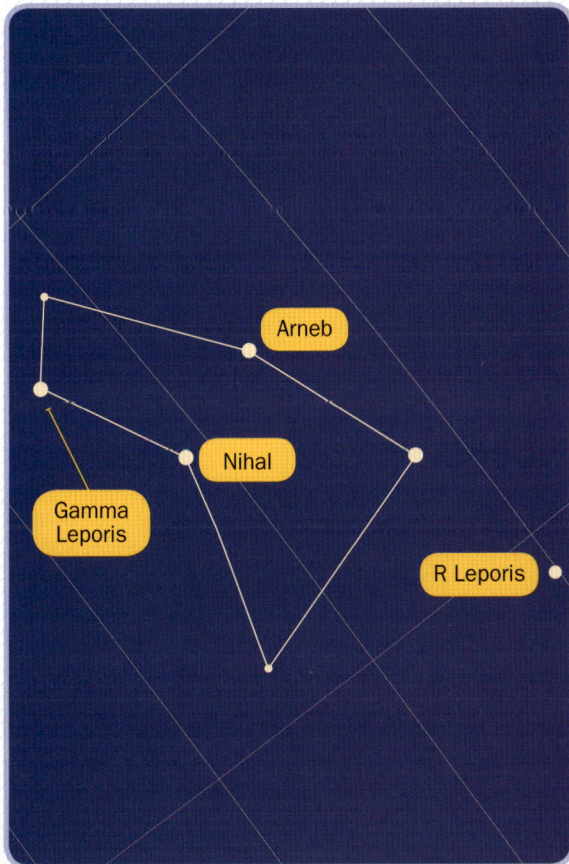

216 DEN HASEN SUCHEN

Das Sternbild Hase ist lichtschwach, aber dennoch einfach zu finden, da es direkt im Süden des Orion liegt. Im Altertum galt es als Orions Stuhl. Die Ägypter sahen es als Orions Boot. Die Griechen und Römer nannten es „Lepus" (Hase). Da Orion am liebsten Hasen jagte, war es nur passend, ihm am Himmel einen Hasen vor die Füße zu legen.

Gamma Leporis ist ein weiter Doppelstern mit kontrastierenden Farben und einem Abstand von 96 Bogensekunden. Er kann mit praktisch mit jedem Teleskop aufgelöst werden. Seine Entfernung zur Erde ist mit 29 Lichtjahren relativ gering. Der veränderliche Stern R Leporis wurde bereits als Blutstropfen am Himmel bezeichnet und vom britischen Astronomen John Russell Hind im 19. Jahrhundert „Purpurstern" genannt. In einem Zeitraum von 14 Monaten verändert sich seine Helligkeit von 5,5 zu 11,7 mag. Bei dunklem Himmel und nahezu maximaler Helligkeit ist seine rote Farbe am intensivsten zu sehen.

217 DAS EINHORN ENTDECKEN

Der deutsche Astronom Jakob Bartsch erdachte dieses lichtschwache Sternbild um 1624. Sein lateinisch-griechischer Name „Monoceros" bedeutet „einhörnig" und der Ursprung des mythischen Einhorns könnte in einer konfusen Beschreibung eines Nashorns liegen. Einige Sterngucker wünschen sich ein winterliches Gegenstück zum Sommerdreieck (siehe Nr. 112) der Nordhalbkugel – ein Winterdreieck, das von Beteigeuze (Alpha Orionis), Sirius (Alpha Canis Majoris) und Procyon (Alpha Canis Minoris) gebildet wird. Innerhalb dieses Dreieckes liegen das Einhorn und das Band der Milchstraße.

Im Einhorn gibt es viel zu sehen. Ein wunderschöner offener Sternhaufen ist M 50 (NGC 2323), der auf gut einem Drittel des Weges von Sirius zu Procyon liegt und recht leicht zu finden ist. Einige der Sterne des Haufens sind bogenförmig angeordnet. Weiter oben im Einhorn befindet sich NGC 2264, aus mehreren Objekten bestehend (wie dem Konusnebel und dem Weihnachtsbaum-Sternhaufen), aber als ein Objekt kategorisiert. Im Einhorn liegt auch der faszinierende Rosettennebel, den man auf Fotografien betrachten kann (siehe Nr. 268).

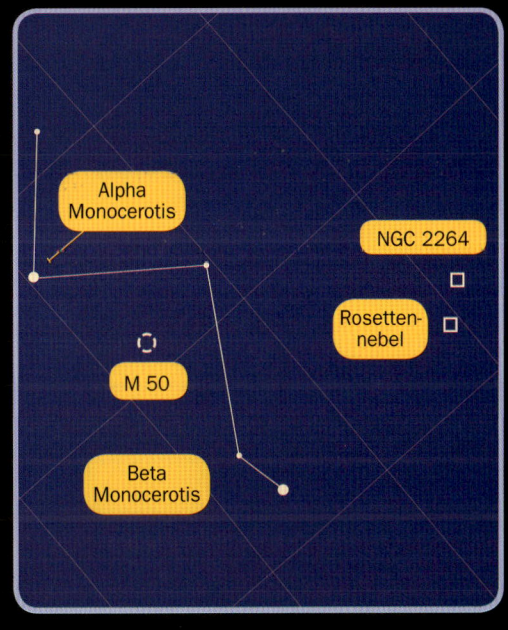

218

DER SICHERE BLICK IN DIE SONNE

Es gibt viele sichere Wege, um die Sonne zu betrachten, aber ein direkter Blick auf unseren nächsten Stern gehört nicht dazu. Noch bevor man einen Schmerz empfindet, wäre das Auge unwiderruflich geschädigt. Daher ist bei der Beobachtung der Sonne Vorsicht geboten, da ein achtloser Umgang mit der Sonne die Augen irreparabel schädigen kann. Hier sind einige Hinweise für einen sicheren Blick zur Sonne. (Zur Sonnenbeobachtung siehe auch Nr. 182.)

BLOSS NICHT!

- Die Sonne nie ohne Filter durch ein Teleskop oder Fernglas betrachten. Haben Sie als Kind Blätter mit einer Lupe angekokelt? Die auf das Auge gebündelte Hitze wäre noch viel stärker. Auch dem Gerät schadet sie.

- Keine Rettungsfolie, Sonnenbrille, Schweißerbrille oder sonst ein „Hausmittel" verwenden, auch wenn im Internet etwas anderes steht!

- Keinen Filter an der Okularseite des Teleskops verwenden. Sie können heiß werden, zerspringen und den Augen schneller Hitzeschaden zufügen, als man wegschauen kann.

TIPPS

- Einen Sonnenfilter des Herstellers an der Objektivseite des Teleskops verwenden.

- Beim Beobachten der Sonne die Schutzkappe auf dem Sucher belassen, damit niemand versehentlich hindurchschaut. Tagsüber wird der Sucher ohnehin nicht benötigt.

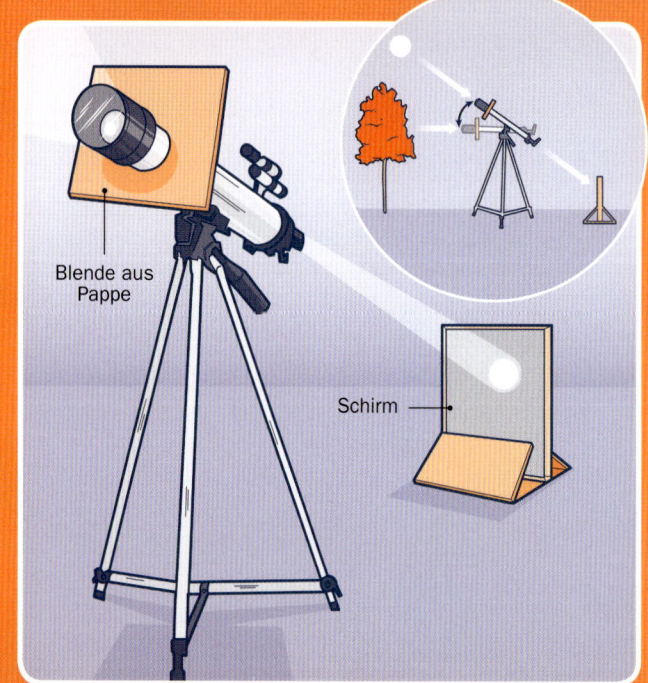

Blende aus Pappe

Schirm

219 PROJEKTION MIT EINEM TELESKOP

Auch wenn man durch ein Fernglas nie in die Sonne schauen soll, kann man damit oder mit einem kleinen Teleskop ein Abbild der Sonne auf einen Schirm projizieren. Das Gerät aber jederzeit im Auge behalten, damit niemand versehentlich durchs Okular blickt und sich die Augen ruiniert.

SCHRITT 1 Das Teleskop auf sein Stativ setzen. Für die Verwendung eines Fernglases ist ein Anschluss zum Stativ im Fachhandel erhältlich.

SCHRITT 2 Aus Pappe eine quadratische Blende für das Teleskop machen, damit die Projektion umschattet wird. Bei einem Fernglas einfach eine der Linsen abdecken.

SCHRITT 3 Das Teleskop oder Fernglas auf ein entferntes Objekt richten (nicht auf die Sonne, sondern einen Baum, ein Haus oder etwas anderes, das kein gleißendes Licht ist) und mit einem schwachen Okular auf unendlich fokussieren.

SCHRITT 4 Ein Stück weißen Karton oder anderes helles Material als Projektionsschirm aufstellen.

SCHRITT 5 Das Teleskop oder Fernglas auf die Sonne richten. Niemals durchs Okular schauen! Die Ausrichtung einstellen, bis ein Bild der Sonne am Schirm erscheint.

220 FLECKEN AUF DER SONNE

Dunkle Flecken auf der Sonne? *Sonnenflecken* sind etwas kühlere und darum dunklere Bereiche, die sich auf der Oberfläche der Sonne aufgrund von verdichteten inneren Magnetfeldern bilden. Galilei, der erste Hobbyastronom, zeichnete 1612 die Sonnenflecken ausführlich, und seit 400 Jahren werden sie genau dokumentiert, denn die Sonne gehört zu den wenigen Objekten, bei denen man in sehr kurzer Zeit Veränderungen beobachten kann. Sonnenflecken erscheinen meist zum Gipfel des 11-jährigen Sonnenfleckenzyklus, den regelmäßigen Fluktuationen der magnetischen Sonnenaktivität.

Die Sonne rotiert in etwa einem Monat (am Äquator schneller als an den Polen, da sie keine feste Kugel ist) und Sonnenflecken können Tage bis Wochen bestehen. Darum kann man ihrem Weg über den sichtbaren Teil der Sonne folgen: Beobachten Sie durch Projektion oder mit den hier beschriebenen Sicherheitsvorkehrungen die Sonne jede Woche zur gleichen Zeit über einen längeren Zeitraum.

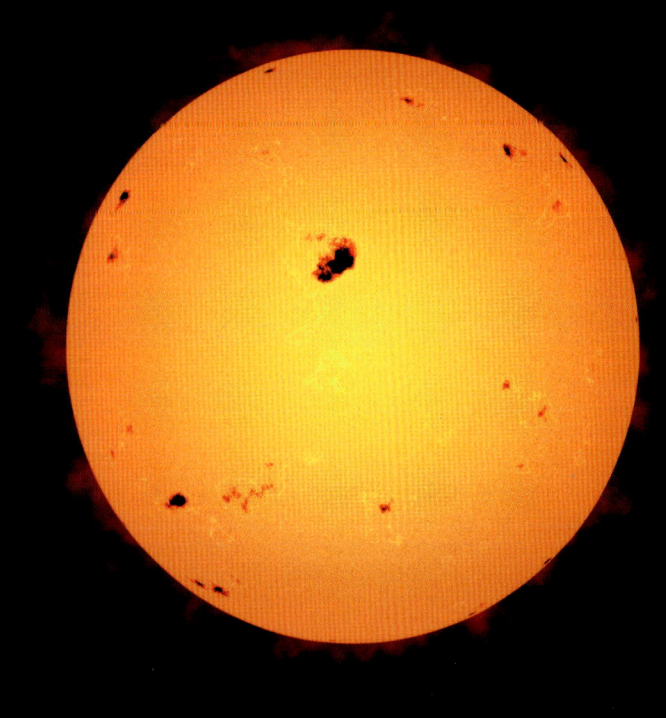

221 SONNENPROJEKTION MIT SPIEGEL UND WAND

Wer kein Fernglas oder Teleskop besitzt, kann die Sonne auch mit einem Spiegel an die Wand werfen und sicher beobachten.

SCHRITT 1 Man benötigt einen Spiegel. Die Spiegelfläche bis auf einen 5 mm breiten Fleck mit Pappe oder Kreppband abdecken.

SCHRITT 2 Den Spiegel auf ein Fensterbrett stellen – so, dass der freie Fleck etwas Sonnenlicht einfangen kann. Im Zimmer das Licht ausschalten und die Fenster verdunkeln, damit es möglichst dunkel ist.

SCHRITT 3 Den Spiegel drehen, bis er ein Bild der Sonne an die Wand wirft. Für bessere Sicht kann man auch ein leeres Blatt Papier als Projektionsschirm an die Wand kleben.

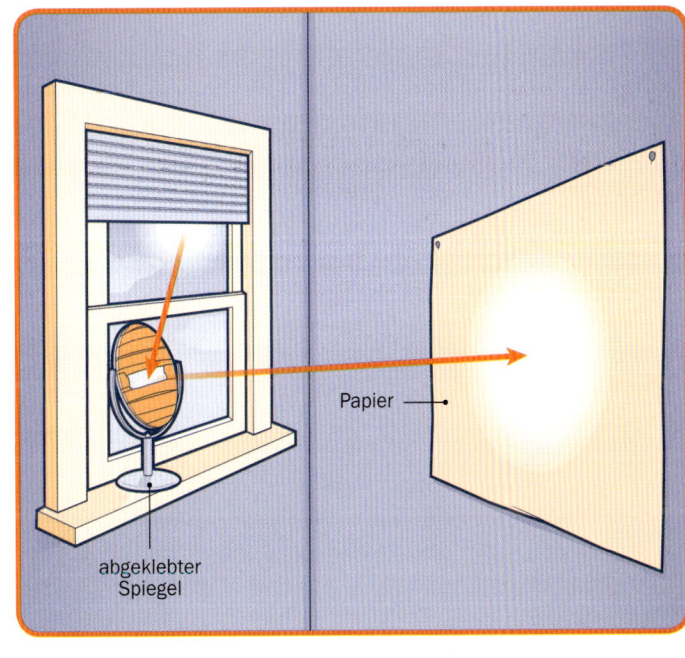

Papier

abgeklebter Spiegel

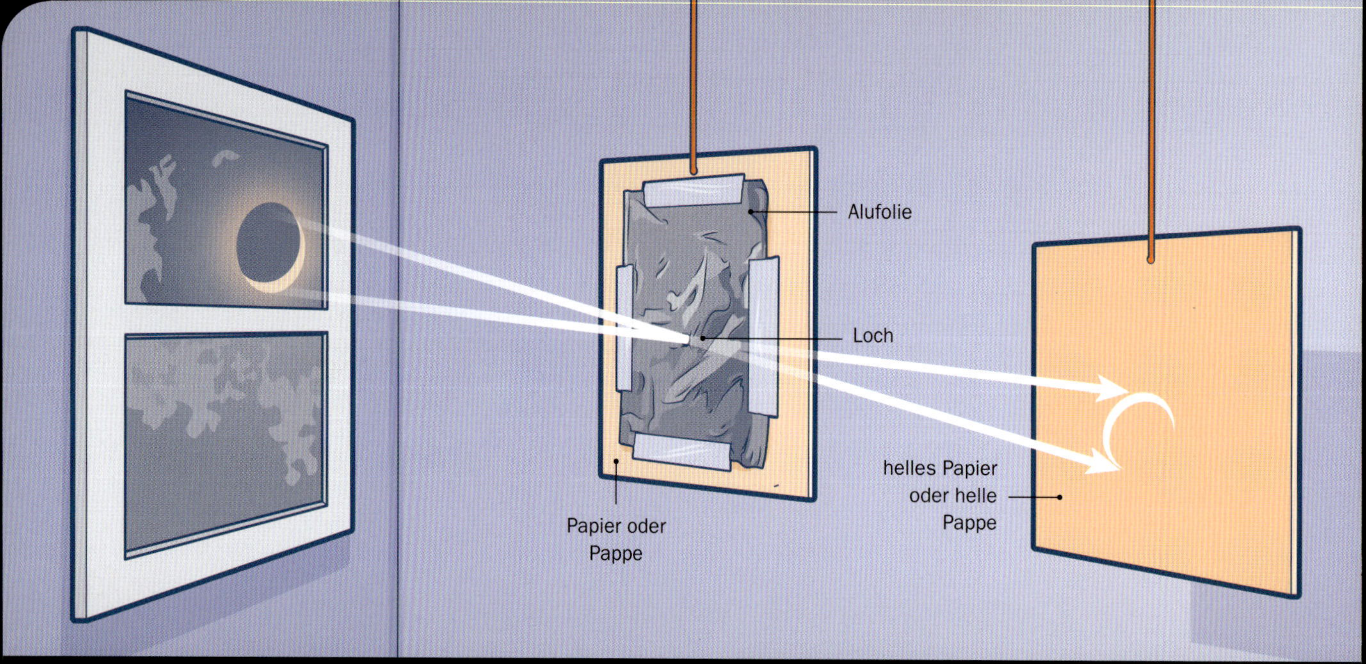

![Illustration der Lochkamera-Projektion einer Sonnenfinsternis]

Alufolie

Loch

helles Papier oder helle Pappe

Papier oder Pappe

222 SONNENFINSTERNIS DURCH EINE LOCHKAMERA

Steht eine Sonnenfinsternis an? Projizieren Sie ein Bild davon mit dieser einfachen Lochkamera. Dieser Klassiker aus der Kindheit schützt Ihre Augen und zeigt Ihnen die Finsternis in voller Pracht.

SCHRITT 1 In ein mindestens 30 x 30 cm großes Stück Papier oder Pappe ein kleines Loch in die Mitte schneiden.

SCHRITT 2 Über das Loch ein Stück Alufolie kleben und mit einer Nadel ein Loch in die Folie stechen.

SCHRITT 3 Ein zweites Stück (helles) Papier oder Pappe nehmen und beide Papiere so aufhängen oder halten, dass der Schatten des Lochs auf das zweite Papier fällt.

SCHRITT 4 Der entstehende Lichtkreis ist ein auf den Kopf gestelltes Abbild der Sonne. Nun können Sie die Sonne ohne Angst vor Netzhautschäden betrachten!

223 SONNENSICHT-BRILLEN

Auch wenn man damit keine Modenschau gewinnt, sind Sonnensichtbrillen praktisch und schützen vor dem Erblinden. Anders als bei einer Projektion kann man mit diesen stabilen, preiswerten und online verfügbaren Papierbrillen (nicht mit 3-D-Brillen verwechseln) direkt ins Geschehen blicken und nicht nur ein Abbild der Sonne sehen.

Für kleine Kinder sind Brillen mit einem großen Sichtfeld am einfachsten zu verwenden. Halten Sie die Brille zuerst vor Ihr Gesicht und blicken Sie dann langsam zur Sonne. Da die Filterfolie sehr dunkel ist, um das meiste Sonnenlicht zu blocken, werden Sie

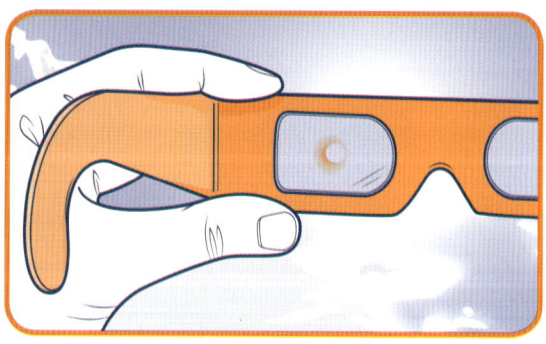

nicht viel erkennen können, bis Sie in Richtung Sonne blicken. Wenn Sie dann nach oben schauen, sollten Sie die Sonne ausgesprochen klar sehen können.

224 DIE FINSTERNIS DURCH BLÄTTER, EIN SIEB ODER DIE FINGER BETRACHTEN

Wussten Sie das: Wenn Sie unter einem belaubten Baum stehen und Flecken von Sonnenlicht auf Ihrem Gesicht spüren, sind Sie von Dutzenden winzigen Abbildern der Sonne bedeckt. Die Blätter des Baums funktionieren ähnlich wie eine Lochkamera.

Stellen Sie sich bei der nächsten Sonnenfinsternis unter einen Laubbaum und betrachten Sie die Finsternis über die Sonnenbilder am Boden oder an einer Wand

(A). Jeder Lichtkreis wird langsam vom Schatten des Mondes verschlungen. Wenn Sie gerade ein Küchensieb in Reichweite haben, können Sie auch das verwenden (B) – und zwar als Mehrfachlochkamera. Sehen Sie die vielen Abbilder der Finsternis auf jedem beliebigen Hintergrund. Man kann auch die eigenen Hände verwenden: Mit den Fingern ein Gitter formen und auf das Licht schauen, das durch die Finger dringt (C).

REISE ZUR SONNEN-FINSTERNIS

Generell gibt es im Jahr vier Finsternisse: zwei der Sonne, zwei des Mondes. Man hat also zahlreiche Gelegenheiten, eine zu beobachten – vor allem Mondfinsternisse, die jeder auf der Nachtseite der Erde sehen kann. (Mehr zur Beobachtung unter Nr. 75.)

Eine Sonnenfinsternis (ob ringförmig oder total: siehe Nr. 226) erwischt man nicht so einfach, aber man sollte sie einmal im Leben gesehen haben. Oft gibt es organisierte Reisen zu Sonnenfinsternissen oder Sie haben Glück und entdecken auf unserer Karte eine in Ihrer Nähe. Wenn Sie sich für die Reise entscheiden, planen Sie rechtzeitig: Hotels sind oft schon ein Jahr im Voraus ausgebucht.

Jeder Pfeil auf der Karte zeigt den Ort einer Sonnenfinsternis bis zum Jahr 2040 und das jeweilige Datum.

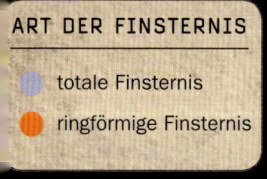

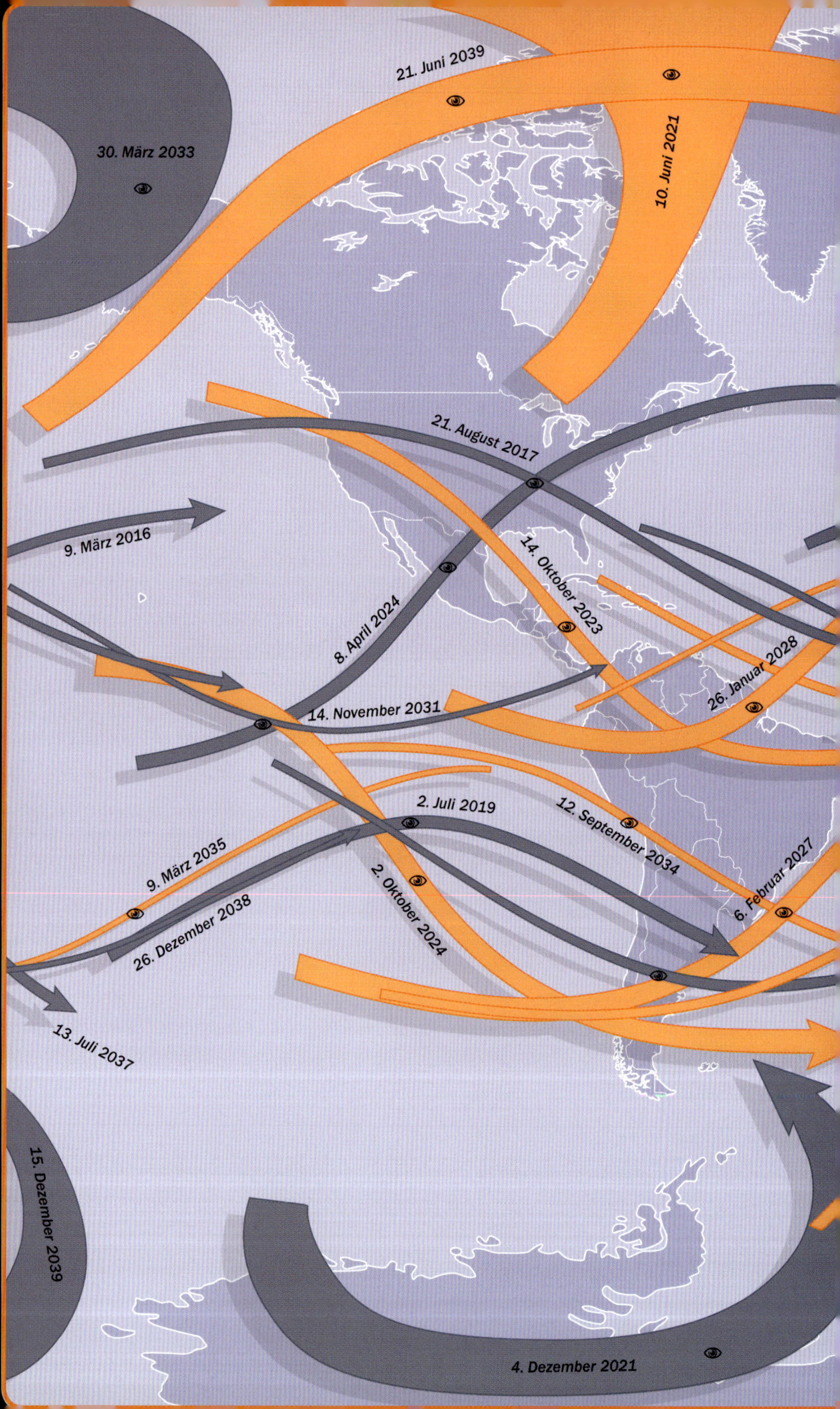

ART DER FINSTERNIS

totale Finsternis

ringförmige Finsternis

bester Beobachtungspunkt

21. Juni 2039

10. Juni 2021

30. März 2033

21. August 2017

9. März 2016

14. Oktober 2023

8. April 2024

26. Januar 2028

14. November 2031

2. Juli 2019

12. September 2034

9. März 2035

2. Oktober 2024

6. Februar 2027

26. Dezember 2038

13. Juli 2037

15. Dezember 2039

4. Dezember 2021

226 ARTEN VON SONNEN-FINSTERNISSEN

Zwar gibt es für gewöhnlich zwei Sonnenfinsternisse im Jahr, aber sie sind immer nur in einem sehr kleinen Bereich der Erde zu sehen. Um im Leben mehr als eine Eklipse zu sehen, muss man schon Glück haben (oder um die Welt reisen). Nicht alle Sonnenfinsternisse sind gleich; jede ist auf ihre Art besonders:

TOTALE SONNENFINSTERNIS An diese Art denkt man beim Wort „Sonnenfinsternis" am ehesten. Bei der totalen Finsternis wandert der Kernschatten des Mondes – die *Umbra* – auf einem schmalen Pfad über die Oberfläche der Erde. Der dunkle Mond bedeckt ein paar Minuten lang die helle Scheibe der Sonne.

PARTIELLE SONNENFINSTERNIS Hierbei wandert nur der Halbschatten des Mondes (die *Penumbra*) über einen Bereich der Erde: Wir sehen eine partielle Finsternis. Sie kann gleichzeitig mit einer totalen Finsternis auftreten, am Anfang oder am Ende der Totalität. Die Sonne sieht aus, als hätte man sie angebissen.

RINGFÖRMIGE SONNENFINSTERNIS Dazu kommt es, wenn der Mond auf seiner Bahn weiter von der Erde entfernt ist und der Kernschatten die Erde nicht ganz erreicht. Der Schatten, der bei einer ringförmigen Eklipse auf die Erde fällt, ist die *Antumbra*. Durch ein Teleskop mit Filter oder durch eine Finsternisbrille sieht man anstelle der Sonne einen Ring aus orangem Licht.

Etwas haben außer der totalen alle Sonnenfinsternisse gemeinsam: Man kann sie nicht mit bloßem Auge beobachten. Jeder Blick in die Sonne erfordert die richtigen Filter (siehe Nr. 182).

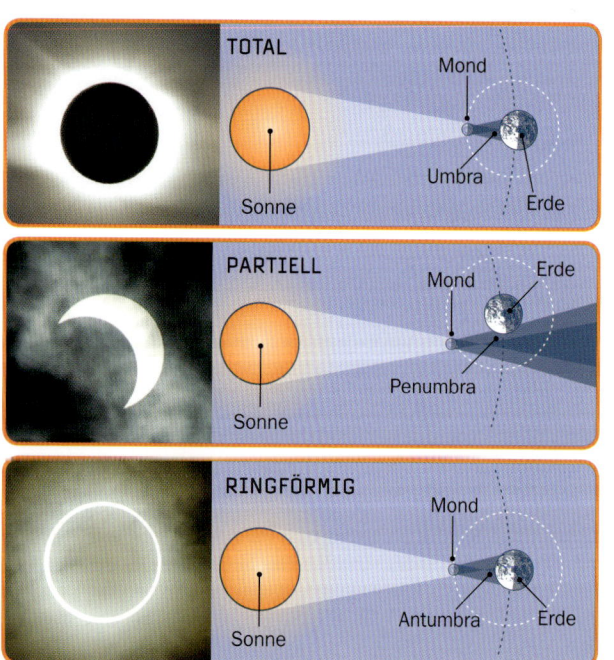

TOTAL

Sonne — Mond — Umbra — Erde

PARTIELL

Sonne — Mond — Erde — Penumbra

RINGFÖRMIG

Sonne — Mond — Antumbra — Erde

①

②

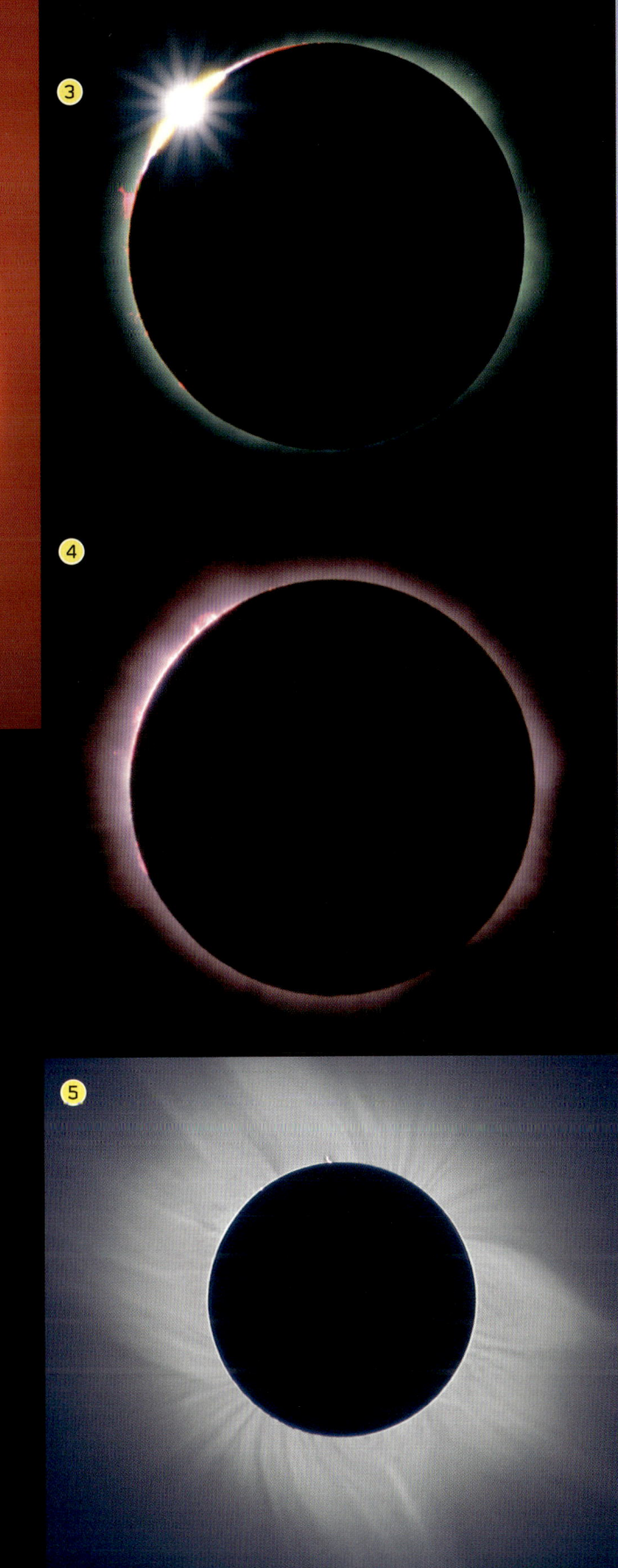

HIGHLIGHTS EINER TOTALEN SONNENFINSTERNIS

Eine Sonnenfinsternis kann bis zu 2 Stunden dauern, aber das Beste geschieht vor oder während der Totalität, die meist keine 7 Minuten dauert. Für folgende Phänomene sollten Sie also Ihre (geschützten) Augen offen halten:

❶ **ERSTER KONTAKT** Der erste Kontakt des Mondes mit der Sonnenscheibe ist der Beginn der Eklipse. In der folgenden halben Stunde verfinstert der Mond kontinuierlich die Sonne. Der „Biss" in die Sonne wird immer größer.

❷ **PERLSCHNUR-EFFEKT** Wenn sich die Täler des Mondes vor die Sonne schieben und die Photosphäre der Sonne hervorblitzt, entstehen Lichtpunkte um den Mondrand, die man als *Perlschnur-Effekt* bezeichnet.

❸ **DIAMANTRING-EFFEKT** Wenn der letzte Rest der Sonne verschwindet, sieht man den *Diamantring-Effekt*. Die innere Korona der Sonne bildet einen weißen Ring um den Mond und eine „Perle" flammt auf und ähnelt einem Diamanten auf einem Ring.

❹ **PROTUBERANZEN** Die obere Atmosphäre der Sonne ist eine dünne, kühle Schicht, die vor allem aus Wasserstoff besteht. Aufgrund ihrer Farbe nennt man sie *Chromosphäre*, man sieht diese Farbe aber nur bei einer Sonnenfinsternis. Auf der Chromosphäre kommt es ständig zu Ausbrüchen von leuchtenden Gaswolken, den *Protuberanzen*, die während einer Eklipse strahlend rosa erscheinen.

❺ **SONNENKORONA** Ist die Sonne völlig bedeckt, umgibt den Mond ein Ring aus hellem weißem Licht – so hell wie der Vollmond. Das ist die *Sonnenkorona*, die äußere Plasmaatmosphäre der Sonne. Sie ist so dünn und schwach, dass man sie von der Erde aus nur bei einer Bedeckung der Sonnenscheibe sehen kann.

228
AUSWIRKUNGEN DER SONNENFINSTERNIS AUF DER ERDE

Im Altertum sah man die Sonnenfinsternis als (meist unheilvolles) Zeichen der Götter. Auch heute erleben sie manche Beobachter als religiöse Erfahrung. Zweifellos sollte man sie nicht verpassen, wenn sich die Gelegenheit bietet. Beim Blick auf den Himmel übersehen wir jedoch oft die Auswirkungen der Eklipse auf der Erde.

ANDERES LICHT Etwa 20 Minuten vor der Totalität verändert sich das Licht zu einer Art Dämmerung. Wenn die Totalität beginnt, rast der Mondschatten schneller als mit Überschallgeschwindigkeit auf uns zu.

VERWIRRTE TIERE In der Dämmerungsphase vor der Eklipse ertönen die Geräusche von Nachttieren – etwa Grillen und Frösche, die man sonst abends hört. Wenn die Totalität endet und das Licht zurückkehrt, singen die Morgenvögel, verwirrt von der kurzen Dunkelheit.

TEMPERATURABFALL Während der Finsternis kühlt es merklich ab, wenn die Temperatur der Erde unter dem Mondschatten um etwa 5 °C fällt. Auch Veränderungen von Windstärke und Windrichtung wurden bereits wahrgenommen.

FLIEGENDE SCHATTEN Halten Sie Ausschau nach *fliegenden Schatten* – helle und dunkle gewellte Bänder, die sich über den Boden bewegen. Sie entstehen aufgrund einer ungewöhnlichen Lichtbrechung und atmosphärischen Winden. Am besten sieht man die Bänder auf einem weißen Blatt Papier am Boden – sie ähneln den Welleneffekten am Boden eines Swimmingpools.

GLÜHENDER HORIZONT Drehen Sie sich während der Totalität herum, um den Horizont zu sehen. Er ist rundherum in oranges Licht getaucht. Dieser Effekt entsteht, weil man zu entfernten Bereichen der Erde blickt, die sich außerhalb des Mondschattens befinden.

229 DER NEPTUN

Der blaue, eisige Gasplanet Neptun ist nach dem römischen Gott des Meeres benannt. Er ist der dichteste Gasplanet und von allen Planeten am weitesten von der Sonne entfernt. Er liegt nahe dem Kuipergürtel und ist mit bloßem Auge unsichtbar.

DURCHMESSER 49 000 Kilometer, also ungefähr 6,6-mal so groß wie die Erde

MASSE 102,4 Quadrillionen kg – das 17-Fache der Erdmasse

ENTFERNUNG ZUR SONNE Durchschnittlich 4,5 Milliarden km, also etwa 30-mal weiter als die Entfernung zwischen Erde und Sonne. Manchmal ist Neptun der Sonne noch ferner als Pluto – was an der exzentrischen Umlaufbahn Plutos liegt.

LÄNGE EINES JAHRES Fast 165 Erdenjahre

LÄNGE EINES TAGES Rund 16 Stunden

ENTDECKUNG Galilei beobachtete Neptun erstmals im Jahr 1613, identifizierte ihn jedoch nicht als Planet. Offiziell wurde Neptun erst 1846 entdeckt, als Astronomen mittels Mathematik um seinen Nachweis wetteiferten. Neptun war der erste Planet, der durch Berechnungen entdeckt wurde. Von der kuriosen Umlaufbahn des Uranus ausgehend vermuteten Mathematiker, dass ein anderer, fernerer Planet gravitativ auf Uranus einwirken musste – nämlich Neptun.

SCHWERKRAFT Die Schwerkraft des Neptun beträgt auf der Oberfläche etwa 1,14-mal so viel wie auf der Erde. Wer auf der Erde 45 kg schwer ist, wiegt auf dem Neptun 52 kg – vorausgesetzt, es gäbe dort eine feste Oberfläche, auf der man stehen könnte.

ERFOLGREICHE MISSIONEN
1989: Vorbeiflug *Voyager 2* (USA)

MAGNETFELD Das Magnetfeld des Neptuns ist 27-mal stärker als jenes der Erde – vor allem aufgrund der um fast 50° zur Rotationsachse geneigten magnetischen Pole. Das gibt dem Kern des Neptuns den zusätzlichen Drall, um ein kraftvolles Magnetfeld erzeugen zu können.

AUFBAU Auch wenn das Innere der Gasplaneten noch nicht erforscht ist, lassen Modelle auf einen Gesteinskern des Neptuns schließen, umgeben von Eis und einer Gashülle, die vorwiegend aus Wasserstoff und Helium besteht.

RINGE Die Raumsonde *Voyager 2* bestätigte 1989 das vermutete Vorhandensein von Neptunringen. Die Ringe sind fein und schwach und für Amateur- und sogar die meisten Profiteleskope nicht zu sehen. Eines Tages wird Neptun einen deutlicheren Ring haben: Wenn sein Mond Triton angezogen und zerbersten wird.

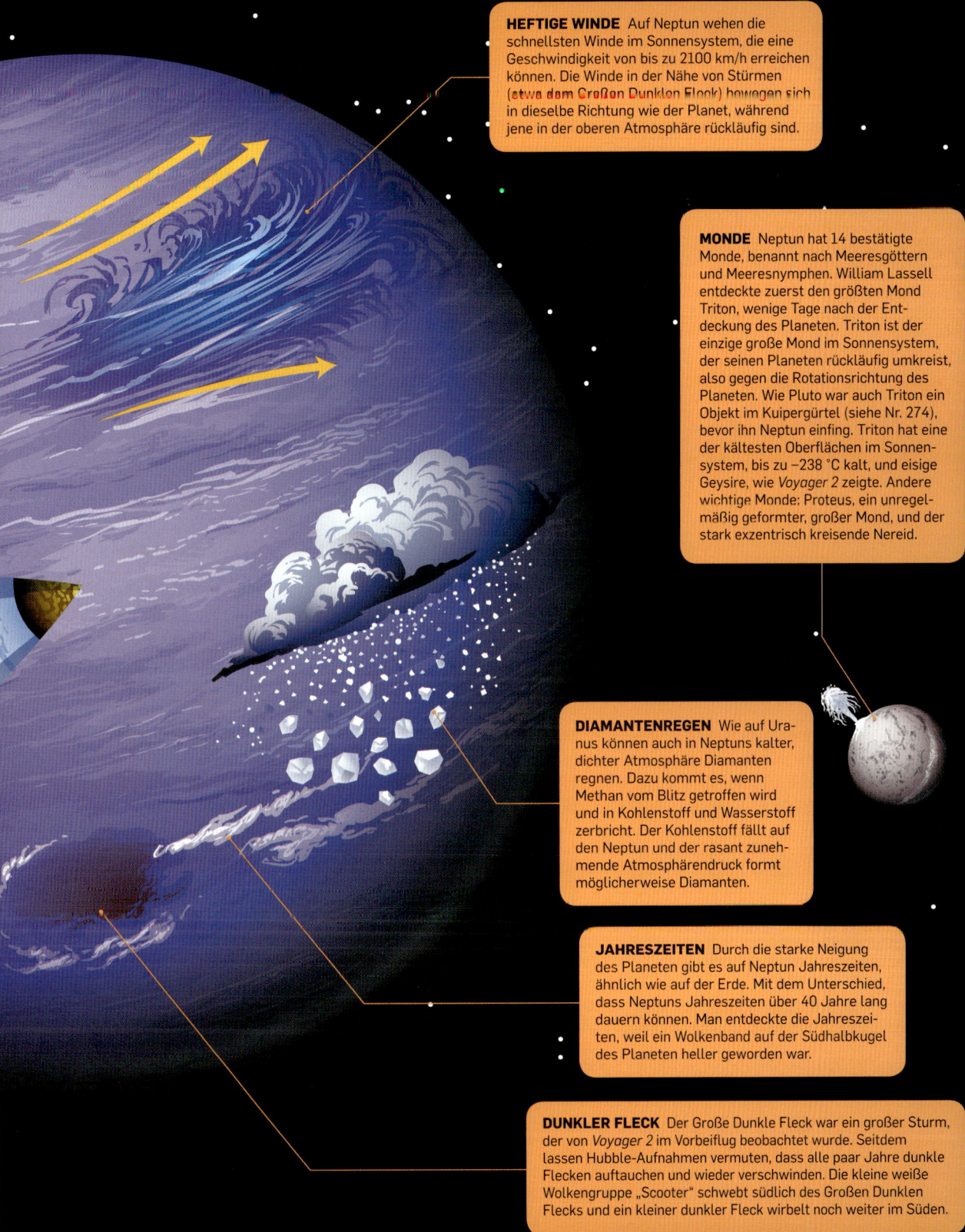

HEFTIGE WINDE Auf Neptun wehen die schnellsten Winde im Sonnensystem, die eine Geschwindigkeit von bis zu 2100 km/h erreichen können. Die Winde in der Nähe von Stürmen (etwa dem Großen Dunklen Fleck) bewegen sich in dieselbe Richtung wie der Planet, während jene in der oberen Atmosphäre rückläufig sind.

MONDE Neptun hat 14 bestätigte Monde, benannt nach Meeresgöttern und Meeresnymphen. William Lassell entdeckte zuerst den größten Mond Triton, wenige Tage nach der Entdeckung des Planeten. Triton ist der einzige große Mond im Sonnensystem, der seinen Planeten rückläufig umkreist, also gegen die Rotationsrichtung des Planeten. Wie Pluto war auch Triton ein Objekt im Kuipergürtel (siehe Nr. 274), bevor ihn Neptun einfing. Triton hat eine der kältesten Oberflächen im Sonnensystem, bis zu −238 °C kalt, und eisige Geysire, wie *Voyager 2* zeigte. Andere wichtige Monde: Proteus, ein unregelmäßig geformter, großer Mond, und der stark exzentrisch kreisende Nereid.

DIAMANTENREGEN Wie auf Uranus können auch in Neptuns kalter, dichter Atmosphäre Diamanten regnen. Dazu kommt es, wenn Methan vom Blitz getroffen wird und in Kohlenstoff und Wasserstoff zerbricht. Der Kohlenstoff fällt auf den Neptun und der rasant zunehmende Atmosphärendruck formt möglicherweise Diamanten.

JAHRESZEITEN Durch die starke Neigung des Planeten gibt es auf Neptun Jahreszeiten, ähnlich wie auf der Erde. Mit dem Unterschied, dass Neptuns Jahreszeiten über 40 Jahre lang dauern können. Man entdeckte die Jahreszeiten, weil ein Wolkenband auf der Südhalbkugel des Planeten heller geworden war.

DUNKLER FLECK Der Große Dunkle Fleck war ein großer Sturm, der von *Voyager 2* im Vorbeiflug beobachtet wurde. Seitdem lassen Hubble-Aufnahmen vermuten, dass alle paar Jahre dunkle Flecken auftauchen und wieder verschwinden. Die kleine weiße Wolkengruppe „Scooter" schwebt südlich des Großen Dunklen Flecks und ein kleiner dunkler Fleck wirbelt noch weiter im Süden.

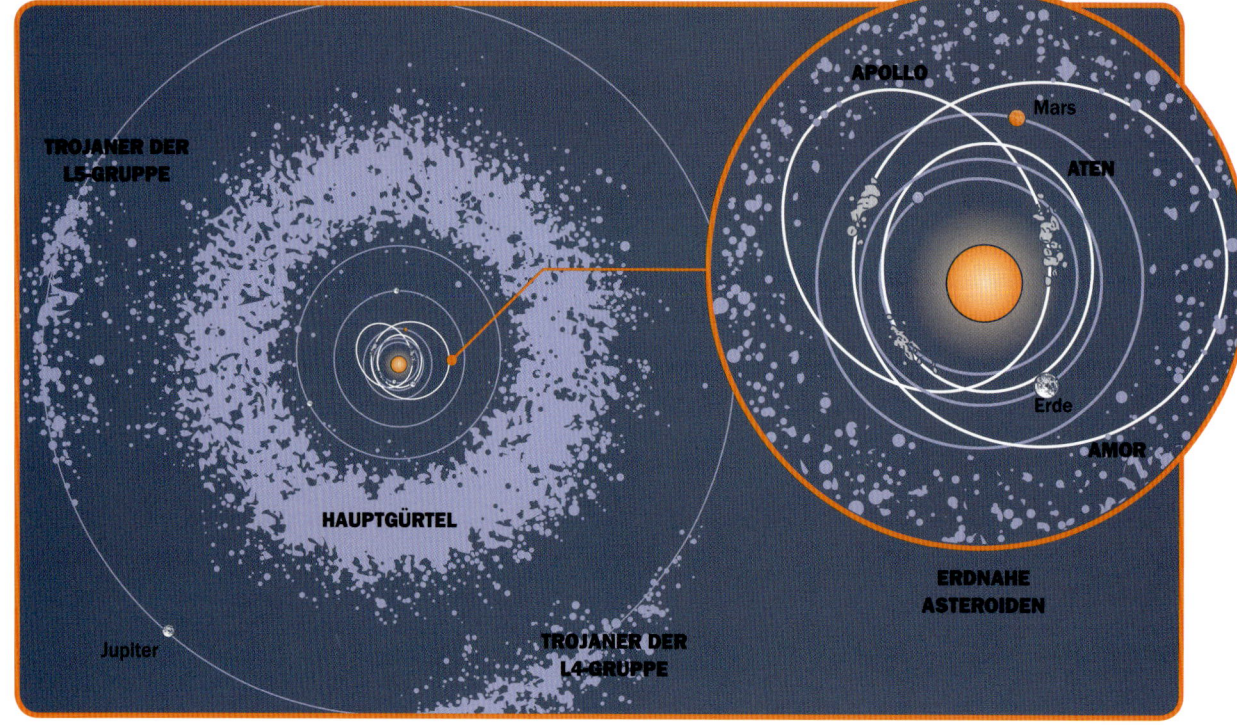

Im Bild beschriftet: TROJANER DER L5-GRUPPE · HAUPTGÜRTEL · Jupiter · TROJANER DER L4-GRUPPE · APOLLO · Mars · ATEN · Erde · AMOR · ERDNAHE ASTEROIDEN

230 WAS SIND ASTEROIDEN?

Bruchstücke aus den frühen Tagen des Sonnensystems nennt man *Asteroiden* – lockere Gesteinsbrocken ohne Atmosphäre, die um die Sonne kreisen und zu klein sind, um als Planet zu gelten. Es gibt kieselgroße und größere Klumpen. Es sind 26 Asteroiden mit einem Durchmesser von über 200 Kilometern bekannt, aber es gibt viel mehr. Die Asteroiden unseres Sonnensystems sind in drei große Kategorien unterteilt.

HAUPTGÜRTEL Die meisten Asteroiden befinden sich in einem Gürtel zwischen den Bahnen von Mars und Jupiter. Dieser Hauptgürtel enthält über 200 Asteroiden mit einem Durchmesser von über 100 Kilometern. Man vermutet bis zu 2 Millionen Asteroiden, die größer als 1 Kilometer sind – und noch Milliarden kleinere.

ERDNAHE ASTEROIDEN Die *erdnahen Asteroiden* kommen der Erdumlaufbahn sehr nahe. Die drei wichtigsten Typen sind: die Amor-Asteroiden, die der Erde nahe kommen, aber ihre Bahn nicht kreuzen; die Apollo-Asteroiden, deren Bahnen jene der Erde kreuzen, die sich aber meist außerhalb der Erdbahn befinden; und die Aten-Asteroiden, die unsere Bahn nicht nur kreuzen, sondern sich auch meistens darin befinden. Asteroiden, die tatsächlich die Erdbahn kreuzen, gehören zu den *erdnahen Objekten*, die schon für so manche Weltuntergangsangst gesorgt haben. Aktuell sind etwa 14 000 erdnahe Asteroiden bekannt; die Anzahl der über 1 Kilometer großen könnte bei 1000 liegen. Es gibt Dutzende potenziell gefährliche Asteroiden, aber mit 30 bis 40 Jahren Spielraum hätten wir Zeit, um eine Abwehr zu entwickeln.

TROJANER Der französische Mathematiker Joseph-Louis Lagrange prognostizierte die Existenz und Lage zweier Gruppen aus kleinen Objekten, die auf der Jupiterbahn um die Sonne kreisen – bei den zwei gravitativ stabilen Punkten L4 und L5. Man kann sich die Lage der Gruppen vorstellen, indem man eine gerade Linie zwischen Jupiter und Sonne zieht. Die Trojaner liegen links und rechts dieser Linie auf der Jupiterbahn. Die führende Gruppe vor Jupiter auf der Bahn ist Punkt L4. Sie enthält 65 % von 4800 bekannten Trojanern. Die Gruppe, die hinter Jupiter die Sonne umkreist, enthält den Rest. Andere Planeten haben ebenfalls Trojaner auf ihren Bahnen, auch die Erde.

DIE FASZINIERENDSTEN ASTEROIDEN

TOP FÜNF

Diese interessanten Brocken aus dem Bereich zwischen Mars und Jupiter werden oft als *Protoplaneten* angesehen – Planeten im Frühstadium, die sich aufgrund der starken Schwerkraft des Jupiters nie ganz entwickelten. Hier sind einige tolle Exemplare. (Mehr zum Thema Asteroidenjagd unter Nr. 280.)

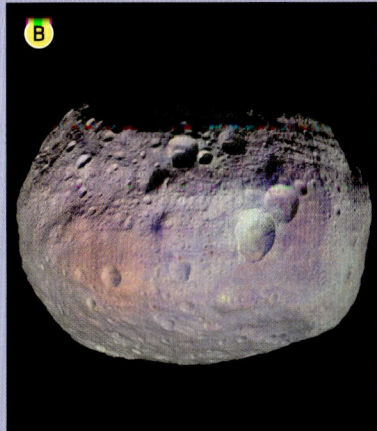

CERES Der größte Körper im Hauptgürtel ist ein Zwergplanet. Ceres (A) hat einen Durchmesser von 950 km und macht ein Drittel der Masse im Hauptgürtel aus. Kein Wunder, dass er als Erstes entdeckt wurde! (Und zwar 1801 von Guiseppe Piazzi.) Ceres ist groß genug, dass ihn sein Eigengewicht zu einer Kugel geformt hat, und er hat ein differenziertes Inneres, das von einer 65 km dicken Eisschicht ummantelt ist. Oft stößt Ceres Wasserdampf aus. Mit einem guten Fernglas oder einem kleinen Teleskop kann man Ceres mehrmals im Jahr als kleinen, unbewegten Punkt sehen. Eine Planetenfinder-App sagt Ihnen, wann.

VESTA Von der Erde aus am hellsten zu sehen ist Vesta (B), der zweitgrößte Asteroid, der wie der größere Ceres einen differenzierten Kern hat. Er hat die Form einer abgeflachten Kugel und eine interessante Oberfläche: Es gibt Hinweise darauf, dass dort einst Lava floss und eine Kruste über dem Gesteinsmantel des Asteroiden bildete. Das markanteste Merkmal der Oberfläche sind jedoch die großen Krater. Einer davon erstreckt sich 460 km weit über den 525 km breiten Asteroiden. Bruchstücke aus den Einschlägen gelangten bis zur Erde: die HED-Meteoriten (Howardite-Eukrite-Diogenite).

EROS Dieser Asteroid war oft Erster: erster entdeckter erdnaher Asteroid, erster von einer Raumsonde umrundeter Asteroid und der erste, auf dem eine Raumsonde landete. Eros (C) kreuzt die Bahn des Mars, erreicht die Erdbahn aber nicht ganz, sodass er zur Amor-Gruppe gezählt wird. Im Jahr 1975 wurde Eros ganz genau beobachtet, als er nur 22,5 Millionen Kilometer von der Erde entfernt war. Das ist etwa das 60-Fache der Entfernung zwischen Erde und Mond. Eros ist mit großen Felsbrocken übersät und ist aufgrund seiner Erdnussform Veränderungen seiner Schwerkraft ausgesetzt.

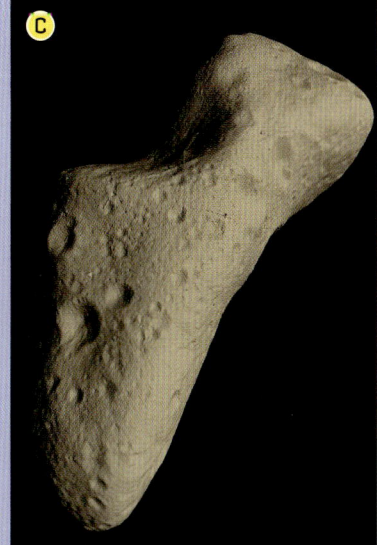

JUNO Dieser steinige Kleinplanet ist einer der größeren Asteroiden im Hauptgürtel und seine ungewöhnlich reflektierende Oberfläche weckt großes Interesse. Juno hat eine kleine, unregelmäßige Form – was ihn als Zwergplanet disqualifiziert – und eine der exzentrischsten Umlaufbahnen aller bekannter Objekte im Sonnensystem, die stark von einer Kreisform abweicht.

PALLAS Pallas ist der zweite entdeckte Asteroid (1802 von Heinrich Wilhelm Olbers) und etwas größer als Vesta. Er hat aber weniger Masse, etwa 22 % der Masse von Ceres. Es gibt Hinweise darauf, dass er teils differenziert ist, was ihn zu einem Protoplaneten (wie Ceres und Vesta) machen würde. Pallas hat eine ungewöhnliche, um 34,8° geneigte Umlaufbahn.

232 MIT DEN KOMETEN DURCH DAS SONNENSYSTEM

Kometen gehören zu jenen Objekten, die Astronomen am liebsten in ihrer Nähe haben – nur nicht *zu* nahe. Kein Komet gleicht dem anderen und jeder verändert sich mit der Zeit, wird in Sonnennähe heller und in den kalten Tiefen des Sonnensystems wieder dunkler. Das geschieht über Wochen oder Monate, man hat also genug Zeit für Beobachtungen. Zwar sind immer nur wenige Kometen für größere Teleskope zu sehen, aber alle paar Jahre sind auch welche für kleinere Teleskope und Ferngläser dabei. Die sogenannten „großen Kometen", die man auch sieht, ohne sie zu suchen, erlebt man mit Glück ein paar Mal im Leben.

Was also ist ein Komet? Trotz vielen Unterschieden haben Kometen auch einige Gemeinsamkeiten:

A KERN Der Kern eines Kometen besteht aus Eis, gefrorenen Gasen, Gestein und Staub – ähnlich wie ein richtig schmutziger Schneeball. Auf seinem Weg durch das äußere Sonnensystem ist er sehr stabil.

B KOMA Nähert sich der Komet der Sonne, erwärmt er sich, entwickelt eine Koma – eine Art neblige Hülle um den Kern – und verströmt eine Spur aus Gas (genauer gesagt: Ionen und Plasma). Da der Gasschweif vom Sonnenwind weggeblasen wird, zeigt er immer von der Sonne weg. (So wie Haare von einem Ventilator weggeweht werden.)

C SCHWEIF Nähert sich der Komet noch weiter der Sonne, brechen Stücke von Staub und Gestein ab und bilden einen zweiten Schweif – den *Staubschweif*. Die Staubspur, die der Komet hinterlässt, erinnert an Brotkrümel, die auf derselben Bahn fliegen. Kreuzt die Erde diese Schweife, sehen wir Meteorschauer (siehe Nr. 89).

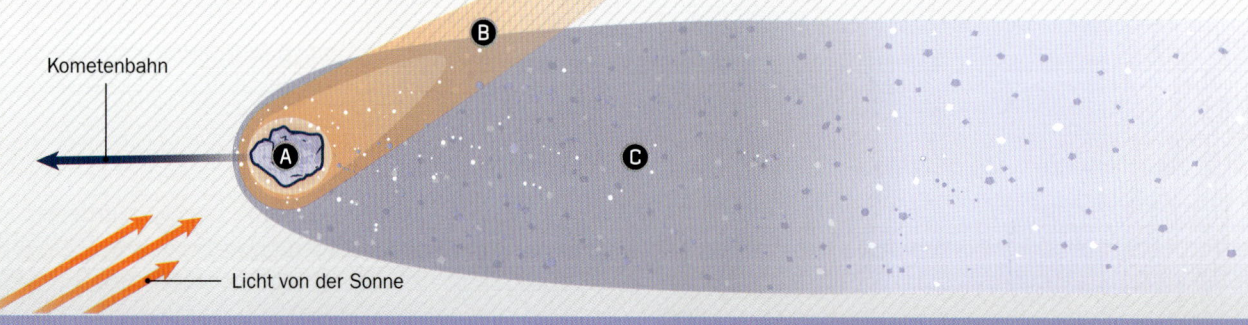

Kometenbahn

Licht von der Sonne

233 KOMETEN-NAMEN

Kometennamen sind kompliziert, wie der bekannte und recht neu entdeckte C/2014 Q2 (Lovejoy). Was bedeuten die Zahlen und Buchstaben? Der erste Buchstabe – meist P oder C – bezeichnet die *Periode*. Kurzperiodische Kometen (mit „P" gekennzeichnet) stammen meist aus dem Bereich zwischen Jupiter und dem Kuipergürtel. Ihre Bahnen liegen oft auf der Ebene unseres Sonnensystems und sie kommen etwa alle 200 Jahre an uns vorbei. Langperiodische Kometen (mit „C" gekennzeichnet) kommen aus einem großen Bereich jenseits von Pluto: aus der Oortschen Wolke. Sie haben oft eine exzentrische Bahn und passieren die Sonne alle paar tausend bis Millionen Jahre. Manche kehren nie zurück.

Die erste Zahl ist das Jahr, in dem der Komet entdeckt wurde (C/2014 Q2 wurde also im Jahr 2014 entdeckt). Der

zweite Buchstabe ergibt sich aus der Aufteilung eines Jahres in 24 Teile: ein Buchstabe für jeden Halbmonat. In unserem Beispiel steht „Q" für die zweite Augusthälfte. Die letzte Zahl, in diesem Fall „2", sagt uns, dass es der in diesem Halbmonat zweite entdeckte Komet war. Schließlich wird noch oft der Name des Entdeckers angehängt – im Beispiel also Terry Lovejoy.

Auch Roboterteleskope suchen nach Kometen und manche Kometen tragen Roboternamen: etwa Pan-STARRS, das im Juni 2011 einen Kometen entdeckte.

234 TOP FÜNF EINIGE BEDEUTENDE KOMETEN

Die meisten Objekte am Himmel folgen berechenbaren Abläufen und erscheinen dem Sterngucker immer gleich. Aber etwa einmal pro Generation zieht ein aufregender, mit bloßem Auge sichtbarer Komet einige Wochen oder Monate lang über den Himmel. Meist tauchen sie überraschend aus den Tiefen des eisigen äußeren Sonnensystems auf.

☐ **HALLEYSCHER KOMET** Der Halleysche Komet ist der wohl bekannteste Komet. Er dreht seine Runden durch das innere Sonnensystem und kehrt alle 76 Jahre in Sonnennähe zurück, sodass ihn ein Mensch zweimal im Leben sehen könnte. Sein Namensgeber Sir Edmond Halley prognostizierte die Rückkehr des 15 Kilometer großen Kometen für 1758. Zuletzt war er 1986 von der Erde aus zu sehen; die nächste Wiederkehr soll im Jahr 2061 stattfinden.

☐ **HYAKUTAKE** Dieser 3 Kilometer große Komet erschien erstmals 1996. Sein Schweif erstreckte sich von der Erde aus gesehen über 100° und war somit einer der größten, die je beobachtet worden waren. Entdeckt hatte ihn ein japanischer Hobbyastronom mit einem Fernglas. Der Komet war drei Monate lang mit dem bloßen Auge zu sehen. Laut astronomischen Berechnungen wird seine Bahn erst in 14 000 Jahren wieder die Sonne passieren. Das Warten lohnt sich also nicht.

☐ **SWIFT-TUTTLE** Der 10 Kilometer große Komet Swift-Tuttle wurde erstmals im Juli 1862 von den Astronomen Lewis Swift und Horace Tuttle entdeckt. Der Komet hat eine Umlaufzeit von 133 Jahren und wurde 1992 wiederentdeckt. Im Jahr 2126 wird er viele Millionen Kilometer entfernt an der Erde vorbeirasen.

☑ **HALE-BOPP** Er ist einer der hellsten Kometen, die je gesehen wurden (Bild oben). Alan Hale und Thomas Bopp entdeckten ihn 1995 außerhalb der Jupiterbahn. Analysen ergaben, dass seine Helligkeit auf seine enorme Größe zurückzuführen war. Während die meisten Kometen zwischen 1,5 und 3 Kilometer groß sind, schätzte man Hale-Bopp auf 40 Kilometer Durchmesser. Man sah ihn 19 Monate lang selbst am Stadthimmel mit bloßem Auge. In 2400 Jahren kehrt er zurück.

☐ **LOVEJOY** Der Komet Lovejoy wurde im November 2011 vom australischen Sterngucker Terry Lovejoy entdeckt. Der grün leuchtende Komet gehört zu den wenigen sonnennahen Kometen und überraschte Astronomen, als er die Sonne nur 140 000 Kilometer über der Oberfläche unbeschadet passierte. (Der Abstand beträgt nur ein Drittel der Entfernung zwischen Erde und Mond.) Die grüne Farbe entsteht durch zweiatomigen Kohlenstoff (C_2), aktiviert vom Sonnenlicht. Der Komet kehrt erst in 800 Jahren wieder.

235 DAS NETZ AUFSPÜREN

Das Netz ist eines der kleinsten Sternbilder am Himmel und liegt mit seinen lichtschwachen Sternen auf halbem Weg zwischen Achernar (Alpha Eridani) und Kanopus (Alpha Carinae). Zu seinen Nachbarn zählen die Kleine Wasserschlange und die Pendeluhr.

Das Netz wurde von Isaak Habrecht ursprünglich „Rhombus" genannt, aber der französische Astronom Nicolas-Louis de Lacaille änderte den Namen in „Reticulum" – das feine Liniennetz in einem Okular, das beim Anpeilen und Messen von Sternpositionen hilft.

Der hellste Stern im Netz ist Alpha Reticuli, dessen Status sich zwischen Riese und *Heller Riese* (ein Riese an der Grenze zum Überriesen) befindet. Alpha Reticuli strahlt mit einer Helligkeit von 3,3 mag – über 160 Lichtjahre von unserem Sonnensystem entfernt.

R Reticuli ist noch ein interessanter Anblick im Netz. Dieser ziemlich rote veränderliche Stern leuchtet mit einer maximalen Helligkeit von 6,4 mag. In einer Periode von neun Monaten fällt sie auf 14, bevor sie wieder mit stärkster Kraft leuchtet. In einigen Millionen Jahren wird sich R Reticuli in einen Weißen Zwerg verwandeln.

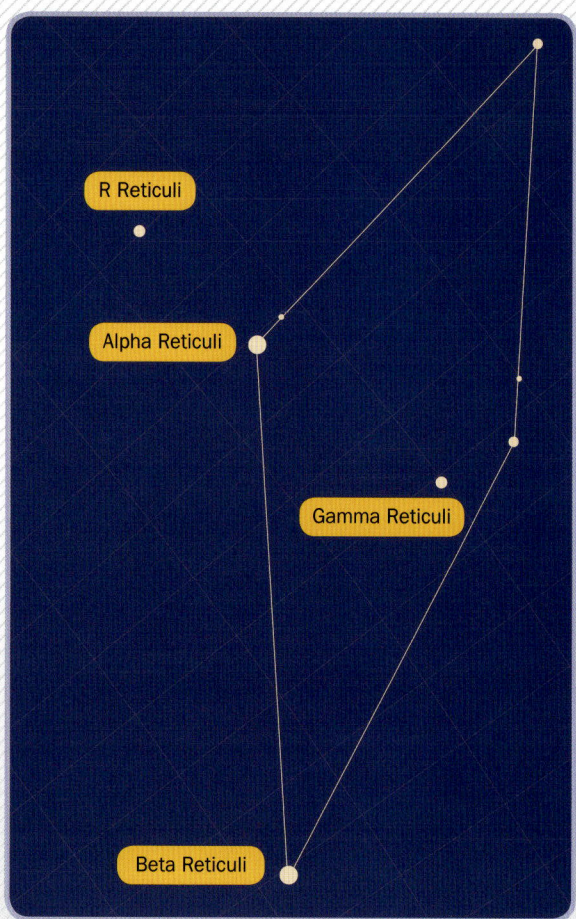

236 BLICK AUF DEN PFEIL

Auch der Pfeil ist nur ein kleines Sternbild, aber dennoch leicht zu finden – auf halbem Weg zwischen Atair (Alpha Aquilae) im Adler und Albireo (Beta Cygni, siehe Nr. 191). Er entspricht wirklich seinem Namen: Bereits die alten Hebräer, Perser, Araber, Griechen und Römer sahen in dieser Sterngruppe einen Pfeil. Für die einen war es der Pfeil, mit dem Apollo den Zyklopen tötete, für die anderen der Pfeil, den Herkules auf die Stymphalischen Vögel schoss oder auch Amors Pfeil.

Außer am südlichen Polarkreis kann man den Pfeil überall auf der Erde sehen. Zu seinen spektakulärsten Sternen gehört der Blaue Riese U Sagittae, ein bedeckungsveränderlicher Doppelstern, dessen Helligkeit alle 3,4 Tage von 6,5 auf 9,3 mag fällt und der hoch über den Hauptsternen des Pfeils steht. V Sagittae ist

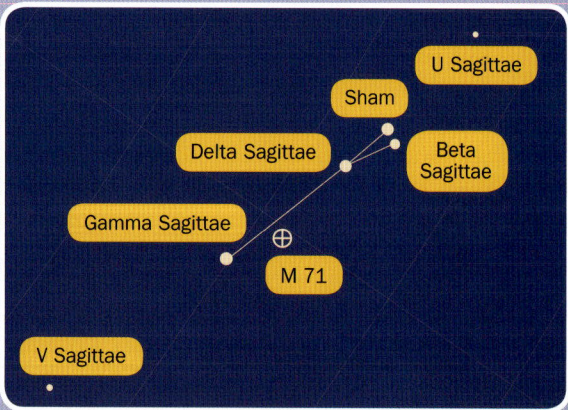

schwach und wechselt in Helligkeit von 8,6 zu 13,9 mag; seine fast allnächtliche Variation macht ihn interessant. Vor langer Zeit war er vermutlich eine Nova. Südlich des Mittelpunkts auf der Linie zwischen Delta und Gamma Sagittae liegt der Sternhaufen M 71 (NGC 6838).

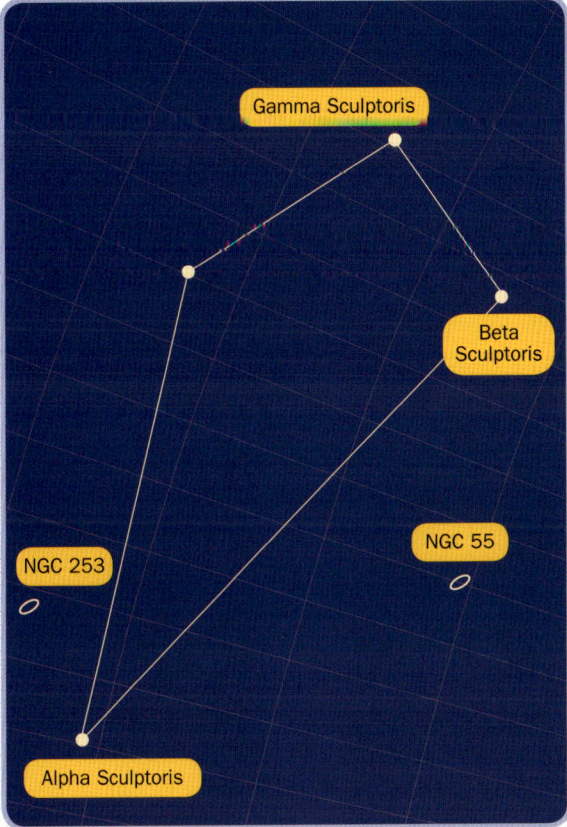

237 DEM BILDHAUER ZUSEHEN

Der Bildhauer wurde von Nicolas-Louis de Lacaille ursprünglich *Atelier du Sculpteur* (Werkstatt des Bildhauers) genannt. Er liegt südlich der Sternbilder Wassermann und Walfisch. Sein Highlight ist eine kleine Gruppe aus nahen Spiralgalaxien.

Für Sterngucker mit kleinen Teleskopen ist die Sculptor-Galaxie (NGC 253) ein lohnenswerter Anblick, besonders auf der Südhalbkugel. Die Galaxie ist sehr groß und fast ganz von der Seite zu sehen. Entdeckt wurde sie 1783 von Caroline Herschel, die auf der Suche nach Kometen war. Im Fernglas erscheint sie als dicker Strich und mit größeren Instrumenten erkennt man die Struktur, die auch auf Fotos zu sehen ist.

Eine weitere seitlich gesehene Galaxie ist NGC 55, die durch ein 8-Zoll-Teleskop (200 mm) an einem Ende merklich heller erscheint als am anderen. NGC 55 liegt auf halbem Weg zur Sculptor-Gruppe, einer Ansammlung von Galaxien mit NGC 253 und unsere nächsten Nachbarn zur Lokalen Gruppe (eine Gruppe aus über 50 Galaxien, zu der auch die Milchstraße gehört).

238 DEN SCHILD FINDEN

Der Schild ist ein kleines Sternbild ohne helle Sterne. Dennoch ist er am dunklen Himmel leicht zu finden, da er genau über dem Teekessel des Schützen liegt, am anderen Rand der Milchstraße. Johannes Hevelius erdachte das Sternbild im späten 17. Jahrhundert und gab ihm den Namen *Scutum Sobiescianum* (Schild des Sobieski) – zu Ehren des polnischen Königs Jan Sobieski, der 1683 türkische Belagerer vertrieb. Auch ohne helle Sterne gibt es im Schild einiges zu entdecken, etwa den Wildentenhaufen (M 11/NGC 6705). Dieser offene Sternhaufen ist im Fernglas deutlich sichtbar, im kleinen Teleskop lohnenswert und im 8-Zöller (200 mm) einfach spektakulär. Er ist einer der kompaktesten offenen Sternhaufen und ein heller Stern im Vordergrund macht ihn noch ansehnlicher.

Im Jahr 1973 schickte die NASA die Sonde *Pioneer 11* los, um den Asteroidengürtel und die Planeten Jupiter und Saturn zu erforschen. Trotz verbrauchter Energie treibt sie weiter Richtung Schild, mit der Pioneer-Plakette an Bord – der Flaschenpost unserer Spezies.

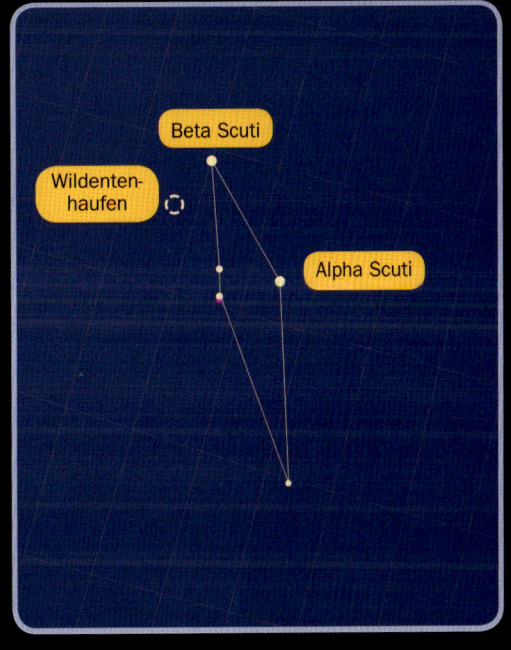

239 EINSTEIGER-SET FÜR DIE ASTROFOTOGRAFIE

Wenn Sie erst einmal die Wunder des Nachthimmels gepackt haben, werden Sie Ihre Beobachtungen vielleicht dokumentieren wollen. Die folgenden Geräte sind eine gute Grundlage für den Einstieg.

🅐 KAMERA Für Fotos vom Nachthimmel eignen sich digitale Spiegelreflexkameras (DSLR) oder eine Kamera mit Wechselobjektiv (ILC) am besten. Damit hat man mehr Einfluss auf die Bilder: Man kann Objektive austauschen und mehrere Bilder in voreingestellten Intervallen oder Langzeitbelichtungen machen. Aber auch eine Kompaktkamera ist brauchbar und hat meist gute Einstellmöglichkeiten im manuellen Modus.

🅑 OBJEKTIVE Ein Weitwinkelobjektiv (Brennweite meist unter 35 mm) ist ideal für breite Bilder, etwa der Milchstraße, während man mit einem Teleobjektiv (Brennweite von 85–300 mm) in die Plejaden (M 45) im Stier oder sogar in Orions Flammennebel (NGC 2024) zoomen kann. Auch Fischaugenobjektive (8–10 mm Brennweite) machen Spaß, da man mit ihnen halbkugelförmige Bilder des Himmels machen kann. Allgemein empfiehlt sich ein lichtstarkes Objektiv: eines mit größerer Öffnung (kleinerer f/Zahl), die mehr Licht sammelt.

🅒 STATIV Eine wackelnde Kamera ist der größte Feind des Astrofotografen. Man benötigt ein stabiles, aber leichtes und gut tragbares Stativ. Ein Gewicht von weniger als 2 Kilo ist ideal.

🅓 FERNAUSLÖSER In der Astrofotografie benötigt man oft lange Belichtungen oder viele Bilder in bestimmten Intervallen. Da man nicht die ganze Nacht mit dem Finger am Auslöser verbringen möchte (was auch eher wackelige Bilder bringt), lohnt sich ein Fernauslöser – womit der Verschluss aus einer Entfernung betätigt werden kann – oder ein programmierbarer Timer, über den man den Verschluss ferngesteuert und in Intervallen für verschiedene Belichtungen eine Zeitlang öffnen kann.

🅔 STIRNLAMPE Da man die ganzen Einstellungen im Dunkeln vornimmt, ist eine Stirnlampe mit rotem Licht nützlich, um die Hände für die Kamera frei zu haben. Vor Beginn der Belichtung wird die Lampe aber ausgeschaltet.

241
SCHARFE STERNE MIT DER 500ER-REGEL

Bei langer Belichtung des Himmels mit einer DSLR sehen Sterne am Bild aufgrund der Erdrotation oft wie Streifen, nicht wie Punkte aus. Wollen Sie aber den typischen Sternenhimmel fotografieren, hilft etwas Rechnerei: Die Brennweite des Objektivs durch die Zahl 500 teilen. Das ergibt die maximale Belichtungszeit (in Sekunden), bevor die Sterne streifig werden. Zur Sicherheit das Ergebnis nach unten abrunden. Beispiel für ein 50-mm-Objektiv: 500/50 = 10 Sekunden. Je kleiner der Kamerachip, desto kürzer belichten.

240 HANDYFOTOS MIT TELESKOP

Auch mit dem Mobiltelefon kann man durch das Okular eines Teleskops tolle Bilder machen – via *Okularprojektion*: Das Bild aus dem Okular wird dabei auf die Kamera projiziert. Am besten nimmt man erst den Mond, dann andere helle Objekte, etwa die Saturnringe oder Jupiter und seine Monde.

SCHRITT 1 Mit dem Teleskop und einem schwachen Okular den Mond anpeilen und zentrieren. Ein Mondfilter reduziert die Blendung:

Durch ein Teleskop erscheint der Mond sonst sehr hell.

SCHRITT 2 Das Handy dimmen oder mit roter Folie abdecken und über dem Okular fixieren. Die Schärfe einstellen. Der Mond zeigt sich – man sollte seine Krater und Meere erkennen (siehe Nr. 153).

SCHRITT 3 Den Bildschirm zum Fokussieren antippen; am besten einen Krater oder ein anderes Merkmal anwählen. Abdrücken.

242 STERNEN-BAHNEN

Auf der Erde registrieren wir die langsame Bewegung des Himmels nicht. Aber Bilder von Sternenbahnen fangen die Drehung der Erde ein – in Streifenform. Man kann die Sternenbahnen festhalten, indem man eine stundenlange Belichtung vornimmt oder viele Aufnahmen in regelmäßigen Intervallen macht und diese mit Software kombiniert (siehe Nr. 246).

SCHRITT 1 Der Himmel muss möglichst dunkel sein, also eine mondlose Nacht für die Aufnahmen wählen. (Soll die Landschaft erleuchtet sein, empfiehlt sich eine Nacht mit Viertelmond.)

SCHRITT 2 Nach dem Wetter richten und eine ruhige Nacht wählen. Der Nachthimmel soll das Einzige sein, das am Bild Streifen erzeugt, nicht Wolken und windgeschüttelte Bäume.

SCHRITT 3 Raus aus der Stadt, weg vom Mond und von künstlichem Licht – selbst schwaches Licht von einer nahen Straße dämpft die Sternenbahnen. Genügend Vorbereitungszeit am Zielort einplanen.

SCHRITT 4 Das Stativ auf den flachen Boden stellen. Wenn möglich, ein irdisches Objekt – einen Baum, einen Fels oder ein Gebäude – in den Vordergrund setzen. Es gibt dem Bild Kontext und einen Maßstab.

SCHRITT 5 Wählt man die lange Belichtung, stellt man den niedrigsten ISO-Wert ein (zwischen 400 und 800) und eine mittlere Blende, etwa f/5,6 oder f/8. Wer mehrere 30-Sekunden-Belichtungen kombinieren will, beginnt mit einer Testaufnahme bei großer Blendenöffnung (f/4 oder kleiner) und ISO 1600. Sieht man im Testbild keine Sterne, den ISO-Wert erhöhen.

SCHRITT 6 Das Weitwinkelobjektiv auf manuell und den Fokus auf unendlich stellen. (Den Fokusring mit etwas Klebeband fixieren, damit er sich während der Belichtung nicht verstellt.) Ersatzakkus mitnehmen, damit nicht mittendrin der Saft ausgeht.

SCHRITT 7 Bei der Langzeitbelichtung stellt man die Kamera auf „Bulb" (B) und öffnet den Verschluss. Dann folgen 90 Minuten Entspannung. Wenn man die Fotos später kombinieren („stacken") möchte, empfiehlt sich ein Timer, der alle 30 Minuten ein Foto schießt.

243 KREISE AM HIMMEL

Haben Sie schon einmal ringförmige Sternenbahnen gesehen? Das ist keine Bildbearbeitung: Die Kamera war genau nach Norden oder Süden ausgerichtet. Auf der Nordhalbkugel richtet man das Objektiv auf den Polarstern (Nr. 37) und die konzentrischen Kreise umringen unseren Nordstern. Auf der Südhalbkugel muss man den Himmelssüdpol lokalisieren – siehe dazu Nr. 39 oder verwenden Sie einen Kompass.

244
RICHTUNGS-WECHSEL AM HIMMELS-ÄQUATOR

Bei Aufnahmen am Himmelsäquator sieht man ganz eigene Sternenbahnen: Gerade Linien verlaufen diagonal über das Bild, die Spuren darüber krümmen sich nach oben und die Spuren darunter krümmen sich nach unten. Die geraden Linien entstehen durch Sterne entlang des Himmelsäquators. Sterne, die im Halbkreis nach oben verlaufen, bilden Ringe um den Polarstern, nur sieht man sie nicht komplett. Das gilt auch für die Sterne unter dem Himmelsäquator: Wäre man weiter südlich, sähe man vollständige Kreise rund um den Himmelssüdpol auf dem Bild.

245 MONDFINSTERNIS IM ZEITRAFFER

Eine Mondfinsternis ist ein beeindruckendes Erlebnis. Kein Wunder, dass dabei auch atemberaubende Bilder entstehen können. Mit unserer Anleitung dokumentieren Sie die Wandlung des Mondes von Silbern zu Blutrot und erstellen danach ein Einzelbild.

SCHRITT 1 Die richtige Ausrüstung verwenden. Man kann die Finsternis zwar auch mit der Kompakt- oder Handykamera (mit Selbstauslöser, gegen Verwackeln) ablichten, aber die beste Wahl wäre eine spezielle DSLR mit Weitwinkelobjektiv auf einem stabilen Stativ, um lange belichten zu können. Mit einem Fernauslöser schießt man dann wackelfreie Fotos.

SCHRITT 2 Alle Einstellungen vorab testen. Der Mond geht jeden Tag etwa 50 Minuten später auf; geschieht die Mondfinsternis um 21 Uhr, testen Sie am Vorabend um 20:10. Auch sollte man den Weg des Mondes im Voraus ermitteln, um die Bildkomposition planen zu können. Versuchen Sie, den Mond in der oberen Ecke des Suchers abzulichten und sehen Sie, ob er in den folgenden Minuten weiter ins oder aus dem Bild rückt.

SCHRITT 3 Bei einer Weitwinkelaufnahme mit ISO 400 beginnen; die größte Öffnung wählen (kleinste f/Zahl); und mit Verschlusszeiten von bis zu 4 Sekunden experimentieren. Manuell auf unendlich fokussieren und während der Finsternis viele Aufnahmen in gleichbleibenden Intervallen machen (z. B. alle 15 Minuten).

SCHRITT 4 Während der Finsternis ändert der Mond seine Helligkeit. Die Belichtungseinstellungen anpassen, um die Charakteristika des Mondes einzufangen, wenn er in die Totalität und wieder heraus wandert.

SCHRITT 5 Die Bilder zum Kombinieren auf den Computer übertragen und mit einem Programm wie Adobe Photoshop oder Lightroom öffnen. (Man kann auch DeepSkyStacker verwenden, ein kostenloses Programm speziell für Astrofotografie.) Aus jedem Bild den Mond auswählen, kopieren, in einem neuen Dokument auf eigenen Ebenen einfügen und die Monde in einer diagonalen Linie, wie am Himmel gesehen, anordnen. Eventuelle Korrekturen vornehmen und dann die Ebenen zusammenfügen.

246 BILD-STACKING AM COMPUTER

Vor dem Stacken

Nach dem Stacken

Aufnahmen des Nachthimmels weisen oft starkes *Bildrauschen* auf: Körnigkeit oder Verfärbungen eines Bilds, die Sterne und andere Himmelsobjekte blass erscheinen lassen. Dazu kommt es bei Aufnahmen im Dunkeln. Auch Luftunruhe verfälscht die Bilder, besonders bei starker Vergrößerung. Mit Bild-Stacking kann man diese Störungen beheben.

SCHRITT 1 Man benötigt ein Bildbearbeitungsprogramm, etwa Adobe Photoshop oder Lightroom. Ein tolles (und kostenloses) Programm ist DeepSkyStacker, mit dem man Bilder einfach stacken kann.

SCHRITT 2 Die Kamera auf einen interessanten Bereich am Himmel richten und viele Fotos machen. Den ISO-Wert erhöhen, bis Bildrauschen entsteht, und länger belichten – etwa 10 Sekunden lang. Die Bilder, die dabei entstehen, sind nicht perfekt – noch nicht.

SCHRITT 3 Den Objektivdeckel auf die Kamera stecken und *Dunkelbilder* machen: schwarze Bilder bei selbem ISO und selber Verschlusszeit wie bei den Himmelsaufnahmen. (Hat Ihre Kamera eine Funktion, um das Bildrauschen zu reduzieren, können Sie diesen Schritt überspringen – und die Funktion aktivieren.)

SCHRITT 4 Nun die Fotos in die Bildbearbeitungssoftware des Computers übertragen und öffnen. Bei einem

Spezialprogramm wie DeepSkyStacker werden Bereiche mit Rauschen mithilfe der Dunkelbilder automatisch erkannt und von den Himmelsbildern abgezogen. Auf „registrieren" klicken und alle Bilder werden ausgerichtet. In Photoshop oder Lightroom müssen die Bilder manuell ausgerichtet werden: Das Grundbild anwählen, ein anderes auf eine zweite Ebene kopieren und auf „Differenz" klicken, was zeigt, wenn die Bilder ausgerichtet sind. Die Deckkraft des zweiten Bildes herabsetzen, damit es das Grundbild nicht komplett überlagert. Dann auf dieselbe Weise weitere Bilder hinzufügen.

SCHRITT 5 Weißabgleich, Schärfe und andere Einstellungen anpassen, bis Ihnen das Bild gefällt. Dann die Ebenen zu einer einzelnen Ebene zusammenfügen.

247 KOMA-KORREKTUR BEIM TELESKOP

Mit einem Koma-Korrektor am Teleskop kann man die eigene Sicht und die Sicht des Teleskops verbessern und die Verzerrung am Rand des Gesichtsfelds reduzieren. Bei Sternen fällt dieser Effekt am meisten auf: Ohne Koma-Korrektur sehen Sterne eher länglich aus, mit Korrektur wie helle Punkte.

Koma-Korrektoren bestehen aus hochwertigem Glas und werden oft speziell für bestimmte Teleskopmodelle hergestellt, da ihre Optik mit jener des Teleskops kompatibel sein muss. Ein Koma-Korrektor, der nicht zum verwendeten Teleskop passt, kann die Koma und die Bildqualität sogar verschlechtern. Einige sehr hochwertige Korrektoren sind einstellbar. Das heißt,

man kann sie für viele Teleskope anpassen. Die auffälligste Verbesserung der Bildqualität mit dem Koma-Korrektor sieht man bei einem schnellen Newton-Teleskop, also mit einem Newton-Reflektor mit niedriger Blendenzahl (f/5 oder geringer).

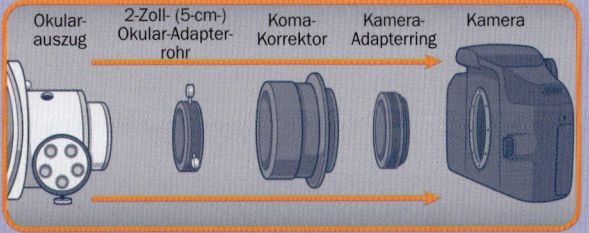

Okular-auszug — 2-Zoll- (5-cm-) Okular-Adapter-rohr — Koma-Korrektor — Kamera-Adapterring — Kamera

248 EINE DSLR-KAMERA ANS TELESKOP ANSCHLIESSEN

Mit einer digitalen Spiegelreflex-kamera (DSLR) kann man Bilder direkt durch ein Teleskop machen. Das Teleskop funktioniert wie ein riesiges Teleobjektiv – das es auch ist. Auf diese Weise gelingen extrem nahe, klare Aufnahmen von Nebeln und Planeten. Das Fotografieren mit einer DSLR anstelle des Okulars nennt man *Primärfokus-Astrofoto-grafie,* und so wird es gemacht:

ANSCHLIESSEN Um die Kamera am Teleskop zu befestigen, benötigt man einen zum Teleskopmodell passenden T-Adapter, der auf den Okularauszug geschraubt wird, und einen zum Kameramodell passen-den T-Ring, der die Kamera mit dem T-Adapter verbindet. T-Ringe gibt es für die meisten bekannten Modelle und T-Adapter für die meisten Teleskope mit 1¼-Zoll- (3-cm-) und 2-Zoll- (5-cm-) Okularadapter. Dann alles zusammenschrauben und die

Kamera verfügt über ein mächtiges Objektiv.

VERKABELN Wenn man die Kamera auch an den Laptop anschließt, kann man die Kame-raeinstellungen wie ISO, Farbab-

gleich und (ganz besonders) Schärfe anpassen. Das geht über Software viel schneller als über die Kamera und man berührt (sprich: verwa-ckelt) die Kamera dabei auch nicht. Nur daran denken, einen Rotfilter am Laptop zu verwenden.

249 FOKUSSIEREN ÜBER DIE KAMERA

Ist der Primärfokus eingerichtet, wartet der schwierigere Schritt der Fokussierung. Idealerweise schraubt oder klemmt man einfach die Kamera mit ihrem Adapter auf das Teleskop und fokussiert problemlos über den Kamerasensor. Leider funktioniert das nicht immer so einfach.

Ⓐ ZU NAH Liegt der Brennpunkt zu nah (also scheinbar im Inneren des Teleskops), kann man eine Barlowlinse mit Adapter auf den T-Adapter schrauben. Damit sollte man den Brennpunkt in den Sensor der Kamera verschieben können.

Ⓑ ZU FERN Liegt der Brennpunkt zu weit draußen – also weiter, als man es am Okularauszug einstellen kann –, hilft eine einfache Verlängerungshülse: Sie wird auf den T-Adapter geschraubt und verlängert die Brennweite um ½ Zoll (12,5 mm) oder mehr.

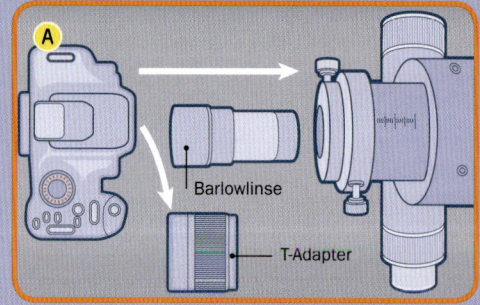

Barlowlinse
T-Adapter

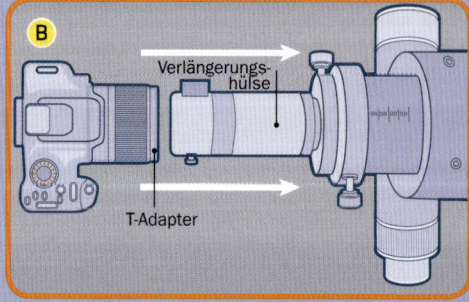

Verlängerungs-hülse
T-Adapter

250 FILTERTAUSCH LEICHT GEMACHT

Wechseln Sie häufig zwischen Mond- und Planetenfiltern? Beobachten Sie gerne viele verschiedene Objekte in einer Nacht – etwa bei einem Messier-Marathon (siehe Nr. 209)? Machen Sie professionelle Bilder und bearbeiten Sie Bilder von Objekten, die durch mehrere verschiedene Filter aufgenommen wurden?

Mit einem Filterrad oder Filterschieber sparen Sie viel Zeit – und wechseln Filter im Nu. Mit einem Handgriff wechseln Sie dann von einem Mondfilter zu einem Filter gegen Lichtverschmutzung – oder zu keinem Filter. Ein Filterrad sorgt auch dafür, dass das Teleskop stabil und auf das Objekt ausgerichtet bleibt. Das Wackeln und das Abnehmen des Okulars beim Wechseln von Filtern bleibt Ihnen so erspart. Für anspruchsvolle Fotografen (vor allem jene, die Farbfilter mit einer Schwarzweiß-Kamera verwenden) ist ein Filterrad unerlässlich, damit das Teleskop bei langen Belichtungszeiten unbewegt bleibt.

251 AUTOMATISCHE NACHFÜHRUNG

Wenn Sie hochwertigere Astrofotos machen möchten, empfiehlt sich die Langzeitbelichtung mithilfe einer *automatischen Nachführung*. Diese Kombination aus Kamera und Software ist wie ein Auge, das einem Objekt präzise folgt und den Motor des Teleskops ständig anpasst, damit das Objekt im Gesichtsfeld zentriert bleibt. Ohne automatische Nachführung sehen Sterne auf Bildern nach wenigen Minuten der Belichtung verwischt aus – selbst mit besten, optimal ausgerichteten Montierungen.

Am häufigsten wird ein kleineres Teleskop (ein Leitfernrohr) neben dem Hauptteleskop montiert, dann werden beide auf denselben Punkt ausgerichtet. Eine Leitkamera wird am Leitfernrohr befestigt und mit der Montierung und einem Computer verbunden. Letzterer steuert die Nachführung via Software und ermöglicht die Einstellung der Kamera. Wem ein Leitfernrohr zu schwer oder zu teuer ist, der kann einen „Off-Axis-Guider" verwenden, um nur ein Teleskop für Leit- und Hauptkamera verwenden zu können. Es gibt auch Kameras mit eingebauter Nachführung.

Auch manche neue Teleskope haben eine eingebaute Nachführung und viele bessere Montierungen haben einen eigenen Anschluss für „Autoguider". Es gibt auch Nachführungen, die man ohne Computer verwenden kann.

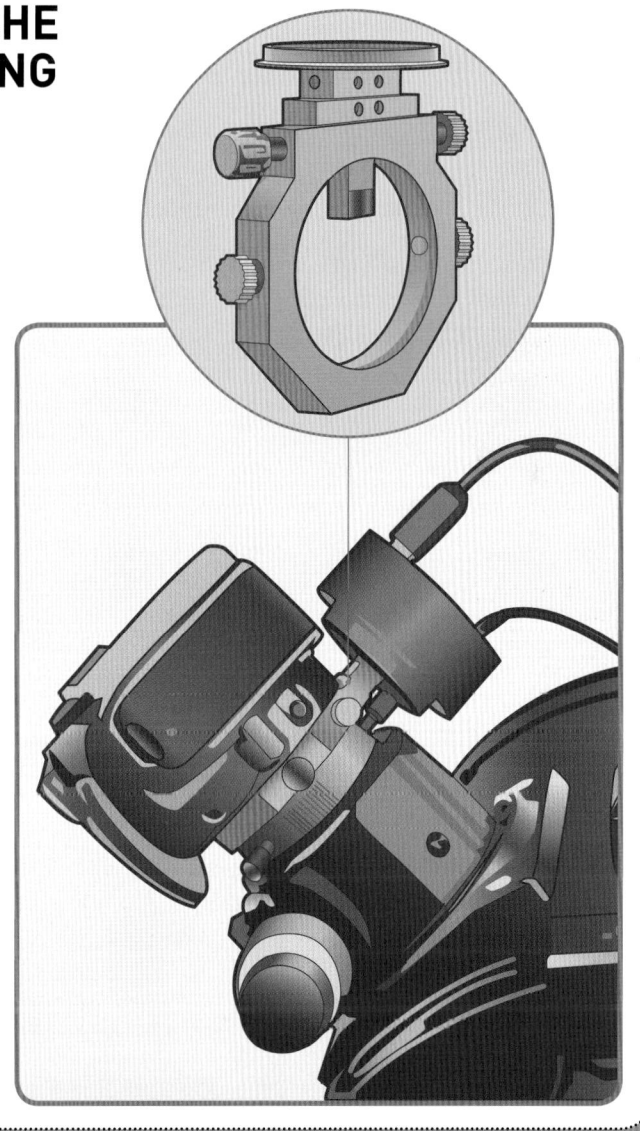

252 DIE SCHÖNHEIT DER POLARLICHTER EINFANGEN

Das Fotografieren dieser farbenprächtigen Himmelslichter ist den Aufwand wert. Mit den folgenden Tipps gelingen Ihnen Aufnahmen wie vom Profi.

SCHRITT 1 Herausfinden, wo und wann die Polarlichter zu sehen sind. Am besten plant man eine Reise in Polnähe für die dunkle Jahreszeit (siehe Nr. 95–97); andernfalls überstrahlt die Sonne die Lichter. Für die Polarlichtvorhersage gibt es Apps sowie die Website der Vereinigung der Sternfreunden, Fachgruppe „Atmosphärische Erscheinungen" (www.meteoros.de).

SCHRITT 2 Am Zielort angekommen, sollte man sich von Stadtlichtern und Luftunruhe – so gut es geht – fern halten. Die beste Zeit, um ein Polarlicht zu sehen, ist zwischen 22 Uhr und 3 Uhr – was besonders im Winter sehr kalt sein kann. Da man wohl viel Zeit im Freien verbringen wird, sind ein warmer Mantel, Handschuhe, Winterstiefel mit dicken Sohlen und vielleicht sogar Handwärmer sehr zu empfehlen.

SCHRITT 3 Vorbereitung. Kälte, lange Belichtungszeiten und große Dateien leeren die Akkus und füllen den

Speicher der Kamera im Nu. Ersatzakkus und Speicherkarten in der warmen Jackentasche bereithalten.

SCHRITT 4 Den Beobachtungspunkt wenn möglich noch bei Tag auswahlen. Jede gute DSLR-Kamera ist geeignet, aber je weniger ISO (64–400), desto besser. Dazu ein gutes Objektiv mit weitem Winkel und großer Blende. Filter benötigt man hier nicht. Dafür ist ein stabiles Stativ für klare Bilder der Polarlichter unerlässlich. Gegen Verwackeln hilft ein programmierbarer Verschluss oder ein kabelloser Auslöser.

SCHRITT 5 Das Kameradisplay dimmen. Rundherum sollten keine Lichter sein, außer einige entfernte Lichtpunkte, die beim Fokussieren helfen und den Bildern interessante Details und Tiefe verleihen.

SCHRITT 6 Auf farbige Flammen am Himmel achten. Sobald es losgeht, die Geräte auf die intensivsten Polarlichter richten. Den Verschluss betätigen (probieren Sie Belichtungszeiten von 0,5 bis 2 Minuten). Experimentieren Sie mit den Einstellungen, aber vergessen Sie nicht zu beobachten!

253 BEDEUTENDE ERFINDER ASTRONOMISCHER GERÄTE

Allein schon mit bloßem Auge kann man unvorstellbar viel entdecken, aber wir hätten niemals unser heutiges Wissen, gäbe es nicht all die Apparate und Instrumente, die uns den Kosmos näherbringen. Wir stellen Ihnen nur einige der technischen Meister vor, dank denen wir immer tiefer in den Weltraum blicken.

NIEDERLÄNDER (1608)

Man weiß nicht, wer das erste Teleskop erfand, aber die drei möglichen Erfinder waren frühe Optiker in den Niederlanden. Der in Deutschland geborene Brillenmacher Hans Lippershey beantragte das erste Patent für ein Gerät, das entfernte Objekte durch zwei Linsen vergrößerte. Zwar wurde das Patent abgelehnt, aber aufgrund dieser Dokumente gilt er oft als Erfinder des Teleskops. Der niederländische Optiker Zacharias Janssen und der Linsenschleifer Jacob Metius entwickelten etwa zur gleichen Zeit unabhängig voneinander ähnliche Geräte.

SIR ISAAC NEWTON (1668)

Newton folgerte, dass man chromatische Aberration bei Linsen nicht verhindern konnte, und erfand das erste Spiegelteleskop. Die Qualität der Materialien jener Zeit war noch beschränkt – besonders jene der Spiegel. Dennoch gelang es ihm, die Teleskope zu verkürzen und den Weg für weitere Reflektoren zu bereiten.

JOHANNES KEPLER (1611)

Er verbesserte Galileis Teleskop, indem er das konkave Okular durch ein konvexes ersetzte – für ein größeres Gesichtsfeld. Das ermöglichte stärkere Vergrößerungen, aber das Teleskop musste sehr lang sein, um *chromatische Aberration* zu minimieren: ein Abbildungsfehler durch die unterschiedliche Brechung verschiedener Wellenlängen. Lange Teleskope waren jedoch nicht sehr nützlich, weil sie nie starr genug waren, um nicht im Wind zu wackeln.

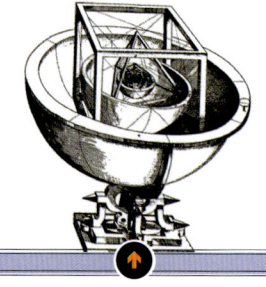

CHRISTIAAN HUYGENS (1684)

Die langen Teleskope und ihre Linsen brachten Probleme mit sich – sie wackelten im Wind oder brachen unter dem Gewicht ihrer Linsen zusammen. Eine Alternative dazu war das Luftteleskop. Dabei war das Objektiv hoch auf einem Mast montiert und über eine Schnur mit dem Okular verbunden. Der Beobachter am Boden zog die Schnur dieses „rohrlosen Fernrohrs" straff, um die beiden optischen Elemente auf einer Linie auszurichten. Wer das Luftteleskop erfunden hat, ist umstritten, aber Christiaan Huygens veröffentlichte sein Konzept 1684 und gilt oft als Erfinder. Wofür ist Huygens noch bekannt? Er behauptete als Erster, dass der Saturn von einem Ring umgeben war, er entdeckte den Saturnmond Titan und beobachtete den Orionnebel und einzelne Sterne darin.

GALILEO GALILEI (1609)

Er gilt als Pionier der beobachtenden Astronomie: Galilei war der Erste, der ein Teleskop auf den Himmel richtete und dokumentierte, was er sah. Seine Weiterentwicklung der niederländischen Erfindung ermöglichte ihm die Beobachtung von Objekten wie dem Erdmond,  den Jupitermonden und Saturn. Als Befürworter von Kopernikus' heliozentrischem Weltbild wurde er von der katholischen Kirche als Ketzer unter Hausarrest gestellt.

KARL GUTHE JANSKY (1932)

Er war ein Ingenieur der Bell Laboratories und der Erste, der mit einer Radioantenne den Himmel absuchte. Karl Guthe Jansky hatte die Aufgabe, die Ursachen für potenziell störendes Rauschen herauszufinden. Dabei entdeckte er schließlich den ersten astronomischen Ursprung für Radiowellen.

DIE HERSCHELS

(1789) Neben seinem musikalischen Vermächtnis hinterließ Wilhelm Herschel auch astronomische Entwicklungen. Von den über 400 Teleskopen, die er gebaut haben soll, ist sein riesiges Newton-Teleskop eine besondere Meisterleistung. Sein Hauptspiegel mit einem Durchmesser von 1,25 Meter und seine Brennweite von 12 Metern machten es zum größten Teleskop seiner Zeit und zum Vorläufer der heutigen Großteleskope. Wilhelms Schwester Caroline war ebenfalls in der Astronomie anerkannt: Sie entdeckte viele Kometen und Nebel und publizierte den *British Catalogue of Stars*.

GROTE REBER

(1937) Der Amateurastronom und Funker Grote Reber folgte in Janskys Fußstapfen und baute das erste parabolische Radioteleskop – das Radiostrahlung aus dem All empfängt – in seinem Garten. Heute gibt es Radioteleskope auf der ganzen Welt, aber Reber war fast zehn Jahre lang der wohl einzige existierende Radioastronom.

CHESTER MOORE HALL (1729)

Indem er zwei Linsen miteinander verkittete, gelang es Hall, die für Refraktoren typische Aberration zu korrigieren. Diese *achromatischen Linsen* ermöglichten den Bau von Linsenteleskopen, bei denen die chromatische Aberration stark reduziert war.

SIR BERNARD LOVELL (1957)

Dieser englische Radioastronom und Physiker verbrachte während des Zweiten Weltkriegs viel Zeit mit der Entwicklung von Radarsystemen für Flugzeuge. Später baute Lovell das Radioteleskop in Jodrell Bank. Mit einem Durchmesser von 75 Metern war es das damals größte steuerbare parabolische Radioteleskop der Welt. Im Jahr 1987 wurde es in „Lovell-Teleskop" umbenannt und es ist bis heute im Einsatz. Radioteleskope waren ein echter Durchbruch, da sie die längsten Wellen des elektromagnetischen Spektrums erfassen – was unsere Augen nicht können.

254

ZUBEHÖR ZUM ASTROZEICHNEN

Astronomische Zeichner verwenden meist weißes Papier und graue oder schwarze Stifte. Da man die hellen Teile des dunklen Himmels sieht, zeichnet man „im Negativ", aber man kann auch weiße Pastellkreiden auf schwarzem Papier verwenden. Außer einem Teleskop (am besten mit Nachführung) und einem Stuhl benötigen Sie:

☐ **BLEISTIFTE** Eine Auswahl an Bleistiften von weicher (B oder HB) bis härter (2H oder 3H) und ein Anspitzer bringen Sie durch die Nacht.

☐ **PASTELLE** Auch wenn man vieles in Graustufen zeichnet, lohnen sich Pastellkreiden für farbige Objekte wie Jupiter oder Kometen. Bei weißem Papier benötigen Sie zusätzlich noch schwarze und graue Pastellkreiden.

☐ **RADIERER** Ein guter Radiergummi ist wichtig. Viele Astronomen haben harte Radierer und auch Knetgummi.

☐ **WISCHER** Ein Stift aus zusammengerolltem Papier, mit dem man durch Verwischen Struktur erzeugen kann.

☐ **PAPIER** Einen Block mit schwarzem oder weißem Papier und hartem Rücken oder Papier und Klemmbrett nehmen.

☐ **FIXATIV** Ein Fixierspray sorgt dafür, dass die Zeichnungen erhalten bleiben.

☐ **LICHT** Mit einer dimmbaren Rotlicht-Stirnlampe sieht man beim Zeichnen genug, ohne die Dunkeladaption des Auges zu stören.

255 OBJEKTE ZEICHNEN WIE EIN PROFI

Das Zeichnen astronomischer Objekte ist nicht nur eine visuelle Dokumentation Ihrer Beobachtungen, sondern verbessert auch Ihre Beobachtungsgabe. Auf diese Art wurde die Schönheit des Universums vor allem vor der Erfindung der Fotografie festgehalten. Hier einige Tipps für das Zeichnen des Nachthimmels:

SCHRITT 1 Wahl des Papiers. Viele Astronomen zeichnen auf weißem Papier und scannen und invertieren das Bild später, um eine dunkle, weltraumähnliche Zeichnung zu erhalten.

SCHRITT 2 Einen Kreis für das Gesichtsfeld zeichnen. Es gibt verschiedene Größen, aber etwa 8 cm ist ein guter Anfang. Man kann auch eine Schutzkappe des Teleskops nachzeichnen.

SCHRITT 3 Das Objekt vor dem Zeichnen mindestens 10 Minuten lang durch das Teleskop genau betrachten. Nach sorgfältiger Beobachtung sieht man viel mehr Details. Um die Positionen von Sternen zu schätzen, kann man sich das Ziffernblatt einer Uhr am Okular vorstellen.

SCHRITT 4 Zuerst mit einem weichen Bleistift helle Sterne ins Gesichtsfeld zeichnen. Harte Bleistifte sind für schwache Sterne.

SCHRITT 5 Alles zur Zeichnung aufschreiben, etwa Datum, Zeit, Sicht, Teleskop und Okular, verwendete Filter und Temperatur. Wenn Sie eine Zeichnung nochmal machen, werden Sie staunen, wie sehr diese Faktoren Ihre Beobachtung verändern können.

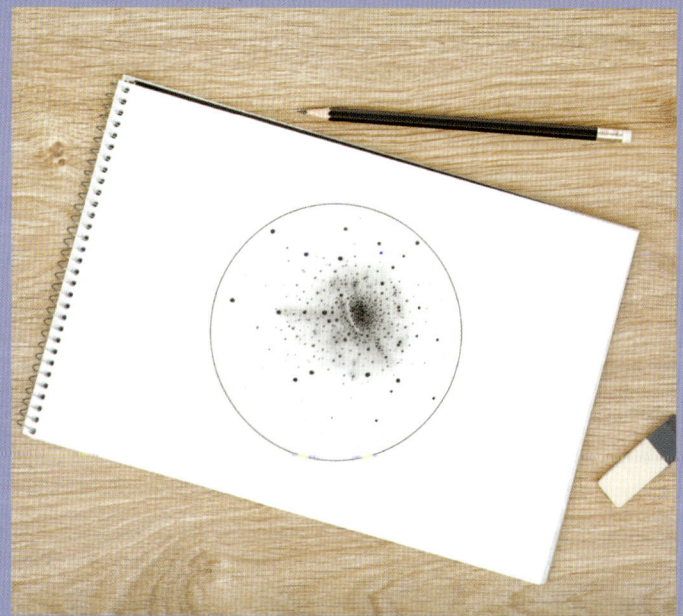

DIE HIGHLIGHTS DES WELTRAUMS ZEICHNEN

Die Inspirationen am Himmel sind so endlos wie das Universum.
Für den Anfang eignen sich die folgenden Motive:

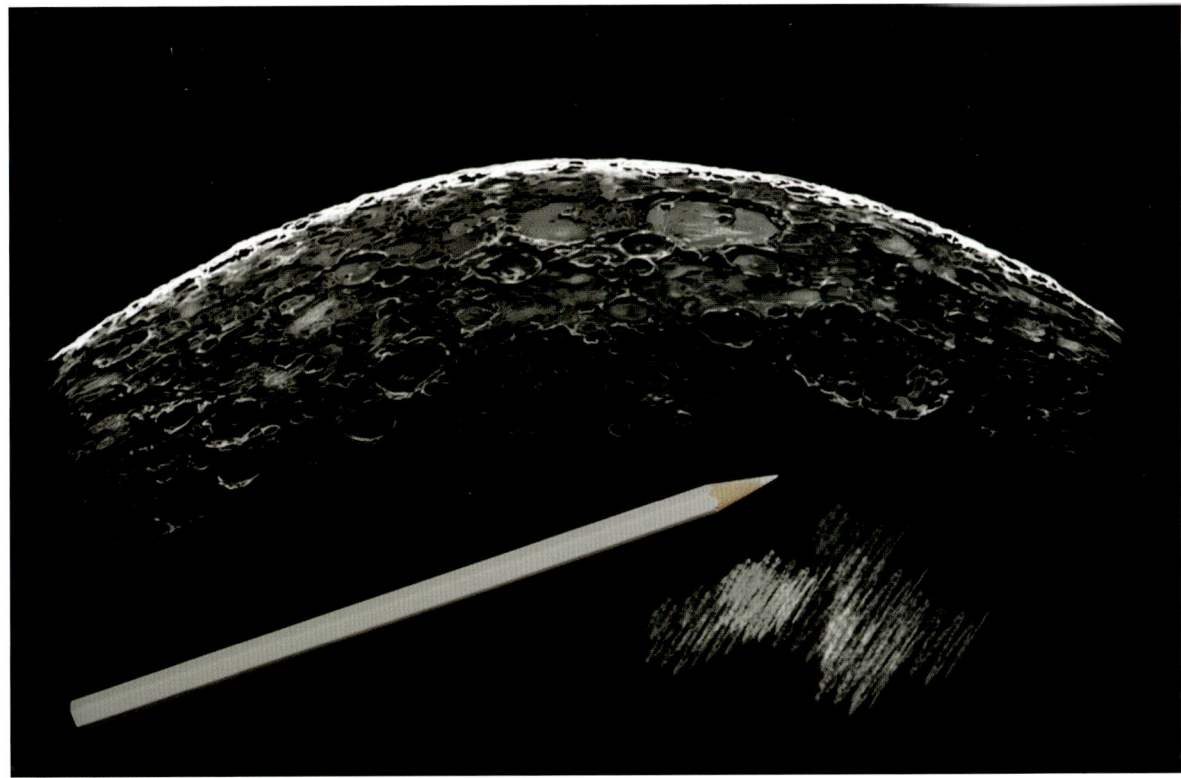

☑ **DER MOND** An ihm kann man das Schattieren von Kratern üben, erst mit bloßem Auge gesehen, dann bei zunehmender Vergrößerung. Am besten sieht man die Krater weit weg vom Vollmond, wenn Schatten einen starken Kontrast erzeugen. Erst einen Kreis und den *Terminator* (die Grenze zwischen der Licht- und Schattenseite des Mondes) zeichnen, dann die dunkle Seite wegradieren. Strukturen umreißen und schattieren. Von hell nach dunkel (oder umgekehrt) zeichnen, um nicht ständig den Bleistift wechseln zu müssen.

☐ **KOMETEN** Erst die nahen Sterne um den Kometen zeichnen. Darauf achten, wie hell sie im Vergleich zum Kometen sind. Dann die Koma des Kometen zeichnen und den Schweif mit einem Wischer hinausziehen.

☐ **JUPITER** Die Teleskopansicht des Jupiters wird sehr gern gezeichnet. Ein blauer oder grüner Filter lässt die Bänder und Stürme besonders hervortreten. Hier können Pastellkreiden verwendet werden, da Jupiter zu den wenigen Objekten mit farbigen Details gehört. Mit etwas Glück sieht man auch einen oder mehrere Jupitermondschatten über die Oberfläche gleiten (siehe Nr. 197).

☐ **SATURN** Saturn ist ein tolles Langzeitprojekt. Eine Zeichnung pro Jahr dokumentiert die Veränderungen der Ringe. Eine gute Übung ist auch das maßstabsgetreue Zeichnen ihrer Größe und Form. Ein Okulardeckel hilft bei der Form des Saturn; dann die Ringe zeichnen.

☐ **GALAXIEN** Zu Beginn eignen sich klar umrissene Galaxien wie die Andromeda- (M 31/NGC 224) oder die Sombrerogalaxie (M 104/NGC 4594; siehe Nr. 194). Einen Bereich aus Grafit machen und mit einem Wischer nach und nach vermalen. Mit der Radiergummikante kann man eine *Staubbahn* (ein Band aus dichtem interstellarem Staub) hervorheben. Das Verblenden macht die Schatten dunkler, also hell beginnen und nachdunkeln.

257 DIE SCHLANGE SUCHEN

Sie ist das einzige Sternbild, das aus zwei Teilen besteht: Der Kopf der Schlange und der Schwanz der Schlange werden vom Sternbild Schlangenträger getrennt. Andere benachbarte Sternbilder sind etwa der Rinderhirte, Waage, Jungfrau und die Nördliche Krone. Einst waren Schlange und Schlangenträger in einem Sternbild vereint. Bereits die alten Hebräer, Araber, Griechen und Römer kannten die Schlange.

Eines der interessantesten Objekte in der Schlange ist R Serpentis, ein veränderlicher Stern auf etwa halbem Weg zwischen Beta und Gamma Serpentis. Seine maximale Helligkeit ist 5,1 mag und er verblasst zu 14,4 mag, manchmal noch mehr. Die Periode dauert etwa ein Jahr. Über dem Kopf der Schlange liegt M 5 (NGC 5904), ein auffälliger Kugelsternhaufen, rund 26 000 Lichtjahre entfernt. Mit etwa 13 Milliarden Jahren ist er einer der ältesten Kugelsternhaufen der Milchstraße. Im Schwanz der Schlange liegt der sehenswerte Adlernebel (M 16/ NGC 6611). Diese Kombination aus Nebel und Sternhaufen ist durch ein 8-Zoll-Teleskop (200 mm) in einer dunklen Nacht ein atemberaubender Anblick

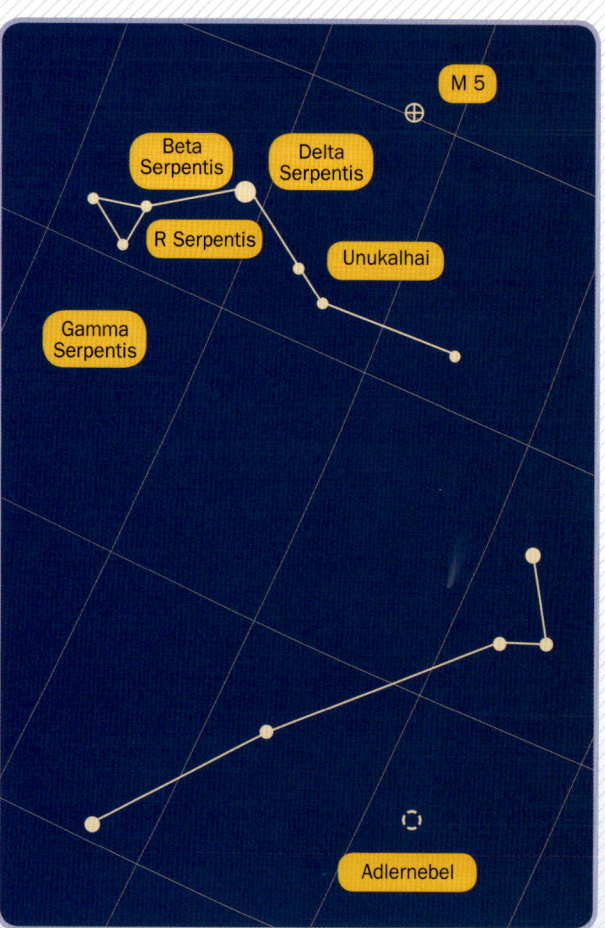

258 BLICK ZUM SEXTANTEN

Der Sextant, ursprünglich *Sextans Uraniae*, wurde von Johannes Hevelius „erfunden". Mit diesem Namen gedachte er des Verlusts seines Sextanten, einem Navigationswerkzeug, mit dem man den Winkel zwischen Objekten misst und mit dem er die Positionen der Sterne maß. Zusammen mit anderen astronomischen Instrumenten fiel der Sextant im September 1679 einem Brand zum Opfer. „Vulcanus bezwang Urania" – so kommentierte Hevelius traurig, dass der Gott des Feuers die Muse der Astronomie besiegt hatte.

Der hellste Stern im Sextanten, Alpha Sextantis (Helligkeit 4,5 mag), liegt zwischen dem Löwen und der Wasserschlange. Man sieht ihn am besten durch ein Fernglas oder Teleskop. In drei Sternen des Sextanten, deren Zuordnung unklar ist, sahen Himmelsbeobachter

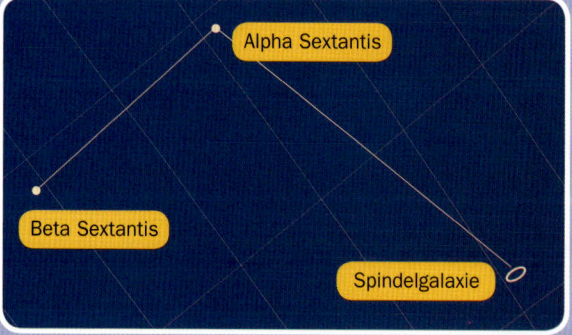

im alten China Tien Seang, den Staatsminister im Himmel. Da wir die Spindelgalaxie (NGC 3115) fast ganz von der Seite sehen, wirkt sie linsenförmig. Anders als viele schwache Galaxien ist die Spindelgalaxie ein lohnenswerter Blick durch ein leistungsstarkes Teleskop. Sie liegt unter dem beweglichen Arm des Sextanten.

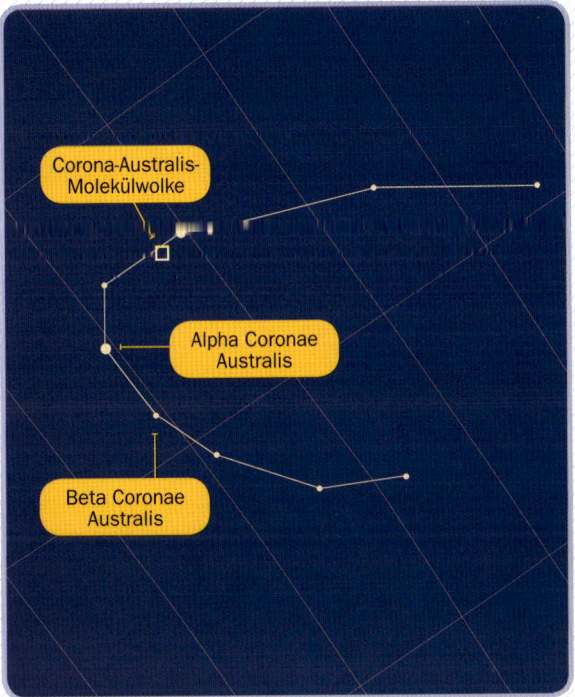

Corona-Australis-
Molekülwolke

Alpha Coronae
Australis

Beta Coronae
Australis

259
DIE SÜDLICHE KRONE MITNEHMEN

Dieser kleine Halbkreis aus schwachen Sternen ist eines der 48 Sternbilder, die Ptolemäus im 2. Jahrhundert n. Chr. katalogisierte. Es ist vor allem auf der Nordhalbkugel sehr unauffällig und befindet sich inmitten der Sternbilder Skorpion, Schütze und Teleskop.

Die Südliche Krone soll einen Kranz aus Lorbeer oder Olivenblättern darstellen. In einer Sage gehört die Krone dem Zentauren Chiron, eine andere stammt aus Ovids *Metamorphosen*: Juno fand heraus, dass ihr Gemahl Jupiter der Geliebte der Menschenfrau Semele war. Juno verkleidete sich als Semeles Dienerin und brachte sie dazu, Jupiter zu fragen, ob er sich ihr als Gott zeigen könne. Jupiter war entsetzt, willigte jedoch ein. Als Semele ihn in voller Pracht sah, verbrannte sie. Ihr ungeborenes Kind konnte gerettet werden und wurde zu Bacchus, dem Gott des Weins, der die Krone zu Ehren seiner Mutter an den Himmel steckte.

Das bekannteste Deep-Sky-Objekt der Südlichen Krone ist die Corona-Australis-Molekülwolke (aus NGC 6726, NGC 6727 und NGC 6729), die aus vielen hellen jungen Sternen und Staubwolken besteht.

260
WEITER ZUM DREIECK

Das Dreieck ist ein kleines, schwaches Sternbild südlich von Andromeda, nahe an Beta und Gamma Andromedae. Es war schon in der Antike bekannt und wurde aufgrund seiner Ähnlichkeit zum griechischen Buchstaben auch „Delta" oder „Deltorum" genannt. Es wurde mit dem Nildelta und der dreieckigen Insel Sizilien assoziiert. Die alten Hebräer benannten es nach einem dreieckigen Musikinstrument.

Die Dreiecksgalaxie (M 33/NGC 598) liegt zwischen dem Dreieck und den Fischen und ist eines der hellsten und größten Objekte unserer Lokalen Gruppe, das man sehr gut von vorne sehen kann. Trotz der Helligkeit von 5,5 mag zerstreut sich das Licht über einen so großen Bereich, dass die Galaxie schwer zu erkennen ist. In besonders klaren Nächten ist sie mit bloßem Auge sichtbar, aber man benötigt einen dunklen Himmel und ein Fernglas, um ein nebliges Leuchten zu sehen, größer als der scheinbare Durchmesser des Mondes. Auch mit einem Teleskop mit großem Gesichtsfeld kann man die Galaxie beobachten.

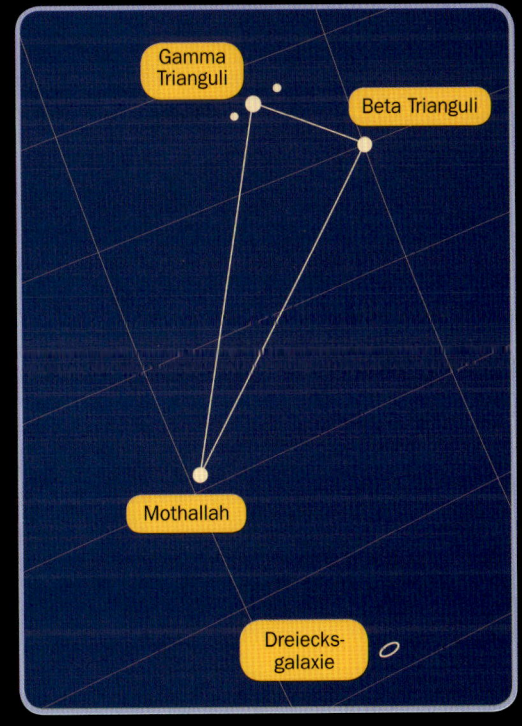

Gamma
Trianguli

Beta Trianguli

Mothallah

Dreiecks-
galaxie

VOM EINSTEIGER
ZUM PROFI

261 REISE ZU DEN GRÖSSTEN OBSERVATORIEN DER WELT

Viele der heutigen großen Observatorien kreisen hoch über der Erdoberfläche und untersuchen Himmelsobjekte in Wellenlängen, die unsere Atmosphäre nicht durchdringen und Teleskope auf dem Boden nicht erreichen können. Andere erforschen die Geheimnisse des Universums tief unter der Erde, wo Wasser und Gestein alles außer hochenergetischen subatomaren Teilchen blockieren. Auf der Oberfläche durchsuchen Astronomen das All noch immer mit ständig zunehmender Präzision. Die folgenden Beispiele sind nur einige der vielen „Augen" auf dem Boden.

OBSERVATORIUM ROQUE DE LOS MUCHACHOS, LA PALMA, SPANIEN

Das Observatorium Roque de los Muchachos steht auf der Kanareninsel La Palma fast 2400 Meter über dem Meeresspiegel. Es ist Heimat vieler Teleskope, unter anderem des größten optischen Spiegelteleskops, dem Gran Telescopio Canarias mit einer Öffnung von 10,4 Metern. Auf der Insel gibt es im Sommer zu 90 % klare Nächte. Die abgeschiedene Lage der Insel, das Fehlen größerer Städte sowie ihre Nachtschutzgesetze machen sie zu einem der besten Orte für nächtliche Himmelsbeobachtung.

ATACAMA LARGE MILLIMETER/ SUBMILLIMETER ARRAY (ALMA), CHILE

Das Atacama Large Millimeter/Submillimeter Array (ALMA) ist das größte astronomische Projekt der Welt, dessen 66 Präzisionsantennen ein riesiges Teleskop bilden, das auf der Chajnantor-Ebene in Chile etwa 5000 Meter über dem Meeresspiegel steht. An seinem guten Beobachtungspunkt in der extrem trockenen Atacama-Wüste entdeckte ALMA einige schwer fassbare *Starburst-Galaxien*: junge Galaxien, die 1 Milliarde Jahre nach dem Urknall entstanden und in denen sich neue Sterne rasend schnell bilden. In diesen Sternenwiegen entdeckte ALMA auch Wassermoleküle.

SÜDAFRIKANISCHES ASTRONOMISCHES OBSERVATORIUM, KAPSTADT, SÜDAFRIKA

Das Südafrikanische Astronomische Observatorium beherbergt viele astronomische Instrumente, darunter das South African Large Telescope (SALT), das größte optische Einzelteleskop der Südhalbkugel. SALT ermöglichte es vielen Astronomen, die Entwicklung und den Aufbau der Milchstraße eingehender zu erforschen und Objekte zu beobachten, die von Teleskopen auf der Nordhalbkugel nicht erfasst werden können.

ALTES OBSERVATORIUM VON PEKING, PEKING, CHINA

Das Alte Observatorium von Peking wurde 1442, zur Zeit der Ming-Dynastie, errichtet. Es ist eines der ältesten Observatorien und seit über 500 Jahren werden dort astronomische Beobachtungen durchgeführt. Ursprünglich nannte man es „Plattform zur Himmelsbeobachtung". Es beherbergt acht kunstvoll verzierte Bronzeinstrumente – mit einigen davon dürfen Besucher noch einen Blick auf den Himmel werfen. Zwar ist es nicht das modernste der bestehenden Observatorien, aber ein Denkmal des kulturellen Austauschs zwischen Ost und West.

MAUNA-KEA-OBSERVATORIUM (MKO), HAWAII, USA

Die 13 verwendeten Teleskope auf dem Gipfel des Mauna Kea – ein schlafender Vulkan auf der Insel Hawaii – bilden das größte astronomische Observatorium der Welt. Neben ihrer Mitwirkung an der Aberkennung des Planetenstatus des Pluto waren die Teleskope (und ihre Astronomen aus elf Ländern) entscheidend bei der Bestimmung des Zentrums der Milchstraße, bei der Erfassung der Expansionsrate des Universums und bei der Erforschung von Exoplanetensystemen.

SÜDPOL-TELESKOP (SPT), ANTARKTIS

Mit einem Hauptspiegel von rund 30 Metern Durchmesser, der aus über 200 Aluminiumpaneelen besteht, ist das Südpol-Teleskop (SPT) das größte Einzelteleskop in der Antarktis. Seit 2007 sucht es nach *Dunkler Energie,* der möglichen Ursache einer rätselhaften, repulsiven Kraft, die das Universum schneller als erwartet ausdehnt (siehe Nr. 278). Im Jahr 2012 entdeckten Astronomen des SPT den Phoenix-Galaxienhaufen – die bis dato größte bekannte Ansammlung von Galaxien, die je erfasst wurde. In seinem Zentrum liegt eine der größten Galaxien des Universums: Sie hat den 22-fachen Durchmesser der Milchstraße, lässt neue Sterne entstehen und wächst.

AUSTRALIA TELESCOPE NATIONAL FACILITY (ATNF), AUSTRALIEN

Das Parkes-Teleskop hat von der Entdeckung des ersten Pulsars außerhalb unserer Galaxie bis zu seiner Hilfe bei der Übertragung der *Apollo 11*-Mondlandung eine bewegende Geschichte erlebt und ist nur ein Teil der Australia Telescope National Facility im Osten Australiens. Die Radioteleskope der ATNF werden einzeln, aber auch kombiniert verwendet.

TIEFER BLICK INS ALL MIT DEM HUBBLE-WELTRAUMTELESKOP

Fast alles, was wir über das Universum wissen, erfahren wir durch das Licht, das uns erreicht – nicht nur das sichtbare Licht, sondern auch die unsichtbaren Wellen des Spektrums. Da die Erdatmosphäre Gammastrahlen, Röntgenstrahlen, Infrarotstrahlen, langwellige Radiostrahlung und einen Großteil des UV-Lichts blockiert, geschieht das Beobachten von der Erde aus in Hinsicht auf diese Strahlen buchstäblich „im Dunkeln".

Teleskope, die sich über der etwa 100 Kilometer dicken Atmosphäre befinden, wo es kaum Luftunruhe oder Lichtverschmutzung gibt, können diese unsichtbaren Wellenlängen erfassen und haben eine viel schärfere Sicht als jene am Boden. Eines davon ist das Hubble-Weltraumteleskop, das seit 1990 auf rund 550 Kilometern Höhe die Erde umkreist und über der Atmosphäre das Universum in sichtbaren Wellenlängen erforscht. Ungehindert von atmosphärischen Störungen sammelte es bereits hunderttausende Bilder von erstaunlicher Klarheit und bot eine erste Detailansicht kosmischer Ereignisse, die zuvor nur Spekulationen waren: die Geburt neuer Sterne, die Entstehung von Planeten, die Entwicklung von Galaxien und einen Blick auf das Universum vor 13 Milliarden Jahren.

Hubble umrundet die Erde in 97 Minuten und bewegt sich mit 8 km/s fort. Sein Hauptspiegel sammelt Licht, reflektiert es zu einem kleineren Fangspiegel und schickt es dann durch den Hauptspiegel zu mehreren Kameras und Instrumenten. Leider nähert sich das Teleskop seinem Ende: Nach über 25 Jahren Einsatz tritt es seinen Ruhestand an. Es wird langsam an Höhe verlieren und als heller Streifen am Himmel wieder in die Erdatmosphäre eintreten. Zum Glück wird es aber vom James-Webb-Teleskop ersetzt (siehe Nr. 265).

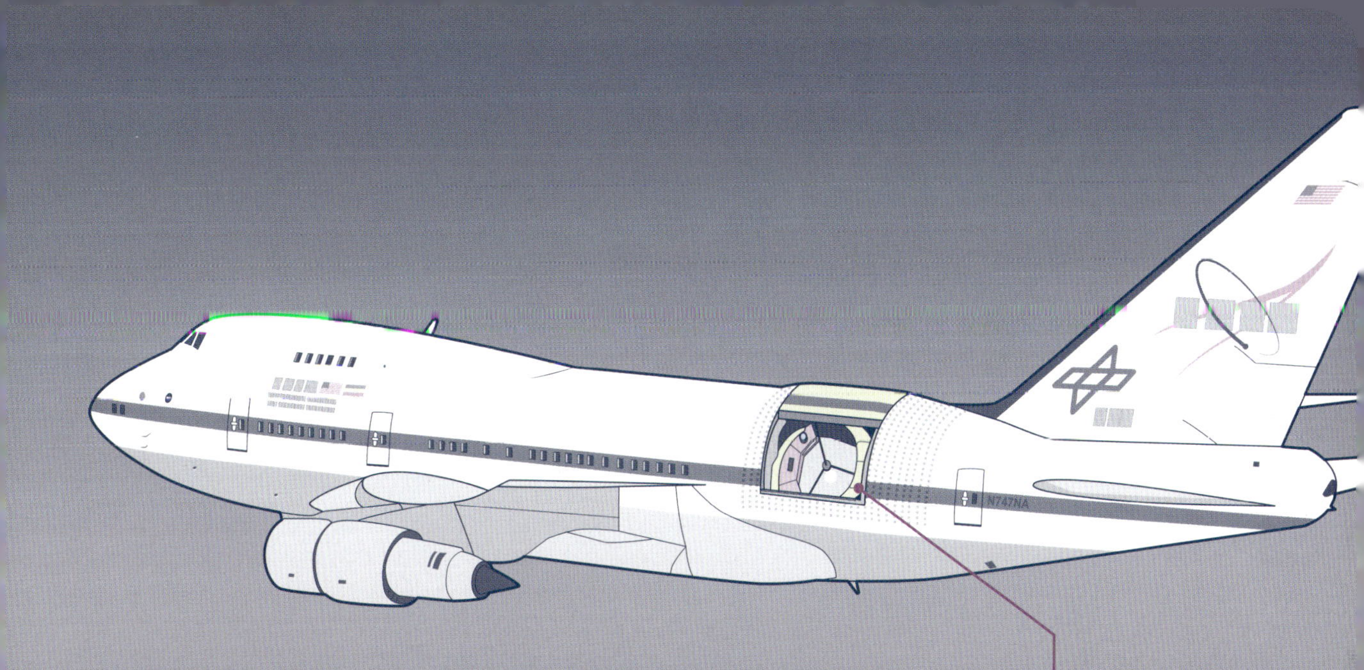

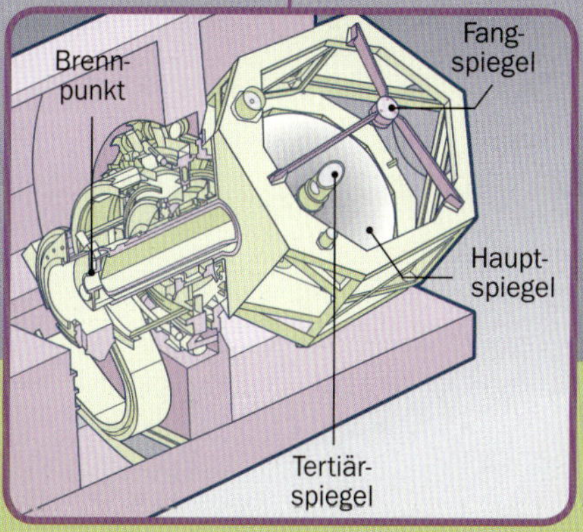

Brenn-
punkt

Fang-
spiegel

Haupt-
spiegel

Tertiär-
spiegel

263 MIT SOFIA DIE STERN-ENTSTEHUNG SEHEN

Zwischen einigen Weltraumteleskopen und zahllosen Observatorien am Boden fliegt das Stratosphären-Observatorium für Infrarot-Astronomie (SOFIA) der NASA und des Deutschen Zentrums für Luft- und Raumfahrt. Dieses mit 2,5 Metern vergleichsweise kleine Teleskop wiegt 15 Tonnen und befindet sich auf einer umgebauten Boeing 747SP. Es soll vor allem das Infrarot-Universum beobachten.

SOFIA fliegt in 11 bis 14 Kilometern Höhe und seine Crew hat auf den zehnstündigen Nachtflügen den Vorteil, über einem Großteil der Luftunruhe zu sein, die Bodenteleskope stört. Einige von SOFIAs vielen Forschungszielen sind die Geburt und der Tod von Sternen;

die Entstehung neuer Sonnensysteme; die Erforschung von Planeten, Kometen und Asteroiden in unserem Sonnensystem; und die Schwarzen Löcher im Zentrum entfernter Galaxien. Das Bild ganz

rechts zeigt SOFIAs farbig leuchtende Aufnahme der Infrarotstrahlung des Gasplaneten, im Vergleich zum linken Bild des Jupiters, das im sichtbaren Lichtspektrum aufgenommen wurde.

264 PLANETENJAGD MIT KEPLER

Kepler wurde 2009 gestartet. Sein Zweck: die Erforschung eines Gebiets der Milchstraße auf der Suche nach Planeten, auf denen Leben möglich wäre. Dafür nutzte Kepler eine Transitmethode: Wenn es einen Planeten beim Durchgang vor einem Stern beobachtete, war ein winziger Bruchteil des Sternenlichts blockiert. Wenn sich die Durchgänge regelmäßig wiederholten, entdeckte Kepler manchmal einen Planeten – etwa Kepler-20e (hier künstlerisch dargestellt). Von den über 1000 neuen Exoplaneten, die Kepler fand, kreisen acht in einem Abstand um ihre Sonne, bei dem Leben möglich sein könnte. Mit der weiteren Auswertung von Keplers Daten wird diese Zahl noch ansteigen.

Kepler ist ein 1,4 Meter durchmessendes Spiegelteleskop mit einem weiten Gesichtsfeld und einem empfindlichen Photometer, das Helligkeitsänderungen präzise feststellen kann. Im großen Gesichtsfeld können über 150 000 Sterne gleichzeitig beobachtet werden.

265 INFRAROTSICHT MIT DEM JAMES-WEBB-WELTRAUMTELESKOP

Das James-Webb-Teleskop soll 2018 starten. Der Nachfolger des Hubble-Teleskops wird Infrarotlicht genauso klar „sehen", wie Hubble sichtbares Licht sieht. Die 18 mit Gold beschichteten sechseckigen Spiegel sind in einer 6,5 Meter großen Fläche angeordnet. Sie werden das überaus schwache Infrarotlicht vom Rand des beobachtbaren Universums, kurz nach dem Urknall, sammeln und bündeln und uns Bilder von der Geburt der ersten Sterne und Galaxien liefern. In unserer Galaxis wird Webb mittels Infrarot durch Staub blicken und nach neuen Details zu Stern- und Planetenentstehung und den Bedingungen für Leben suchen.

Während Hubble nur einige hundert Kilometer von der Erde entfernt ist, wird Webb fast 1,5 Millionen Kilometer entfernt sein – fast viermal so weit wie der Mond. In diesem Bereich werden die Anziehungskräfte von Erde, Mond und Sonne den Sonnenschild des Teleskops stets so ausrichten, dass er das Gerät vor Sonnenstrahlen abschirmt und die Infrarotkameras nicht durch übermäßige Wärme gestört werden. Nur bei Kälte wird gewährleistet, dass die empfangene Infrarotstrahlung auch tatsächlich vom Rand des Universums kommt – und nicht aus dem Inneren des Teleskops.

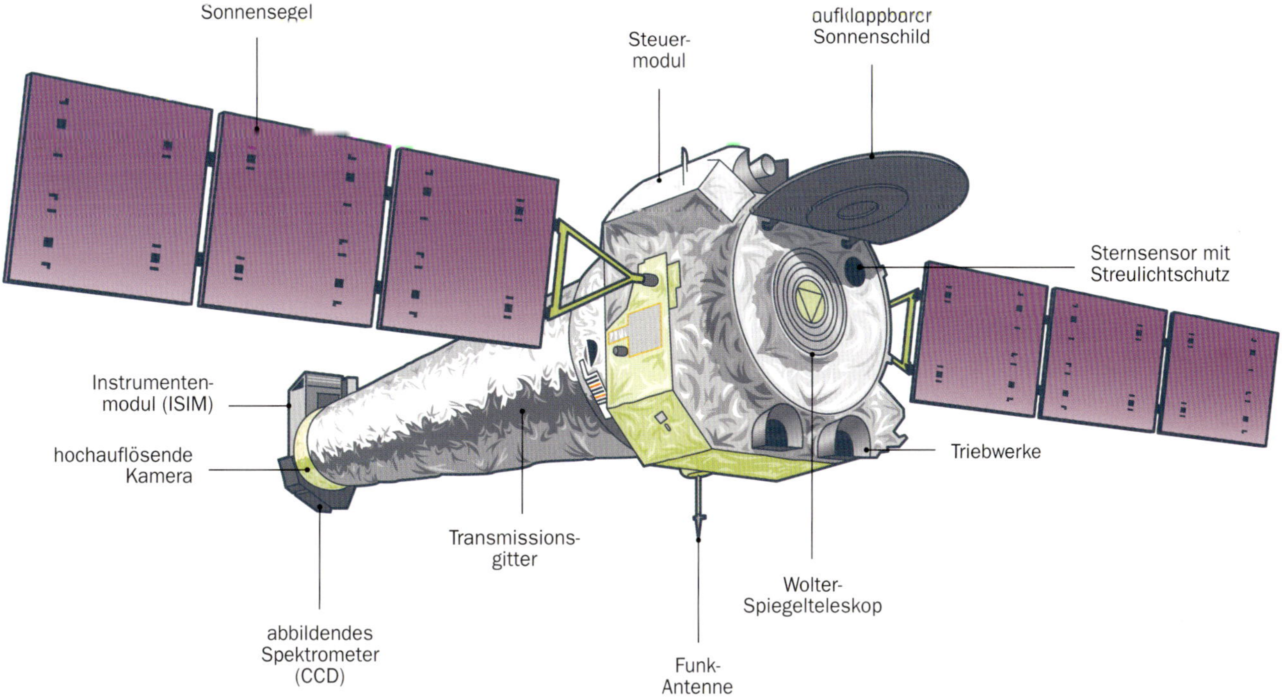

Sonnensegel

Steuer-
modul

aufklappbarer
Sonnenschild

Sternsensor mit
Streulichtschutz

Instrumenten-
modul (ISIM)

hochauflösende
Kamera

Triebwerke

Transmissions-
gitter

Wolter-
Spiegelteleskop

abbildendes
Spektrometer
(CCD)

Funk-
Antenne

266 RÖNTGENBLICK INS ALL
MIT CHANDRA

Beim Zahnarzt entstehen die Röntgenstrahlen in einer
Vakuumröhre: Elektronen treffen mit hoher Geschwindigkeit auf Metall. Wenn die Elektronen langsamer
werden, kollidieren oder anhalten, wird Röntgenenergie
frei. Kosmische Röntgenquellen sind unter anderem
Supernova-Explosionen, um Schwarze Löcher kreisende
Gase, heiße Sternenkoronen und überhitzte Gase um
Galaxienhaufen. Da Röntgenstrahlen die Erdatmosphäre
nicht durchdringen, liefern Röntgenteleskope Bilder aus
dem All – wie jenes vom Katzenaugennebel (rechts).

Das Chandra-Röntgenobservatorium startete 1999
und umkreist die Erde in bis zu 140 000 Kilometern
Höhe. Röntgenstrahlen, die von vorn auf einen Spiegel
treffen, dringen durch ihn wie durch Haut. Darum sind
Röntgenteleskope so gebaut, dass die Strahlen den
Spiegel streifen und allmählich ihre Richtung ändern,
bis sie in einem Brennpunkt gebündelt werden.

267 DIE „HAND GOTTES" BERÜHREN

Bereits im Teleskop sehen Nebel fantastisch aus (siehe Nr. 190 oder 200), aber am genauesten zeigen uns Satellitenfotos diese Wolken aus Gas und Staub – in denen unser Gehirn manchmal bekannte Formen in zufälligen astronomischen Phänomenen sieht. Eines davon ist die erst kürzlich abgebildete „Hand Gottes". Das Chandra-Teleskop der NASA hatte zuvor bereits Bilder von Teilen des Nebels (in Grün und Rot) gemacht, aber dem NASA-Röntgenteleskop NuSTAR gelangen Bilder im hochenergetischen Röntgenbereich, die den blauen Bereich der Hand ergänzten.

Aber was ist die Hand? Sie ist ein *Pulsarwind-Nebel*: dichtes Material als Überrest einer Supernova gepaart mit dem Pulsar PSR B1509-58 – eine schnell rotierende Sternleiche, um die ein Wind aus geladenen Teilchen entsteht, der fast Lichtgeschwindigkeit erreicht. Bei der Interaktion der Teilchen mit den Magnetfeldern um die Supernova erstrahlt die Hand in Röntgenlicht.

268 ROSIGER BLICK IN DEN ROSETTENNEBEL

Das NASA-Teleskop WISE ist ein Infrarot-Weltraumteleskop, das den Himmel ausführlich kartieren soll. Das WISE-Team hat nicht nur zahlreiche Objekte außerhalb des sichtbaren Lichtspektrums entdeckt, sondern auch ein atemberaubendes Bild des Rosetten-nebels veröffentlicht, das aus vier digital eingefärbten Bildern aus vier Infra-rot-Wellenlängen zusammengesetzt wurde. Im Zentrum des Nebels liegt ein Sternhaufen aus jungen Sternen; die grünen „Rosenblätter" bestehen aus Gas, Staub und Sternentstehungsgebieten. Geformt wird diese Himmelsrose aus Emissionen der riesigen O- und B-Sterne (siehe Nr. 11) im Sternhaufen – ein „Champagnerfluss" aus nach außen gerichtetem Strahlungsdruck.

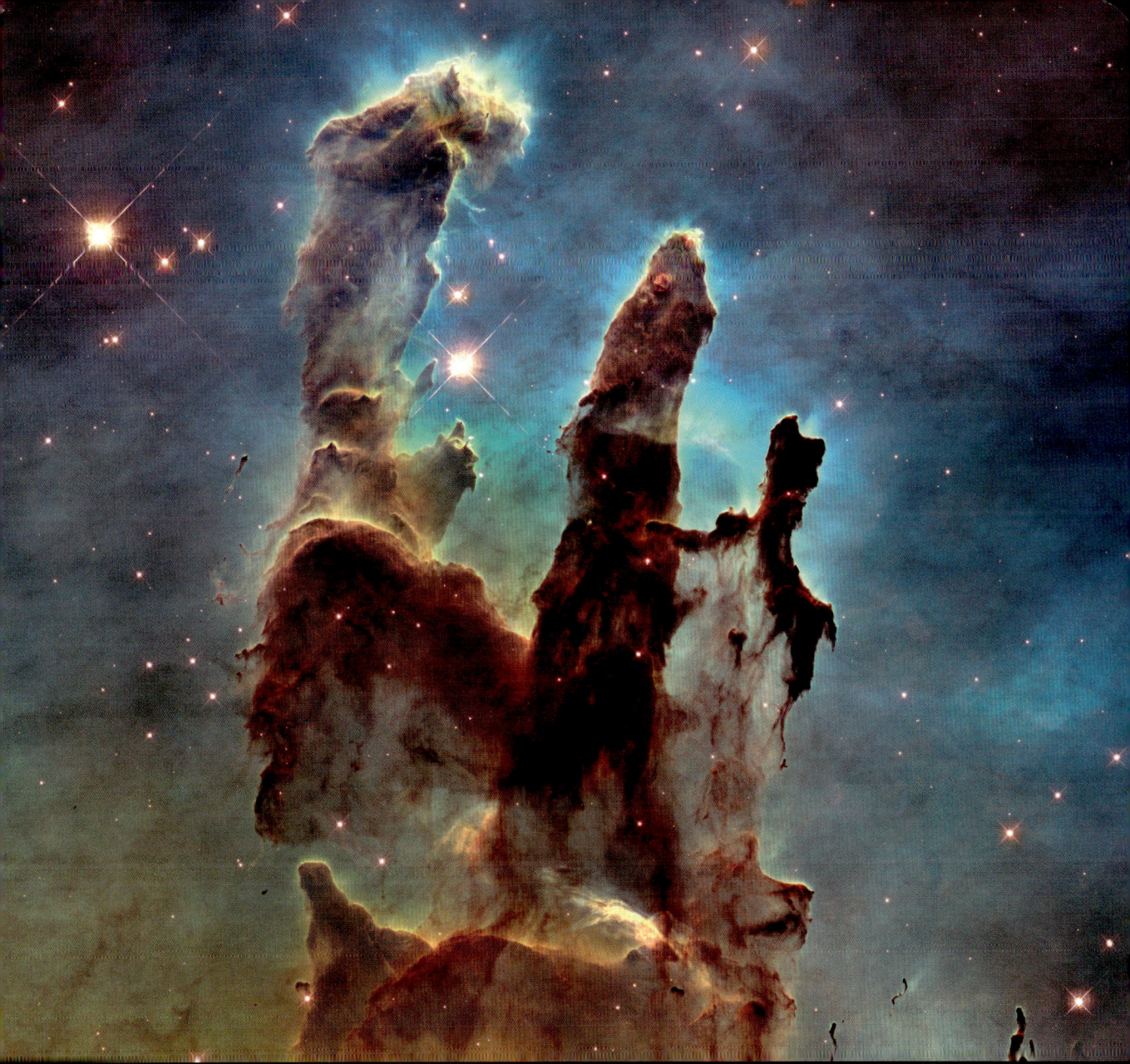

269 DIE SÄULEN DER SCHÖPFUNG

Eines der ikonenhaftesten Bilder des Hubble-Weltraum-teleskops zeigt die „Säulen der Schöpfung" im Adler-nebel (M 16). Im Jahr 1995 kombinierte das Team von Hubble 32 Einzelbilder, um die ganze Pracht dieser großen, säulenartigen Wolken aus interstellarem Gas und Staub einzufangen. Hubble kehrte 2014 in diesen Bereich zurück und untersuchte die Säulen mit höherer Auflösung. Astronomen nennen sie die „Säulen der Schöpfung", da M 16 ein Bereich der aktiven Sternent-

stehung ist. Strahlung von den größten jungen Sternen in den Säulen hat die Gase erodiert; es gibt sogar Hinweise darauf, dass die Säulen vor 6000 Jahren komplett verschwanden. Aber weil die Säulen 7000 Lichtjahre entfernt sind und das Licht noch auf dem Weg ist, können wir sie noch sehen – wie zauberhafte Geister des Himmels. Glücklicherweise konnte das Team von Hubble dieses faszinierende Bild noch rechtzeitig für uns einfangen.

270 SATELLITENBLICKE AUF DIE ERDE

Der Himmel ist voller atemberaubender Anblicke. Aber wie sieht es hier unten auf der Erde aus? Wenn Sie zu den wenigen Glücklichen gehören, die unseren Planeten aus der Ferne betrachten konnten, wissen Sie, wie wunderschön er ist. Und wenn Sie irgendwann einmal durch das All reisen sollten, achten Sie auf folgende Highlights – oder sehen Sie sich hier auf der Erde einfach ein paar Satellitenbilder davon an.

Ⓐ ERDE UND MOND Erde und Mond bilden ein hübsches Paar. Es gibt nur wenige Pärchenbilder von ihnen, die von außerhalb der Erde gemacht wurden. Auf dem Weg zum Jupiter kam die Raumsonde *Galileo* am Mond vorbei und machte ein Foto dieses Traumpaars. Ein weiteres gibt es von *Voyager* 1 aus dem Jahr 1977.

Ⓑ ALGENBLÜTE Wenn warmes Wetter Nährstoffe aus der Tiefsee an die Oberfläche bringt, erzeugen Algenblüten im Meer interessante Formen. Satelliten in der Umlaufbahn der Erde zeigen uns die Blüte in voller Pracht. Da die Algen empfindlich auf Veränderungen reagieren, geben sie Wissenschaftlern rasch Auskunft

über die Meeresumwelt. Algenblüten sind ein wichtiges Glied in der Nahrungskette und ernähren die kleinsten Organismen. Sie sind auch wichtig für die Atmosphäre: Sie nehmen CO_2 auf und erzeugen Sauerstoff.

Ⓒ STÜRME Während Wirbelstürme auf der Erde verheerende Schäden anrichten, sehen sie für die wenigen Glücklichen in der Raumstation ISS wie prachtvolle wirbelnde Scheiben aus, deren unglaubliche Details jede zu einem Unikat machen. Da sich die Stürme über Wasser bilden – wo es wenige Wetterstationen gibt –, sind Echtzeitmessungen schwierig. Die Beobachtung aus dem Weltraum hilft daher bei der Vorhersage, wo der Sturm auf Land treffen wird.

Ⓓ VULKANE Bei einem Vulkanausbruch möchte man nicht unbedingt dabei sein – außer man befindet sich 400 Kilometer darüber. Dann kann man sich auf einen explosiven Anblick gefasst machen: Gigantische Gas- und Staubwolken treffen auf Wolken und erzeugen erstaunliche Formen. Im Gegensatz zur Zerstörung, die man auf der Erde durch diese berstenden Berge erlebt,

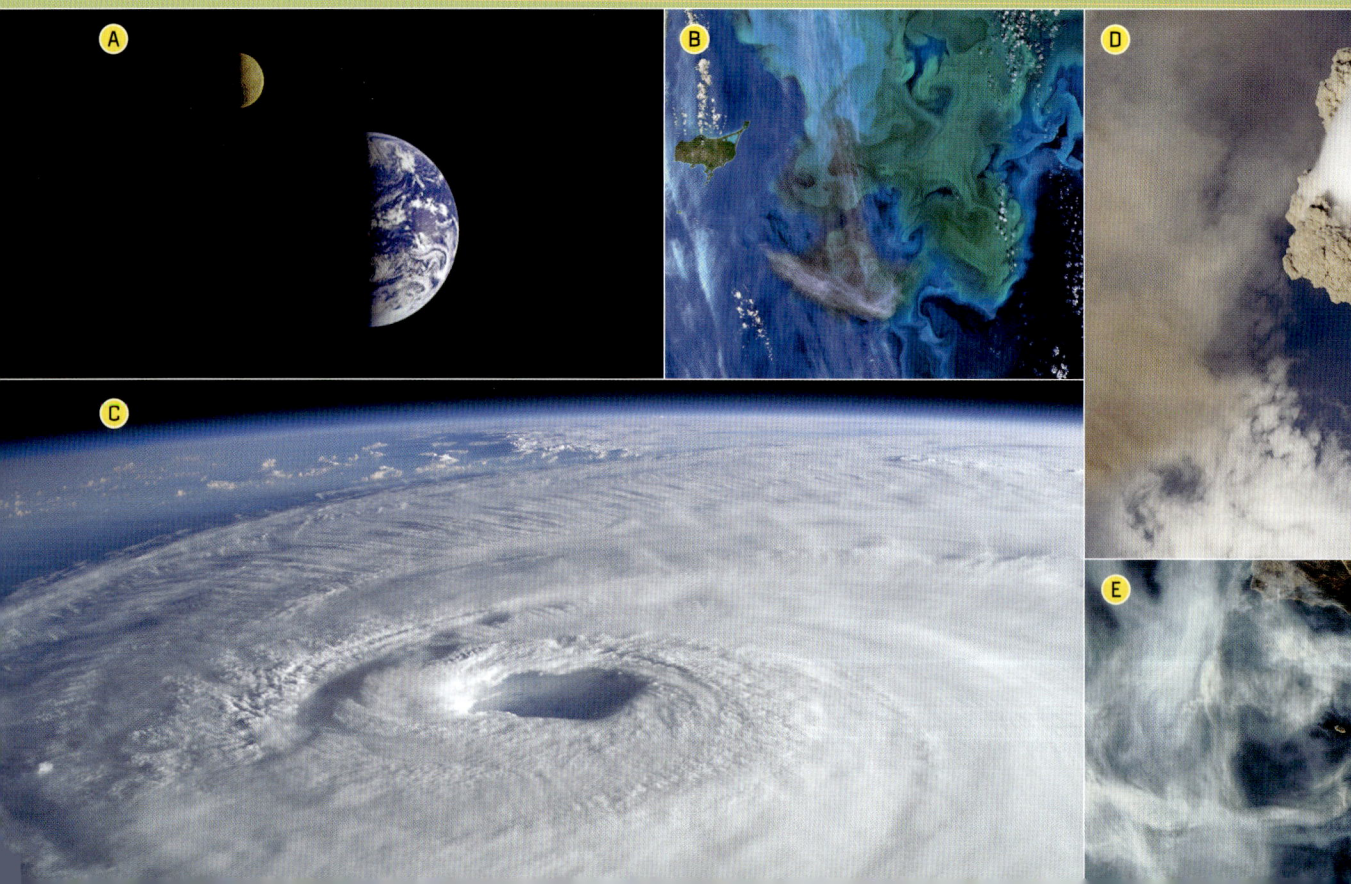

wirken sie aus dem All wie flauschige Kometen, wenn der Wind die Asche verweht. Ein Observatorium im All sah 2013 einen neuen Vulkan, der im japanischen Bereich des Pazifischen Feuerrings ausbrach und eine Insel formte, die mit einer bestehenden Insel verschmolz. Aus solchen gefährlichen Bereichen liefern Kameras im All tolle Ansichten neuester Erdmerkmale.

E BRÄNDE Satelliten sind auch Lebensretter, wenn sie Waldbrände und andere Naturkatastrophen in Echtzeit überwachen. Wärmesensoren auf Satelliten helfen der Feuerwehr, indem sie die Verbreitung des Feuers genau ermitteln und von außerhalb der Atmosphäre durch die Rauchschwaden „sehen" können.

F LÄNDERGRENZEN Astronauten sagen gerne, wie friedlich und unversehrt unser Planet aus dem All aussieht. Es gibt keine Grenzen, wie man sie auf politischen Karten findet. Dennoch kann man einige Ländergrenzen vom Weltraum aus erkennen. Am bemerkenswertesten ist wohl die Grenze zwischen Indien und Pakistan, die entlang ihrer gesamten Länge von orangen Flutlichtern erleuchtet ist und eines der gefährlichsten Gebiete der Welt markiert. Ein starker Kontrast besteht auch zwischen Nord- und Südkorea: Während in Nordkorea fast kein Licht außerhalb der Hauptstadt Pjöngjang zu sehen ist, ist der Süden flächendeckend beleuchtet. Bilder aus dem All zeigen auch Unterschiede in Wohlstand und Staatsführung und deren Auswirkung auf die Umwelt, etwa anhand von Haiti und der Dominikanischen Republik (siehe Bild). Armut und Entwaldung sind dringliche Probleme der Insel. Und so offenbaren sich viele der Unterschiede auf unserem blauen Planeten auch aus dem Weltraum.

G LANDSCHAFTSKUNST Im Lauf der Zeit errichteten Kulturen große Strukturen und Landmassen, die man nur aus der Höhe richtig erkennt. Von den mysteriösen, 2000 Jahre alten Nazca-Linien Perus (siehe Bild) bis zu einem riesigen Coca-Cola-Logo in der chilenischen Wüste – Menschen machen schon lange Kunst für Satelliten oder Außerirdische. Sehenswert sind auch das prähistorische Uffington White Horse in England und ein riesiger rosa Hase in den italienischen Alpen.

271 MÜLL IM WELTRAUM

Wir Menschen produzieren täglich über 3,2 Millionen Tonnen Müll. Einiges davon wird recycelt oder kompostiert, aber der meiste Müll häuft sich auf Deponien an. Es gibt jedoch auch Müll, der nicht auf der Erde landet: Massenhaft Schrott befindet sich auch im Weltraum. Über 5000 Tonnen Müll kreisen um die Erde und bilden eine riesige „Müllwolke" um den Planeten. Jedes Stück Müll bewegt sich mit rund 28 000 km/h – also 50-mal schneller als der Schall. Bei dieser Geschwindigkeit kann der Müll zum zerstörerischen Geschoss werden, falls er zum

Beispiel die Internationale Raumstation treffen sollte. Um Kollisionen mit Müll zu umgehen, wechselt die ISS daher etwa einmal im Jahr ihren Standort. Derzeit beobachtet die NASA über 15 000 Stücke Müll, die größer als 10 Zentimeter sind, aber Wissenschaftler vermuten, dass es noch viele zig Millionen kleinere Stücke gibt. Zwar verglüht der meiste Müll beim Eintritt in die Atmosphäre, aber größere Objekte können es bis zum Boden schaffen: Täglich fällt im Schnitt ein Stück Weltraummüll wieder zurück auf die Erde.

MÜLL IM ALL: WAS IST DRIN?

Mancher Weltraumschrott ist groß wie ein LKW, andere Stücke sind klein wie ein Salzkorn. Aber woraus besteht der Weltraummüll? Hier sind einige Beispiele aus dem Inhalt unserer Müllwolke.

ALTE SATELLITEN Satelliten sind in der modernen Welt unverzichtbar und liefern uns Mobilfunk, GPS, Fernseh- und Radioübertragung sowie Wetterdaten. Seit den 1950er-Jahren wurden über 2500 Satelliten ins All geschossen. Heute sind nur etwa 800 in Betrieb. Der älteste Schrott ist der anderthalb Kilo schwere, grapefruitgroße Satellit *Vanguard 1* aus dem Jahr 1958, der 1964 seinen Geist aufgab. Er hat die Erde bereits weit über 190 000-mal umkreist.

RAKETENTRIEBWERKE Raumfahrzeuge werden mit Stufenraketen ins All geschickt. Die ersten Stufen geben der Rakete Auftrieb beim Start, die letzte Stufe zündet hoch über der Erde und bringt die Rakete mit der nötigen Geschwindigkeit auf ihre Bahn. Wenn die letzte Rakete ihren Treibstoff verbraucht hat, werden sie und der Tank ins All abgestoßen.

EIN HANDSCHUH Ed White, der erste Astronaut, der im Weltraum „spazierte", verlor während des *Gemini* 4-Flugs von 1965 einen Handschuh. Der Handschuh umkreiste daraufhin einen Monat lang die Erde, bevor er in der Atmosphäre verglühte.

EIN PFANNENWENDER Auf einer Mission im Jahr 2006 entglitt dem Astronauten Piers Sellers ein Pfannenwender, mit dem er ein gelartiges Reparaturmaterial auf Hitzeschilde aufgebracht hatte.

EINE WERKZEUGTASCHE Die Astronautin Heidemarie Stefanyshyn-Piper ließ 2008 bei einem Außeneinsatz eine 14 Kilo schwere Werkzeugtasche fallen. Mehr als 8 Monate lang konnten zahlreiche Amateurastronomen die Tasche am Himmel sehen.

EINE ZAHNBÜRSTE Während des 14-tägigen *Gemini* 7-Flugs verlor Jim Lovell seine Zahnbürste. Glücklicherweise durfte er die Zahnbürste seines Besatzungskollegen Frank Borman verwenden.

273 MEILENSTEINE DER RAUMFAHRT

Die Geschichte der Weltraumforschung ist in der kosmischen Ewigkeit nur ein Augenblick – wenngleich ein sehr ereignisreicher. Hier sind nur einige der Höhepunkte aus jahrzehntelanger Suche im All.

1. KÜNSTLICHES OBJEKT IM ALL (1944)

Während der Nazizeit starteten Wernher von Braun und sein Team in Peenemünde die erste V2-Rakete. Sie erreichte die Grenze zum All, bevor sie auf London stürzte und explodierte. Nachdem die ehemaligen Peenemünde-Mitarbeiter von den USA und Russland gefangen genommen wurden, halfen sie unter Hausarrest oder als Gefangene bei den Raumfahrtprogrammen dieser Länder. Am 24. Oktober 1946 machte eine V2 die ersten Bilder der Erde aus dem All, 100 km über der Wüste von New Mexico.

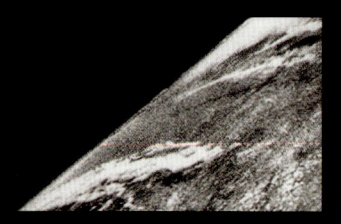

1. MENSCH IM ALL (1961)

Der Kosmonaut Juri Gagarin war der erste Mensch im Weltraum. Er wurde am 12. April 1961 in der Raumkapsel *Wostok 1* in die Erdumlaufbahn geschossen. Plötzlich war er international berühmt und ein Held der Sowjetunion. Sein Leben endete jedoch abrupt, als er am 27. März 1968 bei einem Flugzeugabsturz tödlich verunglückte. Jedes Jahr am 12. April wird auf der ganzen Welt „Juris Nacht" gefeiert, die den menschlichen Erfolgen im All gewidmet ist.

1. SATELLIT (1957)

Am 4. Oktober 1957 schockierte die damalige Sowjetunion die Welt: mit dem ersten künstlichen Satelliten *Sputnik*. Damit begann ihr Wettlauf ins All gegen die USA. Der Satellit hatte einen Durchmesser von 58 cm, war von der Erde aus sichtbar und kreiste drei Monate lang um die Erde, bevor er beim Wiedereintritt verglühte.

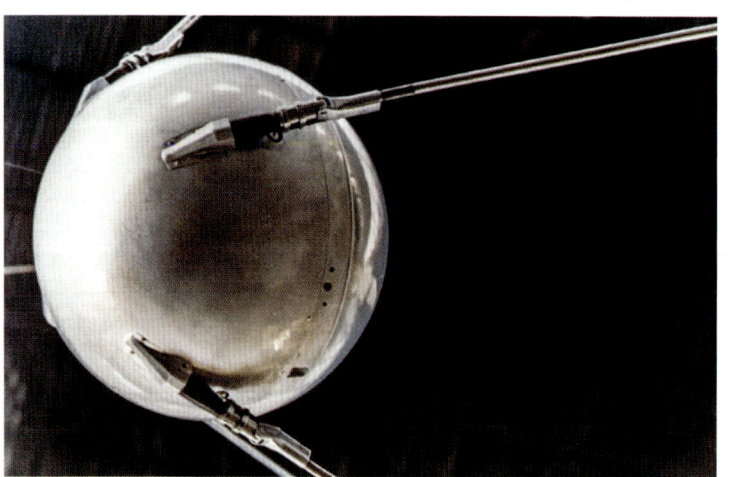

SONDEN ZU DEN INNEREN PLANETEN (1959)

Mars, Venus und der Mond waren die ersten Ziele der Raumsonden der USA und der UdSSR. Die sowjetische Sonde *Luna 3* sendete 1959 die ersten Bilder der Mondrückseite. Auch Indien, Japan, Europa und China schickten bereits Roboter auf den Mond.

HUBBLE-TELESKOP (1990)

Das Hubble-Weltraumteleskop wurde 1990 von der Raumfähre *Discovery* ins All gesetzt. Von ihm stammen einige der berühmtesten Aufnahmen aus dem Weltraum und es zeigte, dass der Mensch auch im All ingenieurtechnische Herausforderungen meistern konnte. Dank mehrerer Space Shuttle-Servicemissionen konnte Hubble über 25 Jahre im Einsatz bleiben.

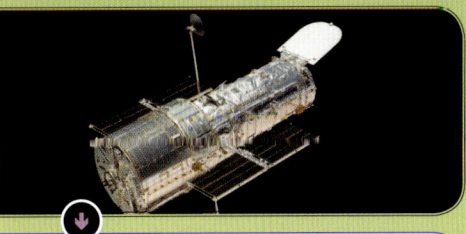

SONDEN ZU DEN ÄUSSEREN PLANETEN

(1972) *Pioneer 10* und *11* waren die ersten Raumsonden, die an Jupiter und Saturn vorbeiflogen. Die berühmten Voyager-Sonden folgten und passierten Jupiter, Saturn, Uranus und Neptun. Die Sonden konnten alle Planeten besuchen, da sie eine seltene Konstellation der vier nutzten und sich mit deren Anziehungskraft von Planet zu Planet schossen.

INTERNATIONALE RAUMSTATION (2000)

Die Internationale Raumstation (ISS) ist das größte künstliche Objekt im All (größer als ein Fußballfeld) und wird seit November 2000 dauerhaft von einem internationalen Team aus Astronauten bewohnt. Die USA, Russland, die europäische Raumfahrtbehörde ESA, Japan und Kanada teilen sich die Zuständigkeit für Betrieb und Wartung und versorgen die Station und ihre Besatzung. Männer und Frauen aus über 15 Ländern arbeiteten bereits an tausenden Projekten und Experimenten auf diesem fliegenden Forschungslabor.

1. RAUMSONDE JENSEITS DES SONNENSYSTEMS (2012)

Im Jahr 2012 verließ *Voyager 1* die *Heliosphäre* – den von der Sonne dominierten Bereich des Alls. Über 19 Milliarden Kilometer von der Erde entfernt ist *Voyager 1* der Strahlung und den Teilchen der interstellaren Materie ausgesetzt, nicht jenen der Sonne. Carl Sagan und Ann Druyan gaben der Raumsonde eine „goldene Schallplatte" mit auf den Weg – als Gruß von den Menschen an mögliche außerirdische Finder. Nach 40 Jahren sendet *Voyager 1* noch immer Daten zur Erde, aber das Signal benötigt nun über 1,5 Tage.

1. MENSCH AUF DEM MOND (1969)

Neil Armstrong ist der erste Mensch, der einen anderen Himmelskörper betrat, am 20. Juli 1969. Das Apollo-Programm begann mit einer kühnen Ansage des US-Präsidenten John F. Kennedy, der versprach, die USA würde vor Ende der 1960er-Jahre einen Menschen sicher auf den Mond und wieder zurückbringen. Nach dem Brand von *Apollo 1*, bei dem drei Astronauten starben, setzte die NASA neue Technologien für eine sichere Mondlandung ein.

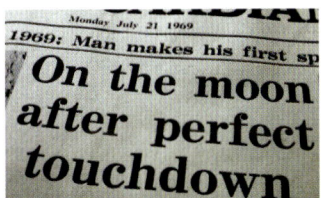

Monday July 21 1969

1969: Man makes his first sp

On the moon after perfect touchdown

NEUE HORIZONTE (2014–2015)

Erkundungsroboter haben gerade erst begonnen, Zwergplaneten, Asteroiden und Kometen zu besuchen. Erst kürzlich setzte die ESA-Sonde *Rosetta* den Lander *Philae* auf dem Kometen Tschurjumow-Gerasimenko ab. Die japanische Hayabusa-Mission brachte Proben des Asteroiden 25143 Itokawa. Die NASA-Sonde Dawn umkreiste die größten Asteroiden Vesta (Bild) und Ceres und bot Nahaufnahmen ihrer Oberflächen. *New Horizons* flog 2015 an Pluto und Charon vorbei und zeigte uns die bisher entferntesten Objekte im Sonnensystem.

274
AM RAND UNSERES SONNENSYSTEMS

Was liegt am Rand des Sonnensystems, hinter dem eisigen Neptun? Es ist Pluto, hier künstlerisch dargestellt mit seinen Monden Charon und Styx. 2015 war dieser Zwergplanet der erste seiner Art, der von einer vorbeifliegenden Raumsonde aufgenommen und näher erforscht wurde. Er ist das größte von tausenden Objekten im Kuipergürtel, der zwischen 30 und 50 AE von der Sonne entfernt ist. Neben Pluto, der seit 2006 aufgrund der geringen Größe und unregelmäßigen Bahn nur noch als Zwergplanet gilt, befinden sich dort auch Eris, das zweitgrößte Objekt im Gürtel und das entfernteste bekannte Objekt im Sonnensystem; Makemake, das drittgrößte Objekt im Gürtel; und Sedna, das nach Mars röteste Objekt im Sonnensystem. Jenseits des Kuipergürtels liegt die Oortsche Wolke, ein gigantischer und extrem weit entfernter kugelförmiger Schwarm aus eisigen Planetesimalen, der das Sonnensystem umgibt. Diese zahllosen Objekte, die zwischen 5000 und 100 000 AE von der Sonne entfernt sind, sollen Reste aus der Entstehung des Sonnensystems vor 4,6 Milliarden Jahren sein. Die Wolke markiert die äußerste Grenze des Sonnensystems und den Bereich, in dem der gravitative Einfluss der Sonne schwächer ist als jener naher Sterne. Aufgrund ihrer enormen Größe konnte die Wolke noch nicht direkt beobachtet werden, aber sie ist vermutlich der Ursprung aller langperiodischen Kometen am Himmel.

275
EIN BLICK AUF EXOPLANETEN

Ein *Exoplanet* ist ein Planet, der außerhalb unseres Sonnensystems einen anderen Stern als unsere Sonne umkreist. Vermutlich hat fast jeder Stern mindestens einen Exoplaneten. Manche sind ähnlich groß wie die Erde und könnten in Zukunft Menschen beherbergen – als sogenannte *Supererden*. Hier sind drei interessante Exoplanetensysteme:

TAU CETI Tau Ceti ist ein ruhiger Stern, kleiner als unsere Sonne und vermutlich älter. Um ihn scheinen fünf Planeten zu kreisen, einer oder zwei davon vielleicht mit Supererden-Größe und sogar in der *habitablen Zone* des Sterns (der Bereich um einen Stern, in dem die Temperatur ausreicht, um flüssiges Wasser auf einer Planetenoberfläche zu halten). Das System ist nur zwölf Lichtjahre entfernt und ein künftiges Ziel für die Suche nach Leben. Leider ist es von einer Staubscheibe umgeben und es gibt Einschläge wie jene, die zum Aussterben der Dinosaurier führten.

GLIESE 667 CC Hier kreisen vermutlich sechs Planeten, davon zwei bestätigte Supererden, um einen kleinen Roten Zwerg (dem häufigsten Sternentyp in unserer Galaxis). Einer der Exoplaneten liegt wahrscheinlich in der habitablen Zone: Gliese 667 Cc ist nur 22 Lichtjahre entfernt und der aktuell beste Kandidat für Bewohnbarkeit. Der kleine Rote Zwerg im Zentrum dieses Systems ist der kleinste von drei gravitativ aneinander gebundenen Sternen, also ein Dreifachstern mit mehreren massearmen Exoplaneten in enger Bahn um Gliese 667 C. Den Roten Zwerg sieht man nicht, aber im Teleskop erkennt man den Doppelstern am Ende des Stachels des Skorpions.

KEPLER-186F Der erste entdeckte erdgroße Planet in einer habitablen Zone ist um nur 11 % größer als die Erde, was eine massereiche Atmosphäre unwahrscheinlich macht. Kepler-186f umkreist seinen Roten Zwerg sehr eng (etwa die gleiche Entfernung wie zwischen Merkur und Sonne). Innerhalb dieser Bahn fand man noch vier weitere Planeten. Der Planet mag zwar die richtige Größe haben, aber er ist fast 500 Lichtjahre von uns entfernt.

276 DER HIMMEL AUF ANDEREN PLANETEN

Auf der Erde erscheint der Himmel blau, da Moleküle in der Atmosphäre das blaue Licht von der Sonne einfangen und in alle Richtungen streuen. Aber wie sieht der Weltraum an anderen Orten aus?

AUF DEM MARS In der Marsatmosphäre ist Eisenoxid-Staub vorhanden, der von Stürmen aufgewirbelt wird (siehe Nr. 103). Fällt das Sonnenlicht auf sie, wird rotes Licht in alle Richtungen gestreut und färbt den Himmel gelbbraun (Bild). Die Sonnenauf- und Sonnenuntergänge sind wie auf der Erde rosa. Vom Mars aus kann man Erde und Mond sehen; die Erde erscheint so hell wie bei uns die Venus. Der Mond ist viel schwächer als die Erde und könnte nur durch ein Teleskop gesehen werden.

AUF DEM MOND Da der Mond keine Atmosphäre hat, ist der Himmel immer schwarz. Nachts sähe man Sterne, die tagsüber durch die helle Sonne und den erleuchteten Mond verblassen würden. Der schönste Anblick am Mondhimmel ist die Erde, die viermal größer als die Sonne und 50-mal heller als der Vollmond erscheint. Da immer dieselbe Mondseite zur Erde zeigt, könnten nur Menschen auf dieser Seite die Erde sehen.

AUF DEN SATURNMONDEN Der Saturnmond Titan hat eine dichte, bräunlich orangerote Atmosphäre, durch die man den Nachthimmel nicht sieht. Selbst der nahe Saturn wäre unsichtbar. Aufgrund der Entfernung von Titan zur Sonne ähnelt der Tag der Dämmerung auf der Erde. Dafür hat Enceladus eine dünne Atmosphäre, die den Himmel schwarz und die Sterne bei Tag und Nacht sichtbar macht. Die Sonne sähe winzig aus – etwa ein Neuntel der Größe, die wir von der Erde aus sehen. Saturn wäre ein spektakulärer Anblick: 60-mal größer als der Mond von der Erde aus gesehen. Die Ringe sähe man von der Seite – also fast gar nicht (siehe Nr. 199).

277 SUCHE NACH INTELLIGENTEM LEBEN MIT DER DRAKE-GLEICHUNG

Der Nachweis von Einzellern im All wäre eine wissenschaftliche Sensation: Wir wären nicht allein im Universum. Über etwas, nun ja, kommunikativere Wesen würden sich viele aber mehr freuen. Frank Drake, ein Mitbegründer der Astrobiologie (die Suche nach Leben jenseits der Erde), entwickelte eine Formel, mit deren Faktoren man die möglichen intelligenten Zivilisationen unserer Galaxis abschätzen kann: die sogenannte Drake-Gleichung.

$$N = N_{(Sterne)} \, f_p \, n_e \, f_l \, f_i \, f_c \, f_L$$

Zwar hat diese Gleichung keine bekannte Lösung, stellt jedoch die verschiedenen Faktoren dar, die auf die Anzahl der intelligenten, kommunizierenden Zivilisationen in unserer Galaxis Einfluss nehmen. Schätzen Sie doch selbst einmal, wie viele Zivilisationen sich die Milchstraße teilen.

N Die potenzielle Anzahl der intelligenten, kommunizierenden Zivilisationen in der Milchstraße.

$N_{(Sterne)}$ Die Anzahl der Sterne in der Milchstraße. Der bekannteste Faktor: Ziemlich sicher gibt es zwischen 100 und 500 Milliarden Sterne in der Milchstraße.

f_p Der Anteil der Sterne mit mindestens einem Planeten. Dieser Wert variiert, aber manche Astronomen vermuten, dass bis zu 100 % aller Sterne von mindestens einem Planeten umkreist werden.

n_e Die durchschnittliche Anzahl von Planeten pro Stern, auf denen Leben möglich wäre. Dafür scheint flüssiges Wasser entscheidend zu sein (siehe auch Nr. 275). In unserem Sonnensystem könnte es auf sechs Planeten Wasser geben. Neben der Erde gab es wohl auch auf dem Mars flüssiges Wasser. Viele Saturn- und Jupitermonde haben vermutlich Wasser unter ihrem Eis.

f_l Der Anteil geeigneter Planeten, die irgendeine Art von Leben entwickeln. Hier müssen wir raten, denn unser einziger Datenpunkt ist die Erde. Aber wir wissen, dass sich das Leben bereits sehr früh in der Geschichte des Planeten entwickelte, als es gerade kühl genug war, dass Ozeane entstehen konnten.

f_i Der Anteil dieser Planeten, auf denen sich einfaches Leben zu intelligentem Leben entwickelt. Die Definition von „intelligent" ist dabei diskutabel. Bis jetzt kennen wir nur eine Spezies, die sich fragt, ob sie allein im Universum ist, und das sind wir Menschen.

278

DIE RÄTSEL DES UNIVERSUMS

Wir erfahren immer mehr über unser seltsames Universum. Einige Rätsel verblüffen die Wissenschaft aber noch immer.

DUNKLE ENERGIE Galaxien scheinen sich immer schneller voneinander wegzubewegen. Eine Erklärung dafür ist das Phänomen der *Dunklen Energie*, die den Weltraum gegen die Schwerkraft mit zunehmender Geschwindigkeit auseinanderdrückt. Albert Einstein schloss diese Energie als „kosmologische Konstante" in seine Formel ein und erklärte damit die Rolle der Schwerkraft in einem statischen Universum. Später nannte er diese Idee seinen größten Fehler, aber eine Version der kosmologischen Konstante wird in einem der populärsten Modelle des expandierenden Universums wieder aufgegriffen. Dennoch wurde Dunkle Energie nie direkt beobachtet und bleibt ein großes Rätsel.

DUNKLE MATERIE Aus diesem mysteriösen Stoff (nicht mit Dunkler Energie zu verwechseln) scheint im Universum die meiste Materie zu bestehen. Manche Galaxien haben eigentlich nicht genug Sterne und Staub, die sie zusammenhalten. Darum vermutet man, dass sie von einer unsichtbaren Masse gehalten werden. Noch wurden keine Teilchen dieser Materie aufgespürt, aber die Suche geht weiter.

SCHWERKRAFT Sie ist eine der Kräfte, die unsere Planeten auf ihren Bahnen um die Sonne und uns Menschen auf dem Boden der Erde hält. Sie hält alles zusammen und wird als Krümmung des Raums interpretiert. Darüber hinaus wissen wir aber überraschend wenig: Wellen oder Teilchen der Schwerkraft (sogenannte *Gravitonen*) wurden nie nachgewiesen, sollen jedoch laut Theorie existieren. Wissenschaftler versuchten sich an einer bestätigten, einheitlichen Theorie, die die Schwerkraft mit den anderen Kräften des Universums verbindet: die *starke Kraft* (die Teilchen wie Atome und Quarks zusammenhält), die *schwache Kraft* (die Neutronen zu Protonen, dann Elektronen usw. „zerfallen" lässt) und der *Elektromagnetismus* (der Ladungen in Atomen steuert).

f_C Der Anteil intelligenter Zivilisationen, die über aufspürbare Kommunikationstechniken verfügen. Wir Menschen haben einige Botschaften ins All geschickt, aber vor allem lauschen wir nach Signalen. Selbst wenn Außerirdische kommunizieren könnten – tun sie es vielleicht absichtlich nicht? Wir wissen es nicht und können nur raten.

f_L Der Anteil der Lebenszeit des Planeten, in der eine intelligente Zivilisation über interstellare Entfernungen kommunizieren kann. Für den Menschen wäre das erst das letzte Jahrhundert. Seit den 1970er-Jahren senden wir gezielt Botschaften ins All. Das sind weniger als 0,000000001 % der Lebenszeit der Erde. Wie lange wird unsere Zivilisation noch existieren und Signale ins All schicken können? Man kann nur spekulieren.

279 STERNE ZÄHLEN ALS LAIENFORSCHER

Wussten Sie, dass Sie mit einem Computer und etwas Freizeit einen echten Beitrag zur Astronomie leisten können? „Citizen Science" oder Bürgerwissenschaft ist Forschung, die von Laien ausgeübt wird. Die Geschichte der Astronomie ist voller solcher Laienforscher, die bahnbrechende Entdeckungen machten – heutzutage benötigt man dazu nicht einmal mehr ein Teleskop oder den Himmel. Je mehr schlaue Köpfe an einem Datensatz arbeiten, desto schneller werden Entdeckungen gemacht und können Schlüsse gezogen werden.

Beispiel: Wenn Sie Orion finden können (siehe Nr. 56), können Sie zu einer wachsenden globalen Karte der Helligkeit des Himmels beitragen. Das Projekt „GLOBE at Night" macht etwa die Öffentlichkeit auf die Auswirkungen von Lichtverschmutzung aufmerksam. Dabei messen Laienforscher die Helligkeit ihres Nachthimmels und teilen ihre Beobachtungen online oder telefonisch mit. Trends werden dann mit anderen Datensätzen (etwa über das Verhalten von Tieren) verglichen, was dabei hilft, die Auswirkungen von Lichtverschmutzung zu verstehen und zu mindern. Vor 100 Jahren sah man auch in großen Städten noch die Milchstraße am Himmel. Heute kennt kaum ein Stadtbewohner einen richtig dunklen Himmel, was sich auf das Leben von Menschen und anderen Arten auswirkt. (Weitere Informationen unter Nr. 28)

280 PROJEKTE AUS DEM „ZOONIVERSE"

Wissenschaftler wenden sich mit scheinbar unlösbaren Problemen oft an ihre Studenten. Bei größeren Fragen können alle Bürger mithelfen. Wie beim „Zooniverse" einer Plattform mit Projekten für Laienforscher. Wissenschaftler arbeiten länderübergreifend zusammen und lassen Freiwillige beim Bewältigen ihrer Datenberge helfen. Man kann einen wertvollen Beitrag zu beliebig vielen Projekten und auf verschiedenen Stufen leisten. Das Projektangebot ändert sich, aber hier sind einige unserer Favoriten:

GALAXY ZOO Im ersten der Zooniverse-Projekte soll man Galaxien nach Form und Aufbau (nach ihrer „Morphologie") klassifizieren. Diese einfache Aufgabe hilft Wissenschaftlern, die entfernten Sterninseln besser zu verstehen. Teilnehmer des Projekts entdeck-en die „Grüne-Erbsen-Galaxien" – winzige sternbildende Galaxien – und viele andere Phänomene.

PLANET HUNTERS Haben Sie Lust, nach einer fremden Welt zu suchen? *Planet Hunters* stellt die Daten der Kepler-Mission in 30-Tage-Sätzen zur Verfügung und Freiwillige suchen nach Plane-tendurchgängen vor einer Sternscheibe. Das können zwar auch Computer, aber Menschen sind noch besser. In den ersten vier Jahren gelangen dem Projekt über eine Million Klassifizierungen.

CATALINA SKY SURVEY Die größte Gefahr aus dem All wäre ein Asteroideneinschlag. Zuerst die Dinosaurier und in Zukunft auch wir? Nicht, wenn wir den Asteroiden finden und von seiner Bahn ablenken. *Catalina Sky Survey* widmet sich dem Auffinden aller erdnahen Asteroiden (siehe Nr. 230) und benötigt Ihre Hilfe. Menschen finden Asteroiden in Daten, die Computer bereits durchsucht haben. Auf vier Bildern suchen Sie nach einem vorbei-flitzenden Asteroiden – und retten vielleicht die Menschheit.

281 BLICK AUF VERÄNDERLICHE

Veränderliche Sterne ändern ihre Helligkeit über Perioden, die Sekunden bis Jahre dauern können. Je mehr man über sie weiß, desto besser versteht man ihr Verhalten. Wissenschaftler können aber nicht jeden Stern über Jahrzehnte hinweg beobachten. Hier kommen Sie ins Spiel. Die *American Association of Variable Star Observers* hat in über 50 Ländern Mitglieder, die pro Jahr über eine Million Beobachtungen machen. In den über 100 Jahren ihres Bestehens hat die AAVSO wichtige Fragen beantwortet. Und so können Sie mitmachen:

BEI PROJEKTEN HELFEN Ob mit dem Teleskop, bei Computeranaly-sen oder bei anderen Projekten unterstützend mitwirken.

TEIL DER GEMEINSCHAFT SEIN Die aktive Gemeinschaft hat Foren, Chats, Blogs und Treffen – und ist in sozialen Netzwerken präsent.

LERNEN Lesen Sie Material zu grundlegenden Themen wie: „Was sind veränderliche Sterne?" bis hin zu Kursen in der Schule und dem Berichten von Funden.

EINEN MENTOR HABEN Ein Mentorsystem stellt Anfängern einen erfahrenen Beobachter zur Seite, mit dem man fachsimpeln und über Methoden und anstehende Projekte sprechen kann. In Deutschland bietet die „BAV" (www.bav-astro.eu) ähnliche Programme an.

282 VIEL ZU VIEL LICHT

Noch vor 100 Jahren sahen die meisten Menschen regelmäßig einen dunklen Himmel. Heute sieht man in den meisten Städten und Vororten aufgrund der künstlichen Beleuchtung nur etwa 3 % der sichtbaren Sterne. Wer den Himmel immer in der Stadt beobachtet und ihn dann bei richtiger Dunkelheit sieht, fühlt sich vor lauter Sternen wie auf einem fremden Planeten.

Amateurastronomen reisen oft in Scharen an Orte mit dunkelstmöglichem Himmel (siehe Nr. 177). Die Profis haben es noch schwerer: Viele Observatorien können nicht mehr wissenschaftlich genutzt werden, da die Besiedlung der Umgebung den Himmel erleuchtet hat und man nicht mehr viel sehen kann.

URSACHEN FÜR LICHTVERSCHMUTZUNG:

ÜBERBELEUCHTUNG Die Beleuchtung von fast menschenleeren Orten oder die zu starke Beleuchtung mancher Bereiche verursacht nicht nur enorme Kosten, sondern lässt auch die Sterne verblassen.

SKYGLOW Dieses weiche Himmelsglühen entsteht, wenn Licht nach oben gerichtet ist und ein oranges Leuchten über einer Stadt erzeugt. Es kann aus kilometerweiter Entfernung gesehen werden und lässt die Sterne in jener Richtung verschwinden. Vom All aus glühen alle Städte: So viel Licht geht nach oben!

LICHTIMMISSIONEN Sie entstehen, wenn schlecht abgeschirmtes, unerwünschtes Licht in Observatorien (oder Schlafzimmerfenster) eindringt.

LICHTMÜLL Mehrere Lichtquellen in einem kleinen Bereich oder zu viele Quellen, die einen Bereich mit Licht fluten, erzeugen Lichtmüll. Denken Sie an Las Vegas.

283 AUSWIRKUNGEN DER LICHTVERSCHMUTZUNG

Lichtverschmutzung ist nicht nur für Sterngucker ein Ärgernis, sie wirkt sich auch in anderen Bereichen negativ aus.

FINANZIELL Allein in Nordamerika wird über 1 Milliarde US-Dollar pro Jahr für Beleuchtung verschwendet. Würde man diese Energie einem sinnvollen Zweck zuführen, könnte man viel Geld sparen. Die kanadische Stadt Calgary etwa rüstete ihre Straßenbeleuchtung um und sparte damit rund 1,7 Millionen kanadische Dollar pro Jahr.

TIERE Licht bei Nacht stört viele Tiere. Einige bedrohte Arten von Meeresschildkröten sind besonders gefährdet: Ihre Schlüpflinge krabbeln am Strand zur nächsten Lichtquelle – was früher die Spiegelung von Mond und Sternen am Wasser war. Künstliches Licht in ihrer Nähe verwirrt die Schlüpflinge, die dann nicht ins Meer finden. Viele andere Tiere stört das Kunstlicht bei Futtersuche, Paarung und Wanderungen. Vögel werden vom Kurs abgebracht und Säugetiere, die sich in der Dunkelheit verstecken, werden bei künstlicher Beleuchtung zu leichter Beute.

GESUNDHEIT Bei Menschen bringt der Einfluss von Licht bei Nacht ein größeres Risiko mancher Krebsarten und führt zu Schlafstörungen, psychischen Erkrankungen (z. B. Depressionen), Übergewicht und Lernschwierigkeiten. Helles Licht bei Nacht verursacht auch *Blendung*: Man kann temporär nur noch das Licht sehen.

284 LICHTVERSCHMUTZUNG VERRINGERN

Wo wären die Menschen heute, hätte es nicht den Nachthimmel gegeben? Navigation und die Erforschung des Universums wären ohne einen von Kunstlicht ungetrübten Blick auf den Himmel nahezu unmöglich gewesen.

Wie kann man also die Lichtverschmutzung reduzieren?

DIE RICHTIGEN GLÜHBIRNEN Sparsame Birnen mit wenig Watt verwenden, die nicht mehr als das benötigte Licht abgeben. Auch ein Dimmer reduziert die Helligkeit des Lichts.

AUSSCHALTEN Schalten Sie das Licht nur an, wenn es benötigt wird, und lassen Sie nicht mehr Lampen brennen, als Sie brauchen.

WINKEL ANPASSEN Die Lampen um Ihr Haus so anpassen, dass sie nach unten scheinen – wozu den Himmel beleuchten? Zusätzlich richten abgeschirmte Lampen das Licht dorthin, wo man es braucht, und es strahlt nicht in den Himmel.

VORHÄNGE SCHLIESSEN Einfach und effektiv: Abends die Fenster verdunkeln, damit weniger Licht nach draußen gelangt.

WEITERSAGEN Ändern Sie nicht nur die eigenen Gewohnheiten, informieren Sie auch Ihre Nachbarn über den Umgang mit Licht. Die Initiative gegen Lichtverschmutzung (Dark Sky) hat auf ihrer Website viele Informationen und Tipps für Verbesserungen. Man kann sich in puncto Lichtverschmutzung auch an den Stadtrat oder eine andere Regierungsbehörde wenden. Schließen Sie sich mit Gleichgesinnten zusammen und setzen Sie Veränderungen durch.

285 TOP FÜNF DIE DUNKELSTEN HIMMEL

Allgemein ist der Nachthimmel nicht mehr das, was er einmal war. An manchen Orten wird die Dunkelheit jedoch bewahrt – und der Ort als offizieller Sternenpark geschützt. Hier sind fünf solcher Plätze mit dunklem Himmel:

☐ **CHACO CANYON, USA** An diesem uralten Platz im Nordwesten New Mexicos beobachtet man aus den Ruinen astronomischer Stätten und sieht den Himmel wie einst die Chacoaner.

☐ **BRANDENBURG, DEUTSCHLAND** Der Sternenpark Westhavelland ist nur eine zweistündige Autofahrt von Berlin entfernt und jener Park, der einer Großstadt am nächsten liegt. Zwischen Mai und Juni kann man dort das Zodiakallicht sehen (siehe Nr. 14).

☐ **KERRY, IRLAND** Dieser Hafen zwischen Gebirge und Atlantik ist eine natürliche Pufferzone zu den Stadtlichtern und ein idealer Ort, um Meteore und die Milchstraße zu beobachten.

☐ **NAMIBRAND, NAMIBIA** Zwischen der Wüste Namib und dem Nubib-Gebirge bietet dieses 2000 km² große Naturreservat geringste Luftfeuchtigkeit und dadurch einen der klarsten Himmel der Region – und

Gazellen, Springböcke, Leoparden, Hyänen und über 150 Vogelarten.

☐ **AORAKI MACKENZIE, NEUSEELAND** Dieser 4300 km² große Park ist nahezu frei von Lichtverschmutzung. Einst war dieses Becken Heimat der Maori, die sich mithilfe der Sterne auf dem Meer orientierten.

Nun sind Sie begeisterter Sterngucker und möchten Ihr neues Hobby mit anderen teilen. Vielleicht möchte auch der Lehrer Ihrer Nichte, dass Sie ein Teleskoptreffen für die Klasse veranstalten. Teleskoptreffen machen Spaß und sind einfach zu organisieren.

SCHRITT 1 Ein Datum wählen. Zwischen Neu- und zunehmendem Mond sieht man die Strukturen entlang des *Terminators* (der Trennlinie zwischen Licht und Schatten) am besten, ohne zu helles Licht zu haben.

SCHRITT 2 Um Hilfe bitten. Mehr Teleskope und Astronomen machen mehr Spaß. Wenn es ein Schülertreffen ist, sollten auch Eltern als „Ordner" anwesend sein.

SCHRITT 3 Vier oder fünf der hellsten Objekte der Nacht einplanen. Es ist zwar faszinierend, dass das Licht Millionen Lichtjahre zu uns unterwegs war, aber die meisten Menschen sind von Lichtpunkten anfangs nicht so begeistert. Mit etwas Hintergrundwissen liefern Sie Kontext. Zusammenarbeit sorgt für Abwechslung.

SCHRITT 4 Ein trockenes Feld oder ein dunkler Parkplatz mit niedrigem Horizont sind ideal. Die Geräte möglichst noch bei Tag aufbauen. Ihre Gruppe soll sichtbar, aber nicht zu hell sein. Markieren Sie Ihr Stativ (Nr. 173) und alle Wege mit roten Lichtern (Nr. 170).

SCHRITT 5 Die Regel „kein weißes Licht" (einschließlich Handys und Kameras) durchsetzen. Ferngläser anbieten, damit die Wartenden einen Blick auf den Himmel werfen können, bevor sie am Teleskop an der Reihe sind.

SCHRITT 6 Mit den hellsten Objekten (etwa dem Mond) beginnen, während sich die Augen der Besucher noch an das Dunkel adaptieren. Zeigen Sie ihnen, wo das Auge hingehört, und erklären Sie *indirektes Sehen* – knapp an einem Objekt vorbeischauen. Geben Sie ihnen Zeit. Wenn die Besucher das Okular nicht anfassen sollen (sie werden es versuchen), stellen Sie einen Stuhl hin, auf den die Besucher beide Hände legen sollen.

SCHRITT 7 Machen Sie eine Nachbesprechung. Sternkarten für Interessierte ausdrucken. Zu Fragen ermutigen und an den örtlichen Astronomieverein verweisen. Wenn Sie etwas nicht wissen, einfach nachlesen. Bestimmt werden Sie wieder einmal danach gefragt.

287
EINEN METEORSCHAUER IM RADIO HÖREN

Einen Meteorschauer kann man hören, auch wenn man ihn aufgrund von Wolken oder Sonne nicht sehen kann (Beobachtungstipps unter Nr. 89 und 92). Wenn Meteore durch unsere Atmosphäre sausen, hinterlassen sie einen *Ionenschweif* aus heißem Gas. Diese geladenen Teilchen reflektieren Radiowellen zur Erde zurück und verstärken Signale, die man sonst nicht empfängt.

Um mit dem UKW-Empfänger Meteore zu hören, stellen Sie das Radio auf einen Sender außerhalb der Reichweite – mit Rauschen. Hören Sie dann aufmerksam zu. Wenn die Meteore über den Himmel flitzen, reflektieren ihre Schweife dieses Signal und „verstärken" es einige Sekunden lang. Dann hören Sie plötzlich ein Aufbranden von Musik oder Stimmen aus dem Sender, bevor das Rauschen weitergeht. Es gibt im Internet auch Live-Übertragungen von Meteorschauern, die Sie sich einfach über Ihren Browser anhören können.

288
DER URKNALL IM FERNSEHEN

Kaum zu glauben, aber wahr: Man kann die kosmische Mikrowellen-Hintergrundstrahlung auf einem unbelegten TV-Kanal sehen. Ein Teil des Bildrauschens (ca. 1 %) ist die Reststrahlung des Urknalls. Mit neueren Digitalfernsehern funktioniert das nicht, wer aber noch ein Analoggerät hat, kann ihn auf das Nachwirken der Geburt des Universums einstellen.

289 EINE MONTIERUNG BASTELN

Es gibt viele verschiedene Montierungen für Teleskope. Sterngucker, die ihre eigenen Teleskope bauen, basteln sich gerne auch eine maßgefertigte Montierung. Da viele Teleskope ohne Montierung geliefert werden, können Sie auch Ihre eigene bauen. Hier ist eine Anleitung für eine Dobson-Montierung.

SCHRITT 1 Das Höhenrad bauen. Vier 2 cm dicke Sperrholz-Quadrate ausschneiden, die genau um das Teleskop passen. Dazu den Durchmesser des Teleskops auf dem Holz aufzeichnen und zweimal die Dicke des Holzes hinzuaddieren, in diesem Fall 4 cm. Auf zwei Quadraten je einen Muffenstopfen (etwa 125 mm oder 150 mm Durchmesser) anbringen: Das sind die Höhenräder. Die vier Quadrate zu einer Box mit zwei offenen Enden verschrauben, mit den Stopfen auf den gegenüberliegenden Seiten.

SCHRITT 2 Die Seitenwände und die Montierung basteln. Aus Sperrholz zwei Rechtecke schneiden. Die kurzen Enden sollten 5 cm breiter als die verwendeten Stopfen sein. Darauf achten, dass die Bretter auch hoch genug sind, damit das Teleskop nicht mit dem hinteren Spiegel in die Montierung schrammt. Als Grundregel gilt: Die Box soll ein Drittel der Teleskoplänge haben, aber die passenden Maße können auch anders ausfallen.

SCHRITT 3 In die Oberseite der Seitenwände ein „V" für die Stopfen schneiden. Wer eine Stichsäge und eine Werkbank hat, kann auch Halbkreise im Durchmesser der Stopfen hineinschneiden.

SCHRITT 4 Ein drittes Brett aus dem Sperrholz schneiden. Es soll zwischen die Seitenbretter passen und sie verbinden. Das wird die Vorderseite. Sie muss viel niedriger sein als die Seiten, da das Teleskop direkt darüber auf und ab schwingen wird. Die Bewegungsfreiheit des Teleskops soll schließlich nicht eingeschränkt werden.

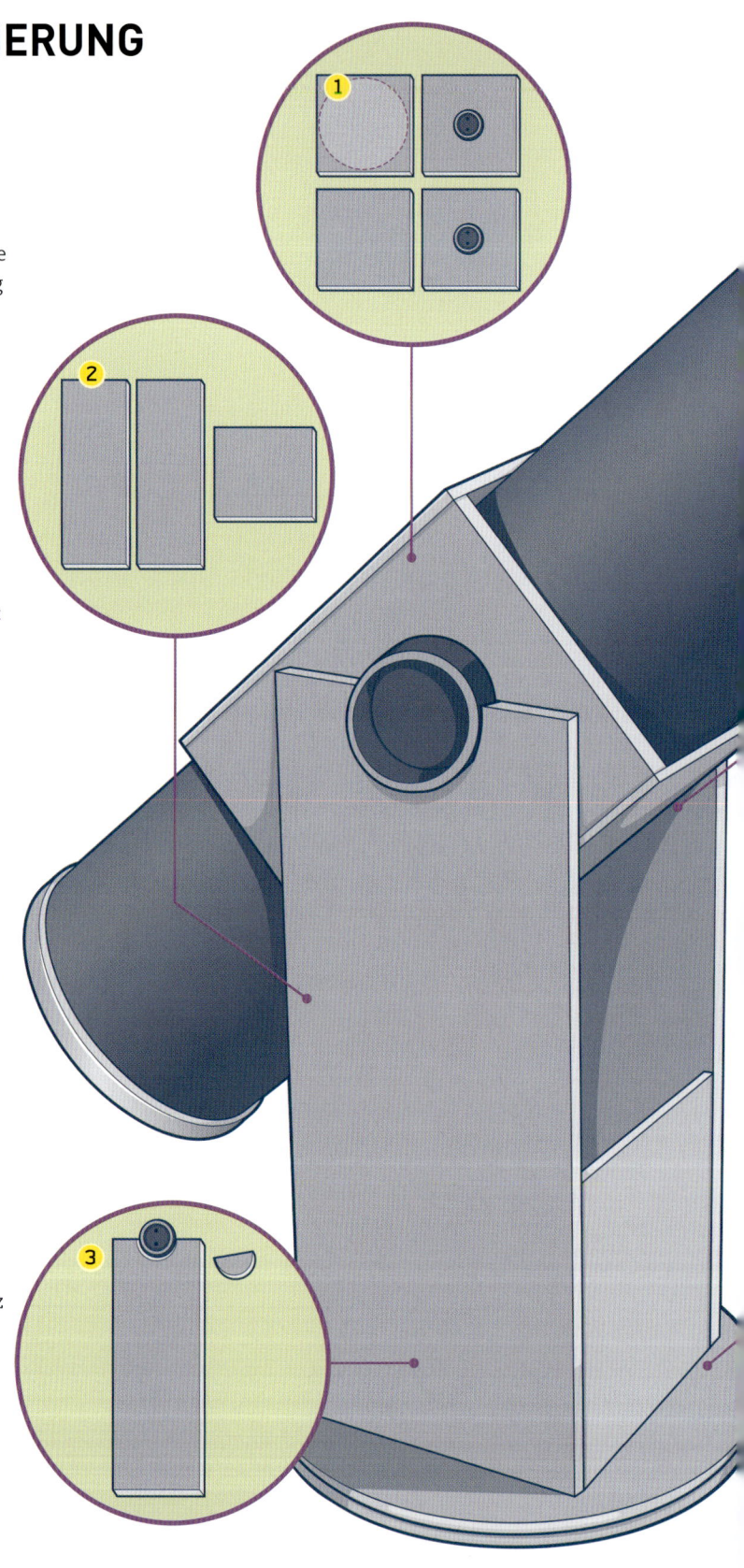

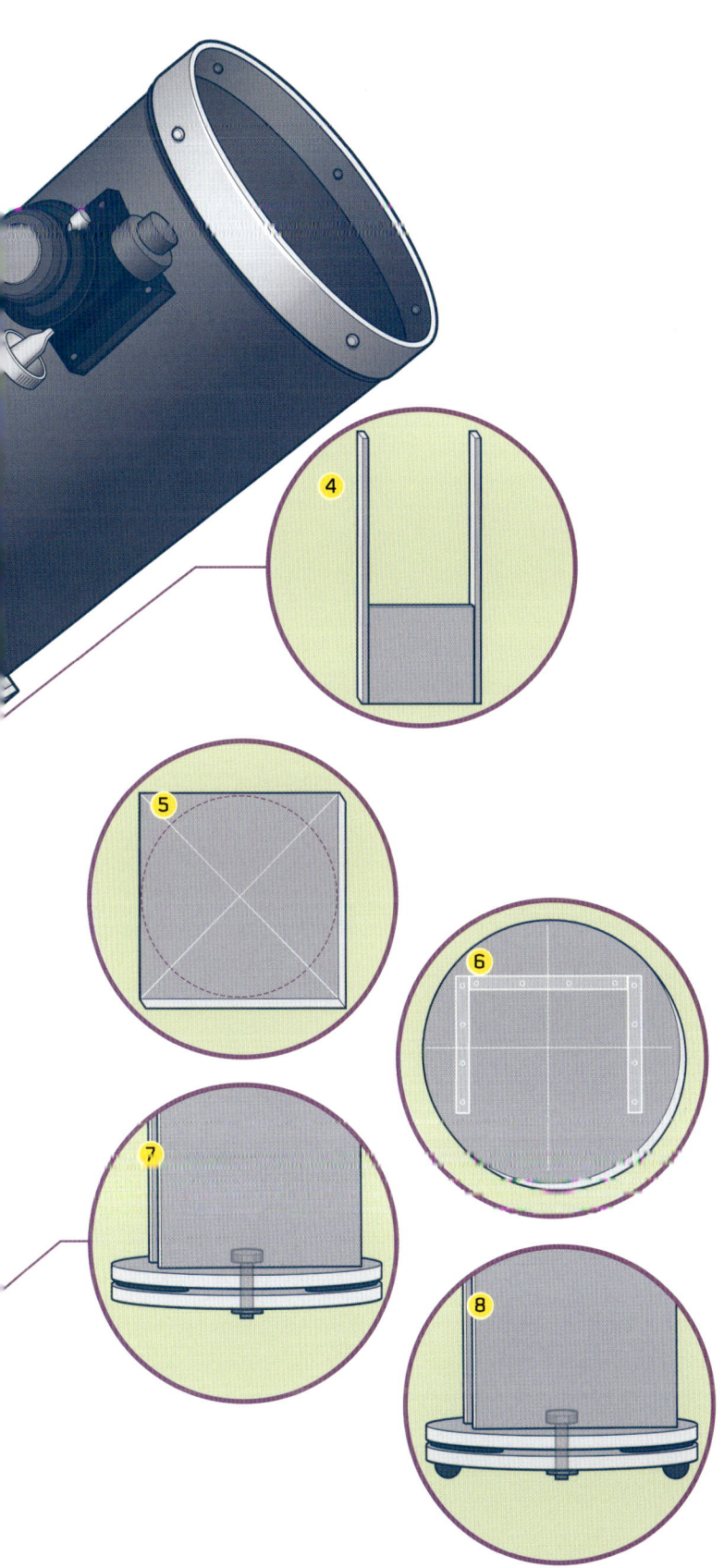

SCHRITT 5 Als Grundplatte werden zwei Quadrate aus dem Sperrholz geschnitten, die breiter als die Montierung sein müssen. Auf jedes Quadrat zwei diagonale Linien von Ecke zu Ecke zeichnen, um an ihrem Schnittpunkt die Mitte zu finden. Die Bretter zu zwei großen Kreisen zuschneiden.

SCHRITT 6 Die Montierung zentriert auf eine der kreisförmigen Grundplatten stellen und ihren Umriss nachzeichnen. Markierungen für die Schrauben machen und durchbohren. Die Montierung mit Holzschrauben und Leim an der oberen Grundplatte befestigen. Die Schrauben müssen komplett in den Löchern verschwinden: Sie sollen nicht kratzen oder anderweitig die Bewegung zwischen den beiden Grundplatten einschränken.

SCHRITT 7 Ein Loch durch die zwei Grund-platten bohren, gerade groß genug für eine große Schraube. Die Schraube von unten einführen und von oben mit einer selbst-sichernden Mutter fixieren. Die Bretter nicht zu fest verbinden; sie sollen sich drehen können. Man kann auch für eine geschmeidi-gere Bewegung der Bretter sorgen, indem man kleine Pads aus Filz, Teflon (funktioniert am besten) oder Nylon zwischen ihnen anbringt.

SCHRITT 8 Drei oder vier 5 cm große Gummifüße unter den Grundplatten fest-schrauben und -kleben. Sie sollten hoch genug sein, um die Platten über leicht unebenen Boden zu erheben – etwa über Kies oder Rasen. Zum einfacheren Transport kann man auch ein paar Griffe an der Montierung und am Höhenradkasten anbringen.

SCHRITT 9 Fertig ist Ihre erste Dobson-Mon-tierung. Um sie beim nächsten Sternegucken zu verwenden, legen Sie einfach Ihr Spiegel-teleskop in die Montierung (auch „Rockerbox" genannt).

290 EIN GRÖSSERES TELESKOP

Der Gedanke „größer ist besser" ist typisch für das, was wir „Öffnungswahn" nennen. Größer ist nicht immer besser, aber größere Spiegel oder Linsen sammeln mehr Licht. Mehr Licht bringt mehr Details und einen tieferen Blick ins Universum. Lichtschwache Galaxien werden sichtbar, an Nebeln sieht man klare Staubbahnen, winzige Details an Planeten erkennt man sofort und schwer zu findende Asteroiden und Kometen werden mühelos erkannt.

Zum Öffnungswahn gehört jedoch auch Realismus: Kaufen Sie kein zu großes Teleskop, das Sie weder unterbringen noch transportieren können. Größere Spiegel sind sperrig und Sie müssen sie vielleicht alleine im Dunkeln heben und aufbauen. Sie sollten stark genug für den Umgang mit größeren Teleskopen und Montierungen sein. Vielleicht brauchen Sie zum Beobachten eine Trittleiter. Wenn das alles für Sie kein Problem ist, könnte ein riesiger „Lichteimer" für Sie geeignet sein.

291 KAUF EINES LUXUSTELESKOPS

Sie sind nun ein erfahrener Sterngucker und möchten aufrüsten. Refraktoren eignen sich dafür gut: Sie sind oft die erste Wahl für Deep-Sky-Aufnahmen und für das Auflösen von Doppelsternen. (Siehe Nr. 142 für Refraktor-Grundlagen.) Dank moderner Optik gibt es bei hochwertigen Linsen praktisch keine Abbildungsfehler. Im Teleskoptubus bilden drei Linsen, teils aus Spezialglas, ein Aprochromatisches Objektiv, um chromatische Aberration aus dem Gesichtsfeld zu eliminieren, und zwar ohne die Verzerrung an den Rändern, die bei Reflektoren entsteht.

Andere Vorteile eines hochwertigen Refraktors sind der geringe Wartungsaufwand und der einfache Transport. Der geschlossene Tubus schützt die Optik im Inneren. Die Linsen sind bereits gut ausgerichtet, was kaum Kollimation erfordert. Darum sind Refraktoren auch so einfach zu transportieren und schnell am Beobachtungsort aufgebaut.

Je genauer und besser verarbeitet das Gerät ist, desto teurer ist es natürlich. Einige tausend Euro sind für einen „Apo" mit 100 Millimetern Öffnung normal. Bei einem Vorzeigeteleskop eines Herstellers kostet allein der Tubus schon 20 000 Euro – nachdem man einige Jahre auf der Warteliste stand, bevor man ihn endlich kaufen kann, wie bei einem Luxusauto.

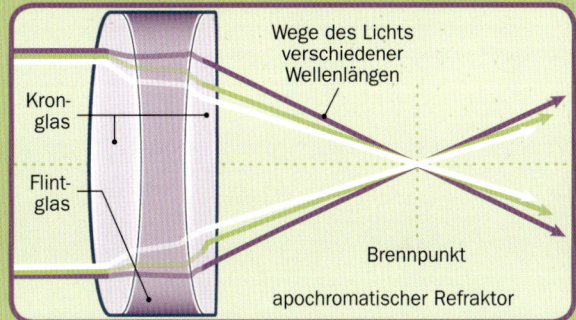

Wege des Lichts verschiedener Wellenlängen

Kronglas

Flintglas

Brennpunkt

apochromatischer Refraktor

292 HOCHWERTIGE OKULARE

Es gibt zahllose Okulare (siehe Nr. 161), aber der Kauf eines hochwertigen Okulars hat einen Riesenvorteil: Klarheit. Es ist, als hätte man ein neues Teleskop. Wer sich ins Qualitätssegment der astronomischen Geräte vorwagen möchte, fängt am besten beim Okular an. Hochwertige Okulare können mit mehreren Teleskopen verwendet werden und ein Leben lang halten.

Okulare mit 2 Zoll Durchmesser sind groß und stabil und bieten einen viel größeren Augenabstand als konventionelle 1,25-Zoll-Okulare. An vielen Teleskopen können beide Größen mit oder ohne Adapter verwendet werden. Hochwertige Okulare enthalten auch hochwertiges Glas mit Mehrschichtvergütung für weniger Blendung und stärkeren Kontrast. Suchen Sie nach wasserdichten Modellen, die mit Stickstoff gefüllt sind. Mit diesen Eigenschaften bleibt das Innere des Okulars makellos und frei von Wasser, Staub und Schimmel, was selbst bei Kälte seltener zu Beschlagen führt.

Große Okulare sind schwer. Das Teleskop und seine Montierung müssen stabil genug für ein größeres Okular sein, ohne dass das Teleskop herabschwenkt oder die Nachführung behindert wird.

293 EINE KAMERA INS ALL SCHICKEN

Möchten Sie Fotos vom Rand des Weltraums aus machen? Machen Sie sie aus der Stratosphäre der Erde, einer Höhe zwischen 11 und 50 Kilometer. Und so funktioniert es auf preiswerte, einfache Art:

SCHRITT 1 Man benötigt eine einfache Kompaktkamera – die automatisch in regelmäßigen Zeitabständen Fotos macht – oder eine Videokamera. Canon-Kameras können mit der Software CHDK (Canon Hacker's Development Kit) einfach programmiert werden, das zu tun. Testen Sie die Funktion vor dem Start, um sicher zu gehen, dass Akku und Speicher für ein paar Stunden Betrieb reichen. (Lithium-Akkus verwenden; sie funktionieren bei Kälte am besten.)

SCHRITT 2 Wer die Kamera erst nach dem Landen orten möchte, kann ein internetfähiges Prepaid-Handy mit GPS verwenden. (Handysignale reichen meist nicht so hoch, dass es zum Orten in der Luft genügt.) Wer sie während der gesamten Mission verfolgen möchte, muss eine Art „Trackuino" bauen (Google ist hierfür Ihr Freund) oder ein Tracking-System kaufen.

SCHRITT 3 Mit einigen Handwärmern schützt man die Geräte in der oberen Atmosphäre vor Frost; eine Hülle oder ein Behälter dämpft Stöße. Einige leichte Lichter mit langer Batterielaufzeit helfen dabei, die Geräte zu finden, wenn sie in einem Baum oder an einem Ort ohne Handyempfang landen.

SCHRITT 4 Wetterballon, Helium und Fallschirm kaufen. Für den Einstieg reicht ein 600-Gramm-Ballon: Er bringt Ihre Geräte mindestens 9 km hoch, wahrscheinlich viel höher. Für das Helium kann man einen Tank und einen Regler von einem Hersteller für Schweißgase mieten. Solche Tanks haben eine höhere Heliumkonzentration als jene vom Partybedarf. Einen Fallschirm kann man gebraucht kaufen oder man kann einen Schwerlast-Müllbeutel mit Panzerband verstärken. Er sollte mindestens 60 cm Durchmesser haben.

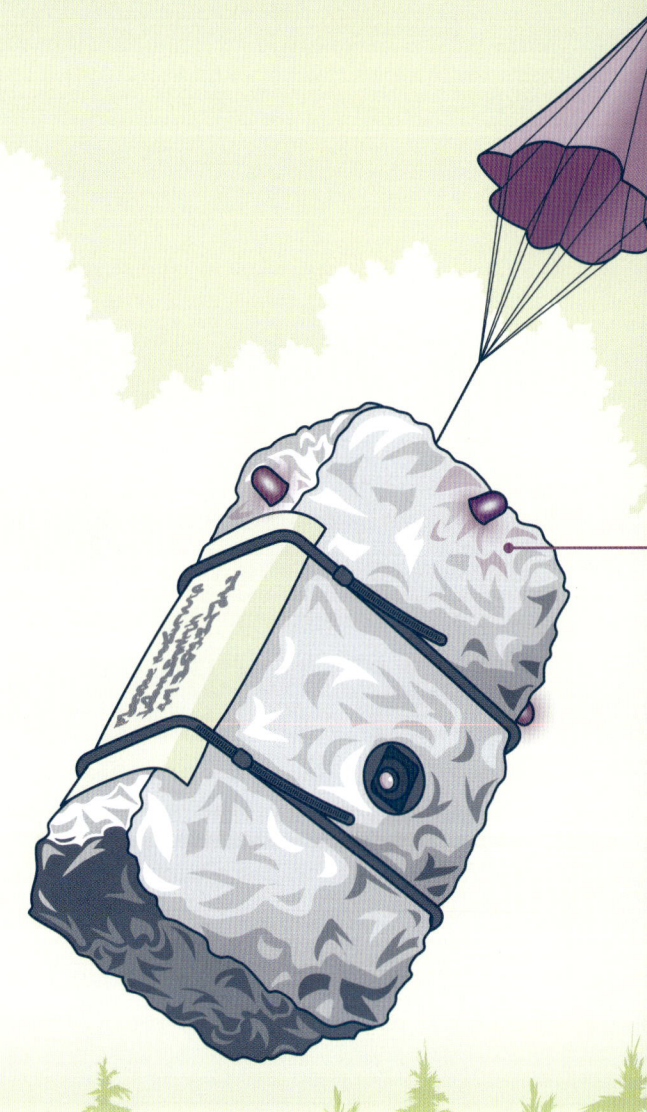

SCHRITT 5 In die Seite oder den Boden des Behälters ein Loch schneiden, damit die Kamera ungehindert Bilder machen kann. Die Handwärmer aktivieren und die Kamera einschalten. Mit Panzerband, Kabelbinder oder anderen leichtgewichtigen Fixiermitteln die Geräte im Behälter befestigen. Zeitungspapier ist ein guter Isolator und Stoßdämpfer, aber auch andere leichte Materialien eignen sich. Keine Luftkissen verwenden, da sie in der Höhe platzen. Den Behälter mit Alufolie bedecken, damit er in der Luft gut sichtbar ist. Zuletzt einen Zettel mit Ihren Kontaktdaten ankleben.

SCHRITT 6 Der Startplatz sollte flach sein, weit weg von Bäumen und mindestens 160 km von Militärbasen entfernt. Informieren Sie die Deutsche Flugsicherung oder relevante Behörden mindestens zwei Wochen im

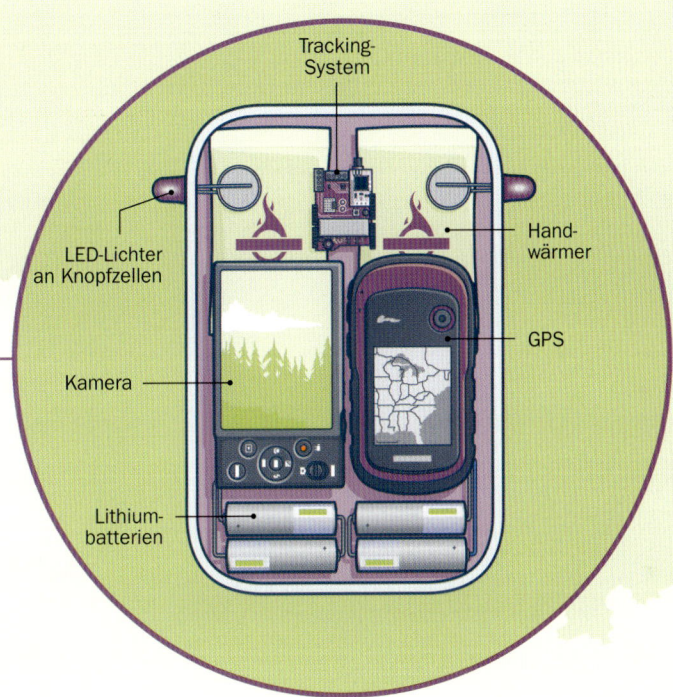

Tracking-System

LED-Lichter
an Knopfzellen

Hand-
wärmer

Kamera

GPS

Lithium-
batterien

Voraus über Ihre Pläne. Nachdem die Genehmigung vor-
liegt, ist noch eine Versicherung im Rahmen der
privaten Haftpflicht notwendig.

SCHRITT 7 Wählen Sie einen sonnigen, windstillen
Tag für den Start und nehmen Sie Freunde mit. Den
Heliumtank hinlegen und den Ballon langsam über
den Regler auffüllen. Die für den Aufstieg benötigte
Menge: Nutzlast mal 1,5 nehmen. Das heißt, bei einer
Nutzlast von 1 kg sollten Sie während des Auffüllens
ein zusätzliches Gewicht von 0,5 kg anbringen. Wenn

der Ballon sich und den Ballast gerade anheben kann,
haben Sie genug Gas. Wenn Sie zum Start bereit sind,
einfach das Zusatzgewicht entfernen.

SCHRITT 8 Suchen! Wetterballons steigen meist
1–4 Stunden auf, bevor sie platzen. Grob geschätzt
können Sie davon ausgehen, dass der Ballon 9 km
hoch aufgestiegen ist. Mit etwas Glück landet er in
einem Gebiet mit Handyempfang. Prüfen Sie das
GPS-Signal und machen Sie sich mit Freunden auf die
Suche.

294
NACHFÜHRUNG FÜR DAS DOBSON-TELESKOP

Sie lieben Ihr Dobson-Teleskop, wünschen sich aber manchmal eine GoTo-Steuerung, mit der Sie computergesteuert den Himmel absuchen und obskure Objekte auffinden können (siehe Nr. 149)? Die gute Nachricht: Es gibt Tracker für Dobsons. Aber sie sind teuer.

Maßgefertigte Tracker beginnen bei tausenden Euro, aber es gibt auch Dobsons mit eingebauter GoTo-Steuerung. Aber auch sie sind zwangsläufig teuer. Ein Trick, den viele nicht kennen: Man kann den Teleskoptubus des Dobson nehmen und ihn auf eine parallaktische Montierung setzen, sofern die Montierung das Gewicht des Tubus aushält. So können Sie Ihr Teleskop spontan als Dobson verwenden oder mit der motorisierten parallaktischen Montierung Objekte verfolgen.

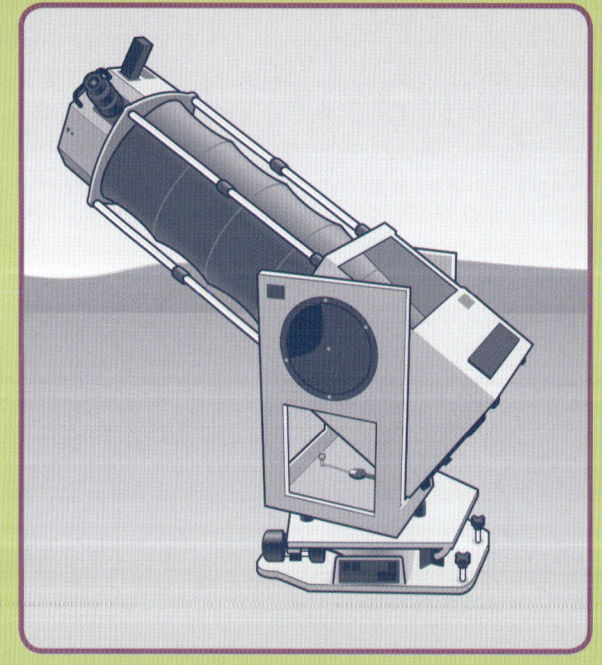

295 MEHR LICHT MIT EINEM BESSEREN PRISMA

Möchten Sie, dass mehr Licht durch Ihr Teleskop gelangt? Eine Möglichkeit wäre ein besseres Zenitprisma zwischen Okular und Teleskop. Achten Sie auf Bezeichnungen wie „99 % Lichtdurchlass" und „dielektrisch". Solche Prismen bestehen aus speziellem Glas und speziellen Vergütungen, damit möglichst viel Licht hindurchgelangt. Die dielektrischen Vergütungen mit ultradünnen Schichten aus bestimmten Oxiden sind auch viel korrosionsfester und langlebiger als viele Standardmodelle. Außerdem ist das Aufrüsten mit einem hochwertigen Zenitprisma eine der einfachsten Möglichkeiten, das Teleskop zu verbessern.

296 EIN FESTER PLATZ FÜR DAS TELESKOP

Wenn Sie einen festen Beobachtungsplatz haben, könnte für Sie eine Teleskopsäule zur Aufstellung in Frage kommen. Diese Säule ist fest im Boden verankert, oft mit einem Fundament aus Beton. Da bei der Säule alles ausgerichtet ist, muss man nur das Teleskop aufsetzen und kann loslegen. Das klingt nach einem großen Vorteil und ist es auch. Teleskopsäulen finden sich häufig in privaten Sternwarten.

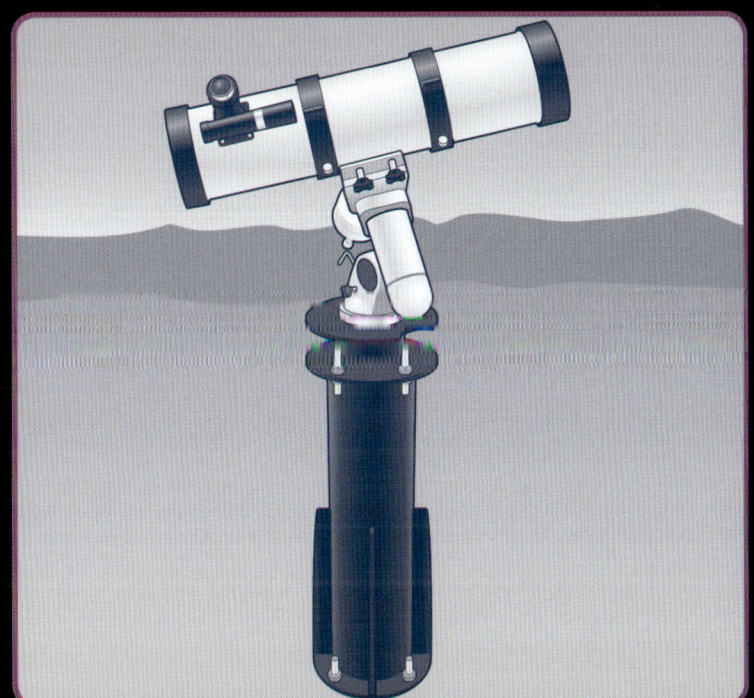

297 KOLLIMATIONS-SCHRAUBEN WECHSELN

Ein alter, aber nützlicher Trick für die Kollimation der Spiegel Ihres Teleskops: einen neuen, besseren Satz Kollimationsschrauben kaufen. Bessere Schrauben sind größer, griffiger und geschmeidiger und erleichtern die oft lästige, aber notwendige Kollimation. (Siehe Nr. 150 für Tipps rund um die Kollimation.)

298 EINEN BEOBACHTUNGS-STUHL BAUEN

Aus wenigen Stücken Holz, einigen Werkzeugen und Verbindungselementen können Sie Ihren eigenen Beobachtungsstuhl mit verstellbarem Sitz bauen. Der ganze Stuhl ist klappbar und transportabel.

SCHRITT 1 Ein normales Kantholz (50 x 100 mm) in vier Längen teilen: zwei Stücke (86 cm) als vordere und hintere Stützen, ein Stück (61 cm) als untere Querstrebe, und einen Block (9 cm) für den Sitz.

SCHRITT 2 Mit einer Tisch- oder Kreissäge je ein Ende der beiden 86-cm-Stützen auf 22,5° abfräsen. Die Stütze mit dem abgefrästen Ende genau mittig und bündig an die untere Querstrebe leimen. Mit zwei Schlüsselschrauben zu je 10 x 65 mm und 10-mm-Muttern fixieren.

SCHRITT 3 Zwei Halterungen für den Sitz ausschneiden – genau wie am Bild gezeigt. Die 10 mm großen Löcher hineinbohren.

SCHRITT 4 Für den Sitz ein 25 x 33 cm großes Stück Sperrholz zuschneiden. Eine lange Seite abfräsen, sodass sie an den Winkel der Sitzstützen passt (etwa 30°), und die Ecken nach Wunsch abrunden.

SCHRITT 5 Den 9-cm-Block an der Sitzunterseite zentral festleimen, mit 38 mm Abstand zur hinteren Fase. Von der Unterseite des Blocks mit vier 5-cm-Holzschrauben befestigen. Die Schrauben mit 5 cm Abstand in Quadratform anordnen. An eine Seite des Blocks ein passendes Stück Pappe kleben, das als Zwischenlage den Sitz vor dem Feststecken bewahrt.

SCHRITT 6 Den Sitz wie gezeigt montieren. Die Sitzstützen ausrichten und mit vier 5-cm-Holzschrauben am Block

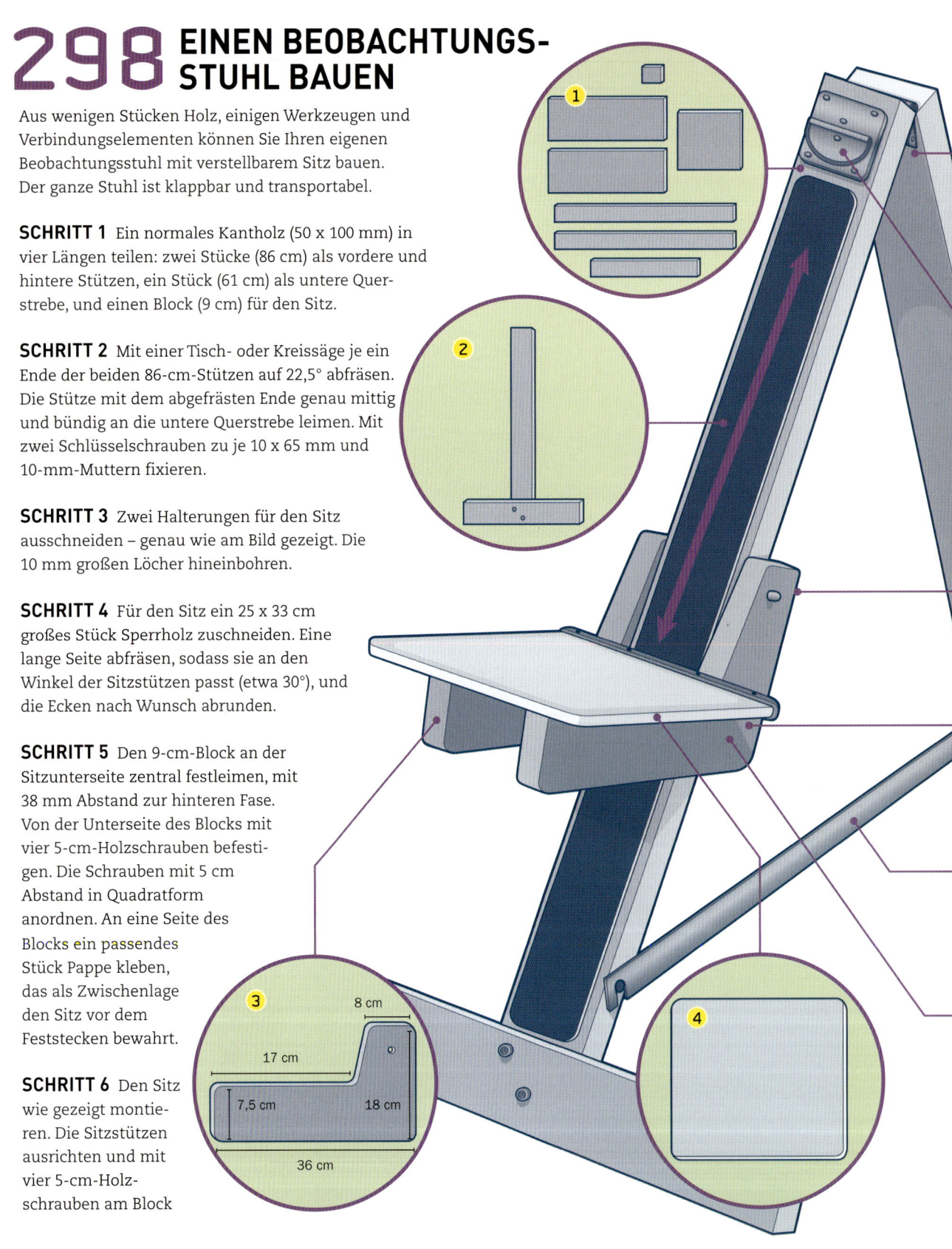

8 cm

17 cm

7,5 cm

18 cm

36 cm

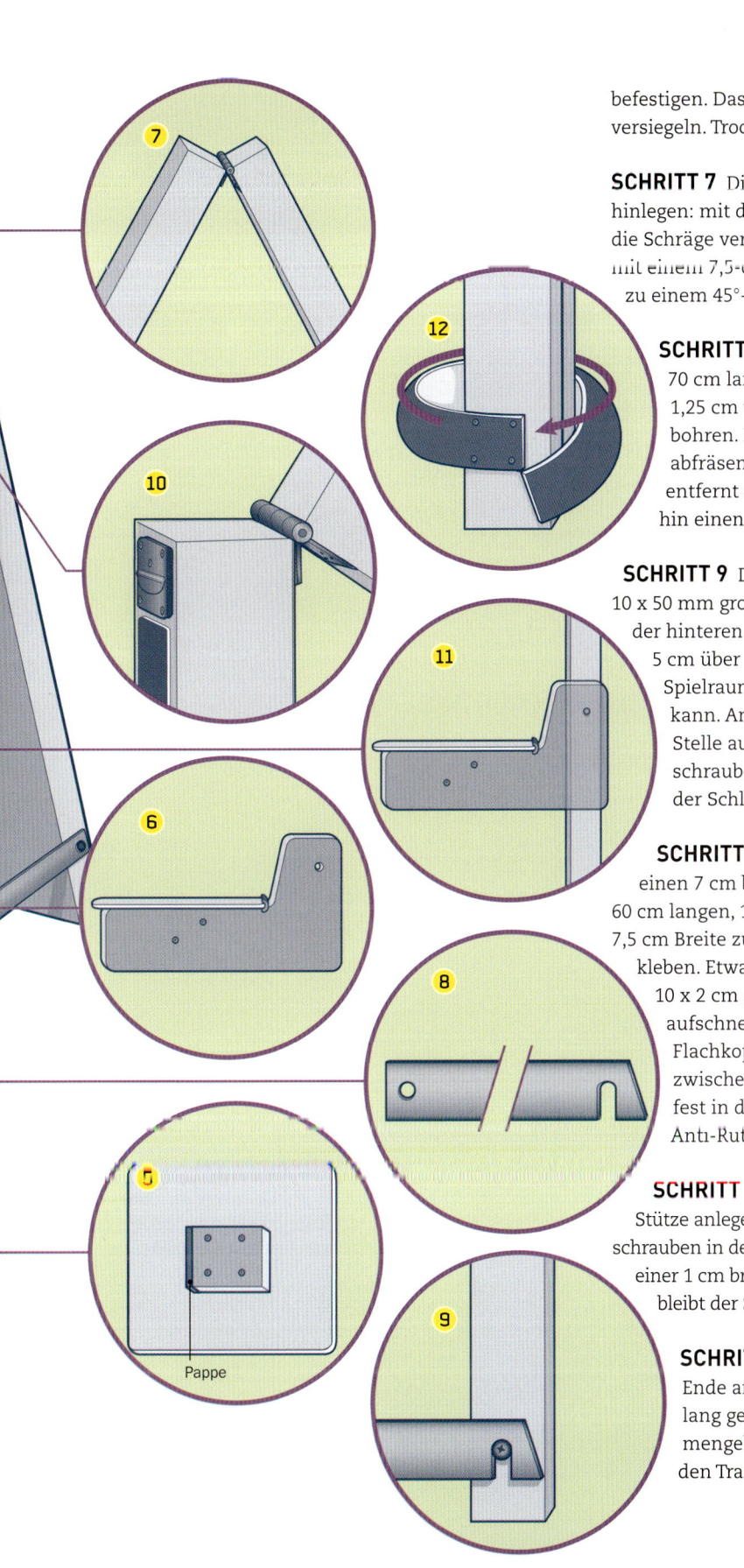

befestigen. Das Holz in mehreren Schichten wasserfest versiegeln. Trocknen lassen.

SCHRITT 7 Die vorderen und hinteren Stützen hinlegen: mit den 90°-Enden zueinander und den durch die Schräge verkürzten Seiten nach oben. Die 90°-Enden mit einem 7,5-cm-Türscharnier verbinden. Die Stützen zu einem 45°-Winkel schließen.

SCHRITT 8 Eine 25 x 3 mm dicke, mindestens 70 cm lange Aluminiumstange nehmen und etwa 1,25 cm von einem Ende entfernt ein 1-cm-Loch bohren. Die gegenüberliegende Seite auf 22,5° abfräsen. Etwa 2 cm vom abgefrästen Ende entfernt ein 1-cm-Loch bohren und zu einer Seite hin einen Schlitz schneiden.

SCHRITT 9 Die Querstrebe aus Aluminium mit einer 10 x 50 mm großen Schlüsselschraube an einer Seite der hinteren Stütze befestigen. Die Schraube etwa 5 cm über dem Boden platzieren und etwas Spielraum lassen, damit sich die Strebe bewegen kann. An der vorderen Stütze an der gleichen Stelle auch eine 10 x 50 mm große Schlüssel-schraube anbringen. Genug Platz lassen, damit der Schlitz der Strebe genau darauf passt.

SCHRITT 10 Am oberen Ende der vorderen Stütze einen 7 cm breiten Kistengriff anbringen. Einen 60 cm langen, 10 cm breiten Anti-Rutsch-Belag auf 7,5 cm Breite zuschneiden und auf die vordere Stütze kleben. Etwa 7,5 cm zur Oberkante freilassen. Einen 10 x 2 cm großen Gummischlauch der Länge nach aufschneiden und aufgebreitet mithilfe von Flachkopfnägeln über der Hinterkante des Sitzes, zwischen den Sitzstützen, befestigen. Die Nägel fest in den Gummi hämmern, damit sie nicht am Anti-Rutsch-Band scheuern.

SCHRITT 11 Die Sitzkonstruktion an die vordere Stütze anlegen und mit 1 x 14 cm großen Sechskant-schrauben in den vorgebohrten Löchern befestigen. Mit einer 1 cm breiten selbstsichernden Mutter fixieren. So bleibt der Sitz auf der gewünschten Höhe.

SCHRITT 12 Ein Stück Klettband an einem Ende an der hinteren Stütze befestigen. Es soll lang genug sein, damit man es um den zusam-mengeklappten Stuhl wickeln und ihn so für den Transport verschnüren kann.

Pappe

ZUM WEITERLESEN

NATIONALE UND INTERNATIONALE ORGANISATIONEN

ARBEITSKREIS METEORE E.V. (AKM) Sehen, Staunen, Entdecken: Im AKM vereinigen sich an atmosphärischen Phänomenen Interessierte jeder Art. Ob Einsteiger oder Profi, Polarlicht oder Sternschnuppe – Neben faszinierenden Bildern werden Erkenntnisse ausgetauscht, um aktiv zur Forschung beizutragen.
www.meteoros.de

DEUTSCHES ZENTRUM FÜR LUFT- UND RAUMFAHRT (DLR) Raumfahrt made in Germany: Das DLR ist der Anlaufpunkt in Deutschland für alles rund um Luft- und Raumfahrt, Energie und Forschung. Mit seinem Blick auf die Erde und ins Sonnensystem sichert das DLR das Wissen von morgen. Ob ISS oder Triebwerksentwicklung – die Seite des DLR bietet spannende Informationen für jeden.
www.dlr.de

EUROPÄISCHE SÜDSTERNWARTE (ESO) Unser Superauge ins All: Dieses europäische Forschungsinstitut schaut durch Teleskope in ferne Regionen des Weltalls und ergänzt durch seine Lage auf der südlichen Hemisphäre den Blick Europas in das gesamte Universum. Lassen Sie sich von faszinierenden Bildern fesseln und von spannenden Entdeckungsreisen packen.
www.eso.org

EUROPÄISCHE WELTRAUMORGANISATION (ESA) Ein Universum für Europa: Ob Rosetta oder Hubble – ESA steht für technischen Fortschritt und Erforschung ferner Welten. Tauchen Sie in die offizielle ESA-Website ein und erfahren Sie alles über astronomische Hintergründe, Neuigkeiten und Zukunftsmissionen.
www.esa.int

ÖSTERREICHISCHER ASTRONOMISCHER VEREIN Bildung, Forschung, Förderung: Als größte österreichische Vereinigung von Astronomie-Interessierten trägt der Traditionsverein zur Verbreitung astronomischen Wissens für Jedermann bei.
www.astronomisches-buero-wien.or.at

SCHWEIZERISCHE ASTRONOMISCHE GESELLSCHAFT (SAG) Schweizweit astronomisch: Mit ihren 31 Sektionen vereinigt die SAG die wichtigsten astronomischen Gesellschaften der gesamten Schweiz. Neben Informationen über aktuelle Himmelsereignisse und der Zeitschrift *Orion* bietet sie eine Vielzahl von spannenden Veranstaltungen und Aktionen an.
www.sag-sas.ch

SUCHE NACH EXTRATERRESTRISCHER INTELLIGENZ (SETI) Ist da jemand?: Die SETI hat sich der Suche nach Ursprung, Eigenart und Verbreitung von Leben – insbesondere extra-terrestrischer Natur – verschrieben. Bis uns E.T. letztendlich grüßt, hält Sie die offizielle Internetseite stetig auf dem Laufenden und bietet mehr als fesselnde Einblicke.
www.seti.org

US-RAUMFAHRTBEHÖRDE (NASA) Weltweit bekannt: Die US-Bundesbehörde für Raumfahrt und Flugwissenschaft hat sich der Erforschung des Universums, der Suche nach Leben im All und der Förderung junger Forscher verschrieben. Die offizielle Internetseite bietet atemberaubende Bilder, astronomische News und Forschung, alles über Weltraummissionen und vieles mehr.
www.nasa.gov

VEREINIGUNG DER STERNFREUNDE E.V. (VDS) Astronomie für alle: Die VdS ist mit ihren über 4000 Mitgliedern die größte astronomische Vereinigung im deutschsprachigen Raum. Mit ihr findet jeder, was er braucht und es bleibt keine Frage ungeklärt.
www.sternfreunde.de

STERNFÜHRER UND STERNKARTEN

ATLAS FÜR HIMMELSBEOBACHTER Perfekt für Deep-Sky-Beobachter! „Der Karkoschka" kombiniert mit seinen Übersichtskarten, vergrößerten Aufsuchkarten und Einzelbeschreibungen alles, was das Hobby-Astronomenherz begehrt.

DIE KOSMOS STERNFÜHRUNG Schon mal gehört, wie der Nachthimmel aussieht? Dieser drehbaren Sternkarte liegt ein ganz besonderes Extra bei – ein Hörbuch für Himmelsspaziergänge. Es führt zu jeder Jahreszeit durch die Sternenwelt und begleitet die Orientierung mit der Sternkarte Schritt für Schritt.

DREHBARE KOSMOS-STERNKARTE Dieser Klassiker unter den Sternkarten macht es Einsteigern und Fortgeschrittenen gleichermaßen einfach, sich am Himmel Mitteleuropas zu orientieren. Neben dem bekannten Planetenzeiger zeigt die Sternkarte außerdem die schönsten Himmelsobjekte für Fernglas und Fernrohr. Perfekt für unterwegs: die drehbare Mini-Sternkarte von Kosmos. So passt der Nachthimmel auch auf Wanderungen ganz einfach in die Tasche.

DREHBARE WELT-STERNKARTE Weltweit einmalig in dieser Form macht es die Welt-Sternkarte durch ihr ausgeklügeltes System möglich, Sterne von jedem Ort der Erde aus zu beobachten. Erkunden Sie den Himmel – vom Großen Wagen bis zum Kreuz des Südens.

STERNKARTE FÜR EINSTEIGER Großer Wagen und Orion sind schnell gefunden. Doch wo steht der Skorpion oder der Löwe? Diese Sternkarte vereinfacht besonders für Astro-Neulinge die Orientierung am Nachthimmel. Datum und Uhrzeit eingestellt? Los geht's! Übrigens: Für Himmelsspaziergänge im Dunkeln leuchtet Ihnen die nachtleuchtende Sternkarte für Einsteiger einfach und sicher den Weg.

STERNE BEOBACHTEN IN DER STADT Astronomie in der Stadt geht nicht – ganz falsch gedacht! In 26 Himmelstouren nimmt Sie dieser Sternführer mit und zeigt mit realitätsnahen Sternkarten die Wunder, die der städtische Nachthimmel zu bieten hat.

STERNE FINDEN GANZ EINFACH Eine Freude für Jung und Alt: Besonders übersichtliche Sternkarten, spannende Geschichten zu Sternbildern sowie Praxistipps zur Beobachtung wecken in jedem den Sternegucker. Die 25 schönsten Sternbilder zu jeder Jahreszeit warten auf Ihren Besuch am Himmelszelt.

ASTRONOMIE FÜR DEN COMPUTER

KOSMOS HIMMELSJAHR PROFESSIONAL Die preisgekrönte Software Redshift bringt mit über 80 Animationen den Sternenhimmel auf den Computer. Als Ergänzung zum *Kosmos Himmelsjahr* oder eigenständig – erleben Sie die Wanderung der Sterne, Mondphasen oder seltene Planetentreffen am heimischen PC.
www.kosmos.de, www.usm.de

REDSHIFT 8 Einfache Bedienung und benutzerfreundliche Menüs, gepaart mit aufwändiger Darstellung und ansprechenden Animationen: das ist Redshift. Mit dieser Planetariumssoftware wird besonders Astronomie-Einsteigern der Anfang leicht gemacht. Aber auch für erfahrene Astronomen sind die Erkundungstouren durch das virtuelle Universum mit Redshift ein Erlebnis.
www.usm.de

www.astronomie.de Ziel dieser Internetseite ist es, Astronomen jeden Levels einen virtuellen Treff- und Diskussionspunkt zu geben. Zudem stellt sie eine Vielzahl nützlicher Tipps und interessanter Fakten zur Verfügung, um Anfängern den Einstieg zu erleichtern. Beeindruckende Bilder von Gleichgesinnten sowie sogar Kindergeschichten vollenden das Komplettprogramm.

www.astrotreff.de Kommunikation ist unumgänglich in Forschung und Wissenschaft. Diesem Grundsatz hat sich der Astrotreff verschrieben und trägt so aktiv zur astronomischen Wissensvermittlung bei. Neugierig, was andere Hobby-Astronomen tun? Kontaktieren, diskutieren, wissen – entdecken Sie eine ganz besondere Sicht auf das Universum.

www.facebook.com/kosmos.astronomie Die spannendsten Astro-Themen, nützliche Tipps und Anregungen, Leseproben und dazu noch attraktive Gewinnspiele – auf der offiziellen Facebook-Seite der Kosmos-Astronomie wird jeder fündig. Besuchen Sie uns und zeigen Sie uns Ihre besten Himmelsschnappschüsse!

www.heavens-above.com Für alle, die schon immer einmal die ISS live beobachten wollten, ist diese Website die optimale Informationsquelle. Standortgenau werden beispielsweise Satellitenbahnen in Stern-

karten, aber auch aktuell sichtbare Kometen, Asteroiden und Planeten aufgezeigt. Ein besonderes Augenmerk der Seite liegt auf Iridium-Flares, die so auch für den Laien zu einem spannenden Erlebnis werden.

www.kosmos-himmelsjahr.de Begleitend zum beliebten *Kosmos Himmelsjahr* zeigt die Seite verständlich und anschaulich die wichtigsten Ereignisse am Himmel. Sollten beim Anblick der Sterne einmal die Worte fehlen wird außerdem ein Astronomie-Lexikon zur Verfügung gestellt.

www.spacetelescope.org Ich will zurück nach Westerlund! Diese Seite der ESA ist dem Hubble Weltraumteleskop gewidmet und offenbart Ein-, An- und Rückblicke, wie Sie sie noch nie gesehen haben. Wer war Edwin Hubble? Was ist Westerlund 1-26? Und wieso lächelt der Space Smiley? Finden Sie es heraus!

www.starobserver.org Jeden Tag das Universum ein bisschen besser kennenlernen und über seine Schönheit staunen: Ein Besuch der Seite zum *Astronomy Picture of the Day* der NASA lohnt sich in jedem Fall. Neben hochaufgelösten und aktuellsten Bildern gibt es außerdem ein Diskussionsforum und jede Menge Hintergrundinformationen.

ASTRONOMIE FÜR DAS HANDY

GOOGLE SKY Wem die Welt nicht genug ist, wird mit dieser App bzw. Web-App glücklich. Dem Prinzip von Google Maps folgend zeigt Google Sky mit dem Weltraumteleskop Hubble aufgenommene Einblicke in die unendlichen Weiten des Alls.

STELLARIUM MOBILE HIMMELSKARTE Universell einsetzbar, ist diese Planetariumssoftware eine beständig wachsende Quelle astronomischer Informationen und ein handlicher Begleiter für jede Beobachtung.

REDSHIFT Die führende Astronomie-App ganz einfach fürs Handy! Entdecken Sie den Nachthimmel, staunen Sie über die neusten Karten von Pluto und Charon und lassen Sie sich von 3D-Deep-Sky-Objekten verzaubern – kinderleicht und jederzeit

ZEITSCHRIFTEN

JOURNAL FÜR ASTRONOMIE Die Zeitschrift der Vereinigung der Sternfreunde mit umfangreichen Berichten für Hobby-Astronomen.
www.sternfreunde.de

STERNE UND WELTRAUM Das führende Astronomie-Magazin berichtet über Astronomie und Raumfahrt – direkt aus den Forschungslaboren der Welt.
www.spektrum.de/astronomie

GLOSSAR

A

ABENDROT Eine rosa oder orange Färbung am Himmel nach Sonnenuntergang – Bestandteile der Atmosphäre streuen Sonnenlicht.

ACHSE Die gedachte Linie durch das Zentrum eines Planeten, eines Sterns oder einer Galaxie, um die sich das Objekt dreht.

ADLER Ein Sternbild des Nordhimmels, einige Grade nördlich des Himmelsäquators.

ANALEMMA Im Laufe eines Jahres formt der Sonnenstand zur gleichen Uhrzeit die Figur in Form einer Acht am Himmel.

ANDROMEDAGALAXIE Eine Spiralgalaxie im Sternbild Andromeda.

APOCHROMAT Ein hochwertiges Linsensystem, das Abbildungsfehler (sphärische/ chromatische Aberration) korrigiert.

APOGÄUM Der Punkt in der Mondbahn, an dem der Mond am weitesten von der Erde entfernt ist.

ÄQUINOKTIUM Die beiden Tage im Jahr (um den 21. März und 22. September), an denen die Sonne den Himmelsäquator kreuzt und Tag und Nacht gleich lang sind.

ARKTUR Der vierthellste Stern und der hellste Stern im Sternbild Rinderhirte.

ASTERISMUS Eine Gruppe von Sternen, die eine von der Erde aus erkennbare Form bilden. Nicht so bekannt oder auffällig wie Sternbilder.

ASTEROID Auch Kleinplanet genannt. Ein festes Objekt, das weniger als 1000 km Durchmesser hat und die Sonne umkreist.

ASTEROIDENGÜRTEL Ein Bereich zwischen den Bahnen von Mars und Jupiter, in dem sich die meisten Asteroiden unseres Sonnensystems befinden.

ASTRONOMISCHE EINHEIT (AE) Die durchschnittliche Entfernung zwischen Erde und Sonne: 150 Millionen Kilometer.

ATMOSPHÄRE Die verschiedenen Gasschichten um einen Himmelskörper. Zur Erdatmosphäre gehören: Troposphäre, Stratosphäre, Mesosphäre, Thermosphäre und Exosphäre.

AZIMUTALE MONTIERUNG Eine einfache Teleskopmontierung mit zwei Achsen, mit der man durch vertikales oder horizontales Schwenken Himmelsobjekten folgen kann.

B

BETEIGEUZE Der zehnthellste Stern am Nachthimmel und der zweithellste Stern im Sternbild Orion.

BLENDUNG Eine reduzierte Sichtbarkeit aufgrund zu hoher Helligkeit.

BOGENMINUTE Eine Einheit zum Messen von Winkeln; entspricht 1/60 Grad.

BOGENSEKUNDE Eine Einheit zum Messen von Winkeln; entspricht 1/60 Bogenminute.

BRECHUNG Die Ablenkung einer Welle beim Übergang von einem Medium in ein anderes mit unterschiedlicher Dichte, z.B. wenn Licht aus dem All in die Erdatmosphäre eintritt.

BREITE Eine geografische Koordinate, die für die Nord-Süd-Position eines Punkts auf der Erdoberfläche steht. Wird in Grad angegeben.

C

CHROMATISCHE ABERRATION Die Farbsäume, die entstehen, wenn eine Linse nicht alle Wellenlängen des Lichts in einem Punkt bündeln kann.

CHROMOSPHÄRE Die zweite von drei Atmosphärenschichten der Sonne. Bei einer totalen Sonnenfinsternis erscheint sie rosa.

CITIZEN SCIENCE Bürgerwissenschaft. Aufgaben eines wissenschaftlichen Projekts werden an Laienforscher delegiert.

D

DEKLINATION (Dec) Der Winkelabstand eines Punkts nördlich oder südlich des Himmelsäquators.

DOBSON-TELESKOP Ein von John Dobson erfundenes, einfaches Newton-Spiegelteleskop mit einer großen Öffnung, die viel Licht sammelt. Bei Amateuren sehr beliebt.

DOPPELSTERN Zwei Sterne, die gravitativ aneinander gebunden sind und um ein gemeinsames Massezentrum kreisen; oder zwei Sterne, die von der Erde aus gesehen am Himmel nahe beieinanderstehen.

DRAKES GLEICHUNG Eine Formel des Astrophysikers Frank Drake. Sie enthält Faktoren, mit denen die Anzahl der intelligenten, entwickelten Lebensformen im Universum geschätzt werden kann.

DUNKLE ENERGIE Eine Energieform, die als Ursache für die zunehmende Beschleunigung der Ausdehnung des Weltalls angenommen wird.

DUNKLE MATERIE Eine rätselhafte, noch nicht nachgewiesene Materieform, die Galaxien zusammenhalten soll.

DURCHGANG Ein kleinerer Himmelskörper (z. B. die Venus) durchquert die Scheibe eines größeren Himmelskörpers (z. B. die Sonne).

E

EKLIPTIK Die scheinbare Jahresbahn der Sonne vor dem Hintergrund der Fixsterne.

ERDE Der dritte Planet von der Sonne aus und unsere Heimat im Sonnensystem.

EXOPLANET Ein Planet, der einen anderen Stern als unsere Sonne umkreist und der vielleicht Leben beherbergt.

F

FERNGLAS Ein tragbares Paar identischer, nebeneinander montierter Fernrohre, durch die man mit beiden Augen sehen kann.

FILTER Ein Zubehörteil für das Teleskop, das aufgrund spezieller Beschichtungen oder Farben nur Licht bestimmter Wellenlängen durchlässt. Filter gibt es für verschiedene Zwecke: Sonnenfilter, Breitbandfilter gegen Lichtverschmutzung und viele andere.

FINSTERNIS Wenn sich ein Himmelskörper vor einen anderen schiebt und dessen Licht verdunkelt. Mondfinsternis: Der Mond passiert den Schatten der Erde. Sonnenfinsternis: Der Mond schiebt sich zwischen Erde und Sonne.

FISCHE Ein Sternbild des Tierkreises, das zwischen Widder und Wassermann liegt.

FLIEGENDE SCHATTEN Muster aus Licht und Schatten, die sich bei einer Sonnenfinsternis vor und nach der Totalität über den Boden bewegen, aufgrund von unregelmäßiger Brechung des Lichts in der Atmosphäre.

G

GALAXIE Ein gravitativ gebundenes System, in dem es Sterne, Sternleichen, interstellares Gas und Dunkle Materie gibt.

GANYMED Der dritte Jupitermond und der größte Mond unseres Sonnensystems.

GELÄNDESTUFE Annähernd linienförmig verlaufende Kante in der Landschaft mit geänderter Hangneigung.

GESICHTSFELD Der Ausschnitt des Himmels, den man durch ein optisches Gerät sieht.

GEZEITEN Die regelmäßigen Auf- und Abbewegungen des Ozeans, die durch die Anziehungskraft von Sonne und Mond auf die Erde entstehen.

GLORIE Ein optisches Phänomen, bei dem Licht, das aus einer Lichtquelle hinter dem Beobachter kommt, durch Wassertropfen vor dem Beobachter gestreut wird und konzentrische Kreise in den Farben des Regenbogens um den Schatten des Beobachters.

GNOMON Ein Stab, der durch die Lage oder Länge seines Schattens die Tageszeit anzeigt; der schattenwerfende Zeiger einer Sonnenuhr.

GOTO-TELESKOP Ein computergesteuertes Teleskop, das automatisch ein vom Nutzer ausgewähltes Objekt anvisiert.

GROSSER BÄR Ausgedehntes Sternbild am Nordhimmel; der bekannte Große Wagen ist nur ein Teil des viel größeren Bären.

GROSSER ROTER FLECK Ein Sturm, der seit über 350 Jahren auf dem Jupiter wütet.

GROSSER WAGEN Ein Asterismus aus sieben hellen Sternen im Sternbild Großer Bär. Er zeigt zum Polarstern.

GROSSES BOMBARDEMENT Die Einschläge vieler Asteroiden auf die Planeten des inneren Sonnensystems vor rund 4 Milliarden Jahren.

GRÜNER BLITZ Ein optisches Phänomen, bei dem ein grüner Schein am oberen Rand der horizontnahen Sonne sichtbar ist. Er entsteht durch Sonnenlicht, das in der Erdatmosphäre wie durch ein Prisma aufgespalten wird.

H

H-ALPHA FILTER Ein Filter für das Teleskop, der nur Licht des angeregten Wasserstoffs (H-alpha) durchlässt und dadurch die Auswirkungen der Lichtverschmutzung reduziert.

HAUPTREIHENSTERN Ein Stern, der seine Energie aus Kernfusion in seinem Inneren bezieht.

HELIUM Ein Edelgas. Das zweithäufigste Element im Universum.

HERKULES Das fünftgrößte Sternbild am Himmel, zwischen Leier und Nördlicher Krone.

HIMMELSÄQUATOR Eine Projektion des Erdäquators auf die Himmelskugel.

HIMMELSNORDPOL Durchstoßpunkt der Erdachse in der nördlichen Himmelskugel (derzeit nahe Polarstern), um den sich scheinbar alle Sterne des Nordhimmels drehen.

HIMMELSSÜDPOL Durchstoßpunkt der Erdachse in der südlichen Himmelskugel.

HUBBLE-WELTRAUMTELESKOP Das erste optische Teleskop im All, benannt nach dem amerikanischen Astronom Edwin P. Hubble.

I

INDIREKTES SEHEN Peripheres Sehen, um Objekte bei Nacht besser zu erkennen.

INTERNATIONALE RAUMSTATION (ISS) Bewohnbare Raumstation, die die Erde in 400 km Höhe alle 92 Minuten umrundet.

J

JAMES-WEBB-WELTRAUMTELESKOP Ein Weltrauminfrarotteleskop, das im Oktober 2018 starten soll. Es wird 1,5 Millionen Kilometer von der Erde positioniert, um Daten zu sammeln.

JUNGFRAU Das zweitgrößte Sternbild. Enthält mehrere helle Sterne, darunter Spica, und einen dichten Galaxienhaufen.

JUPITER Der fünfte Planet von der Sonne aus und der größte Planet im Sonnensystem.

K

KANOPUS Hellster Stern im südlichen Sternbild Schiffskiel und zweithellster Stern am Nachthimmel (nach Sirius).

KEPLER Ein Weltraumteleskop der NASA auf der Suche nach Exoplaneten; benannt nach dem Astronom Johannes Kepler.

GLOSSAR

KERN Der innerste Bereich eines Sterns. In Hauptreihensternen verschmelzen hier Wasserstoffatomkerne zu Helium durch Kernfusion.

KERNFUSION Eine thermonukleare Reaktion, bei der zwei Atomkerne zu einem neuen Kern verschmelzen. Die Kernfusion geschieht natürlicherweise im Kern von Sternen und ist deren Energiequelle.

KOLLIMATION Justage der Optik eines Teleskops für optimale Sicht.

KOMET Ein kleines Objekt aus Eis und Staub, das die Sonne auf einer langgezogenen Bahn umkreist.

KONJUNKTION Eine enge Begegnung vom Mond oder den Planeten am Firmament.

KONVEKTIONSZONE Der Bereich eines Sterns, in dem heißes Plasma nach oben steigt, Energie abgibt und abgekühlt nach unten sinkt.

KORONA Eine heiße äußere Atmosphären-schicht der Sonne; von der Erde aus nur bei einer totalen Sonnenfinsternis sichtbar.

KORONALER MASSENAUSWURF Ein massiver Auswurf von Sonnenplasma in der Chromosphäre; wird durch die Korona ins All gestoßen.

KRATER Eine Vertiefung mit erhöhtem Rand an der Oberfläche eines Himmelskörpers. Meist die Öffnung eines Vulkans oder das Ergebnis eines Meteoriteneinschlags.

KREUZ DES SÜDENS Ein Sternbild des Südhimmels, das zwischen den Sternbildern Zentaur und Fliege liegt. Diente in der Vergangenheit als Orientierungshilfe.

KUIPERGÜRTEL Ein Bereich im Sonnensys-tem hinter der Bahn von Neptun. Er enthält unzählige Objekte (z. B. Pluto) und endet in ca. 50 AE von der Sonne.

L

LÄNGE Eine geografische Koordinate, die für die Ost-West-Position eines Punkts auf der Erdoberfläche steht. Wird in Grad angegeben.

LEONIDEN Ein Meteorschauer aus der Richtung des Sternbilds Löwe. Meist jährlich um den 16.–18. November zu beobachten.

LICHTJAHR Der Weg, den das Licht in einem Jahr zurücklegt: 9,5 Billionen Kilometer.

LICHTVERSCHMUTZUNG Das Licht künstlicher Quellen wird an Luftschichten gestreut, hellt den Nachthimmel auf und beeinflusst astronomische Beobachtungen.

M

MAGELLANSCHE WOLKEN Galaxien nahe der Milchstraße, benannt nach dem Seefahrer Ferdinand Magellan. Ein toller Anblick für Beobachter auf der Südhalbkugel.

MAGNETFELD Ein unsichtbares Kraftfeld um ein magnetisches Material oder bewegte elektrische Ladung. Im Sonnensystem besitzen Erde, Jupiter, Saturn, Neptun und Uranus globale Magnetfelder.

MAGNITUDE Die Helligkeit eines Sterns, die von seiner Größe, Temperatur und seinem Abstand zur Erde abhängt. Es gibt die absolute Helligkeit (wie hell Sterne aussähen, wenn alle gleich weit entfernt wären) und die scheinbare Helligkeit (wie hell sie in ihrem tatsächlichen Abstand zur Erde aussehen).

MARS Der vierte Planet von der Sonne aus und der zweitkleinste Planet nach Merkur.

MERKUR Der kleinste und sonnennächste Planet unseres Sonnensystems.

METEOR Das helle, kurzzeitige Leuchten, das kleine Gesteinsstücke aus dem All erzeugen, wenn sie beim Eintritt in die Atmosphäre die Luft zum Leuchten anregen.

METEORIT Ein Bruchstück aus dem All, das den Erdboden intakt erreicht.

METEOROID Ein Kleinstkörper des Sonnensystems, der die Sonne umläuft und gelegentlich die Erdbahn kreuzt.

METEORSCHAUER Das gehäufte Auftreten von Meteoren am Himmel, wenn die Erde die Umlaufbahn eines Kometen kreuzt. Meist bleiben Meteorströme über mehrere Jahre hinweg zur selben Zeit sichtbar.

MOND Der einzige natürliche Satellit der Erde, der vermutlich entstand, als ein riesiges Objekt die Erde traf und ein Bruchstück daraus ins All geschleudert und gravitativ gebunden wurde.

MONDFINSTERNIS Wenn der Vollmond durch den Kern- oder Halbschatten der Erde läuft.

MONDMEERE Dunkle Basaltebenen auf dem Mond, die durch Vulkanausbrüche entstanden. Frühe Astronomen hielten sie für Ozeane und nannten sie „Mare" (lateinisch für „Meer").

MONDTÄUSCHUNG Eine optische Täuschung, durch die der Mond in Horizontnähe größer erscheint, als wenn er höher am Himmel steht.

MORGENSTERN So nennt man auch die Venus, wenn sie im Osten vor der Sonne aufgeht.

N

NASA (NATIONAL AERONAUTICS AND SPACE ADMINISTRATION) Die nationale Raumfahrtbehörde der USA, Vorreiter der zivilen Raumfahrt, der Aeronautik und der Luftfahrt-forschung.

NEBEL (KOSMISCHER) Eine Wolke aus Gas oder Staub im All; kann leuchtend oder dunkel sein und ist oft ein Entstehungsort für Sterne.

NEBENMOND, NEBENSONNE Ein seltenes atmosphärisches Phänomen durch Reflexion von Sonnenlicht an Eiskristallen in der Luft.

Dabei treten helle Spiegelungen von Sonne/ Mond im Abstand von 22° auf; sind Teil von Halo-Erscheinungen.

NEPTUN Der achte Planet von der Sonne aus.

NEUMOND Die erste Phase des monatlichen Mondzyklus, in der Mond und Sonne in Konjunktion zueinander stehen, wodurch der Mond nicht sichtbar ist. Die ideale Zeit zum Sternegucken, da der Himmel dunkel ist.

NORDHIMMEL Bereich des Himmels, der nördlich des Himmelsäquators liegt.

NORDSTERN Polarstern. Der Stern am Nordhimmel, der scheinbar unbewegt nahe dem Himmelsnordpol steht; vermeintlicher Drehpunkt des nördlichen Sternhimmels. Aufgrund der Präzession der Erde wird es nicht immer einen Nordstern geben.

NULLMERIDIAN Die geografische Länge 0° auf der Erde. Verläuft durch Greenwich in England.

O

OBJEKTIV Das Linsensystem eines optischen Instruments, das Licht von einem beobachteten Objekt sammelt und ein reelles Bild erzeugt.

OBSERVATORIUM Ein Raum oder Gebäude, in dem sich ein astronomisches Teleskop oder andere wissenschaftliche Instrumente für Forschungszwecke befinden.

OFFENER STERNHAUFEN Eine Ansammlung von zwanzig bis mehreren tausend Sternen, die ihren Ursprung alle in derselben Molekülwolke haben. Zu geringe Ausgangsmassen oder innere Prozesse führen früher oder später zur Auflösung des Haufens.

OKKULTATION Die Bedeckung eines scheinbar kleineren Himmelskörpers durch einen größeren, z.B. wenn der Mond von der Erde aus gesehen einen Stern oder Planeten bedeckt.

OKULAR Der Teil am Teleskop, in den man hineinschaut und der die Vergrößerung und das Gesichtsfeld bestimmt.

OORTSCHE WOLKE Eine bisher nicht nachgewiesene Ansammlung astronomischer Objekte im äußeren Sonnensystem. Wissenschaftler vermuten dort den Ursprung von Kometen.

OPPOSITION Wenn sich zwei Himmelskörper von der Erde aus gesehen an gegenüberliegenden Seiten des Himmels befinden.

ORIONIDEN Ein Meteorschauer, der scheinbar im Sternbild Orion seinen Ursprung hat und jedes Jahr Ende Oktober zu sehen ist.

ORIONNEBEL Ein Emissionsnebel im Sternbild Orion, der sich in der Mitte des Schwertes des Orion befindet.

P

PARALLAKTISCHE MONTIERUNG EEine Art der Teleskopmontierung, bei der eine Achse parallel zur Erdachse verläuft; erleichtert das Verfolgen von Beobachtungsobjekten.

PARSEC Ein astronomisches Längenmaß (Abkürzung von „parallax second"); entspricht der Entfernung, aus der der mittlere Erdbahnradius unter einem Winkel von einer Bogensekunde erscheint (ca. 3,26 Lichtjahre).

PEGASUS Ein Sternbild am Nordhimmel zwischen Schwan und Wassermann.

PENUMBRA Halbschatten; der Bereich hinter einem beleuchtetem Objekt, der nicht komplett verdunkelt ist. Bei einer Halbschattenfinsternis durchläuft der Mond die Penumbra der Erde mit der Sonne als ausgedehnte Lichtquelle.

PERLSCHNUR-EFFEKT Wenn das Sonnenlicht bei einer Sonnenfinsternis durch die Täler der Mondoberfläche scheint und Lichtpunkte erzeugt.

PERSEIDEN Ein Meteorschauer im August, der scheinbar aus dem Sternbild Perseus kommt.

PERSEUS Ein großes Sternbild am Nordhimmel, das mehrere Sternhaufen und den veränderlichen Stern Algol enthält.

PHOBOS Der innere und größere der beiden Monde des Mars, entdeckt im Jahr 1877.

PHOTOSPHÄRE Die leuchtende, sichtbare Oberfläche eines Sterns.

PLANET Ein Himmelsobjekt im Umlauf um einen Stern, der eine kugelähnliche Gestalt besitzt und seine Umlaufbahn dominiert.

PLANISPHÄRE Die Zentralprojektion (aus einem der Himmelspole) einer Himmelssphäre auf eine Ebene mit drehbaren Elementen.

PLASMA Einer der vier Aggregatzustände. Plasma ist die häufigste Materieform im Universum. Es ist ein Gemisch aus neutralen und geladenen Teilchen und weist ein typisches Leuchten auf.

PLEJADEN Ein offener Sternhaufen im Sternbild Stier, auch „Sieben Schwestern" genannt; mit bloßem Auge sichtbar.

PLUTO Größter Zwergplanet im Kuipergürtel, der in der Vergangenheit als neunter Planet galt.

POLARLICHT Eine farbige Leuchterscheinung am Himmel über sehr nördlichen oder sehr südlichen Breitengraden, verursacht durch Teilchen (Plasma) von der Sonne, die auf Gase in der Erdatmosphäre treffen. Polarlichter kommen auf der Nordhalbkugel (Nordlicht) und auf der Südhalbkugel (Südlicht) vor.

POLARSTERN Auch „Nordstern" genannt. Der hellste Stern im Sternbild Kleiner Bär (Kleiner Wagen: der äußerste Stern der Deichsel).

PRÄZESSION Die langsame Verschiebung der Achse eines rotierenden Körpers.

PROCYON Der achthellste Stern am Nachthimmel und der hellste Stern im Sternbild Kleiner Hund.

GLOSSAR

Q

QUADRANTIDEN Ein Meteorschauer, der einmal jährlich Anfang Januar scheinbar aus dem Sternbild Drache kommt.

R

REGULUS Der hellste Stern im Sternbild Löwe und einer der hellsten Sterne am Nachthimmel.

REKTASZENSION Das Gegenstück am Himmel zur geografischen Länge. Angabe im Zeitmaß, bezogen auf den Frühlingspunkt von 0 h bis 24 h.

RIGIL KENTARUS (ALPHA CENTAURI) Ein Doppelsternsystem und der hellste Stern im Sternbild Zentaur. Sein Begleiter Proxima Centauri ist der zur Erde nächste Fixstern.

RINDERHIRTE Ein Sternbild des Nordhimmels mit Arktur als hellstem Stern, zwischen Jungfrau und Herkules.

ROTER ZWERG Kleiner, kühler und dunkler Stern, der sehr lange Zeit auf der Hauptreihe verweilt (Kernfusion); häufigste Sternenart im Universum.

ROTLICHT Licht von schwacher Intensität, das die Nachtsicht beim Sternegucken nicht beeinträchtigt.

RÜCKLÄUFIG Wenn ein Himmelskörper (z.B. ein Planet) seine Bewegung relativ zu den Sternen am Himmel umkehrt, da ihn die Erde auf der Innenbahn überholt.

S

SATELLIT Ein natürliches oder künstliches Objekt, das einen Himmelskörper umkreist, z. B. der Mond die Erde.

SATURN Der sechste Planet von der Sonne aus und der zweitgrößte im Sonnensystem.

SCHLANGENTRÄGER Ein Sternbild nahe des Himmelsäquators, zwischen Waage und Adler.

SCHÜTZE Das südlichste Sternbild unseres Tierkreises; zwischen Skorpion und Steinbock. In Richtung dieses Sternbildes liegt das Zentrum der Milchstraße.

SCHWARZES LOCH Ein massives Objekt im All, dessen Schwerkraft so stark ist, dass weder Licht noch andere Strahlung nach außen gelangen kann. Es entsteht aus dem Kollaps eines großen Sterns – einer Supernova.

SCHWERKRAFT Eine der vier Grundkräfte der Natur, durch die Massen einander anziehen und Objekte auf die Erde fallen.

SEEING Das Maß für die Luftunruhe, die für das scheinbare Flackern von Objekten am Himmel verantwortlich ist.

SEGEL Ein Sternbild des Südhimmels und eines der Sternbilder, in die das antike Sternbild „Schiff Argo" aufgeteilt wurde.

SICHTBARES LICHT Der Anteil des elektromagnetischen Spektrums, der für das menschliche Auge sichtbar ist.

SIRIUS Der hellste Fixstern am Nachthimmel. Ein Doppelstern im Sternbild Großer Hund.

SKORPION Ein südliches Sternbild des Tierkreises; zwischen Waage und Schütze.

SOFIA Ein Stratosphären-Observatorium für Infrarot-Astronomie an Bord einer umgebauten Boeing, das Infrarot-Beobachtungen macht.

SOLARGRAFIE Fotografie mit langen Belichtungs- und Verschlusszeiten, die den Weg der Sonne über den Himmel in einem Zeitraum von 6–12 Monaten erfasst.

SOLSTITIUM Die beiden Tage im Jahr (um den 22. Juni und den 22. Dezember), an denen die Tage je nach Halbkugel am längsten oder am kürzesten sind.

SOMMERDREIECK Ein gedachtes Dreieck am Nordhimmel mit den Eckpunkten Atair, Deneb, und Wega.

SONNE Der Stern, um den die Erde und die anderen Planeten kreisen; spendet der Erde Wärme und Licht.

SONNENERUPTION Ein Helligkeitsausbruch auf der Oberfläche der Sonne, der gewaltige Mengen an Energie freisetzt.

SONNENFLECKEN Dunkle Stellen, die manchmal auf der Sonne erscheinen. Sie entstehen aufgrund von Schwankungen der Magnetfelder unter der Oberfläche.

SONNENSYSTEM Die Sonne, die Planeten und alle Himmelskörper, die um sie kreisen.

SONNENWIND Ein Plasmastrom aus v. a. geladenen Elektronen und Protonen, der aus der oberen Atmosphäre der Sonne strömt.

SPHÄRISCHE ABERRATION Ein Abbildungsfehler von Teleskopen, der Sterne verzerrt, je weiter sie vom Bildfeldzentrum entfernt sind.

SPICA Der hellste Stern im Sternbild Jungfrau und der fünfzehnthellste Stern am Himmel.

STÄBCHEN Die Fotorezeptoren in der Netzhaut, die bei schwachem Licht funktionieren und beim peripheren Sehen aktiv sind.

STATIV Ein Ständer oder eine Halterung, meist mit drei Beinen. Spezielle Teleskopstative sorgen für einen wackelfreien, klaren Blick auf Objekte am Nachthimmel.

STERN Selbstleuchtende Plasmakugel, die durch die eigene Schwerkraft zusammengehalten wird.

STERNBILD Eine Sterngruppe mit einem

bekannten Namen und einer bestimmten Form. Eines der 88 offiziellen Sternbilder, in die der Nachthimmel aufgeteilt ist.

STERNKARTE Eine Karte, die die Position von Sternen und Sternbildern am Nachthimmel anzeigt. Drehbare Elemente erlauben das genaue Einstellen von Datum und Uhrzeit.

STERNSPUR Der scheinbare Weg, den die Sterne infolge der Erdrotation gehen; durch Fotografie mit langer Belichtungszeit darstellbar. Sie sind als Kreis(segment)bahnen um den Himmelsnordpol sichtbar.

STIER Ein Sternbild des Tierkreises zwischen Zwillinge und Widder. Im Stier befinden sich der Stern Aldebaran und der Krebsnebel.

STRAHLUNGSZONE Die Zone um den Kern eines Sterns, in der Energie in Form von Strahlung aus dem Kern nach außen transportiert wird.

SÜDHIMMEL Bereich des Himmels, der zwischen Himmelssüdpol und -äquator liegt.

SUCHER Ein kleines Fernrohr, das auf einem größeren Teleskop sitzt und zur Suche von Objekten dient. Das größere Gesichtsfeld hilft beim Auffinden, bevor man mit dem Teleskop näher hineinzoomt.

SUPERNOVA Durch Gravitationskollaps verursachte Explosion eines Sterns, die manchmal ein Schwarzes Loch hinterlässt.

SYZYGIE Eine Konstellation aus drei Himmelskörpern in einer Linie, z. B. aus Sonne, Erde und Mond.

T

TELESKOP Ein Gerät mit einem langen Rohr, durch das man entfernte Objekte betrachten kann. Es gibt Reflektoren (Spiegelteleskope), die mit einem oder mehreren gekrümmten Spiegeln Licht reflektieren und ein Bild erzeugen, und es

gibt Refraktoren (Linsenteleskope), die eine lichtsammelnde konvexe Objektivlinse an einem Ende haben und am anderen Ende ein Okular, mithilfe dessen das vom Objektiv erzeugte Bild vergrößert wird.

TIERKREIS Zwölf Sternbilder, durch die sich die scheinbare Sonnenbahn (Ekliptik zieht).

U

ÜBERRIESE Einer der massereichsten und hellsten Sterne. Überriesen haben etwa die 10-fache Masse der Sonne.

UMBRA Der dunkle Kern eines Schattens.

UMLAUFBAHN Der meist elliptische Weg eines Himmelskörpers um einen anderen Himmelskörper, etwa um die Sonne.

UNIVERSUM Die Gesamtheit der bekannten oder vermuteten Objekte des Weltraums.

URANUS Der siebte Planet von der Sonne aus.

URSIDEN Ein Meteorschauer, der um den 22. Dezember scheinbar aus dem Sternbild Kleiner Bär kommt.

V

VERÄNDERLICHER STERN Ein Stern, dessen scheinbare Helligkeit (wie sie von der Erde aus gesehen wird) Schwankungen unterliegt.

VENUS Der zweite Planet von der Sonne aus und das zweithellste Objekt am Nachthimmel (nach dem Mond).

VERGRÖSSERUNG Die vergrößernde Wirkung eines Instruments; das Maß, um das ein entferntes Objekt größer erscheint.

W

WASSERMANN Ein Tierkreiszeichen, südlich des Sternbildes Pegasus.

WASSERSTOFF Das häufigste Element im Universum.

WEGA Der fünfthellste Stern am Himmel und der hellste im Sternbild Leier. Man sieht ihn auf der Nordhalbkugel.

WEISSER ZWERG Die kleine, heiße, aber lichtschwache Sternleiche, die übrig bleibt, wenn ein Roter Riese seine äußere Hülle verliert.

WIDDER Ein kleines Sternbild des Tierkreises zwischen den Sternbildern Fische und Stier.

WINKELABSTAND Die Entfernung zwischen Himmelsobjekten, wie man sie von der Erde aus sieht, gemessen in Grad, Bogenminuten und Bogensekunden.

Z

ZAPFEN Eine lichtempfindliche Zelle in der Netzhaut, die Farben wahrnimmt.

ZENIT Der höchste Punkt, den ein Himmelsobjekt am beobachteten Himmel erreicht.

ZIRKUMPOLAR Die Objekte, die sich in der Nähe eines Himmelspols befinden und nicht untergehen.

ZODIAKALLICHT Ein schwaches Leuchten am Himmel, das nahe der Ekliptik durch Reflexion von Sonnenlicht entsteht.

REGISTER

REGISTER

REGISTER

DANK DES HERAUSGEBERS

Der Verlag bedankt sich bei Amy Bauman, Kevin Broccoli, Jan Hughes, Lisa Marietta und Marisa Solís für ihre redaktionelle Hilfe und bei Kevin Gan Yuen für seine Unterstützung bei Storyboards und Bildlizenzierung. Auch danken wir Margaret Berendsen und Sarah Scoles für ihre fachkundige Meinung zum Inhalt.

Weiteren Dank an Frank Espenak (GSFC/NASA) für seine Prognosen zur Finsternis (Nr. 225); Charles P. Carlson und Dave Trott der astronomischen Vereinigung von Denver für ihre Bauanleitung für einen Beobachtungsstuhl (Nr. 298); und Berislav Bracun für seine Dobson-Montierung Marke Eigenbau (Nr. 289).

DANK DES AUTORS

Die *Astronomical Society of the Pacific* fördert Amateurastronomen seit über 125 Jahren. In diesem Buch stecken die Ideen und Erfahrungen hunderter Menschen, die in dieser Zeit mit der ASP zu tun hatten. Es sind zu viele, um sie einzeln zu nennen. Dennoch möchten die Autoren besonderen Dank an jene aussprechen, deren Wissen, Zeit, Talent und Führung die Aktivitäten in diesem Buch bereichert haben: Michael Bennett, Margaret Berendsen, Andrew Fraknoi, James Manning, Dennis Schatz und Dan Zevin. Dank gilt auch den aktuellen Mitgliedern der ASP, deren Arbeit diese Seiten prägt (Suzy Gurton, Anna Hurst und Brian Kruse) und deren Hilfe es uns ermöglicht hat, dieses Buch zu schreiben (Noel Encarnacion, Kathryn Harper, Mannan Latif, Pablo Nelson, Leslie Proudfit, Greg Schultz, Michael Sowle und Perry Tankeh). Wir sind dankbar für die Führung durch den Vorstand der ASP und besonders für den Weitblick und die Führung der ehemaligen und aktuellen Vorsitzenden (Gordon Myers und Constance Walker). Die ASP dankt ihren zahlreichen Mitgliedern und großzügigen Spendern für ihr Engagement.

HINWEIS

Die Informationen in diesem Buch richten sich an Erwachsene und sind nur zur Unterhaltung gedacht. Obwohl jeder Tipp in diesem Buch nachgeprüft und, wo möglich, getestet wurde, ist ein großer Teil der Informationen individuell und stark situationsabhängig. Der Herausgeber und die Autoren übernehmen keine Haftung für Fehler oder Auslassungen und keine Gewähr, weder ausdrücklich noch stillschweigend, dass die Informationen in diesem Buch für jede Person, jede Situation und jeden Zweck dienlich sind. Machen Sie sich vor der Ausführung jedes Vorschlags in diesem Buch Ihrer eigenen Einschränkungen und aller möglichen Risiken bewusst. Befolgen Sie immer die Anweisungen des Herstellers, wenn Sie die in diesem Buch vorgeschlagenen Geräte verwenden. Lehnt der Hersteller eine der hier vorgeschlagenen Anwendungen für das Gerät ab, halten Sie sich an seine Empfehlungen. Das Risiko und die Verantwortung für Ihr Handeln übernehmen Sie. Für jegliche Art von Verlust oder Schäden – ob folgende, unbeabsichtigte, außerordentliche oder andere –, die aufgrund der Informationen in diesem Buch entstehen könnten, übernehmen Herausgeber und Autoren keine Haftung.

ILLUSTRATIONEN

BILDNACHWEIS

Aus dem Englischen übersetzt von Nina Kavelar

Titel der Originalausgabe:
„Skywatcher's Manual", erschienen bei Weldon Owen Inc. unter der ISBN 978-1-61628-871-6

Copyright © 2015 Weldon Owen Inc.

Umschlaggestaltung von Gramisci Editorialdesign, München, unter Verwendung folgender Aufnahmen: Titelbild von Stefan Seip, das Foto zeigt die totale Sonnenfinsternis vom 29. März 2006 Abbildung auf der Rückseite von Shutterstock.

Mit 200 Farb- und Schwarzweißfotos und 243 Illustrationen

Unser gesamtes Programm finden Sie unter kosmos.de. Über Neuigkeiten informieren Sie regelmäßig unsere Newsletter, einfach anmelden unter kosmos.de/newsletter

Für die deutschsprachige Ausgabe:
© 2016 Franckh-Kosmos Verlags-GmbH & Co. KG, Stuttgart
Alle Rechte vorbehalten
ISBN 978-3-440-15149-5
Projektleitung: Sven Melchert
Redaktion: Sven Melchert, Susanne Richter
Produktionsbetreuung: Print Company Verlagsges.m.b.H., Wien
Produktion: Ralf Paucke
Printed in China / Imprimé en Chine

ÜBER DIE ASTRONOMICAL SOCIETY OF THE PACIFIC

An einem frostigen Februarabend im Jahr 1889 trafen sich in San Francisco Astronomen des Lick-Observatoriums und Mitglieder des Amateur- fotografen-Vereins der Pazifikküste zum Austausch von Bildern und Erfahrungen. Sie alle hatten am Neujahrstag die totale Sonnenfinsternis nördlich der Stadt beobachtet. Edward Holden, der erste Direktor des Lick-Observatoriums, lobte die Amateure für ihren Verdienst an der Wissenschaft und wollte die Kollegialität und die Astronomie durch die Gründung einer Vereinigung fördern. Das war die Geburtsstunde der Astronomical Society of the Pacific (ASP).

In ihrem über hundertjährigen Bestehen hat sich die ASP gemeinsam mit unserem Verständnis vom Universum weiterentwickelt und Wissenschaftler, Lehrer, Amateurastronomen und Laien zusammen- gebracht, um astronomisches Wissen auszutau- schen, die wissenschaftliche Bildung auszubauen und Mittel anzubieten, die Schüler und Erwachsene für das Abenteuer Forschung begeistern.

Als gemeinnützige, internationale Organisation verfolgt die ASP das Ziel, die Wissenschaft und die wissenschaftliche Bildung mithilfe der Astronomie voranzubringen. Wir wenden uns direkt an alle Astronomiebegeisterte und bieten ihnen Zugang zu Mitteln, Instrumenten und Projekten. Auf unserer Website (www.astrosociety.org) erfahren Sie mehr über uns und wir laden Sie ein, sich der ASP anzuschließen und unser Ziel zu unterstützen.